卓越工程师教育培养计划系列教材

国家级一流本科专业建设成果教材

石油和化工行业"十四五"规划教材

化工工艺学

朱海林　张巧玲　栗秀萍 ◎ 主编

化学工业出版社

·北京·

内容简介

《化工工艺学》在系统阐述化工工艺共性知识的基础上，以无机化工、基本有机化工、精细化工、高分子化工4个领域的典型产品生产工艺为主线，重点介绍了产品的性质与用途、化学反应原理、工业生产方法、工艺影响因素、工艺条件控制、工艺流程组织与评价和主要生产设备等，对近年来的生产新工艺及研究进展也进行了论述。本书内容覆盖全，涉及面广；在每个领域重点介绍典型产品的生产工艺，同时按产品衔接每部分内容，点面结合，突出课程的综合性和应用性；在典型化工产品的教学章节设置了课程思政内容，以培养学生的家国情怀、工程素养和创新意识。

本书可作为普通高等学校化工类专业教材，也可供从事化工生产、科研和设计的工程技术人员参考使用。

图书在版编目（CIP）数据

化工工艺学 / 朱海林，张巧玲，栗秀萍主编.
北京：化学工业出版社，2024.7. -- ISBN 978-7-122-44835-4

Ⅰ. TQ02

中国国家版本馆CIP数据核字第2024QJ6639号

责任编辑：任睿婷　徐雅妮　　　　装帧设计：关　飞
责任校对：李雨函

出版发行：化学工业出版社
　　　　　（北京市东城区青年湖南街13号　邮政编码100011）
印　　装：大厂回族自治县聚鑫印刷有限责任公司
787mm×1092mm　1/16　印张19½　字数489千字
2025年3月北京第1版第1次印刷

购书咨询：010-64518888　　　　　售后服务：010-64518899
网　　址：http://www.cip.com.cn
凡购买本书，如有缺损质量问题，本社销售中心负责调换。

定　　价：69.00元　　　　　　　　　　　版权所有　违者必究

前言

化工工艺学是高等院校化学工程与工艺专业的核心课程，是与工程实践相结合的综合性学科，在工程教育体系中培养学生解决复杂化学工程问题的能力。

本书在系统阐述化工工艺学研究范畴、基础知识、原料资源及其加工利用的基础上，重点介绍了无机化工典型产品生产工艺、有机化工单元反应及典型产品生产工艺、精细化工单元反应及典型产品生产工艺、聚合物典型产品生产工艺四部分内容。在无机化工单元，本书选择在化工领域具有重要意义的典型产品，着重介绍生产方法和原理、工艺条件和典型流程、反应器等。在有机化工和精细化工单元，以石油、煤为基本原料，以产品链的形式进行延伸和贯通，着重介绍共性知识，培养学生理解反应原理、分析工艺条件、选择和使用反应器以及综合运用理论知识的能力，起到举一反三、触类旁通的效果。在聚合物生产工艺单元，着重介绍聚合物中产量大、用途广的典型产品的性能、用途及生产工艺，在选择聚合物时也兼顾各种聚合反应类型。为了适应高等教育的深化改革，满足高校化工工艺学课程思政的教学需要，本书在典型化工产品的教学章节设置了课程思政元素。

本书在编写过程中，承载着培养学生创新意识、社会责任感和工匠精神的使命，深入挖掘和阐述化工工艺学的基本原理和现代应用，强调实践能力和创新思维的培养，注重立德树人的理念，引导学生秉承"爱国、集体主义和社会主义道德风尚"价值观，践行"勤奋劳动、坚韧不拔"的工匠精神，贯彻"实事求是、与时俱进"的科学态度，实现育人与育才相结合的人才培养目标。

本书为中北大学国家级一流本科专业化学工程与工艺的建设成果教材，由朱海林、张巧玲、栗秀萍主编，刘有智教授主审。其中，第1章和第3章由郭强编写，第2章和第6章由朱海林编写，第4章由栗秀萍编写，第5章和第7章由张巧玲编写。书中二维码链接的主要设备及原理素材资源由北京欧倍尔软件技术开发有限公司提供技术支持。

本书在编写过程中参考了国内外公开出版或发表的文献，统列在书后参考文献部分，在此一并致谢！

鉴于编者水平和资料掌握的局限性，书中难免有不妥或疏漏之处，敬请读者批评指正！

编　者
2024 年 7 月

目录

第1章 绪 论 / 001

1.1 化学工业的地位和作用 / 001
1.2 化学工业的发展趋势 / 002
1.3 化工工艺学的研究范畴和任务 / 003
1.4 化工工艺学的发展历程 / 004
思考题 / 004

第2章 化工工艺基础 / 005

2.1 化工生产过程及工艺流程 / 005
  2.1.1 化工生产过程 / 005
  2.1.2 化工生产工艺流程 / 006
2.2 化工生产过程的主要效率指标 / 009
  2.2.1 生产能力和生产强度 / 009
  2.2.2 化学反应的效率——合成效率 / 009
  2.2.3 转化率、选择性和收率 / 010
  2.2.4 平衡转化率和平衡收率 / 012
2.3 反应条件对化学平衡和反应速率的影响 / 012
  2.3.1 温度的影响 / 012
  2.3.2 浓度的影响 / 014
  2.3.3 压力的影响 / 014
2.4 催化剂的性能及使用 / 014
  2.4.1 催化剂的基本特征 / 015
  2.4.2 催化剂的分类 / 016
  2.4.3 工业催化剂使用存在的问题 / 017
思考题 / 018

第3章 原料资源及其加工利用 / 019

3.1 无机化学矿及其加工 / 019
  3.1.1 磷矿 / 019
  3.1.2 硫铁矿 / 020
  3.1.3 硼矿 / 020
3.2 煤及其加工 / 021
  3.2.1 煤的干馏 / 022
  3.2.2 煤的气化 / 022
  3.2.3 煤的液化 / 023
  3.2.4 煤基化工产品 / 024
3.3 石油及其加工 / 025
  3.3.1 预处理和一次加工 / 025
  3.3.2 二次加工 / 027
3.4 天然气及其加工 / 032
  3.4.1 天然气的组成及分类 / 032
  3.4.2 天然气的利用 / 033
3.5 其他化工资源 / 034
  3.5.1 生物质及其加工利用 / 034
  3.5.2 可再生资源的开发利用 / 035
  3.5.3 空气和水 / 035
思考题 / 036

第4章　无机化工典型产品生产工艺　/ 037

4.1　合成氨 / 037
　4.1.1　概述 / 037
　4.1.2　原料气的制备 / 040
　4.1.3　原料气的净化与精制 / 051
　4.1.4　氨合成 / 068
　4.1.5　合成氨工业的技术发展 / 080
【弗里茨·哈伯】 / 081
4.2　硫酸 / 082
　4.2.1　硫酸及其生产方法 / 082
　4.2.2　接触法生产硫酸 / 084
　4.2.3　"三废"治理与综合利用 / 104
　4.2.4　我国硫酸工业的发展 / 106

【绿水青山就是金山银山】 / 106
4.3　纯碱 / 107
　4.3.1　氨碱法生产纯碱 / 107
　4.3.2　联碱法生产纯碱和氯化铵 / 116
【侯德榜】 / 119
4.4　烧碱 / 120
　4.4.1　电解过程基本理论 / 120
　4.4.2　电解制碱方法 / 121
　4.4.3　电解制碱的生产过程 / 124
　4.4.4　我国烧碱生产技术进展 / 127
思考题 / 128

第5章　有机化工单元反应及典型产品生产工艺　/ 129

5.1　烃类热裂解 / 129
　5.1.1　热裂解过程的化学反应与反应
　　　　 机理 / 132
　5.1.2　热裂解原料及工艺条件 / 137
　5.1.3　烃类热裂解设备 / 141
　5.1.4　裂解气的急冷 / 143
　5.1.5　裂解气的预分馏 / 144
　5.1.6　裂解气的净化 / 145
　5.1.7　裂解气的分离与精制 / 148
　5.1.8　我国乙烯工业的发展趋势 / 151
【清洁能源利用】 / 152
5.2　催化加氢与脱氢 / 152
　5.2.1　催化加氢 / 152

　5.2.2　催化脱氢 / 163
5.3　氧化 / 172
　5.3.1　概述 / 172
　5.3.2　乙烯环氧化制环氧乙烷 / 176
5.4　羰基化 / 181
　5.4.1　概述 / 181
　5.4.2　甲醇低压羰基化制醋酸 / 183
【锆材醋酸反应器】 / 186
5.5　氯化 / 187
　5.5.1　概述 / 187
　5.5.2　氯乙烯的生产 / 191
思考题 / 202

第6章　精细化工单元反应及典型产品生产工艺　/ 204

6.1　概述 / 204
　6.1.1　精细化工的特点 / 204
　6.1.2　国内外精细化工概况 / 206
　6.1.3　精细化工的发展方向 / 208
6.2　磺化 / 209
　6.2.1　磺化剂 / 209
　6.2.2　磺化反应特点及副反应 / 211
　6.2.3　磺化反应的影响因素 / 212

　6.2.4　磺化产物的分离 / 215
　6.2.5　磺化物的分析 / 215
　6.2.6　磺化反应器 / 216
　6.2.7　十二烷基苯磺酸钠的生产 / 217
6.3　硝化 / 218
　6.3.1　硝化剂 / 219
　6.3.2　硝化方法 / 221
　6.3.3　硝化过程 / 223

6.3.4 芳烃的硝化 / 225
6.3.5 硝化反应器 / 227
6.3.6 硝基苯的生产 / 228
6.3.7 奥克托今的生产 / 230
【诺贝尔】/ 233
6.4 酯化 / 233
6.4.1 羧酸酯化法 / 234
6.4.2 羧酸酐酯化法 / 237
6.4.3 酰氯酯化法 / 237
6.4.4 酯交换法 / 238
6.4.5 其他酯化法 / 238
6.4.6 邻苯二甲酸酯的生产 / 239
6.5 重氮化和偶合 / 242
6.5.1 重氮化反应 / 242
6.5.2 偶合反应 / 244
6.5.3 永固黄的生产 / 246
思考题 / 248

第7章 聚合物典型产品生产工艺 / 249

7.1 聚合物的生产过程 / 249
7.2 聚合物生产工艺 / 254
7.2.1 自由基聚合生产工艺 / 255
7.2.2 逐步聚合生产工艺 / 264
7.2.3 离子聚合与配位聚合生产工艺 / 267
7.3 典型聚合物生产工艺 / 269
7.3.1 聚乙烯 / 269
7.3.2 聚丙烯 / 275
7.3.3 聚氯乙烯 / 279
7.3.4 丁二烯-苯乙烯共聚物 / 284
7.3.5 环氧树脂 / 287
7.3.6 聚碳酸酯 / 292
7.3.7 聚氨酯 / 295
7.3.8 聚酯 / 297
【齐格勒-纳塔催化剂】/ 303
思考题 / 304

参考文献 / 305

第 1 章 绪 论

本章学习重点

1. 了解化学工业在国民经济中的地位和作用。
2. 理解化工工艺学的概念、研究范畴和任务。
3. 理解化工工艺学与化学工业的关系。

1.1 化学工业的地位和作用

化学工业泛指生产过程中化学方法占主要地位的过程工业，又称化学加工工业，是运用化学工艺、化学工程原理及设备，通过各种化工单元操作，高效、节能、经济、环保和安全地将原料生产成化工产品的工业。

化学工业根据其生产原料特性可以粗略地分为无机化学工业和有机化学工业。无机化学工业是以无机物为原料生产化工产品的化学工业。按照产品类别，无机化学工业主要包括合成氨工业、硫酸工业、氯碱工业、硅酸盐工业等。有机化学工业是以煤、石油、天然气、农林产品等含碳化合物为原料生产化工产品的化学工业。按照产品的性能及在有机化学工业和国民经济中所起的作用，有机化学工业可分为基本有机化学工业、精细有机化学工业和高分子有机化学工业等。

化学工业是国民经济发展中一个品种多、层次多、服务面广、配套性强的重要基础产业，同时又是资金密集、能源密集和技术密集的产业，现已经发展成为一个品种繁多、门类齐全的重要工业体系。近 30 年来，化学工业的发展速度高于整个工业的平均发展速度，已经成为渗透到国民经济生产和人类生活各个领域的现代化工业。化学工业的发达程度已经成为衡量国家工业化、现代化水平和文明程度的重要标志之一。

化学工业为农业提供肥料、农药、植物生长激素等化学产品，提高了农作物的产量和质量，促进了粮食和蔬菜等农作物的增产，减轻了人口增长对粮食需求的压力。

化学工业为人类生活提供各种化学制品，人类衣食住行无不与化学工业有关。如许多衣料的原料来自高分子合成工业；食品加工需要的各种添加剂和调味品大多是用化学方法从天然产物中提取的；现代建筑用的水泥、涂料等材料都是化工产品；各种交通工具需要燃料作动力，需要化学工业为其提供橡胶、塑料等制品；人们用到的药品、洗涤品、化妆品等也都是化学制剂。

化学工业为其他工业提供必需的物质基础，化工产品广泛应用于各类工业，特别是为轻工业、交通行业、服装产业等提供必不可少的原料。化学工业还为国防提供火药、炸药和多种具有特殊性能的化学品，如高能燃料、高能电池、高敏胶片以及耐高温、耐辐射材料等。

化学工业对科学技术的进步具有不可忽视的推动作用。例如光学材料、超导材料、超强材料等各种功能材料和新型复合材料的问世与应用，使科学技术快速发展、日新月异。

1.2 化学工业的发展趋势

高新技术的发展对现代化学工业提出了更高、更新的要求，促进了化学工业的进步，同时化学工业提供的物质技术基础又为高新技术的发展创造了条件。21世纪化学工业的发展趋势介绍如下。

(1) 原料、产品和生产方法多样化

化学工业能充分利用自然资源，用同一原料可以制造出许多不同的产品。例如，石油经过炼制可以得到各种用途的油品，进一步深度加工又可得到石油化工的基本原料（如乙烯、丙烯、芳烃等），进而可以合成纤维、塑料、橡胶等多种产品。而且，采用不同的原料和生产方法也可以制得同一种产品。

(2) 生产规模的大型化

生产规模是化工过程经济效益的一个重要影响因素，单位年生产能力的投资及生产成本，会随着生产规模的增加而减小。因此，从20世纪50年代起，化工企业的生产规模显著增大。如乙烯单系列规模从20世纪50年代的50kt/a发展到20世纪70年代新建的0.1～0.3Mt/a，20世纪80年代新建的乙烯装置最大生产能力达0.68Mt/a。2021年，浙江石油化工有限公司4000万t/a炼化一体化项目全面投产。此外，恒力石化股份有限公司作为国家重点支持的七大石化产业基地之一，预计到2030年，炼化一体化原油一次加工能力将达到4000万t/a。

(3) 精细化工将得到快速发展

精细化工产品更新换代快，市场寿命短，技术专利性强，产品附加值高。一种精细化工产品的研究开发，不仅需要多个学科相互交叉配合，而且还需要对大量的化合物进行筛选及优化。再加上各国对环保及产品的毒性控制要求日益严格，因此要获得高品质、高效率且性能稳定、有市场竞争力的精细化工产品，就必须掌握多项先进技术并进行严格的科学管理。许多世界著名的跨国公司都把精细化工作为首要的发展方向，其发展规模也越来越大。精细化工在化学工业产值中所占比重被认为是一个国家化学工业发达程度的标志之一。

(4) 绿色化工将是化学工业可持续发展的必然趋势

绿色化工的核心内容之一是采用原子经济反应，要求在化工生产中投入的原料分子的每个原子都能转化为对人类有用的产物，即反应没有废物，做到"零排放"，实现可持续发展。

清洁生产是实现经济和环境协调发展的最佳选择，它将对推动化工企业提高资源和能源的利用效率，减少污染物的排放总量，转变经济增长方式和污染防治方式，实现可持续发展起到关键的作用，是化工行业发展的必然趋势。在此背景下，大批清洁能源技术应运而生，比如风能、太阳能等。据权威机构统计，我国陆地70m高度3级及3级以上的风能技术开发量已经超过2.6×10^{12}W。

（5） 化工新材料将得到蓬勃发展

高新技术产业（如航天、汽车、电子、信息、能源）的快速发展需要各种新材料，原有的三大合成材料（合成塑料、合成橡胶和合成纤维）在品质、性能和差别化方面都会得到很大的提高。大力开发生产各种新材料，已成为化学工业的战略任务。根据中国石油和化学工业联合会化工新材料专委会数据，2022年我国化工新材料产量超过3100万吨，整体市场规模达1.13万亿元，到2035年我国化工新材料市场规模有望超过20万亿元，年均复合增长率15%以上。

（6） 化学工业以技术创新为发展动力

化学工业是一个技术密集型的行业，技术创新是取得优势的关键。进入21世纪以来，全球科技创新进入空前密集活跃的时期，新一轮科技革命和产业变革进程加快，国际竞争日益激烈，全球产业格局正在发生重构，对我国化学工业的高质量发展创新提出了更高的要求。一方面，贯彻党中央部署，做好"双碳"工作需要创新；构建"以国内大循环为主体、内外双循环相互促进"的新发展格局需要创新；未来要实现由化工大国向化工强国的跨越需要创新。另一方面，中国要端牢自己的饭碗需要化肥、农药等农化产品的创新；中国要打造高端制造业强国需要高端化工产品和高性能材料的创新，要实现强国强军梦想更需要特种化学品和化工新材料的不断创新。

（7） 化学工业使信息技术的应用越来越广泛

化学工业将更多地借助信息技术进行开发、设计，信息技术在计算分子科学、计算流体力学、过程模型化模拟、操作最佳化控制方面均可起到更重要的作用。这些技术的运用使化工产品生产过程从反应设计、实验优化放大到生产控制管理的全过程更为科学、可靠、可行，是传统化工的研发方式、生产方式、管理方式的巨大变革。

总之，当前科学技术的进步正把世界推向一个信息经济时代，化学工业正经历着技术的快速更替、创新以及管理的重大改革，并向高附加值、高技术含量及高发展潜力的方向进步。

1.3　化工工艺学的研究范畴和任务

化工工艺学是根据技术上先进、经济上合理的原则，研究如何把原料经过化学和物理处理，制成有使用价值的生产资料和生活资料的方法和过程的一门科学。其本质是研究产品生产的"技术"、"过程"和"方法"，主要研究内容包括三个方面，即生产的工艺流程、生产的工艺操作控制条件和技术管理控制条件，以及安全和环境保护措施。化工生产首先要有一个工艺上合理、技术上先进、经济上有利的"工艺流程"，可以保证从原料进入流程到产品产出，整个过程顺畅，原料的利用率高，能耗物耗少。这个流程通过一系列设备和装置的串联或并联，组成一个有机流水线。其次是要有一套合理的、先进的、经济上有利的"工艺操作控制条件"和"质量保证体系"，它包括反应的温度、压力、催化剂及原料和原料准备、投料配比、反应时间、生产周期、分离水平和条件、后处理加工包装等，以及对这些操作参数的监控、调节手段。除此之外，在整个生产过程中，要保证人身安全和设备设施的安全运行，遵守卫生标准和要求，保护环境，杜绝公害，减少污染，对产生的污染一定要综合治理。

化工工艺学主要研究化工生产工艺，其任务一是进行生产具体化工产品工艺流程的组织、优化；二是将各单个化工单元操作在以产品为目标的前提下进行集成并合理匹配、关联；三是在确保产品质量的前提下实现全系统的能量、物料及安全环保等因素的最优化。

1.4　化工工艺学的发展历程

　　化工工艺学是化学工业及相关产业的重要基础和技术支撑，是化学工业的基础科学。化工工艺学的发展与化学工业的进步紧密联系在一起，化学工业的进步有效推动了化工工艺学的发展和创新，而化工工艺学的发展又推动着化学工业的进步。

　　从远古时代起，人类的生活、生产已涉及诸多化工工艺过程，如造纸、制革、天然染料的提取等，这些谓之古代的化学工业，此时，化工工艺学还处在感性认知阶段。

　　到了18世纪，工业革命使得机器代替了手工劳动，工厂代替了手工作坊，近代化学工业随之形成和发展起来。机器制造业的快速发展为化学工业生产带来了又一次革命性发展，冶金和城市煤气的快速发展，增加了人们对金属材料的认知和需求，也推动了炼焦行业的发展，形成了以煤焦油提纯为体系的有机化学工业体系。天然染料、药品、香料和炸药也被大量生产。这些工业生产技术的进步，推动了分析化学、有机化学和物质结构理论的快速发展，科学家们相继发现了热力学第一、第二和第三定律，对化学平衡原理和化学结构概念也形成一定共识，各类单元操作也从小试阶段走向中试及放大化规模，建立了相应的单元工艺。化工工艺学由感性认识转向理性认识，并用以指导和推动化工生产。

　　19世纪末到20世纪初，合成氨工艺的诞生，使火药及农业产品迅速发展。催化剂、反应设备的开发及优化，有效提高了生产效率，使产品质量得到进一步改善。伴随着工艺路线的改进，化学反应动力学等理论也逐步完善。

　　20世纪50年代，以石油和天然气为原料的深加工工艺得到快速发展，经裂解技术生产烯烃、芳烃等产品，为基本有机化工提供合成原料，石油化工逐步成为现代化学工业的支柱。合成原料路线的改变，大大促进了工艺学的发展，更新、更先进的反应单元相继建立。与此同时，催化剂的分子设计理论日渐完善。

　　进入21世纪，单纯的化学产品已无法满足工农业生产及人们生活的需求，导向性强、效率性高的产品的开发加快了新工艺和新技术的发展，有效推动了工艺学的创新。在生产过程中，人们又清楚认识到，绿色化工工艺是时代发展的必然要求，新型工艺中必须体现高收率、低废弃物及零排放的设计理念，同时，要实现可再生资源的重复使用。为了提高过程效率、节能减耗，工艺学的一个重要发展趋势是由简约式生产向集成化过程转变。另外，计算化学、量子化学及其他新兴学科与化学工业的融合，也有效加快了化工产品的研制及新工艺的开发。

 思考题

　　1. 简述化学工业在国民经济中的地位和作用。
　　2. 化工工艺学的研究范畴和主要任务是什么？
　　3. 假如你是化工产品生产工艺的设计人员，在进行工艺设计时应该考虑哪些因素？

第 2 章 化工工艺基础

本章学习重点

1. 掌握化工生产过程及工艺流程；了解化工生产过程的主要效率指标。
2. 掌握反应条件对化学平衡和反应速率的影响。
3. 了解催化剂的性能及使用。

2.1 化工生产过程及工艺流程

2.1.1 化工生产过程

化工生产过程一般可概括为原料预处理、化学反应及产品的分离和精制三大步骤。

（1）原料预处理

原料预处理的主要目的是使初始原料达到反应所需要的状态和规格。例如固体需破碎、过筛；液体需加热或汽化；有些反应物要预先脱除杂质，或配制成一定浓度的溶液。在多数生产过程中，原料预处理本身就很复杂，要用到许多物理的和化学的方法和技术，有些原料预处理成本占总生产成本的大部分。

（2）化学反应

化学反应是化工生产过程的核心，实现了由原料到产物的转变。反应温度、压力、浓度、催化剂（多数反应需要）或其他物料的性质以及反应设备的技术水平等各种因素对产品的质量和品质均有重要影响，是化工工艺学研究的重点内容。

化学反应类型繁多，若按反应特性分，有氧化、还原、加氢、脱氢、歧化、异构化、烷基化、羰基化、分解、水解、水合、偶合、聚合、缩合、酯化、磺化、硝化、卤化、重氮化等众多反应；若按反应体系中物料的相态分，有均相反应和非均相反应（多相反应）；若根据是否使用催化剂来分，有催化反应和非催化反应。催化反应又可分为催化剂与反应物处于同一相态的均相催化反应以及催化剂与反应物处于不同相态的多相催化反应。

实现化学反应过程的设备称为反应器。工业反应器的类型众多，不同反应过程所用的反应器形式不同。反应器按结构特点分，有管式反应器（可装填催化剂，也可是空管）、床式反应器（固定床、移动床、流化床以及沸腾床等）、釜式反应器和塔式反应器等；按操作方式分，反应器有间歇式、连续式和半连续式三种；按换热状况分，有等温反应器、绝热反应器和变温反应器。

(3) 产品的分离和精制

产品的分离和精制是为了获取符合要求的产品，并回收、利用副产物。在多数反应过程中，由于诸多原因，反应后的产物是包括目的产物在内的许多物质的混合物。有时目的产物的浓度很低，必须对反应后的混合物进行分离、提浓和精制，才能得到符合要求的产品，同时要回收剩余反应物，以提高原料利用率。

分离和精制的方法和技术是多种多样的，通常有冷凝、吸收、吸附、冷冻、闪蒸、精馏、萃取、渗透（膜分离）、结晶、过滤和干燥等，不同生产过程可以有针对性地采用相应的分离和精制方法。分离出来的副产物和"三废"也应加以利用或处理。

化工过程常常包括多步反应转化过程，除了起始原料和最终产品外，尚有多种中间产物生成，原料和产品也可能是多个。因此化工生产过程通常由上述三个步骤交替组成，以化学反应为中心，将反应与分离过程有机地组织起来。

2.1.2 化工生产工艺流程

2.1.2.1 工艺流程和流程图

原料需要经过包括物质和能量转换的一系列加工，方能转变成所需产品，实施这些转换需要由相应的功能单元来完成，按物料加工顺序将这些功能单元有机地组合起来，构筑成工艺流程。将原料转变成化工产品的工艺流程称为化工生产工艺流程。

化工生产工艺流程是丰富多彩的，不同产品的生产工艺流程固然不同，同一产品用不同原料来生产，工艺流程也大不相同。有时即使原料相同，产品也相同，若采用的工艺路线或加工方法不同，在流程上也有区别。工艺流程多采用图示方法来表达，称为工艺流程图。

在化工工艺学教科书中主要采用工艺流程示意图，它简明地反映出由原料到产品的生产过程中各物料的流向和经历的加工步骤，从中可了解每个操作单元或设备的功能以及相互间的关系、能量的传递和利用情况、副产物和"三废"的排放及其处理方法等重要工艺和工程知识。

2.1.2.2 化工生产工艺流程的组织

工艺流程的组织或合成是化工过程开发和设计中的重要环节。组织工艺流程需要有化学、物理的理论基础以及工程知识，要结合生产实践，借鉴前人的经验。同时，可运用推论分析、功能分析、形态分析等方法论来进行流程的设计。

(1) 推论分析法

推论分析法是从"目标"出发，寻找实现此"目标"的"前提"，将具有不同功能的单元进行逻辑组合，形成一个具有整体功能的系统。

该方法可用"洋葱"模型表示（图2-1）。通常化工过程设计以反应器为核心开始，离开反应器的由未反应原料、产品和副产品组成的混合物，需要进一步分离，分离出的未反应原料再循环利用。因

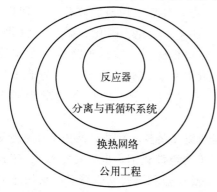

图2-1 化工工艺过程的"洋葱"模型

此,反应器的设计决定了分离与再循环系统涉及的要解决的问题,紧随反应器设计的是分离与再循环系统设计。反应器的设计和分离与再循环系统的设计决定了全过程的冷、热负荷。因此,第三步就是换热网络设计。经过热量回收而不能满足的冷、热负荷决定了外部公用工程的选择与设计。推论分析法采用的是"洋葱"逻辑结构,整个过程可由洋葱图形象地表示,只是通常的工艺流程不包括最外层的公用工程。

（2）功能分析法

功能分析法是缜密地研究每个单元的基本功能和基本属性,然后组成几个可以比较的方案以供选择的方法。因为每个功能单元的实施方法和设备形式通常有许多种选择,因而可组织出具有相同整体功能的多种流程方案,再通过形态分析和过程的数学模拟进行评价和选择,以确定最优的工艺流程方案。

（3）形态分析法

形态分析法是对每种可供选择的方案进行精确的分析和评价,择优汰劣,选择其中最优方案的方法。评价需要有判据,而判据是针对具体问题来拟定的,原则上应包括:①是否满足所要求的技术指标;②经济指标的先进性;③环境、安全和法律;④技术资料的完整性和可信度。经济和环境因素是形态分析的重要判据,提高原材料及能量利用率是很关键的问题,它不仅节约资源、能源,降低产品成本,而且也从源头上减少了污染物的排放。下面以两个实例说明。

[例 2-1] 丙烯液相水合制异丙醇流程,其反应式为

$$H_3C-CH=CH_2 + H_2O \rightleftharpoons H_3C-\underset{\underset{OH}{|}}{C}H-CH_3 + Q \tag{2-1}$$

该反应在 20MPa 和 200~300℃ 及硅钨酸催化剂水溶液中进行,有 60%~70% 的丙烯转化,其中 98%~99% 转化为异丙醇,尚有 30%~40% 的丙烯未反应。丙烯是价贵的原料,直接排放既浪费又污染环境。如何提高丙烯原料的利用率,工业上采用的流程如图 2-2 所示。

这类工艺流程称为循环流程,其特点是未反应的反应物从产物中分离出来,再返回反应器。其他一些物料如催化剂、溶剂等再返回反应器也属于循环。循环流程的主要优点是能显著地提高原料利用率,减少系统排放量,降低原料消耗,也能减少对环境的污染。它适用于反应后仍有较多原料未转化的情况。

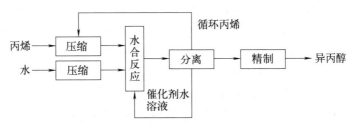

图 2-2 丙烯液相水合制异丙醇流程

[例 2-2] 丙烯腈生产过程中分离与精制流程的选择。丙烯腈生产中的主反应为

$$C_3H_6 + NH_3 + 3/2O_2 \xrightarrow{催化剂} H_2C=CHCN + 3H_2O \tag{2-2}$$

主要副反应有

$$C_3H_6 + 3/2NH_3 + 3/2O_2 \xrightarrow{催化剂} 3/2CH_3CN + 3H_2O \tag{2-3}$$

$$C_3H_6 + 3NH_3 + 3O_2 \xrightarrow{催化剂} 3HCN + 6H_2O \tag{2-4}$$

反应后混合物中除产物丙烯腈外，尚有副产物氢氰酸、乙腈及少量未反应的氨、丙烯，需对它们进行分离。

丙烯氨氧化后，首先用硫酸中和从反应器流出的物料中未反应的氨，然后用大量的5～10℃冷水将丙烯腈、氢氰酸、乙腈等吸收，而未反应的丙烯和氧等气体不被吸收，自吸收塔顶排出，再经催化燃烧无害化处理后排放至大气。从吸收塔流出的水溶液中含有丙烯腈和副产物，一般是用精馏方法来分离。在此可组织出两种流程供选择：

① 将丙烯腈和各副产物同时从水溶液中蒸发出来，冷凝后再逐个精馏分离；

② 采用萃取精馏法先将丙烯腈和HCN解吸出来，乙腈留在水溶液中，然后分离丙烯腈和HCN。

对于第①种流程，由于丙烯腈的沸点（77.3℃）与乙腈沸点（81.6℃）相近，普通精馏方法难以将它们分离，不满足产品的高回收率和高纯度的技术指标，且处理过程复杂。对于第②种流程，因为乙腈与水完全互溶，而丙烯腈在水中的溶解度很小，若用大量水作萃取剂，可增大两者的相对挥发度，使精馏分离变得容易。该流程如图2-3所示，在萃取精馏塔的塔顶蒸出丙烯腈-氢氰酸-水三元共沸物，经冷却冷凝分为水相和油相两层，水相流回塔中，油相含有80%以上的丙烯腈、10%左右的氢氰酸，其余为水和微量杂质，它们的沸点相差很大，普通精馏方法即可分离。乙腈水溶液由塔底流出，送去回收和精制乙腈。

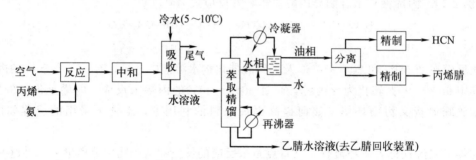

图2-3 萃取精馏法分离回收丙烯腈的流程示意图

该流程可获得纯度很高的聚合级丙烯腈，回收率也高，且处理过程较简单。对比结果，第②种流程优于第①种流程，工业上得到广泛采用。

化学工业广泛地使用热能、电能和机械能，是耗能大户。在组织工艺流程时，不仅要考虑高收率、高质量，还要考虑合理地利用、回收能量，做到最大限度地节约能源，才能达到经济先进性。例如，有的反应是放热的，为维持反应温度不升高，需要及时移出反应热，因此应该安排回收和利用此热能的设备。对于吸热反应，其供热热源的余热也应加以利用，例如燃料燃烧后的高温烟道气，应尽量回收利用其热量，使烟道气温度降到100℃或更低，才能由烟囱排出。

热能有不同的温位，要有高的利用率，应合理地安排相应的回收利用设备，能量回收利用的效率体现了工艺流程及技术水平的高低。高温位的热能，例如700℃以上高温反应后的工艺气，应先引入废热锅炉，利用高温热能产生高压蒸汽，作为动力能源驱动发电机、压缩机、泵等。降温后的工艺气可进入热交换器加热其他物料，然后进入温度较低的后处理单元。中等温位的热能多通过热交换器来加以利用，还可以通过热泵或吸收式制冷机来利用热量。低温位的热能可用于锅炉给水的预热、蒸馏塔的再沸器加热等。总之，应尽可能利用物料所带的显热，使之在离开系统时接近环境温度，以免热量散失到环境中。

2.2 化工生产过程的主要效率指标

2.2.1 生产能力和生产强度

(1) 生产能力

生产能力系指一个设备、一套装置或一个工厂在单位时间内生产的产品量,或在单位时间内处理的原料量。其单位为 kg/h、t/d 或 kt/a 等。

化工生产过程涉及化学反应以及热量、质量和动量传递等过程,在许多设备中可能同时进行上述几种过程,需要分析各种过程各自的影响因素,然后进行综合和优化,找出最佳操作条件,才能有效地提高设备生产能力。设备或装置在最佳条件下可以达到的最大生产能力,称为设计能力。由于技术水平不同,同类设备或装置的设计能力可能不同,使用设计能力大的设备或装置能够降低投资和成本,提高生产率。

(2) 生产强度

生产强度为设备单位特征几何量的生产能力,即设备单位体积的生产能力,或单位面积的生产能力。其单位为 $kg/(h \cdot m^3)$、$t/(d \cdot m^3)$、$kg/(h \cdot m^2)$、$t/(d \cdot m^2)$ 等。生产强度指标主要用于比较相同反应过程或物理加工过程的设备或装置的优劣。设备中进行的过程速率大,其生产强度就高。

在分析对比催化反应器的生产强度时,通常要看在单位时间内,单位体积催化剂或单位质量催化剂所获得的产品量,亦即催化剂的生产强度,有时也称为时空收率。其单位为 $kg/(m^3$ 催化剂$\cdot h)$、$kg/(kg$ 催化剂$\cdot h)$ 等。

(3) 有效生产周期

有效生产周期常用开工因子来表示。

$$开工因子 = \frac{全年开工生产天数}{365} \tag{2-5}$$

开工因子通常在 0.9 左右,开工因子大意味着停工检修带来的损失小,即设备先进可靠、催化剂寿命长。

2.2.2 化学反应的效率——合成效率

(1) 原子经济性

原子经济性 (atom economy) 由美国 Stanford 大学的 B. M. Trost 教授首次提出,并因此获得 1998 年美国"总统绿色化学挑战奖"的学术奖。

原子经济性 AE 定义为

$$AE = \left(\frac{\sum_i P_i Ar_i}{\sum_j F_j Ar_j} \right) \times 100\% \tag{2-6}$$

式中 P_i——目的产物分子中各类原子数;
F_j——反应原料中各类原子数;

Ar——相应各类原子的原子量。

[例 2-3] 环氧丙烷两种制法的原子经济性比较。

氯醇法：
$$C_3H_6 + Cl_2 + Ca(OH)_2 \longrightarrow C_3H_6O + CaCl_2 + H_2O$$

$$AE = \frac{C_3H_6O}{C_3H_6 + Cl_2 + Ca(OH)_2} \times 100\% = \frac{58}{42+71+74} \times 100\% = 31\%$$

过氧化氢法：
$$C_3H_6 + H_2O_2 \longrightarrow C_3H_6O + H_2O$$

$$AE = \frac{C_3H_6O}{C_3H_6 + H_2O_2} \times 100\% = \frac{58}{42+34} \times 100\% = 76\%$$

（2）环境因子

环境因子由荷兰化学家 Sheldon 提出，定义为

$$E = \frac{废物质量}{目标产物质量} \tag{2-7}$$

上述指标从本质上反映了合成工艺是否最大限度地利用了资源，避免了废物的产生和由此而带来的环境污染。

2.2.3 转化率、选择性和收率

化工过程的核心是化学反应，提高反应的转化率、选择性和收率是提高化工过程效率的关键。

（1）转化率

转化率（conversion）指某一反应物参加反应而转化的量占该反应物起始量的分率或百分率，用符号 X 表示。其定义式为

$$X = \frac{某一反应物的转化量}{该反应物的起始量} \tag{2-8}$$

转化率表征原料的转化程度。对于同一反应，若反应物不仅有一个，那么，不同反应组分的转化率在数值上可能不同。对于反应

$$v_A A + v_B B \longrightarrow v_R R + v_S S \tag{2-9}$$

反应物 A 和 B 的转化率分别是

$$X_A = (n_{A,0} - n_A)/n_{A,0} \tag{2-10}$$

$$X_B = (n_{B,0} - n_B)/n_{B,0} \tag{2-11}$$

式中 X_A、X_B——组分 A 和组分 B 的转化率；

$n_{A,0}$、$n_{B,0}$——组分 A 和组分 B 的起始量，mol；

n_A、n_B——反应后组分 A 和 B 的剩余量，mol；

v_A、v_B、v_R、v_S——化学计量系数。

人们常常对关键反应物的转化率感兴趣。所谓关键反应物是指反应物中价值最高的组分，为使其尽可能转化，常使其他反应组分过量。对于不可逆反应，关键反应物的转化率最大为 100%；对于可逆反应，关键反应物的转化率最大为其平衡转化率。

计算转化率时，反应物起始量的确定很重要。对于间歇过程，以反应开始时装入反应器的某反应物料量为起始量；对于连续过程，一般以反应器进口物料中某反应物的量为起始量。对于循环式流程（见图 2-4）来说，则有单程转化率和全程转化率之分。

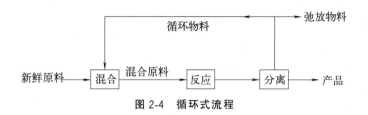

图 2-4 循环式流程

单程转化率指原料每次通过反应器的转化率，例如原料中组分 A 的单程转化率为

$$X_A = \frac{\text{组分 A 在反应器中的转化量}}{\text{反应器进口物料中组分 A 的量}} = \frac{\text{组分 A 在反应器中的转化量}}{\text{新鲜原料中组分 A 的量} + \text{循环物料中组分 A 的量}} \quad (2\text{-}12)$$

全程转化率（又称总转化率）是指新鲜原料进入反应系统到离开该系统所达到的转化率。例如，原料中组分 A 的全程转化率为

$$X_{A,\text{tot}} = \frac{\text{组分 A 在反应器中的转化量}}{\text{新鲜原料中组分 A 的量}} \quad (2\text{-}13)$$

(2) 选择性

对于复杂反应体系，同时存在生成目的产物的主反应和生成副产物的副反应，只用转化率来评价化工过程是不够的。因为，尽管有的反应体系原料转化率很高，但大多数转变成副产物，目的产物很少，意味着许多原料浪费了。所以需要用选择性（selectivity）这个指标来评价反应过程的效率。选择性系指体系中转化成目的产物的某反应物的量与参加所有反应而转化的该反应物总量之比，用符号 S 表示，其定义式如下

$$S = \frac{\text{转化为目的产物的某反应物的量}}{\text{该反应物的转化总量}} \quad (2\text{-}14)$$

选择性也可按下式计算

$$S = \frac{\text{实际所得的目的产物量}}{\text{按某反应物的转化总量计算应得到的目的产物理论量}} \quad (2\text{-}15)$$

式（2-15）中的分母是按主反应式的化学计量关系来计算的，并假设转化了的所有反应物全部转变成目的产物。例如反应式（2-9）中，每转化 1mol 的组分 A，理论上应得到 v_R/v_A mol 的产物 R。

在复杂反应体系中，选择性是个很重要的指标，它表达了主、副反应进行程度的相对大小，能确切反映原料的利用是否合理。

(3) 收率

收率（yield）是从产物角度来描述反应过程的效率，符号为 Y，其定义式为

$$Y = \frac{\text{转化为目的产物的某反应物的量}}{\text{该反应物的起始量}} \quad (2\text{-}16)$$

根据转化率、选择性和收率的定义可知，相对于同一反应物而言，三者有以下关系

$$Y = SX \quad (2\text{-}17)$$

对于无副反应的体系，$S=1$，故收率在数值上等于转化率，转化率越高则收率越高；有副反应的体系，$S<1$，希望在选择性高的前提下转化率尽可能高。但是，通常使转化率提高的反应条件往往会使选择性降低，所以不能单纯追求高转化率或高选择性，而要两者兼顾，使目的产物的收率最高。

对于反应式（2-9）的关键反应物组分 A 和目的产物 R 而言，产物 R 的收率为

$$Y_R = \frac{v_A}{v_R} \times \frac{\text{产物 R 的生成量}}{\text{反应物 A 的起始量}} \quad (2\text{-}18)$$

式中 v_A——组分 A 的化学计量系数；

v_R——产物 R 的化学计量系数。

产物和反应物的量以摩尔为单位。

有循环物料时，也有单程收率和总收率之分。与转化率相似，对于单程收率而言，式（2-16）中的分母系指反应器进口处混合物中的该原料量，即新鲜原料与循环物料中该原料量之和。而对于总收率，式（2-16）中分母系指新鲜原料中的该原料量。

（4）质量收率

质量收率（mass yield）系指投入单位质量的某原料所能生产的目的产物的质量，即

$$Y_m = \frac{目的产物的质量}{某原料的起始质量} \tag{2-19}$$

2.2.4 平衡转化率和平衡收率

可逆反应达到平衡时的转化率称为平衡转化率，此时所得产物的收率为平衡收率。平衡转化率和平衡收率是可逆反应所能达到的极限值（最大值），但是，反应达到平衡往往需要相当长的时间。随着反应的进行，正反应速率降低，逆反应速率升高，所以净反应速率不断下降直到零。在实际生产中应保持高的净反应速率，不能等待反应达到平衡，故实际转化率和收率比平衡值低。若平衡收率高，则可获得较高的实际收率。化工工艺学的任务之一是通过热力学分析，寻找提高平衡收率的有利条件，并计算出平衡收率。

2.3 反应条件对化学平衡和反应速率的影响

反应温度、压力、浓度、反应时间、原料的纯度和配比等众多条件是影响反应速率和化学平衡的重要因素，关系到生产过程的效率。在本书其他各章中均有具体过程的影响因素分析，此处仅简述以下几个重要因素的影响规律。

2.3.1 温度的影响

（1）温度对化学平衡的影响

对于不可逆反应不需考虑化学平衡。对于可逆反应，其平衡常数与温度的关系为

$$\lg K = -\frac{\Delta H^\ominus}{2.303RT} + C \tag{2-20}$$

式中 K——平衡常数；

$\Delta H^\ominus$——标准反应焓差，J/mol；

R——气体常数，8.314J/(mol·K)；

T——反应温度，K；

C——积分常数。

对于吸热反应，$\Delta H^\ominus > 0$，K 值随着温度升高而增大，温度升高有利于反应进行，产物的平衡收率增加。

对于放热反应，$\Delta H^{\ominus}<0$，K 值随着温度升高而减小，温度升高平衡收率降低，故只有降低温度才能使平衡收率增大。

（2）温度对反应速率的影响

反应速率系指单位时间、单位体积某反应物组分的消耗量，或某产物的生成量。反应速率方程通常可用浓度的幂函数形式表示，例如，对于反应

$$a\text{A}+b\text{B}\Longrightarrow d\text{D} \tag{2-21}$$

其反应速率方程为

$$r=k_{正} C_\text{A}^a C_\text{B}^b - k_{逆} C_\text{D}^d \tag{2-22}$$

式中　$k_{正}$、$k_{逆}$——正、逆反应速率常数；
　　　a、b、d——组分 A、B、D 的分级数；
　　　C——浓度。

反应速率常数与温度的关系见阿伦尼乌斯方程，即

$$k=A\exp\left(\frac{-E}{RT}\right) \tag{2-23}$$

式中　k——反应速率常数；
　　　A——指前因子或频率因子；
　　　E——反应活化能，J/mol。

由式（2-23）可知，k 总是随温度的升高而增加（有极少数例外）。一般反应温度每升高 10℃，k 增大 2~4 倍，在低温范围增加的倍数比高温范围大些，活化能大的反应其速率随温度升高增长更快些。对于不可逆反应，逆反应速率忽略不计，故产物生成速率总是随温度的升高而加快；对于可逆反应而言，正、逆反应速率之差即为产物生成的净速率。温度升高时，正、逆反应速率常数都增大，所以正、逆反应速率都提高，净速率是否增加呢？

经过对速率方程式的分析得知：对于吸热的可逆反应，净速率 r 总是随着温度的升高而增大；而对于放热的可逆反应，净速率随温度变化有三种可能性，即

$$\left(\frac{\partial r}{\partial T}\right)_C>0,\ \left(\frac{\partial r}{\partial T}\right)_C=0,\ \left(\frac{\partial r}{\partial T}\right)_C<0$$

当温度较低时，净速率随温度的升高而增大；当温度超过某一值后，净速率开始随着温度的升高而减小。净速率有一个极大值，此极大值对应的温度称为最佳反应温度（T_{op}），亦称最适宜反应温度。净速率随温度的变化如图 2-5 曲线所示。

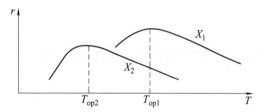

图 2-5　净速率随温度的变化关系
注：$X_2>X_1$

通过对反应速率方程求极值，可推导出最佳反应温度的计算公式

$$T_{op}=\frac{T_e}{1+\dfrac{RT}{E_{正}-E_{逆}}\times\ln\dfrac{E_{正}}{E_{逆}}} \tag{2-24}$$

式中　$E_{正}$、$E_{逆}$——正、逆反应活化能，J/mol；
　　　T_e——反应体系中实际组成对应的平衡温度，K。

理论上讲，放热可逆反应应在最佳反应温度下进行，此时净反应速率最大。对于不同转化率 X，T_{op} 值是不同的，随转化率的升高，T_{op} 下降。活化能不同，T_{op} 值也不同。

2.3.2 浓度的影响

根据反应平衡移动原理,反应物浓度越高,越有利于平衡向产物方向移动。当有多种反应物参加反应时,往往使价廉易得的反应物过量,从而可以使价贵或难得的反应物更多地转化为产物,提高其利用率。从反应速率式(2-22)可知,反应物浓度越高,反应速率越大。一般在反应初期,反应物浓度高,反应速率大,随着反应的进行,反应物逐渐消耗,反应速率逐渐减小。提高反应物浓度,可以提高反应速率。

提高反应物浓度的方法有:对于液相反应,采用能提高反应物溶解度的溶剂,或者在反应中蒸发或冷冻部分溶剂等;对于气相反应,可适当压缩或降低惰性物的含量等。

对于可逆反应,反应物浓度与其平衡浓度之差是反应的推动力,此推动力越大则反应速率越大。所以,在反应过程中不断从反应区域取出生成物,使反应远离平衡,既保持了高速率,又使平衡不断向产物方向移动,这对于受平衡限制的反应,是提高收率的有效方法之一。近年来,反应-精馏、反应-膜分离、反应-吸附(或吸收)等新技术、新过程应运而生,这些过程使反应与分离一体化,产物一旦生成,立刻被移出反应区,因而反应始终是远离平衡的。

2.3.3 压力的影响

一般来说,压力对液相和固相反应的化学平衡影响较小。气体的体积受压力影响大,故压力对有气相物质参加的反应平衡影响很大,其规律为:①对气体分子数增加的反应,降低压力可以提高平衡收率;②对气体分子数减少的反应,压力升高,产物的平衡收率增大;③对气体分子数没有变化的反应,压力对平衡收率无影响。

在一定的压力范围内,加压可减小气体反应体积,且有利于加快反应速率;但压力过高,能耗增大,设备投资增加,反而不经济。

惰性气体的存在,可降低反应物的分压,对反应速率不利,但有利于气体分子数增加的反应的平衡收率。

2.4 催化剂的性能及使用

据统计,当今90%的化学反应中均包含催化过程,催化剂在化工工艺中占有相当重要的地位,其作用主要体现在以下几方面。

(1) 提高反应速率和选择性

许多反应,虽然在热力学上是可能进行的,但反应速率太慢或选择性太低,不具有实用价值,一旦使用催化剂,则可实现工业化,为人类生产出重要的化工产品。例如,近代化学工业的起点——合成氨工业,就是以催化作用为基础建立起来的。近年来合成氨催化剂性能不断改善,氨收率随之提高,有些催化剂可以在不降低收率的前提下,将操作压力降低,使吨氨能耗大为降低。许多有机反应之所以得到应用,在很大程度上依赖于开发和采用了具有优良选择性的催化剂。例如乙烯与氧反应,如果不用催化剂,乙烯会完全氧化生成CO_2和

H_2O,毫无应用意义,当采用了银催化剂后,则促使乙烯选择性地氧化生成环氧乙烷,它可用于制造乙二醇、合成纤维等许多实用产品。

(2) 改进操作条件

采用或改进催化剂可以降低反应温度和操作压力,提高化学加工过程的效率。例如,乙烯聚合反应若以有机过氧化物为引发剂,要在 200~300℃ 及 100~300MPa 下进行,采用烷基铝-四氯化钛配位化合物催化剂后,反应只需在 85~100℃ 及 2MPa 下进行,条件十分温和。20 世纪 50 年代的催化剂效率是每克钛能产 1~2kg 聚乙烯,20 世纪 60 年代末开发出镁化合物负载的钛铝配位化合物催化剂,效率为每克钛 80~100kg 聚乙烯,后来每克钛达到 300~600kg 聚乙烯。有报道称现在使用的高效催化剂每克钛可达 6530kg 聚乙烯。因此不必从产物中除去催化剂,简化了乙烯聚合后处理流程,聚乙烯产品质量也得到提高。

高选择性的催化剂可以明显地提高过程效率,副产物大大减少,从而提高了过程的原子经济性,简化了分离流程,减少了污染。

(3) 催化剂有助于开发新的反应过程,发展新的化工技术

工业上一个成功的例子是甲醇羰基化合成醋酸的过程。工业醋酸原先是由乙醛氧化法生产,原料价贵,生产成本高。在 20 世纪 60 年代,德国 BASF 公司借助钴配位化合物催化剂,开发出以甲醇和 CO 羰基化合成醋酸的新反应过程和工艺;美国孟山都公司于 20 世纪 70 年代开发出铑配位催化剂,使该反应的条件更温和,醋酸收率高达 99%,成为当今醋酸生产的先进工艺。

另一个例子是钛硅分子筛(TS-1)在烃类选择性氧化领域的应用,实现了许多新的环境友好反应过程,如在 TS-1 催化下环己酮过氧化氢氨氧化直接合成环己酮肟,简化了己内酰胺合成工艺,消除了固体废物硫酸铵的生成。该催化剂还实现了丙烯过氧化氢氧化制环氧丙烷的工艺过程,没有任何污染物生成,是一个典型的清洁工艺。

(4) 催化剂在能源开发和消除污染中可发挥重要作用

借助催化剂可以从石油、天然气和煤这些自然资源生产数量更多、质量更好的二次能源;一些新能源的开发也需要催化剂,例如光分解水获取氢能源,其关键是催化剂;燃料电池中的电极也是由具有催化作用的镍、银等金属细粉附着在多孔陶瓷上做成的。

高选择性催化剂的研制及应用,从根本上减少了废物的生成量,是从源头减少污染的重要措施。对于现有污染物的治理,催化剂也具有举足轻重的地位。例如,汽车尾气的催化净化,工业含硫尾气的克劳斯催化法回收硫,有机废气的催化燃烧,废水的生物催化净化和光催化分解等。

2.4.1 催化剂的基本特征

在一个反应系统中因加入了某种物质而使化学反应速率明显加快,但该物质在反应前后的数量和化学性质不变,称这种物质为催化剂。催化剂的作用是它能与反应物生成不稳定中间化合物,改变了反应途径,活化能得以降低。由阿伦尼乌斯公式可知,活化能降低可使反应速率常数 k 增大,从而加速了反应。有些反应所产生的某种产物也会使反应速率加快,这种现象称为自催化。能明显降低反应速率的物质称为负催化剂或阻化剂。工业上用得最多的是加快反应速率的催化剂,以下内容仅与此类催化剂有关。

催化剂有以下三个基本特征。

① 催化剂是参与了反应的,但反应终了时,催化剂本身未发生化学性质和数量的变化。

因此催化剂在生产过程中可以在较长时间内使用。

② 催化剂只能缩短达到化学平衡的时间（即加速作用），但不能改变平衡。即当反应体系的始末状态相同时，无论有无催化剂存在，该反应的自由能变化、热效应、平衡常数和平衡转化率均相同。由此特征可知，催化剂不能使热力学上不可能进行的反应发生；催化剂是以同样的倍率提高正、逆反应速率的，能加速正反应速率的催化剂也必然能加速逆反应。因此，对于那些受平衡限制的反应体系，必须在有利于平衡向产物方向移动的条件下来选择和使用催化剂。

③ 催化剂具有明显的选择性，特定的催化剂只能催化特定的反应。催化剂的这一特性在有机化学反应领域中起了非常重要的作用，因为有机反应体系往往同时存在许多反应，选用合适的催化剂，可使反应向需要的方向进行。例如 CO 和 H_2 可能发生以下一些反应

$$CO + 3H_2 \longrightarrow CH_4 + H_2O \tag{2-25}$$

$$CO + 2H_2 \longrightarrow CH_3OH \tag{2-26}$$

$$2CO + 3H_2 \longrightarrow HOCH_2CH_2OH \tag{2-27}$$

$$nCO + (m/2+n)H_2 \longrightarrow C_nH_m + nH_2O \tag{2-28}$$

选用不同的催化剂，可有选择地使其中某个反应加速，从而生成不同的目的产物。对于 CO 和 H_2，选用镍催化剂主要生成 CH_4；选用铜锌催化剂主要生成 CH_3OH；用铑配位化合物催化剂主要生成 $HOCH_2CH_2OH$；用氧化铁催化剂则主要生成烃类混合物 C_nH_m。对于副反应在热力学上占优势的复杂体系，可以选用只加速主反应的催化剂，则导致主反应在动力学竞争上占优势，达到抑制副反应的目的。

2.4.2 催化剂的分类

按催化反应体系的物相均一性分，有均相催化剂和非均相催化剂。

按反应类别分，有加氢、脱氢、氧化、裂化、水合、聚合、烷基化、异构化、芳构化、羰基化、卤化等催化剂。

按反应机理分，有氧化还原型催化剂、酸碱催化剂等。

按使用条件下的物态分，有金属催化剂、氧化物催化剂、硫化物催化剂、酸催化剂、碱催化剂、配位化合物催化剂和生物催化剂等。

金属催化剂、氧化物催化剂和硫化物催化剂等是固体催化剂，它们是当前使用最多、最广泛的催化剂，被广泛应用在石油炼制、有机化工、精细化工、无机化工、环境保护等领域。

配位催化剂一般催化液态反应，以过渡金属如 Ti、V、Mn、Fe、Co、Ni、Mo、W、Ag、Pd、Pt、Ru、Rh 等为中心原子，通过共价键或配位键与各种配位体构成配位化合物，过渡金属价态的可变性及其与不同性质配位体的结合，给出了多种多样的催化功能。这类催化剂以分子态均匀地分布在液相反应体系中，催化效率很高。同时，在溶液中每个催化剂分子都是具有同等性质的活性单位，因而只能催化特定反应，故选择性很高。均相配位催化的缺点是催化剂与产物的分离较复杂，价格较昂贵。用固体载体负载配位化合物构成固载化催化剂，有利于解决分离、回收问题。此外，配位催化剂的热稳定性不如固体催化剂，它的应用范围和数量比固体催化剂小得多。酸催化剂比碱催化剂应用广泛，酸催化剂有液态的，如 H_2SO_4、H_3PO_4、杂多酸等；也有固态的，称为固体酸催化剂，如石油炼制中催化裂化过程使用的分子筛催化剂，乙醇脱水制乙烯采用的氧化铝催化剂，以及由 CO 与 H_2 合成汽油

过程中采用的 ZSM-5 沸石催化剂等。

工业用生物催化剂是活细胞和游离或固定的酶的总称。活细胞催化是将整个微生物用于系列的串联反应，其过程称为发酵过程。酶是一类由生物体产生的具有高效和专一催化功能的蛋白质。生物催化剂具有能在常温常压下反应、反应速率快、催化作用专一（选择性高）的优点，尤其是酶催化，其选择性和活性比活细胞催化更高，酶催化效率为一般非生物催化剂的 $10^9 \sim 10^{12}$ 倍，它的发展十分引人注目。在利用资源、开发能源和污染治理等方面，生物催化剂有极为广阔的前景。生物催化剂的缺点是不耐热、易受某些化学物质及杂菌的破坏而失活，稳定性差、寿命短，对温度和 pH 值范围要求苛刻。酶催化剂的价格较昂贵。

2.4.3 工业催化剂使用存在的问题

在采用催化剂的化工生产中，正确地选择并使用催化剂是个非常重要的问题，关系到生产效率和效益。通常对工业催化剂的以下几种性能有一定的要求。

2.4.3.1 工业催化剂的使用性能

（1）活性

活性系指在给定的温度、压力和反应物流量（或空间速度）下，催化剂使原料转化的能力。活性越高则原料的转化率越高；或者在转化率及其他条件相同时，催化剂活性越高则需要的反应温度越低。工业催化剂应有足够高的活性。

（2）选择性

选择性系指反应所消耗的原料中有多少转化为目的产物。选择性越高，生产单位量目的产物的原料消耗定额越低，也越有利于产物的后处理，故工业催化剂的选择性应较高。当催化剂的活性与选择性难以两全其美时，若反应原料昂贵或产物分离很困难，宜选用选择性高的催化剂；若原料价廉易得或产物易分离，则可选用活性高的催化剂。

（3）寿命

寿命系指催化剂使用期限的长短。寿命的表征是生产单位量产品所消耗的催化剂量，或在满足生产要求的技术水平时催化剂能使用的时间长短，有的催化剂使用寿命可达数年，有的则只能使用数月。虽然理论上催化剂在反应前后化学性质和数量不变，可以反复使用，但实际上当生产运行一定时间后，催化剂性能会衰退，导致产品产量和质量均达不到要求的指标，此时，催化剂的使用寿命结束，应该更换催化剂。催化剂的寿命受以下几方面性能影响。

① 化学稳定性。化学稳定性系指催化剂的化学组成和化合状态在使用条件下发生变化的难易。在一定的温度、压力和反应组分长期作用下，有些催化剂的化学组成可能流失，有的化合状态发生变化，都会使催化剂的活性和选择性下降。

② 热稳定性。热稳定性系指催化剂在反应条件下对热破坏的耐受力。在热的作用下，催化剂中的一些物质的晶型可能转变，微晶逐渐烧结，配位化合物分解，生物菌种和酶死亡等，这些变化均会导致催化剂性能衰退。

③ 力学性能稳定性。力学性能稳定性系指固体催化剂在反应条件下的强度是否足够。若反应中固体催化剂易破裂或粉化，会使反应器内阻力升高，流体流动状况恶化，严重时发生堵塞，迫使生产非正常停工。

④ 耐毒性。耐毒性系指催化剂对有毒物质的抵抗力或耐受力。多数催化剂容易受到一些物质的毒害，中毒后的催化剂活性和选择性显著降低或完全失去，其使用寿命缩短。常见

的毒物有砷、硫、氯的化合物及铅等重金属，不同催化剂的毒物是不同的。在有些反应中，特意加入某种物质以毒害催化剂中促进副反应的活性中心，从而提高了选择性。

除了研制具有优良性能、长寿命的催化剂外，在生产中必须正确操作和控制反应参数，防止损害催化剂。

2.4.3.2 催化剂的活化

固体催化剂在出售时的状态一般是较稳定的，但这种稳定状态不具有催化性能，必须在反应前对其进行活化，使其转化成具有活性的状态。不同类型的催化剂要用不同的活化方法，有还原、氧化、硫化、酸化、热处理等，每种活化方法均有各自的活化条件和操作要求，应该严格按照操作规程进行活化，才能保证催化剂发挥良好的作用。如果活化操作失误，轻则使催化剂性能下降，重则使催化剂报废，造成经济损失。

2.4.3.3 催化剂的失活和再生

引起催化剂失活的原因较多，对于配位催化剂而言，主要是超温，大多数配位化合物在250℃以上就分解而失活。对于生物催化剂而言，过热、化学物质和杂菌的污染、pH值失调等均是失活的原因。对于固体催化剂而言，其失活原因主要有：①超温过热，使催化剂表面发生烧结、晶型转变或物相转变；②原料气中混有毒物杂质，使催化剂中毒；③污垢覆盖催化剂表面，污垢可能是原料带入，或设备内的机械杂质如油污、灰尘、铁锈等，有烃类或其他含碳化合物参加的反应往往易析炭，催化剂酸性过强或催化活性较低时析炭严重，发生积炭或结焦，覆盖催化剂活性中心，导致失活。

催化剂中毒有暂时性和永久性两种情况。暂时性中毒是可逆的，当从原料中除去毒物后，催化剂可逐渐恢复活性，永久性中毒则是不可逆的。催化剂积炭可通过烧炭再生。但无论是暂时性中毒后的再生，还是积炭后的再生，通常均会引起催化剂结构不同程度的损伤，致使活性下降。

因此，应严格控制操作条件，采用结构合理的反应器，使反应温度在催化剂最佳使用温度范围内合理地分布，防止超温；反应原料中的毒物杂质应该预先加以脱除，使毒物含量低于催化剂耐受值以下；在有析炭反应的体系中，应采用有利于防止析炭的反应条件，并选用抗积炭性能高的催化剂。

2.4.3.4 催化剂的运输、储存和装卸

催化剂一般价格较高，要注意保护，在运输和储存中应防止其受污染和破坏。固体催化剂装填于反应器中时，要防止污染和破裂。装填要均匀，避免出现"架桥"现象，以防止反应工况恶化。许多催化剂使用后在停工卸出之前，需要进行钝化处理，尤其是金属催化剂一定要经过低含氧量的气体钝化后，才能暴露于空气，否则遇空气剧烈氧化自燃，烧坏催化剂和设备。

思考题

1. 什么是化工生产工艺流程？举例说明工艺流程是如何组织的。
2. 对于多反应体系，为什么要同时考虑转化率和选择性？
3. 催化剂有哪些基本特征？它在化工生产中有什么作用？
4. 在工业生产中，如何针对生产工艺合理选择和使用催化剂？

第 3 章

原料资源及其加工利用

本章学习重点

1. 了解我国化学矿的种类及加工利用情况。
2. 了解煤炭的性质、组成、分类以及形成过程,掌握其加工方法。
3. 了解石油的性质、组成和分类,掌握石油的预处理和深加工方法。
4. 了解天然气的分类、组成及化工利用情况。

化工原料是生产化工产品的物质基础,按其物质来源不同可分为无机原料和有机原料两大类。无机原料主要有空气、水、无机盐和化学矿物等,有机原料主要有煤、石油、天然气和生物质等。这些原料资源经过化学加工后可得到很有价值的化工基本原料和化工产品。因此,化工原料资源及其加工利用在化工生产中具有非常重要的作用。

3.1 无机化学矿及其加工

无机化学矿用途广泛,除被用作生产化肥、酸、碱、无机盐的原料外,还可用于国民经济其他工业部门。我国化学矿资源丰富,现已探明储量的有20多个矿种,包括磷矿、硫铁矿、自然硫、钾长石、明矾石、硼矿、天然碱、化工用石灰岩、重晶石、芒硝、钠硝石、蛇纹石、钾矿、锶矿、镁盐、溴、碘、砷、沸石等。其中,磷矿、硫铁矿、钾矿、重晶石及硼矿的储量居世界前列且产量较大。下面以磷、硫、硼矿为重点,介绍其资源及加工利用情况。

3.1.1 磷矿

磷矿属于有限资源。虽然我国磷矿储量较大,但高品位磷矿储量不大,而中、低品位磷矿需经过分级、水洗脱泥、浮选等方法除去杂质成为商品磷矿。因此,合理有效利用我国磷资源具有重要的意义。

磷矿是生产磷肥、磷酸、单质磷、磷化物和磷酸盐的原料。高品位、易加工的磷资源用于精细磷化工和磷化学品的合成,中、低品位和难选的磷资源用于磷肥的生产。磷矿主要用于制造磷肥,按生产工艺可分为酸法磷肥与热法磷肥两大类。

(1) 酸法磷肥

酸法磷肥也称湿法磷肥,是用无机酸的化学能分解磷矿制成的磷肥。常用的酸是硫酸,

通过硫酸分解磷矿后直接制得过磷酸钙，也可经分离硫酸钙后制得湿法磷肥。主反应式为

$$Ca_5F(PO_4)_3 + 5nH_2O + 5H_2SO_4 \longrightarrow 3H_3PO_4 + 5CaSO_4 \cdot nH_2O + HF \tag{3-1}$$

通过萃取和分离得到磷酸，再用氨中和制得磷酸铵，或将磷酸再与磷矿反应制得水溶性的重过磷酸钙 $[Ca(H_2PO_4)_2 \cdot H_2O]$。

此外，硝酸分解磷矿可制得硝酸磷肥，盐酸分解磷矿可得沉淀磷酸钙或磷酸。

（2）热法磷肥

热法磷肥是指添加某些助剂在高温下分解磷矿石，经进一步加工处理后制成的可被农作物吸收的磷酸盐。热法还可以生产单质磷、五氧化二磷和磷酸。热法磷肥主要有钙镁磷肥、脱氟磷肥及钢渣磷肥。

3.1.2 硫铁矿

硫铁矿包括黄铁矿（立方晶系 FeS）、白铁矿（斜方晶系 FeS_2）和磁硫铁矿（Fe_nS_{n+1}），主要用于生产硫酸，部分用于化工原料以及生产硫黄和各种含硫化合物等。硫铁矿生产硫酸的过程如图 3-1 所示。

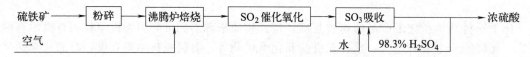

图 3-1 以硫铁矿为原料生产硫酸的原则流程

3.1.3 硼矿

硼矿是生产硼酸、硼砂、单质硼及硼酸盐的原料。我国硼资源相对较丰富，但绝大多数硼矿品位较低，加工利用难度较大。目前用于生产硼酸和硼砂的是硼镁矿，采用的主要工艺有碳碱法加工硼镁矿制硼砂、盐酸分解萃取分离和硫酸分解盐析制硼酸。

上述内容介绍了磷、硫、硼矿的用途和加工利用。目前，一般化学矿的加工方法即固相化学加工工艺，主要有三种类型。第一种是"热法"化学加工，即采取煅烧、焙烧或烧结的方法对固相原料进行化学加工。第二种是"湿法"化学加工，即用溶剂对矿物进行溶解或浸取，使其从不溶性物质转化为可溶性物质。第三种是采用复分解或置换反应工艺，使固相原料发生化学转化。化学矿的固相化学加工方法可用图 3-2 表示。

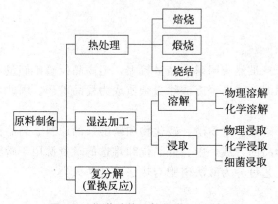

图 3-2 化学矿的固相化学加工方法

3.2 煤及其加工

煤，即煤炭，是地球上蕴藏量最丰富、分布地域最广的化石燃料。我国是世界上煤炭资源最丰富的国家之一，煤炭储量超过3万亿吨，仅次于美国和俄罗斯居于世界第三位。构成煤有机质的元素主要有碳、氢和氧，占95%以上，还有氮、硫及少量的硅、铝、铁、钙、镁、磷、氟、氯和砷等元素。根据成煤过程时间的不同，可将煤分为泥煤、褐煤、烟煤、无烟煤等。不同品种的煤的主要元素组成见表3-1。

表3-1 煤的主要元素组成（质量分数） 单位：%

元素	泥煤	褐煤	烟煤	无烟煤
C	60~70	70~80	80~90	90~98
H	5~6	5~6	5~5	1~3
O	25~35	15~25	5~15	1~3

煤是一种可用作燃料或工业原料的矿物。以煤为原料，经过化学加工转化为气体、液体和固体燃料及化学品的工业，称为煤化学工业（简称煤化工）。从煤加工过程区分，煤化工包括煤的干馏、气化、液化和合成化学品等。通过热加工和催化加工，可使煤转化为各种燃料和化工产品，如图3-3所示。

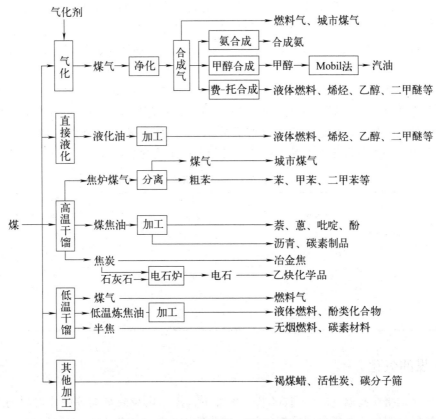

图3-3 煤的化工利用途径

3.2.1 煤的干馏

煤的干馏是指在隔绝空气条件下,将煤加热后分解生成固态(焦炭或半焦)、液态(焦油)和气态(煤气)产物的过程。根据加热最终温度的不同,煤的干馏分为低温干馏、中温干馏和高温干馏。低、中温干馏有时统称为低温干馏。

(1) 低温干馏

煤的低温干馏是指将煤在隔绝空气条件下,加热到最终温度约500~600℃的干馏过程。低温干馏生产中的主要设备是干馏炉,根据加煤和煤料移动方式不同分为立式炉、水平炉、斜炉和转炉等。低温干馏的产品及组成取决于原料煤的性质、干馏炉的结构和加热条件。一般低温干馏的固体产物为结构疏松的黑色半焦,约占80%;气体产物为煤气,约占10%;液体产物为焦油,约占10%,因含有较多的烷烃,是人造石油的重要来源之一。

(2) 高温干馏

煤的高温干馏又称炼焦,是指将煤在炼焦炉内隔绝空气条件下,加热到最终温度约900~1100℃的干馏过程。煤高温干馏的主要设备是焦炉。煤高温干馏后的产物经处理后,可制得焦炭、煤焦油、焦炉煤气和粗苯。这些物质经精制分离后可制得数百种有机化合物。

煤的高温干馏获得的焦炭可用于冶金炼铁,或用来生产电石。煤焦油是黑褐色的油状黏稠液体,约占焦化产品的4%,且组成复杂,目前已鉴定出的有机物有500多种,主要含有多种重芳烃、酚类、烷基苯、吡啶、萘、蒽、菲及杂环化合物等,这些物质是有机合成工业的重要原料,可用来生产塑料、染料、香料、农药、医药和溶剂等。

煤的高温干馏获得的焦炉煤气不仅是热值很高的气体燃料,而且也是基本有机化工原料,在焦化产品中约占20%,其主要成分是氢(体积分数54%~63%)和甲烷(体积分数20%~32%),还含少量的一氧化碳、二氧化碳、氮、乙烯及其他烯烃、乙烷及其他高级烷烃。

煤的高温干馏获得的粗苯中主要含苯、甲苯、二甲苯、三甲苯、乙苯等单环芳烃,以及少量不饱和化合物(如戊烯、环戊二烯、苯乙烯等)和含硫化合物(二硫化碳、噻吩等),还有少量酚类和吡啶等;粗苯约占焦化产品的1.5%。将粗苯进行分离精制后,可得到苯、甲苯、二甲苯等基本有机化工产品。粗苯中各组分的平均含量如表3-2所示。

表3-2 粗苯的组成

组分 (芳烃)	w/%	组分 (不饱和烃)	w/%	组分 (硫化物)	w/%	组分 (其他夹带物)	w/%
苯	50~70	戊烯	0.5~0.8	二硫化碳	0.3~1.5	吡啶	0.1~0.5
甲苯	12~22	环戊二烯	0.5~1.0	噻吩	0.2~1.0	酚	0.1~0.4
二甲苯	2~6	苯乙烯	0.5~1.0			萘	0.5~2.0
三甲苯	2~6	茚	1.5~2.5				
乙苯	0.5~1.0			硫化氢	0.1~0.2		

3.2.2 煤的气化

煤的气化是指在高温(900~1300℃)条件下,煤、焦炭或半焦等固体燃料与蒸汽、空气或氧气等气化剂反应制得主要含有氢、一氧化碳、二氧化碳等混合气体的过程。生成的气体的组成随固体燃料性质、气化剂种类、气化方法、气化条件的不同而有所差别。煤的干馏制取的化工原料只能利用煤中一部分有机物质,而煤的气化可利用煤中几乎全部含碳、氢的物质。煤气化生成的合成气(CO 和 H_2)是合成氨、合成甲醇以及碳一(C_1)化工的基本原料。以合成气为原料生产的主要化工产品如图 3-4 所示。

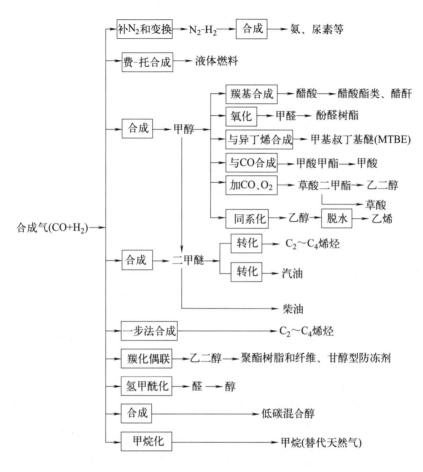

图 3-4 合成气为原料生产的主要化工产品

煤气化工艺技术分为固定床气化技术、流化床气化技术、气流床气化技术三大类,各种气化技术均有其各自的优缺点,对原料煤的品质均有一定的要求,其工艺的先进性、技术成熟程度也有差异,以固定床气化技术最为多见。煤气化工艺是生产合成气的主要途径之一,通过气化过程将固态的煤转化成气态的合成气,同时副产蒸汽、焦油(个别气化技术)、灰渣等副产品。

煤的气化在煤化工中占有重要地位,是今后发展煤化工的主要途径。煤气化机理、气化方法和工艺将在第 4 章介绍。

3.2.3 煤的液化

煤的液化是指固体煤经化学加工转化为液体燃料、化工原料等产品的过程。煤的液化可分为直接液化和间接液化两类过程。

(1) 煤的直接液化

煤的直接液化，又称加氢液化，是指在较高温度（420～480℃）和较高压力（10～20MPa）下，将煤与氢反应，直接转化为液态燃料和化工原料的过程。液态燃料亦称为人造石油。由于供氢方法和加氢深度的不同，有不同的直接液化法。煤的直接液化具有热效率高、液体产品收率高的优点，但同时存在氢耗高、压力高的问题，因而能耗大、设备投资大、成本高。

(2) 煤的间接液化

煤的间接液化是将煤预先制成合成气（$CO+H_2$），然后通过催化作用将合成气转化成液体燃料和化学品（如低碳混合物、二甲醚等）的过程。煤的间接液化主要有两种工艺：费-托合成（F-T）工艺和甲醇转化制汽油的Mobil工艺，这两种工艺均已实现工业化生产。

费-托合成可能得到的产品包括气体和液体燃料，以及石蜡、乙醇、丙酮和基本有机化工原料，如乙烯、丙烯、丁烯和高级烯烃等。费-托合成采用的催化剂主要有铁、钴、镍和钌。由于铁相比钴、镍和钌价格较低和使用寿命较长，在工业生产中应用较广。费-托合成反应设备有多种，常用的有固定床反应器、气流床反应器和浆态床反应器。

Mobil法是在催化剂的作用下将甲醇转化为汽油的方法，催化剂是Mobil法的关键，所用的催化剂是合成沸石分子筛ZSM-5。Mobil法将甲醇转化成汽油，具有过程简单、热效率高以及能获得高收率的优质汽油等优点。

直接液化热效率比间接液化高，对原料煤的要求高，较适合生产汽油和芳烃；间接液化允许采用高灰分的劣质煤，较适合生产柴油、含氧的有机化工原料和烯烃等。两种液化工艺各有所长，都应得到重视和发展。

3.2.4 煤基化工产品

(1) 传统煤基化工产品

传统煤基化工产品包括电石、焦炭、甲醇、尿素、合成氨等化工产品，其技术路径如图3-5所示。

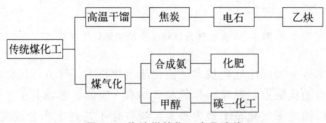

图3-5 传统煤基化工产品路线

我国传统煤化工技术成熟，产量居世界前列，但存在结构性产能过剩且高能耗、高污染、资源利用率低、附加值低等问题。

(2) 现代煤基化工产品

现代煤化工是以煤炭为主要原料、以生产清洁能源和化工产品为主要目标的现代化煤炭加工转化产业。现代煤化工通常指煤制油、煤制甲醇、煤制二甲醚、煤制烯烃、煤制乙二醇等，其技术路径如图3-6所示。

近年来，随着现代煤化工关键技术的突破和示范工程项目的相继建成投产，我国煤化工

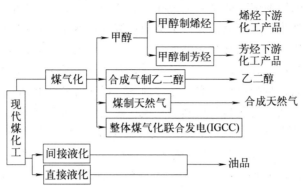

图 3-6 现代煤化工产品路线

产业发展逐步由传统型向现代化转变，在多项新型煤化工技术领域取得了突破。如我国拥有自主知识产权的煤直接液化、煤间接液化、煤气化、煤制烯烃、甲醇制烯烃、合成气制乙二醇、煤制芳烃、煤制乙醇等，都达到了世界领先或先进水平。煤直接液化生产出的超清洁汽柴油、军用油品、高密度航空煤油、火箭煤油特种油品以及高附加值化学品，部分已经填补了国内空白，在国防领域应用潜力巨大。煤间接液化生产的低芳烃溶剂油、高熔点费-托蜡、高等级润滑油基础油等高附加值化学品，也具有一定的市场竞争力。

3.3 石油及其加工

从油井中开采出来没有经过加工处理的石油叫原油。原油是一种有气味的棕黑色或黄褐色黏稠液体，是由分子量不同、组成和结构不同、数量众多的化合物构成的混合物，相对密度大约为 0.75～1.00，黏度范围很宽，凝固点差别很大，沸点范围为常温到 500℃ 以上，溶于多种有机溶剂，不溶于水，但可与水形成乳状液。

石油中所含的化合物大致可分为烃类、非烃类、胶质和沥青三大类。由碳和氢化合形成的烃类是石油的主要组成部分，约占 95%～99%；含硫、氧、氮的化合物对石油产品有害，在石油加工中应尽量除去。不同产地的石油中，各种烃类的结构和所占比例相差很大，但主要属于烷烃、环烷烃、芳香烃三类。通常，以烷烃为主的石油称为烷基石油（石蜡基石油）；以环烷烃、芳香烃为主的石油称为环烷基石油（沥青基石油）；介于二者之间的称为中间基石油。

自 20 世纪 50 年代开始，石油化工蓬勃发展，至今基本有机化工、高分子化工、精细化工及氮肥工业等的产品大约有 90% 来源于石油和天然气。90% 左右的有机化工产品上游原料可归结为三烯（乙烯、丙烯、丁二烯）、三苯（苯、甲苯、二甲苯）、乙炔、萘和甲醇。其中，三烯主要由石油制取，三苯、萘和甲醇可由石油、天然气和煤制取。

原油一般不能直接使用，需要进行预处理、一次加工和二次加工，加工后可提高其利用率。

3.3.1 预处理和一次加工

原油中含有一定量的盐和水，这些盐和水会对石油的后续加工工序带来不利的影响，一一般要求进入炼油装置的原油中含盐量<3mg/L,含水量<0.2%。原油中所含盐类除一小部分以结晶状态悬浮于油中外,绝大部分溶于被油包裹的水滴中,形成较为稳定的油包水型乳状液。炼油厂广泛采用加破乳剂和高压电场联合作用的脱盐方法,即电脱盐脱水。为了提高水滴的沉降速率,电脱盐过程一般在80～120℃,甚至更高温度（150℃）下进行。在加工含硫原油时,还需加入适量的碱性中和剂与缓蚀剂,以减轻硫化物对炼油设备的腐蚀。

原油的一次加工方法主要包括常压蒸馏和减压蒸馏,主要设备是蒸馏塔。原料油在蒸馏塔里按蒸发能力分成沸点范围不同的油品（称为馏分）,这些油有的经调和、加添加剂后以产品形式出厂,大部分是后续加工装置的原料,因此常减压蒸馏又称为原油的一次加工。

原油的常减压蒸馏流程如图 3-7 所示,由原油预处理、常压蒸馏和减压蒸馏三部分组成。原油经脱盐、脱水后,预热至200～240℃进入初馏塔,轻汽油和蒸汽由塔顶蒸出,冷却到常温后进入分离器,分掉水和不凝气体,得轻汽油（石脑油）,不凝气体称为原油拔顶气。石脑油是催化重整生产芳烃或裂解生产乙烯的原料；原油拔顶气占原油质量的0.15%～0.4%,其中乙烷占2%～4%,丙烷约占30%,丁烷占40%～50%,其余为 C_5 及 C_5 以上组分,可用作燃料或生产烯烃的裂解原料。初馏塔底原油经常压加热炉加热至360～370℃,送入常压塔,分割出轻汽油、煤油、轻柴油、重柴油等馏分,它们都可作为生产乙烯的原料。轻汽油和重柴油也分别是催化重整和催化裂化的原料。为将常压塔所产油料与石油二次加工所得油料区分开,常在其前面加上"直馏"二字,即直馏轻汽油、直馏煤油等,以表示是通过直接蒸馏得到的。常压塔底所得常压渣油经减压加热炉加热至405～410℃,送入减压塔。减压塔顶压力为1～5kPa,其塔身一般有3～4个侧线,根据炼油厂的加工类型不同,可生产润滑油原料或催化裂化原料等。

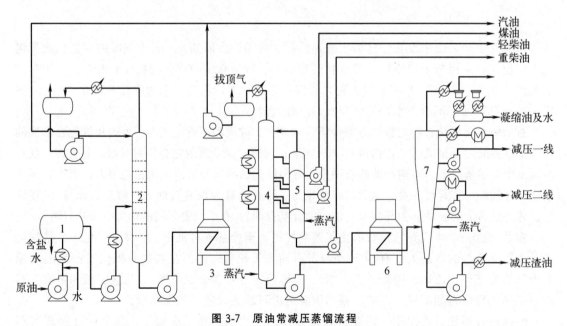

图 3-7 原油常减压蒸馏流程

1—脱盐罐；2—初馏塔；3—常压加热炉；4—常压塔；5—汽提塔；6—减压加热炉；7—减压塔

根据目的产品的不同,常减压蒸馏流程分为燃料型、燃料-润滑油型和燃料-化工型三种。燃料型以生产汽油、煤油、柴油等为主,不能充分利用石油资源,现已很少采用；燃料-润滑油型除生产轻质和重质燃料油外,还生产各种的润滑油和石蜡；燃料-化工型除生产汽油、煤油、柴油等燃料油外，还从石脑油馏分抽提芳烃，利用石脑油或柴油热裂解制取烯烃和芳烃等重要的有机化工基本原料，炼油副产的气体也是化工原料。大型石油化工联合企业中的炼油厂蒸馏装置多采用燃料-化工-润滑油型流程。

3.3.2 二次加工

原油经过常减压蒸馏只能切割成几个馏分，生产的燃料品种数量有限，不能满足需求，而且能直接作为化工原料使用的也只是塔顶出来的气体。为了生产更多的燃料和化工原料，需要对各个馏分油进行二次加工。常用的二次加工方法主要有催化重整、催化裂化、催化加氢裂化和烃类热裂解四种。

（1）催化重整

催化重整是在铂催化剂作用下加热汽油馏分，使其中的烃类分子重新排列形成新分子的工艺过程。催化重整装置能提供高辛烷值汽油，还为化纤、橡胶、塑料和精细化工提供苯、甲苯、二甲苯等芳烃原料，以及提供液化气和溶剂油，并副产氢气。

催化重整的原料是石脑油，以生产高辛烷值汽油为目的时一般采用80~180℃馏分，以生产苯、甲苯和二甲苯为目的时宜分别采用60~85℃、85~110℃和110~145℃馏分，生产苯-甲苯-二甲苯时宜采用60~145℃馏分，生产轻质芳香烃-汽油时宜采用60~180℃馏分。重整过程对原料杂质的含量也有严格要求，因为原料油中若含有砷、硫、铅、钼、汞、有机氮化物等杂质会使重整催化剂中毒，原料油中砷含量应小于0.1mg/kg。

在催化重整过程中，主要发生环烷烃脱氢、烷烃脱氢环化等生成芳烃的反应，还有烷烃的异构化和加氢裂化等反应。加氢裂化反应可降低芳烃收率，应尽量加以抑制。

催化重整催化剂由活性组分铂、助催化剂和酸性载体（如经HCl处理的Al_2O_3）三部分组成。其中，铂构成脱氢活性中心，促进脱氢反应；酸性组分提供酸性中心，促进裂化、异构化等反应。改变催化剂中的酸性组分及其含量可以调节其酸性功能。为了改善催化剂的稳定性和活性，自20世纪60年代末以来出现了各种双金属或多金属催化剂，这些催化剂中除铂外还加入铼、铱或锡等金属组分作助催化剂，以改进催化剂的性能，提高芳烃的收率。

经重整后得到的重整油含有30%~60%的芳烃，还含有烷烃和少量环烷烃。重整油中的芳烃经抽提分离后余下部分称为抽余油，它既可作商品油，也可作裂解原料。重整副产的氢气纯度可达75%~95%，小部分氢送回重整反应器，用于抑制烃类深度裂解，以保证高的汽油收率，其余大部分氢是炼油厂中加氢精制、加氢裂化的重要氢源。

根据目的产品的不同，催化重整的工艺流程也不一样。以生产高辛烷值汽油为目的时，其工艺流程主要包括原料预处理和重整反应两部分；以生产轻质芳香烃为目的时，工艺流程还包括芳香烃分离部分（包含芳香烃溶剂抽提、混合芳香烃精馏分离等单元过程）。工业生产中，催化重整工艺根据催化剂的再生形式分为固定床半再生式、固定床循环再生式和移动床连续再生式三种。固定床半再生式是目前应用较广泛的一种催化重整工艺，其流程如图3-8所示。

半再生式重整会因催化剂积炭而停工进行再生。为了能保持催化剂的高活性，并且随炼油厂加氢工艺的日益增加，需要连续地供应氢气。美国的UOP公司和法国的IFP公司分别研究和发展了移动床反应器连续再生式重整（简称移动床连续再生）工艺，主要特征是设有专门的再生器，反应器和再生器都采用移动床，催化剂在反应器和再生器之间连续不断地进行循环反应和再生。

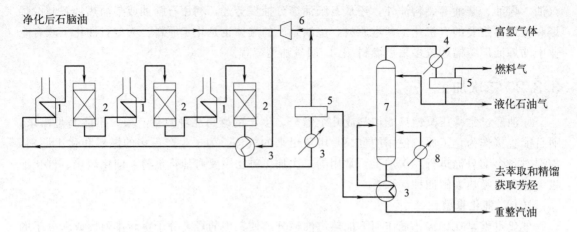

图 3-8 固定床半再生式铂重整工艺流程
1—加热炉；2—重整反应器；3—热交换器；4—冷却冷凝器；
5—油气分离器；6—循环氢压缩机；7—分馏塔；8—再沸器

（2）催化裂化

催化裂化是在催化剂作用下加热重质馏分油，使大分子烃类化合物裂化而转化成高质量的汽油，并副产柴油、锅炉燃油、液化气和气体等产品的加工过程。催化裂化的原料可以是直馏柴油、重柴油、减压柴油或润滑油馏分，甚至可以是渣油焦化制石油焦后的焦化馏分油，它们所含烃类分子中的碳数大多在 18 以上。

催化裂化的催化剂有人工合成的无定形硅酸铝、Y 型分子筛、ZSM-5 型沸石以及用稀土改性的 Y（或 X）型分子筛。由于使用催化剂，裂化反应可以在较低的压力（常压或稍高于常压）下进行，而且能促进异构化、芳构化、环构化等反应发生。裂化产物的一般分布如下：汽油（$C_5 \sim C_9$）收率 30%～60%，催化裂化汽油的辛烷值比常压直馏汽油高；柴油（$C_9 \sim C_{18}$）收率不大于 40%，该馏分中含有较多的烷基苯和烷基萘，可以提取出来作为化工原料；气体收率约 10%～20%，包括烯烃、烷烃和氢气，其中 C_3、C_4 烯烃可达一半左右，是宝贵的化工原料，C_3、C_4 烷烃可用作民用液化气，甲烷和氢气是合成氨、甲醇及烃类化工产品的原料；焦炭收率约 5%～7%，是 C∶H=1∶(0.3～1)（原子比）的缩合产物。

催化裂化技术的发展与催化剂的发展密切相关，有了微球催化剂才出现流化床催化裂化装置，出现了分子筛催化剂才发展出提升管式催化裂化装置。选用适宜的催化剂对于催化裂化过程的产品收率、产品质量以及经济效益具有重大影响。

催化裂化装置通常由三大部分组成，即反应-再生系统、分馏系统和吸收-稳定系统。其中，反应-再生系统是全装置的核心。常用的反应器有固定床、移动床和流化床三类，目前多采用流化床反应器。流化床催化裂化装置按反应器（包括反应部分和沉降部分）和再生器相对位置的不同可分为并列式和同轴式两大类，前者反应器和再生器分开布置，后者反应器和再生器架叠在一起。并列式按反应器和再生器位置高低的不同又分为等高并列式催化裂化工艺（图 3-9）和高低并列式（错列式）催化裂化工艺（图 3-10）两种；同轴式装置的沉降器位于同一垂直轴的再生器上，两者外侧连有提升反应管。

（3）催化加氢裂化

催化加氢裂化是在催化剂及高氢压下加热重油，使其发生一系列加氢和裂化反应，转变

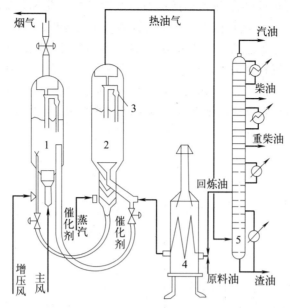

图 3-9　等高并列式催化裂化工艺流程
1—再生器；2—反应器；3—旋风分离器；4—加热炉；5—分馏塔

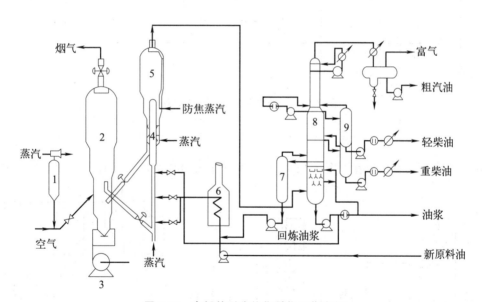

图 3-10　高低并列式催化裂化工艺流程
1—催化剂罐；2—再生塔；3—主风机；4—提升管反应器；5—沉降器；
6—加热炉；7—回炼油罐；8—分馏塔；9—汽提塔

成航空煤油、柴油、汽油（或重整原料）和气体等产品的加工过程，它是催化裂化技术的改进。催化加氢裂化不仅可以防止如催化裂化过程中大量积炭的生成，还可以将原油中含氮、氧、硫等元素的有机化合物杂质通过加氢从原料中除去，并且可以使反应过程中生成的不饱和烃转化为饱和烃。所以，催化加氢裂化可以将低质量的原料油转化成优质的轻质油，原料油可以是重柴油、减压柴油，甚至减压渣油。

工业上应用的加氢裂化催化剂有非贵金属（Ni、Mo、W）催化剂和贵金属（Pd，Pt）

催化剂两种，这些金属与氧化硅-氧化铝或沸石组成双功能催化剂，催化剂的裂化功能由氧化硅-氧化铝或沸石提供，加氢功能由上述金属或其氧化物提供。

目前，催化加氢裂化工艺绝大多数采用固定床反应器。根据原料性质、产品要求和处理量大小，催化加氢裂化流程分为一段流程、两段流程和串联流程三种。图 3-11 所示为一段催化加氢裂化流程。一段催化加氢裂化流程只有一个加氢反应器，原料油的加氢精制和加氢裂化在一个反应器内进行，反应器上部为加氢精制，下部为加氢裂化。该流程的特点是工艺流程简单，但对原料的适应性及产品的分布有一定限制。

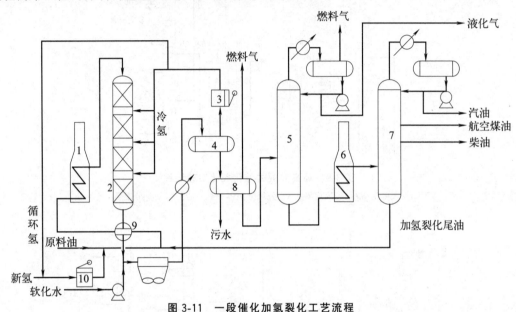

图 3-11　一段催化加氢裂化工艺流程

1—加氢裂化加热炉；2—加氢裂化反应器；3—循环氢压缩机；4—高压分离器；
5—稳定塔；6—加热炉；7—分馏塔；8—低压分离器；9—换热器；10—新氢压缩机

两段催化加氢裂化流程如图 3-12 所示。两段催化加氢裂化流程有两个加氢反应器，第

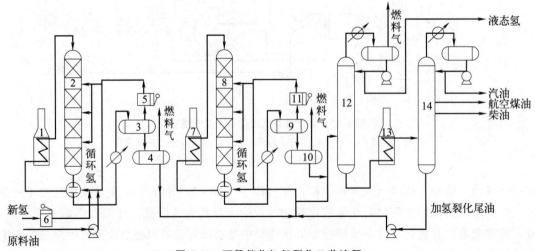

图 3-12　两段催化加氢裂化工艺流程

1——段加热炉；2——段反应器；3——段高压分离器；4——段低压分离器；
5——段循环氢压缩机；6—新氢压缩机；7—二段加热炉；8—二段反应器；9—二段高压分离器；
10—二段低压分离器；11—二段循环氢压缩机；12—稳定塔；13—蒸馏加热炉；14—分馏塔

一个加氢反应器中装加氢精制催化剂，第二个加氢反应器中装加氢裂化催化剂，两段加氢形成两个独立的加氢体系。该流程对原料的适应性强，操作灵活性大，产品分布可调节性较大，但该工艺流程复杂，投资及操作费用高。

与一段流程相比，两段流程灵活性大，而且可以处理一段流程难以处理的原料，并能生产优质航空煤油和柴油。目前用两段催化加氢裂化流程处理重质原料生产重整原料油，用以扩大芳烃的来源，这种方案已受到许多国家重视。

串联催化加氢裂化工艺流程如图 3-13 所示。串联催化加氢裂化工艺流程也分为加氢精制和加氢裂化两个反应器，将两个反应器直接串联连接，省去了一整套换热、加热、加压、减压设备。因此，串联催化加氢裂化流程既具有两段催化加氢裂化流程比较灵活的特点，又具有一段催化加氢裂化流程比较简单的特点，具有明显的优势，如今新建的加氢裂化装置基本选择此种流程。

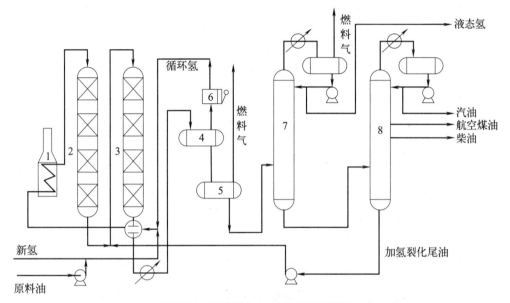

图 3-13　串联催化加氢裂化工艺流程
1—加热炉；2—第一反应器；3—第二反应器；4—高压分离器；
5—低压分离器；6—循环氢压缩机；7—稳定塔；8—分馏塔

（4）烃类热裂解

烃类热裂解的主要目的是生产乙烯，同时可得丙烯、丁二烯以及苯、甲苯、二甲苯、乙苯等化工原料，是石油化工厂必不可少的加工过程。

烃类热裂解不用催化剂，将烃类加热到 750～900℃ 使其发生热裂解。反应相当复杂，主要是高碳烷烃裂解生成低碳烯烃和二烯烃，同时伴有脱氢、芳构化和结焦等许多反应。热裂解的原料较优者是乙烷、丙烷和石脑油，因为碳数少的烷烃分子裂解后产生的乙烯收率高。为了拓展原料来源，目前已经发展用煤油、柴油和常减压瓦斯油作为裂解原料。

对裂解后产物进行冷却，得到裂解气和裂解汽油两大类混合物。裂解气中含有大量的乙烯、丙烯、丁二烯等烯烃，还有氢气、C_1～C_4 烷烃。对裂解气进行分离可获得烯烃、烷烃等各种重要的有机化工原料，C_3、C_4 烷烃可用作民用液化气；裂解汽油中约含 40%～60% 的 C_6～C_9 芳烃，还有烯烃和 C_{10+} 芳烃，用溶剂可从裂解汽油中抽提出各种芳烃。基于烃类热裂解产品在有机化工中的重要性，其详细内容将在第 5 章进行阐述。

石油的二次加工除了上述常用的四种方法外，还有烷基化、异构化、焦化等，这些加工过程都可以获得高辛烷值汽油和各种化工原料。从石油经过一次和二次加工获取燃料和化工原料的主要途径如图 3-14 所示。

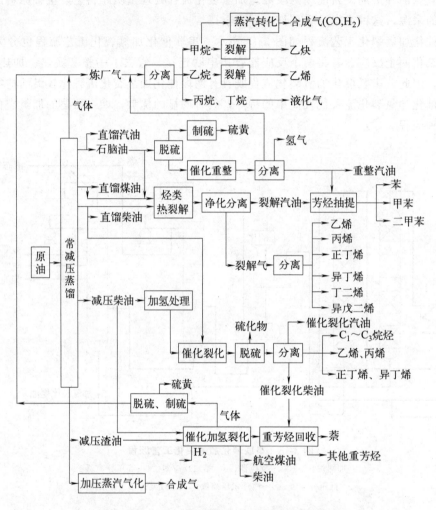

图 3-14 由石油制取燃料和化工原料的主要途径

3.4 天然气及其加工

3.4.1 天然气的组成及分类

天然气是埋藏在地下的古生物经过亿万年高温和高压等作用形成的可燃性气体，是一种无色无味无毒、热值高、燃烧稳定、洁净环保的优质能源。天然气的主要成分是甲烷，另有少量乙烷、丙烷、丁烷，此外一般还含有硫化氢、二氧化碳、氮以及微量惰性气体。天然气按组成可分为干气和湿气两类。干气中甲烷含量高于90%，还含有$C_2 \sim C_4$烷烃及少量C_5以上重组分，稍加压缩不会有液体析出，所以称为干气；湿气中除含甲烷外还含有15%～20%或以上的$C_2 \sim C_4$烷烃及少量轻汽油，稍加压缩有汽油析出，所以称为湿气。有的天然气与石油或煤共生（称为油田气或煤层气）。

我国天然气资源较丰富，现已有陕甘宁、新疆、四川东部三个大规模气区，海上油田也有较大的天然气储量。但我国天然气化工起步较晚，以天然气为原料制取的合成氨仅占合成氨总生产能力的17.8%，制取合成甲醇的生产能力也不大。因此，我国天然气化工发展空间巨大。

3.4.2 天然气的利用

目前，天然气主要应用于民用燃料和化工生产等领域，据估计，到2030年，我国天然气化工用气消费量会达到$296.1 \times 10^8 m^3$，占天然气总消费的8.1%。我国天然气的化工利用主要有两类技术路线，一类为天然气直接生产化工产品（如乙炔、甲醛等），另一类是天然气先转化成合成气（$CO+H_2$），然后生产化工产品（如合成氨、甲醇等）。用天然气制备合成气的方法主要有天然气部分氧化法、天然气CO_2转化法和天然气蒸汽转化法三种。据统计，世界上80%的合成氨是天然气原料合成的，70%的甲醇是天然气原料合成的，全球超过30%的乙烯装置以天然气为原料。天然气的化工利用途径如图3-15所示。

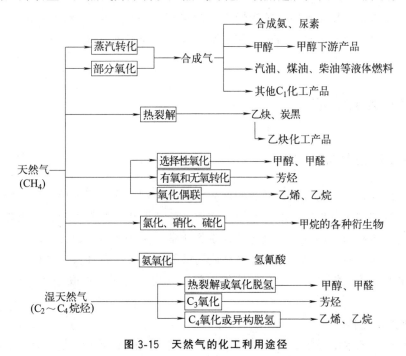

图3-15 天然气的化工利用途径

（1）由天然气制备合成氨原料气

采用烃类蒸汽转化工艺将甲烷等低碳烷烃转化为H_2和CO，再引入空气进行部分燃烧转化，使残余的甲烷浓度降低至0.3%左右，同时引入氮气，获得$H_2 : N_2 = 3 : 1$（摩尔比）的粗原料气，再经过脱硫、转化、脱碳，最终净化后成为合成氨的原料气。

（2）由天然气制备合成甲醇等的合成气

由天然气制备合成气（$CO+H_2$），再由合成气合成甲醇，开创了廉价生产甲醇的工艺路线。国内既有单一生产甲醇的工艺,也有与合成氨联产甲醇(简称联醇)的工艺,其中联醇是结合我国实际开发的技术。

目前天然气化工发展的方向是将天然气首先转化为合成气,然后以间接(通过合成甲醇或二甲醚)或直接的方式制备合成液体燃料,如合成汽油、二甲醚,合成乙烯、丙烯、丁二烯等其他低碳烯烃,或者合成低碳混合醇,合成乙醇、乙醛、乙酸、乙酸乙酯等含氧化合物,或者合成芳烃。以最低的经济成本将天然气转化为合成气,在一定程度上左右着天然气化工的发展进程。

(3) 由天然气制备羰基合成的合成气

合成气除了用于合成氨、甲醇外,还可以作为羰基合成(氢甲酰化反应)工艺的原料,用于合成脂肪醛和醇。羰基合成是指不饱和化合物与 CO 和 H_2 发生催化加成反应生成各种结构的醛,醛经催化加氢生产各种脂肪醇的合成过程。羰基合成是一类典型的络合催化反应,不仅对现代络合催化理论的形成和发展起到重要作用,而且也是工业生产中最早应用的实例。不同的羰基合成方法所需合成气的组成和消耗量是不同的。

(4) 天然气热裂解生产有机化工原料

天然气中的低碳烷烃经热裂解可生产乙炔、乙烯、丙烯、丁烯、丁二烯等基本有机化工原料,如甲醇热裂解可以制备乙炔和炭黑,乙烷、丙烷热裂解可制备乙烯、丙烯等。虽然以天然气等气态烃为原料热裂解制低碳烯烃工艺简单、收率高,但与液态烃相比其来源有限,往往不能满足工业生产的需要,因此目前主要以液态烃为裂解原料。

3.5 其他化工资源

3.5.1 生物质及其加工利用

生物质泛指农、林、牧、副、渔业的产品及其废弃物(壳、芯、杆、糠、渣)等,不同于化石燃料,生物质是可再生资源。利用生物质资源获取化工原料和产品历史悠久,生物质不但可以直接燃烧利用,还可以通过化学或生物化学方法转变为基础化学品或中间产品,如葡萄糖、乳酸、柠檬酸、乙醇、丙酮、高级脂肪酸等。加工过程涉及一系列化工工艺,如化学水解、酶水解、微生物水解、皂化、催化加氢、气化、裂解、萃取等,有些还用到 DNA 技术。

(1) 糠醛的生产

农副产品废渣的水解是工业生产糠醛的唯一路线。糠醛加氢可以制糠醇、甲基呋喃,脱碳制呋喃,氧化制糠酸,还用来进一步生产糠醛树脂、杀虫剂、抗菌防腐剂、脱色剂等。其生产过程是:将含多缩戊糖的玉米芯、棉籽壳、花生壳、甘蔗渣等投入反应釜内,用含量为 6% 的稀硫酸作催化剂,通入蒸汽加热,控制温度在 180℃ 左右,再在酸性介质中加热脱水转化为糠醛。

$$C_6H_8O_4 \xrightarrow{水解} C_5H_{10}O_5 \xrightarrow{\triangle} \text{糠醛} \quad (3\text{-}2)$$

多缩戊糖　　　　戊糖　　　　糠醛

(2) 乙醇的生产

虽然工业生产乙醇是用乙烯水合法，但农产品生产乙醇仍是重要方法之一。将含淀粉的谷类、薯类、植物果实经蒸煮糊化，加水冷却至60℃，加入淀粉酶使淀粉依次水解为麦芽糖和葡萄糖，再加入酵母使之发酵，则转变为乙醇（食用酒精）。乙醇进一步转化可得烯烃、芳烃、醛和羧酸等产品。

$$(C_6H_{10}O_5)_n \xrightarrow[\text{淀粉酶}]{H_2O} C_{12}H_{22}O_{11} \xrightarrow[\text{淀粉酶}]{H_2O} C_6H_{12}O_6$$

淀粉　　　　　　麦芽糖　　　　　　葡萄糖　　　　　　　　　（3-3）

$$C_6H_{12}O_6 \xrightarrow{\text{酵母菌}} 2C_2H_5OH + 2CO_2 \quad (3-4)$$

美国 BC International Corp. 公司利用遗传工程培育的细菌可将甘蔗渣转化成工业级乙醇，该技术首先将甘蔗渣中半纤维素和纤维素水解成包含戊糖在内的五种糖，然后用一种插入了活动发酵单胞菌两个基因的细菌使这些糖的混合物发酵转变为乙醇。该公司创建了一套日处理2000t甘蔗渣的工业装置，工业级乙醇产量达75700m^3/a。

(3) 丙二醇的生产

1,3-丙二醇（PDO）是生产聚对苯二甲酸丙二醇酯（PPT）的原料。PPT具有许多类似尼龙的特性，原料PDO的成本直接关系到PPT的市场竞争力。PDO可以由环氧乙烷与CO合成，也可用丙烯醛生产。运用重组DNA技术培育出的微生物可将可发酵的碳源生物质转化成PDO，使得PDO生产成本降低。美国DuPont公司与Genencor公司联合开发基因工程菌，以葡萄糖为原料一步发酵生产PDO，并申请了美国专利。江苏盛虹集团有限公司建设了以粗甘油为原料发酵生产PDO项目，年产量为2万吨，并于2016年底投产。

此外，还有一些植物可生产能源燃料。例如有一些植物能割出类似石油成分的胶汁，不需提炼即可用于柴油机，故被称为"石油树"。目前全世界约有几十种"石油树"，例如巴西热带树林中的三叶橡胶树盛产橡胶汁，我国海南岛的油楠树产出的淡黄色油液点火即燃，胜似煤油。

3.5.2 可再生资源的开发利用

工农业生产和日常生活废物原则上都可以回收处理、加工成有用的产品。例如将废塑料重新炼制成液体燃料的方法已经有工业装置建成，重炼的方法也很多，其中最常见的是焦化法。焦化法是将废塑料与石油馏分混合后在250～300℃下熔化成浆液，然后送焦化炉加热处理，产生气体、油和石油焦。气体产物中含有重要的基础化工原料，如氢、甲烷、乙烷、丙烷、正/异丁烷、正/异丁烯、一氧化碳等；石油焦可用于炼铁和制造石墨电极等；液体产物送至分馏塔，可制得焦化汽油、焦化瓦斯油和塔底馏分油，进一步加工可生产汽油、煤油和柴油等燃料。

含碳的废料也可通过部分氧化法转化为小分子气体化合物，然后加工利用。例如对聚烯烃类塑料的处理，先使一部分聚烯烃类塑料废渣在富油雾化燃料的火焰内发生部分氧化反应，放出大量热形成高温，剩余的聚烯烃在此高温下发生裂解反应，产生氢气、一氧化碳、甲烷、乙烷、乙烯、乙炔等气体混合物。

3.5.3 空气和水

(1) 空气

空气的体积组成为78.16%的N_2、20.90%的O_2和0.93%的Ar，其余0.01%为He、

Ne、Kr、Xe 等稀有气体。空气中的 O_2 和 N_2 是重要的化工原料，经过提纯可广泛应用于冶金、化工、石油、机械、采矿、食品以及军事和航天等领域。从空气中提取的高纯度 Ar、He、Ne、Kr 等气体广泛应用于高科技领域。

将空气分离制取纯氧和纯氮最常用的方法是深度冷冻分离法（深冷法）。利用膜分离技术生产的 N_2 纯度稍低，但其成本比深冷法低 50% 左右。还有分子筛变压吸附法，可在常温下制备含氧 70%～80% 的富氧空气和纯氮。

（2）水

水是一种宝贵的资源，也是化工生产的重要原料。例如，作为溶剂溶解固体、液体，吸收气体；作为反应物参加水解、水合、气化等反应；作为载体用于加热或冷却物料和设备；可吸收反应热并汽化成具有做功能力的高压蒸汽。地球上水的面积约占地球表面的 70% 以上，但是可供使用的淡水只有总体积的 0.3%。因此节约和保护水资源、提高水的循环利用率十分重要。

天然水中除含有泥沙、细菌外，还含有无机物和有机物等，利用前应根据工艺要求进行必要的混凝、沉淀、澄清、过滤、消毒等处理。水中溶解的氧及酸性气体对设备有较强的腐蚀性，一般可加热除去 CO_2 和部分 O_2，通常还用联氨（N_2H_4）与残余的 O_2 反应转化为 H_2O 和 N_2。水中的钙、镁在加热过程中分别生成碳酸钙、氢氧化镁沉淀，在设备或管壁上易形成水垢，使传热性能恶化，堵塞管道，对于锅炉则有导致爆炸的隐患。为防止生成水垢而对水进行预处理的过程称为水的软化，现在最常用的方法是离子交换法，其次是化学法，此外还有加热法和电渗析法等。另外水作为反应物时更应净化，许多反应严禁水中含有氯、硫等杂质。

思考题

1. 对比分析三种化学矿热加工方法（煅烧、焙烧、烧结）的异同。
2. 煤的低温干馏和高温干馏（炼焦）有何不同？
3. 什么是石油的一次加工、二次加工？简述常减压工艺流程。
4. 煤、石油、天然气在开采、运输、加工和应用等方面有何不同？
5. 针对我国"富煤、贫油、少气"的能源结构，讨论如何合理利用煤炭资源并分析今后我国煤化工的发展方向以及先进加工技术。

第4章 无机化工典型产品生产工艺

> **本章学习重点**
>
> 1. 掌握以煤或天然气为原料的氨合成原料气的制备方法及典型工艺流程、原料气的净化方法、氨的合成原理和工艺流程以及合成塔的基本构造;能够从热力学、动力学的角度分析氨合成的工艺条件。
> 2. 掌握硫铁矿为原料制硫酸的工艺过程及各过程的基本原理。
> 3. 掌握联碱法制备纯碱的原理及工艺流程。
> 4. 掌握离子交换法电解食盐水制氯气和烧碱的电解原理及电解工艺流程。

4.1 合成氨

4.1.1 概述

氮是自然界中分布较广的一种元素,是组成动植物体内蛋白质的重要成分,但高等动物及大多数植物不能直接吸收存在于空气中的游离氮,只有把它与其他元素化合形成化合物后才能吸收利用。把空气中的游离氮转变成含氮化合物的过程称为"固定氮"(简称固氮)。由氮气和氢气在高温高压和催化剂存在下直接合成氨,是当前世界上应用最广泛、最经济的一种固定氮的方法,此法简称合成氨。

合成氨生产所用的原料,按物质的状态可分为气体燃料、液体燃料和固体燃料3种。但无论采用哪种类型的原料合成氨,其生产过程均包括原料气的制备(造气)、原料气的净化与氨的合成3个基本步骤,其中原料气可分别制得,也可同时制得其混合气。

4.1.1.1 合成氨的基本步骤

(1) 原料气的制备(造气)

氨的合成,首先必须制备合格的氮、氢原料气。氮气可直接取自空气或将空气液化分离而得;或使空气燃烧,将生成的一氧化碳和二氧化碳除去而制得。氢气一般常用含有烃类的各种燃料,如焦炭、无烟煤、天然气、重油等为原料与蒸汽作用的方法来制取。

① 利用固体燃料(焦炭或煤)的燃烧将蒸汽分解。将空气中的氧与焦炭或煤反应而制得氮气、氢气、一氧化碳、二氧化碳等的气体混合物。

② 利用气体燃料来制取原料气。如天然气采用蒸汽转化法、部分氧化法可制得原料气;焦炉气、石油裂化气采用深度冷冻法可制得氢气等。

③ 利用液体燃料（如重油、轻油）高温裂解或蒸汽转化、部分氧化等方法制得氮气、氢气、一氧化碳等气体混合物。

（2）原料气的净化

制得的原料气中含有一定量的硫化物（包括无机硫和各种有机硫化合物，如 H_2S、COS、CS_2 等）、二氧化碳，以及部分灰尘、焦炭等杂质，为了防止管道设备堵塞和腐蚀以及避免催化剂中毒，必须在氨合成阶段前将杂质除净。

原料气中机械杂质可借助过滤、用水洗涤或用其他液体洗涤的方法清除。气体杂质的除去可视所含杂质的种类、含量等的不同而采用不同的方法，这些方法的不同也使得合成氨生产流程产生较大差异。

（3）氨的合成

净化后的氢、氮混合气经压缩后，在铁催化剂与高温条件下合成氨，反应式为

$$3H_2 + N_2 \rightleftharpoons 2NH_3 \tag{4-1}$$

生成的氨经冷却液化与未反应的氢、氮气分离而得产品（液氨），氢、氮气则循环使用。

4.1.1.2 合成氨工艺流程

合成氨的生产一般包括原料气的制备（造气）、原料气的净化与氨的合成3个基本生产过程，其中原料气的净化一般包括硫化物的脱除（脱硫）、一氧化碳变换、二氧化碳脱除以及残存的少量一氧化碳脱除等。合成氨一般生产过程如图4-1所示。

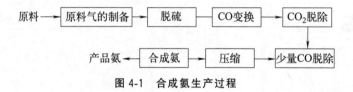

图 4-1　合成氨生产过程

在实际合成氨生产过程中，因原料的不同生产流程会有所不同，以煤或天然气为原料合成氨的生产总流程如图4-2和图4-3所示。

以焦炭或煤为原料合成氨的流程是以蒸汽和空气为气化剂，煤气化得到半水煤气。造气过程要求半水煤气中 $CO+H_2$ 与 N_2 的摩尔比约为3.1～3.2。半水煤气大致组成（体积分数）为：H_2，37%～39%；CO，28%～30%；N_2，20%～23%；CO_2，6%～12%；CH_4，0.3%～0.5%；O_2，0.2%。半水煤气经过除尘、脱硫、变换、压缩、脱除一氧化碳和二氧化碳等净化处理后，获得合格的氮、氢混合气，并在催化剂及适当的温度、压力下合成氨。

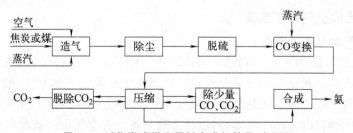

图 4-2　以焦炭或煤为原料合成氨的原则流程

以天然气为原料合成氨，首先采用钴-钼加氢和氧化锌脱硫。脱硫后的天然气与蒸汽发生蒸汽转化反应。蒸汽转化反应分为两段。一段转化的压力为3MPa，入口温度为500℃左

右，出口温度为800℃左右，用镍催化剂。一段转化尾气的组成（体积分数）大致为：H_2，69.5%；CH_4，9.95%；CO，9.95%；CO_2，10.0%；N_2，0.6%。二段转化的目的是在更高的温度（1000℃）下使CH_4接近完全反应，同时引入N_2，加入空气量需按反应后气体中（CO+H_2）：N_2=3.1~3.2（摩尔比）计算，空气中的氧在反应器内与CH_4和H_2反应完全耗尽。二段转化也用镍催化剂，在3.0MPa压力下进行，出口尾气组成（体积分数）大致为：H_2，57%；CH_4，0.3%；CO，12.8%；CO_2，7.6%；N_2，22.3%。二段转化后的气体，经变换、脱除二氧化碳和甲烷化，获得合格的氮、氢混合气，然后在催化剂及适当的温度、压力下合成氨。

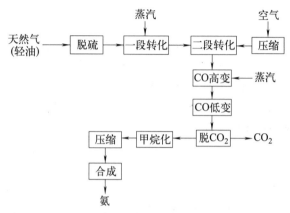

图4-3 以天然气为原料合成氨的原则流程

4.1.1.3 煤气的类型

煤的气化过程是一个热化学过程。通过煤气化生成的混合气体称为煤气，其成分取决于燃料和气化剂的种类以及气化的条件。根据所用气化剂的不同，工业煤气可分为下列四种，其大致组成列于表4-1。

表4-1 各种工业煤气的组成

煤气名称	气体组成（体积分数）/%						
	H_2	CO	CO_2	N_2	CH_4	O_2	H_2S
空气煤气	0.9	33.4	0.6	64.6	0.5	—	—
水煤气	50.0	37.3	6.5	5.5	0.3	0.2	0.2
混合煤气	11.0	27.5	6.0	55.0	0.3	0.2	—
半水煤气	37.0	33.3	6.6	22.4	0.3	0.2	0.2

空气煤气：以空气为气化剂制取的煤气，又称为吹风气。

水煤气：以蒸汽（或蒸汽与氧的混合气）为气化剂制取的煤气。

混合煤气：以空气和适量的蒸汽为气化剂制取的煤气，一般作燃料用。

半水煤气：混合煤气中组成符合（H_2+CO）：N_2=3.1~3.2（摩尔比）的一个特例。可用蒸汽与适量的空气或蒸汽与适量的富氧空气为气化剂制得，也可用水煤气与吹风气混合配制。

煤气中的氢和氮是合成氨的原料。由于1体积的一氧化碳通过变换反应可生成1体积的氢气，因此煤气中的一氧化碳和氢气均为合成氨的有效成分。要求原料气中（H_2+CO）：N_2=3.1~3.2，故半水煤气是适宜生产氨的原料气。水煤气经过净化后得到纯净的氢气，再配入适量的氮气，也可成为合成氨的原料气。

4.1.2 原料气的制备

由于合成氨原料气中的氮气容易取得,所以原料气的制备主要是制取氢气。目前,合成氨原料气的制备方法主要有固体燃料气化法(煤或焦炭的气化)、烃类蒸汽转化法(天然气、石脑油)、重油部分氧化法等。下面以固体燃料气化法和烃类蒸汽转化法为重点,介绍合成氨原料气的制备。

4.1.2.1 固体燃料气化法

工业上用气化剂对煤或焦炭进行热加工,将碳转换为可燃性气体的过程,称为固体燃料的气化。

煤气化法是我国合成氨的主要制气方法。在各种煤转化技术中,特别是在开发洁净煤加工技术中,煤气化是最有应用前景的技术之一,这不仅因为煤气化技术相对较为成熟,而且煤转化为煤气之后,通过成熟的气体净化技术处理,对环境的污染可降低到最低限度。例如煤气化联合循环发电就是一种高效低污染的发电新技术,其发展前景相当可观。

(1) 煤气化过程中的气化反应

气化反应主要是指煤中的碳与气化剂中的氧气、蒸汽和氢气的反应,也包括碳与反应产物以及反应产物之间进行的反应。习惯上将气化反应分为三种类型:碳-氧间的反应、碳与蒸汽的反应和甲烷生成反应。

① 碳-氧间的反应。碳-氧间的反应也称为碳的氧化反应。以空气为气化剂时,碳-氧间的反应有:

$$C+O_2 \Longrightarrow CO_2+393.7 \text{kJ/mol} \tag{4-2}$$

$$2C+O_2 \Longrightarrow 2CO+123 \text{kJ/mol} \tag{4-3}$$

$$C+CO_2 \Longrightarrow 2CO-172.4 \text{kJ/mol} \tag{4-4}$$

$$2CO+O_2 \Longrightarrow 2CO_2+283.2 \text{kJ/mol} \tag{4-5}$$

上述反应中,式(4-4)为碳与二氧化碳间的反应,常称为二氧化碳的还原反应,也称为Boudouard反应,该反应是较强的吸热反应,需要在高温条件下进行。其余反应均为放热反应。

② 碳与蒸汽的反应。在一定温度下,碳与蒸汽间可发生以下反应:

$$C+H_2O \Longrightarrow CO+H_2-131.4 \text{kJ/mol} \tag{4-6}$$

$$C+2H_2O \Longrightarrow CO_2+2H_2-90.2 \text{kJ/mol} \tag{4-7}$$

这是制造水煤气的主要反应,也称为蒸汽分解反应,两反应均为吸热反应。反应生成的一氧化碳可与蒸汽进一步反应:

$$CO+H_2O \Longrightarrow CO_2+H_2+41.2 \text{kJ/mol} \tag{4-8}$$

这一反应称为一氧化碳变换反应,为放热反应。

③ 甲烷生成反应。煤气中的甲烷一部分来自煤中挥发物的热分解,另一部分则是气化炉中的碳与煤气中的氢气反应以及气体产物之间反应的结果。

$$C+2H_2 \Longrightarrow CH_4+74.9 \text{kJ/mol} \tag{4-9}$$

$$CO+3H_2 \Longrightarrow CH_4+H_2O+206.1 \text{kJ/mol} \tag{4-10}$$

$$2CO+2H_2 \Longrightarrow CH_4+CO_2 \tag{4-11}$$

$$CO_2 + 4H_2 \rightleftharpoons CH_4 + 2H_2O + 165.4 \text{kJ/mol} \tag{4-12}$$

以上甲烷生成反应均为放热反应。

④ 煤中其他元素与气化剂的反应。煤中含有少量的氮元素和硫元素，它们与气化剂以及反应中生成的气态反应产物之间可能发生如下反应：

$$S + O_2 \longrightarrow SO_2 \tag{4-13}$$

$$SO_2 + 3H_2 \longrightarrow H_2S + 2H_2O \tag{4-14}$$

$$SO_2 + 2CO \longrightarrow S + 2CO_2 \tag{4-15}$$

$$SO_2 + 2H_2S \longrightarrow 3S + 2H_2O \tag{4-16}$$

$$2S + C \longrightarrow CS_2 \tag{4-17}$$

$$S + CO \longrightarrow COS \tag{4-18}$$

$$N_2 + 3H_2 \longrightarrow 2NH_3 \tag{4-1}$$

$$2N_2 + 2H_2O + 4CO \longrightarrow 4HCN + 3O_2 \tag{4-19}$$

$$N_2 + xO_2 \longrightarrow 2NO_x \tag{4-20}$$

经过上述反应产生了煤气中的含硫产物和含氮产物，这些产物可能产生腐蚀和污染，必须在气体净化时除去。其中，含硫产物主要是硫化氢，含氮产物主要是氨。

（2）煤气化方法分类

煤气化技术可以根据煤气的用途分为城市煤气、工业燃气、化工原料气（又称合成气）和工业还原气；可以根据气化剂进行分类，分为氧气-蒸汽气化、空气-蒸汽气化以及氢气气化；可以根据供热方式分为自热式蒸汽气化、间接供热式气化、煤的蒸汽气化和加氢气化相结合、热载体供热式蒸汽气化等；还可以根据气化反应器类型分为固定床气化（也称移动床气化）、流化床气化、气流床气化和熔融床气化等，在现代煤气化技术中，熔融床气化技术并未完全商业化。固定床、流化床和气流床如图 4-4 所示。

（3）煤气化工艺

① 固定床气化工艺。固定床（移动床）气化过程中，煤从气化炉顶部加入，气化剂由气化炉底部加入，煤与气化剂呈逆流接触。相对于气化炉内上升的气流速度，煤的下降速度很慢，可以视为固定不动，所以称为固定床气化。而实际上煤在气化过程是以很慢的速度向下移动，因此固定床气化也称为移动床气化。它是世界上最早开发并应用的工业气化技术。

固定床气化一般以褐煤、无烟煤、焦炭等为原料，气化剂有空气、空气-蒸汽、氧气-蒸汽、氧气-蒸汽-二氧化碳等。固定层加压连续气化炉自下而上分为灰渣层、燃烧层（氧化层）、气化层（还原层）、干馏层、干燥层 5 个区。燃料层的分布状况和温度之间的关系如图 4-5 所示。

灰渣层位于气化炉的下部。由于温度较低，在灰渣层中，气化剂基本不发生反应，只与灰渣进行换热。气化剂吸收灰渣的热量被预热到 1000℃以上，而灰渣被冷却到 400~500℃。灰渣层厚度对整个气化装置的正常运行影响很大，一般控制在 100~400mm 较为合适，灰渣层太厚将增加气化炉内的阻力，灰渣层太薄，容易出现灰渣熔化烧结，影响煤气质量和装置气化能力。

燃烧层也称为氧化层，在此层主要进行碳的燃烧反应，放出大量热量，因而燃烧层的温度是最高的。其主要反应为式（4-2）、式（4-3）、式（4-5）。

气化层也称为还原层，在燃烧层的上部，炽热的碳与蒸汽或二氧化碳发生还原反应生成氢气和一氧化碳。还原反应为吸热反应，其热量来源于燃烧层的燃烧反应放出的热。在还原层发生反应（4-4）、（4-6）、（4-7）、（4-9）~（4-12）。

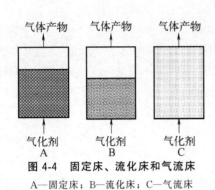

图 4-4 固定床、流化床和气流床
A—固定床；B—流化床；C—气流床

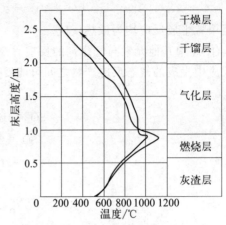

图 4-5 燃料层的分布状况和温度之间的关系

由上面的反应可以看到，反应物主要是碳、蒸汽、二氧化碳和反应过程产生的氢气，生成物主要是一氧化碳、氢气、甲烷、二氧化碳和未分解的蒸汽等。加压气化时煤气中甲烷和二氧化碳含量增加。另外，还原层厚度一般控制在300~500mm，还原层太薄，还原反应进行不完全，煤气质量差；还原层太厚，容易造成气流分布不均，局部过热甚至烧结和穿孔。

干馏层位于气化层的上部，煤在干馏层被上升的高温煤气加热到700~800℃，该过程主要发生低温干馏，煤中易挥发成分受热逸出进入干燥层。干馏层生成的煤气中含有较多的甲烷，因而热值较高。

干燥层在煤气炉的上部。加入气化炉的燃料煤被上升的热煤气逐渐加热到200~300℃，煤中的水分逐渐蒸发出来。

鲁奇（Lurgi）煤气化工艺流程如图4-6所示。经过破碎筛分后粒径为4~50mm的煤加入上部的煤斗，然后通过自动操作煤锁定期加入气化炉内进行气化。

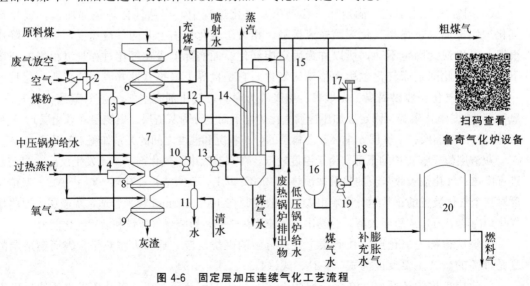

图 4-6 固定层加压连续气化工艺流程
1—喷射器；2—旋风分离器；3—气液分离器；4—混合器；5—煤斗；6—煤锁；7—气化炉；8—灰锁；9—灰斗；10—夹套水循环泵；11—膨胀冷凝器；12—洗涤冷却器；13—洗涤冷却循环泵；14—废热锅炉；15—粗煤气气液分离器；16—冷火炬；17—热火炬；18—煤气洗涤塔；19—洗涤塔循环泵；20—煤锁气气柜

压力为3.7MPa左右的过热蒸汽与纯度为88%~92%的氧气混合后,由气化炉下部进入燃烧层,压力在3MPa左右时进行气化反应,生成的粗煤气(温度为650~700℃)由气化炉出口进入洗涤冷却器,用循环煤气水直接冷却到204℃,并除去灰尘、焦油、酚和氨等杂质,然后进入废热锅炉,温度降到180℃左右,同时产生0.55MPa左右的饱和蒸汽。冷凝水收集在废热锅炉下部的集水槽,用循环泵送往洗涤冷却器循环使用。由煤气水分离工序来的高压喷射水不断补充到循环煤气水中,含灰尘的煤气水由废热锅炉集水槽送往煤气水处理工序。由废热锅炉顶部出来的被蒸汽饱和的粗煤气经气液分离器除去液滴后送往粗煤气变换工序。

煤气化后残余的灰渣含碳量低于5%,由转动炉箅排到灰锁,再定期排入灰斗。灰锁的排灰周期取决于生产负荷及燃料煤中的灰分含量,一般情况下每小时排灰一次。当煤消耗量增加或所用燃料煤的灰分含量偏高时,每小时排灰2~3次。

鲁奇炉气化工艺在我国发展多年,其工艺操作简单、生产稳定、运行周期长、维修和维护成本低,是大型煤化工项目的理想炉型。近年来,国内煤化工企业在鲁奇炉气化工艺上将CO_2作为煤锁一次性冲压介质和气化剂使用。将低温甲醇洗富集的CO_2作为气化剂送回气化炉,替代部分蒸汽,生成的合成气中CH_4含量减少了1.1%,整个工艺中CO_2的产生量明显减少,节约了蒸汽用量,并且调整了净煤气中H_2与CO的比例。

② 气流床气化工艺。气流床气化指的是气化剂(氧气和蒸汽)夹带着煤粉,通过特殊的喷嘴送入气化炉内,即细小的煤粉悬浮在气流中,随着气流并流流动,在高温辐射下,氧和煤粉混合物瞬间着火,迅速燃烧,产生大量热量,所有的干馏产物迅速分解,煤焦同时迅速气化,生成含CO和H_2的煤气和熔渣。在气流床气化技术中,以美国燃气技术研究院(Gas Technology Institute,GTI)开发的R-GAS煤气化技术最为先进。该技术气化温度高,可气化高灰熔点劣质煤。

R-GAS煤气化装置由煤粉给料系统、气化系统和粗煤气净化系统组成,工艺流程如图4-7所示。干燥的煤粉进入煤斗,经螺旋输送机输送到储液罐,用N_2/CO_2气体加压,使煤粉从气化炉顶进入气化炉,高温煤气和熔渣在气化炉中下部经水激冷,煤气从激冷室上部

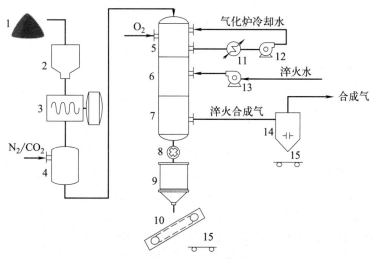

图4-7 R-GAS煤气化装置流程

1—煤;2—煤斗;3—螺旋输送机;4—储液罐;5—气化炉;6—淬火器;7—粗渣罐;8—粉碎机;
9—渣斗;10—残渣输送机;11—热交换机;12—高压泵;13—离心泵;14—除尘器;15—矿渣

引出，经细灰除尘器、水洗涤塔进入煤气净化系统。粗渣从气化炉底经粉碎机、渣斗排出。R-GAS煤气化技术输煤系统采用干式固体泵或超密相输送，气化炉煤粉进料采用特殊的分流器对煤粉和氧气进行均匀分配，保证气化炉的流场为活塞流，从而有效提高气化炉的气化效率。气化炉采用水冷壁结构，通过形成的渣层保护气化炉；气化烧嘴借鉴火箭发动机上快速混合喷嘴，火焰温度高，可在极短时间内将煤完全气化，碳转化率达99%以上。

4.1.2.2 烃类蒸汽转化法

在催化剂存在及高温条件下，气态烃与蒸汽进行转化反应，生成可燃性气体的过程，称为烃类蒸汽转化法。

制备合成氨原料气所使用的烃类按状态可分为气态烃和液态烃。以气态烃为原料的连续蒸汽转化法是普遍采用的方法。在合成氨原料气的生产中一般采用两段转化，即在装有催化剂的一段转化炉管中首先发生蒸汽与气态烃转化反应，反应所需的热量由管外供给，气态烃转化到一定程度后再送入装有催化剂的二段转化炉，加入适量空气，与部分可燃性气体发生燃烧反应，为剩余部分气态烃转化提供热量，同时提供氨合成所需要的氮气。该法不需要使用纯氧，因此不需要空分装置，投资省，能耗低，是合成氨最经济的方法。

（1）气态烃蒸汽转化基本原理

气态烃的主要成分除甲烷（CH_4）外，还有一些其他烷烃，有的甚至还有少量烯烃。但在工业条件下，不论上述何种气态烃原料与蒸汽反应，都需经过甲烷这一阶段。因此，气态烃的蒸汽转化可用甲烷蒸汽转化反应代表。

① 甲烷蒸汽转化反应原理。甲烷与蒸汽的转化反应是一个复杂的反应平衡系统，可能发生的反应很多，但主要为蒸汽转化反应

$$CH_4 + H_2O \rightleftharpoons CO + 3H_2 - 206.1 \text{kJ/mol} \tag{4-21}$$

$$CH_4 + 2H_2O \rightleftharpoons CO_2 + 4H_2 - 165.4 \text{kJ/mol} \tag{4-22}$$

在一定的条件下，还可能发生下列析炭副反应：

$$CH_4 \rightleftharpoons C + 2H_2 - 74.9 \text{kJ/mol} \tag{4-23}$$

$$2CO \rightleftharpoons C + CO_2 + 172.4 \text{kJ/mol} \tag{4-24}$$

$$CO + H_2 \rightleftharpoons C + H_2O + 131.4 \text{kJ/mol} \tag{4-25}$$

从上述反应可以看出，主反应和副反应均为可逆反应。其中，甲烷蒸汽转化主反应（4-21）、（4-22）和甲烷裂解析炭副反应（4-23）均是体积增大的吸热反应，其余为放热反应。另外，由于甲烷蒸汽转化反应在无催化剂的情况下反应速率很慢，为了提高反应速率必须使用催化剂，因此，甲烷蒸汽转化反应是气固相催化反应。

② 甲烷蒸汽转化过程的析炭与处理。甲烷蒸汽转化反应中的析炭副反应（4-23）～（4-25）对转化过程是十分有害的。生成的炭黑覆盖在催化剂表面，堵塞微孔，降低催化剂活性，使甲烷转化率下降，出口气中残余甲烷增多。另外，析炭也可能附着在转化管管壁上，造成炉管局部超温，形成"热斑""热带"，严重影响转化炉的正常运行，缩短反应管使用寿命，甚至还会使催化剂粉碎而增大床层阻力。因此，在生产实践中必须预防析炭反应的发生，掌握除碳方法，保证甲烷蒸汽转化过程的顺利进行。

在实际工艺流程中，析炭易出现在距反应管进口30%～40%的一段，此处CH_4浓度高、温度高，析炭反应速率大于脱炭速率时，碳沉积在催化剂表面，阻碍反应进行和传热，导致产生"热带"。在工业生产过程中，可通过观察管壁的颜色，如出现"热斑""热带"，

或由炉管阻力变化判断是否析炭。

在甲烷蒸汽转化过程中可以采用以下三种方法防止析炭：

ⅰ. 提高水碳比。蒸汽的用量高于理论最小水碳比，使转化反应避开热力学析炭区。

ⅱ. 选择适宜的催化剂，并保持良好的活性，以避开动力学析炭区。

ⅲ. 选择适宜的操作条件。例如，原料气预热温度不宜过高，当催化剂活性下降或出现中毒迹象时可适当提高水碳比。

如果转化炉管已经出现结炭，可采用以下办法消除：

ⅰ. 当析炭较轻时，可采用降压、减量、提高水碳比的方法消除。

ⅱ. 当析炭较重时，可采用蒸汽除碳（$C+H_2O \longrightarrow CO+H_2$）。首先停止送入原料气，保留蒸汽，控制床层温度为750~800℃，约需12~24h。因为在没有还原性气体存在的情况下，温度高于600℃时镍催化剂会被氧化，所以蒸汽除碳后催化剂必须重新还原。

ⅲ. 采用空气或空气与蒸汽的混合物烧炭。该方法是将温度降低，控制转化炉管出口温度为200℃，停止送入原料气，然后加入少量空气，控制反应管壁温度低于700℃、出口温度低于700℃，大约烧炭8h即可，烧炭后催化剂同样需要还原。

（2）气态烃蒸汽转化催化剂

由于烃类蒸汽转化是在高温下进行，并存在析炭问题，因此，除了要求催化剂具有高活性和高强度外，还要求有较好的耐热性和抗析炭性。在元素周期表中第Ⅷ族的过渡元素对烃类蒸汽转化反应都具有活性，但从性能和经济上考虑以镍为最佳，所以工业上一直采用镍催化剂。

在镍催化剂中，镍以氧化镍形式存在，含量（质量分数）约为4%~30%，使用时还原成金属镍。金属镍是转化反应的活性组分，一般而言，镍含量高，催化剂的活性高。一段转化催化剂要求有较高的活性、良好的抗析炭性、必要的耐热性能和机械强度。为了增加催化剂的活性，一段转化催化剂中镍含量较高。二段转化催化剂要求有更高的耐热性和耐磨性，因此镍含量较低。为进一步提高催化剂的活性、改善机械强度、提高活性组分分散度、抗析炭、抗烧结、抗水合等性能，常以 Al_2O_3、MgO、CaO 等作为载体，这些组分同时还有助催化作用，可进一步改善催化剂的性能。

工业上，一般采用浸渍法或沉淀法将氧化镍附着在载体上。目前，工业上采用的转化催化剂主要有两大类：一类是以高温烧结 α-Al_2O_3 或 $MgAl_2O_4$ 尖晶石等材料为载体，用浸渍法将含有镍盐和促进剂的溶液负载到预先成型的载体上，再加热分解和煅烧，称之为负载型催化剂，因活性组分集中于载体表层，所以镍在整个催化剂颗粒中的含量可以较低，一般为10%~15%（按 NiO 计）；另一类转化催化剂以硅铝酸钙水泥作为黏结剂，与用沉淀法制得的活性组分细晶混合均匀，成型后用蒸汽养护，使水泥固化而成，称之为黏结型催化剂，因为活性组分分散在水泥中，并不集中在成型颗粒的表层，所以需要镍的含量高些，才能保证表层有足够的活性组分，一般为20%~30%（按 NiO 计）。

（3）甲烷蒸汽转化的生产方式

① 甲烷蒸汽转化的两段转化。甲烷在氨的合成中为惰性气体，它会在合成回路中逐渐积累，有害无益，一般要求转化气中残余甲烷体积分数小于0.5%（干基）。为了达到这项指标，在加压条件下，相应的反应温度需在1000℃以上，而目前耐热合金钢管还只能达到800~900℃。因此甲烷蒸汽转化时，工业生产上采用两段转化。

一段转化过程：蒸汽与气态烃在一段炉装有催化剂的转化管中进行吸热转化反应，反应所需热量为管外烃类燃料燃烧放出，使转化反应温度维持在800℃左右，一段转化气中甲烷含量在9%～11%之间。

二段转化过程：向装有催化剂的立式圆筒形二段炉（内衬耐火砖）内引入空气，空气中的氧与一段转化出口气体发生部分燃烧，燃烧热用来进一步转化残余甲烷。控制补入的空气流量，可同时满足对合成氨的另一原料——氮气的需要。二段转化炉相当于绝热反应器，总过程是自热平衡的。二段转化炉内的温度、压力对转化气中残余甲烷含量的影响如图4-8所示。由于二段转化炉中反应温度超过1000℃，即使在不太高的转化压力下，甲烷也可转化得相当完全，二段转化气中甲烷含量降至0.3%～0.5%之间。

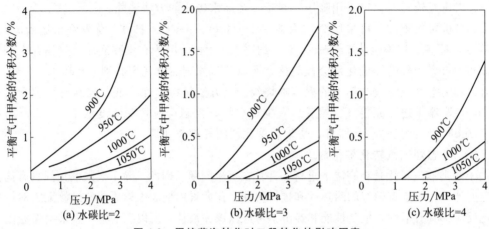

图4-8　甲烷蒸汽转化时二段转化的影响因素

② 甲烷蒸汽转化的工艺条件。气态烃蒸汽转化过程中控制的主要工艺条件有温度、压力、水碳比、空间速度等，同时还要考虑炉型、原料、炉管材料等因素对这些工艺参数的影响。另外，工艺参数的确定不仅要考虑对本工序的影响，也要考虑对后续工序的影响，合理的工艺条件最终应在总能耗和投资上体现出来。

a. 温度。从热力学特征看，升高温度有利于提高甲烷转化反应的平衡转化率；从动力学看，升高温度能加快反应速率。但在工业生产上，操作温度还应考虑生产过程的要求、催化剂的特征和转化炉材料的耐热能力等。

提高一段转化炉的反应温度，可以降低一段转化气中的剩余甲烷含量。但是一段转化炉的出口温度，因受反应管材料耐热性能的限制，不能过高，否则将大大缩短炉管的使用寿命。目前一般使用HK-40铬镍合金钢管，使用温度限制在700～800℃，具体条件视操作压力和水碳比确定。

二段炉出口温度不受金属材料限制，主要依据转化气中的残余甲烷含量设计。如果要求二段炉出口气体甲烷含量小于0.5%，出口温度应在1000℃左右。

工业生产表明，一、二段转化炉出口温度比出口气体组成相对应的平衡温度高，这两个温度之差称为"接近平衡温度差"，简称"平衡温距"。

$$\Delta T = T - T_p \tag{4-26}$$

式中　T——实际出口温度；

T_p——与出口气体组成相对应的平衡温度。

平衡温距与催化剂活性和操作条件有关，其值越低，说明催化剂活性越好。工业设计中，一、二段炉平衡温距通常分别在10～15℃、15～30℃之间。

b. 压力。从热力学特征看，低压有利于转化反应；从动力学看，在反应初期增加系压力相当于增加了反应物分压,反应速率加快,但到反应后期反应接近平衡,产物浓度高,加压反而会降低反应速率。所以从反应角度看,压力不宜过高。工业生产上转化反应一般都在 3~4MPa 加压条件下进行,其主要原因是:

ⅰ.节省动力消耗。烃类蒸汽转化是体积增大的反应,而气体压缩功是与体积成正比的,因此压缩原料气要比压缩转化气节省压缩功。

ⅱ.提高过热蒸汽的余热利用价值。由于转化是在过量蒸汽条件下进行,经 CO 变换冷却后,可回收原料气中的大量余热。其中蒸汽冷凝热占很大比重。压力越高,其冷凝温度也越高,利用价值和热效率也较高。

ⅲ.减小设备投资费用。转化反应加压后,后续变换、脱碳以至到氨合成前的全部设备的操作压力都随之提高,整体设备体积大大减小,设备投资费用降低。

ⅳ.提高设备生产强度。增大压力,可以提高转化反应的速率,减小催化剂用量和反应器体积。

c. 水碳比。从化学平衡角度看,提高水碳比有利于甲烷转化,对抑制析炭也是有利的。但提高水碳比,蒸汽消耗量增加,致使能耗增加,炉管热负荷提高。在实际生产中,天然气蒸汽转化法一般控制水碳比在 3.5 左右,一些节能工艺的水碳比可在 2.5 左右。

d. 空间速度。空间速度是指单位体积催化剂单位时间内通过原料气的量,简称空速,单位是 $m^3/(m^3 \cdot h)$,也可写成 h^{-1}。空间速度表示催化剂处理原料气的能力,催化剂活性高,反应速率大,空间速度可以大些。气态烃类蒸汽转化的空间速度有以下几种形式:

ⅰ.原料气空速。以干气和湿气为基准,每立方米催化剂每小时通过的含烃原料的标准体积(m^3)。

ⅱ.碳空速。以碳原子数为基准,将含烃原料气中的所有烃类的碳原子数都折算为甲烷的碳原子数,即每立方米催化剂每小时通过甲烷的标准体积(m^3)。

ⅲ.理论氢空速。每立方米催化剂每小时通过理论氢的标准体积(m^3),假设含烃原料气全部进行蒸汽转化 CO 变化,将其折合为氢,即

$$1CO = 1H_2, 1CH_4 = 4H_2$$

在保证转化率达到要求的情况下,提高空速可以增大产量,但同时也会增大流体阻力和炉管的热负荷。因此,空速的确定应综合考虑各种因素。

一般来说,一段转化炉,不同炉型采用的空速有很大的差异。二段转化炉,为保证转化气中残余甲烷的含量在催化剂使用的后期仍能符合要求,空速应该选择低一些。图 4-9、图 4-10 给出了一、二段转化炉空速与压力的关系。

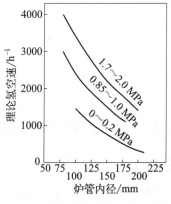

图 4-9 一段转化空速与压力的关系

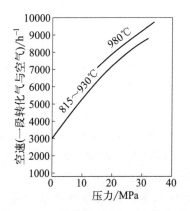

图 4-10 二段转化空速与压力的关系

(4) 气态烃蒸汽转化工艺流程和主要设备

① 气态烃蒸汽转化工艺流程。以气态烃为原料制备合成氨原料气，目前采用的蒸汽转化方法有美国凯洛格（Kellogg）法、英国帝国化学公司（ICI）法、丹麦托普索（Topsoe）法等。各种方法除一段转化炉及烧嘴各具特色外，其工艺流程均大同小异，主要包括原料预热、脱硫、一段转化、二段转化和余热回收。

图4-11是日产1000t氨的两段转化的凯洛格传统工艺流程，一段转换炉分为两部分：前部分设有转化管，主要依靠高温燃烧气体对转化管进行辐射传热，称为"辐射段"；后部分设有多个预热器，用辐射段排出的高温烟道气加热各种原料气，主要依靠流体的对流传热，称为"对流段"。原料天然气经压缩机加压到4.15MPa后，配入3.5%～5.5%的氢（氨合成新鲜气）于一段转化炉对流段加热至400℃，进入钴钼加氢反应器进行加氢反应，将有机硫转化为硫化氢，然后进入氧化锌脱硫槽，脱除硫化氢。出口气体中硫的体积分数低于0.5×10^{-6}，压力为3.65MPa，温度为380℃左右，然后配入中压蒸汽，达到水碳比约3.5，进入一段转化炉对流段加热到500～520℃，送到辐射段顶部原料气总管，再分配进入各转化管。气体自上而下流经催化床，一边吸热一边反应，离开转化管的转化气温度为800～820℃，压力为3.14MPa，甲烷含量约为9.5%，汇合于集气管，再沿着集气管中间的上升管上升，继续吸收热量，使温度达到850～860℃，经输气总管送往二段转化炉。

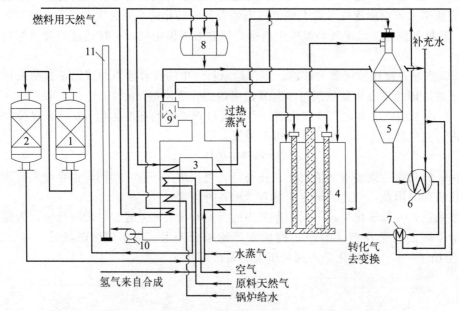

图4-11 大型合成氨厂天然气蒸汽转化工艺流程

1—钴钼加氢反应器；2—氧化锌脱硫槽；3——段炉对流段；4——段炉辐射段；5—二段转化炉；
6—第一废热锅炉；7—第二废热锅炉；8—汽包；9—辅助锅炉；10—排风机；11—烟囱

一段转化气和经预热的空气（配入少量蒸汽）分别进入二段转化炉顶部汇合，在顶部燃烧区燃烧，温度升到1200℃左右，再通过催化剂床层反应，离开二段炉的气体温度约为1000℃，压力为3.04MPa，残余甲烷含量0.3%左右。

为了回收转化气的高温热能，二段转化气通过两台并联的第一废热锅炉后，接着又进入第二废热锅炉，这三台废热锅炉都产生高压蒸汽。从第二废热锅炉出来的气体温度约370℃，送往变换工段。

燃料天然气在对流段预热到190℃，与氨合成弛放气混合，然后分为两路：一路进入辐射段顶部烧嘴燃烧，为转化反应提供热量，出辐射段的烟气温度为1005℃左右，再进入对流段，依次通过混合气预热器、空气预热器、蒸汽过热器、原料天然气预热器、锅炉给水预热器和燃料天然气预热器，回收热量后温度降至250℃，用排风机排往大气；另一路进对流段入口烧嘴，燃烧产物与辐射段来的烟气汇合。该处设置烧嘴的目的是保证对流段各预热物料的温度指标。此外，还有少量天然气进辅助锅炉燃烧，其烟气在对流段中部并入，与一段炉共用同一对流段。

为了平衡全厂蒸汽用量设置一台辅助锅炉，用于补充整个合成氨装置蒸汽总需要量的不足部分。大型合成氨厂天然气蒸汽转化工艺流程最重要的特点是充分回收生产过程的余热，产生高压蒸汽作为动力，大大降低了合成氨的生产成本。

② 气态烃蒸汽转化主要设备。烃类蒸汽转化的主要设备是一段转化炉和二段转化炉。

a. 一段转化炉。一段转化炉是烃类蒸汽转化的关键设备。其基本结构由若干根反应管、烧嘴、炉膛的辐射段以及回收热量的对流段组成。由于反应管长期处于高温、高压和气体腐蚀的条件下，需采用耐热的合金钢管，因此造价昂贵。整个转化炉的投资约占全厂的30%，而反应管的投资则为转化炉的一半。

工业上使用的一段转化炉有多种形式，例如侧壁烧嘴一段转化炉（图4-12）、顶部烧嘴方箱转化炉（图4-13）、梯台炉和圆筒炉等。它们的结构形式不同，但工作原理基本一致，反应管竖排在炉膛内，管内装催化剂，含烃气体和蒸汽的混合物由炉顶进入自上而下进行反应。管外炉膛设有烧嘴，燃烧产生的热量以辐射方式传给管壁。

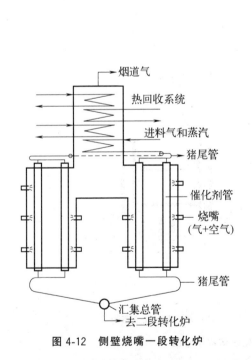

图4-12 侧壁烧嘴一段转化炉　　　图4-13 顶部烧嘴方箱转化炉

一台大型天然气转化炉具有多达400根以上的反应管，管子分列几排至10排，每排并联几十根，由总管、支管、分气管（又叫猪尾管）和集气管把它们连接起来，形成一个整体。反应管很长，但直径较小，这样有利于传热。常见反应管的内径为 71~122mm，总长 6~12m。

烧嘴的结构形式也很多，根据炉子的形式和要求的不同，可以采用大容量烧嘴或小容量烧嘴。大烧嘴燃烧发热量大，需用数少，一般 3~4 根反应管配一个烧嘴。小烧嘴燃烧发热量小，需用数多，一根反应管需配备 2~3 个烧嘴。大烧嘴一般为带有较长火焰的火炬烧嘴，而小烧嘴多为无焰板式或碗式烧嘴。

在对流段，烟道内设有几组换热盘管。蒸汽与原料等被加热介质按照一定的顺序在各组盘管中加热。各组换热器的排列次序取决于被加热物料的温度要求。如果安排合理，系统的有效能利用最好，热回收效果佳。

b. 二段转化炉。二段转化炉是在 1000℃ 以上高温下把残余的甲烷进一步转化，它是合成氨生产中温度最高的设备。另外，因加入空气燃烧一部分转化气，可能会出现转化气和空气混合不均匀导致超温，温度有时高达 2000℃，因此要求二段转化炉有相应结构，以免温度过高烧熔催化剂（镍熔点 1455℃）和毁坏衬里。

二段转化炉为一立式圆筒，壳体材质是碳钢，内衬耐火材料，炉外有水夹套。图 4-14 (a) 为凯洛格型二段转化炉，(b) 为夹层式空气分布器。一段转化气从顶部的侧壁进入炉内，空气从炉顶直接进入空气分布器。空气分布器为夹层式，由不锈钢制成，外面喷镀有抗

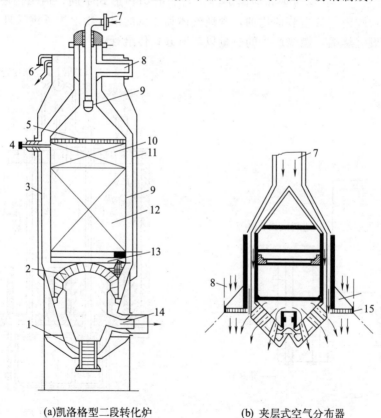

(a) 凯洛格型二段转化炉　　(b) 夹层式空气分布器

图 4-14　甲烷二段转化炉结构示意图

1—人孔；2—拱形砌体；3—水夹套；4—温度计套管；5—六角形砖；6—夹套溢流水；
7—空气蒸汽入口；8——段转化气；9—耐火材料衬里；10—耐高温的铬基催化剂；
11—壳体；12—转化催化剂；13—耐火球；14—二段转化气；15—多孔环形板

高温材料。空气先通过夹层，从内层底部的中心孔进到里层，再由喷头上的3排50个小管喷出，空气流过夹层对喷头表面和小管有冷却作用。空气从小管喷出后，立即与一段转化气混合燃烧，温度高达1200℃，然后高温气体自上而下经过催化剂床层，甲烷在此与蒸汽反应。为了避免燃烧区的火焰直接冲击催化剂，在催化剂床层之上铺有一层六角形耐火砖，其耐火温度可高达1870℃，中间的37块砖无孔，其余每块砖上开有9.5mm小孔9个。炉外的水夹套是为了防止外壳超温。除这种办法外，还可以在壳体外刷变色油漆，当耐火衬里被破坏时，温度升到一定程度，颜色发生相应改变，即说明炉内该处衬里已失效，以便及时采取相应的措施。

4.1.3 原料气的净化与精制

无论以固体、液体还是气体燃料为原料制备的合成氨粗原料气中均含有一定量的硫化物和碳的氧化物，为了防止合成氨生产过程中催化剂中毒，必须在合成氨工序之前加以脱除。工业上习惯将硫化物的脱除称为"脱硫"；二氧化碳的脱除称为"脱碳"；少量一氧化碳和二氧化碳的最终脱除过程称为"精制"或"精炼"。经过一系列的净化操作，得到含一氧化碳和二氧化碳的体积分数之和为 1×10^{-6} 的纯净合成氨原料气。

4.1.3.1 原料气的脱硫

由于生产合成氨所用的各种燃料中都含有一定量的硫，所制备出的合成氨粗原料气中都含有硫化物。这些硫化物绝大部分是以无机硫即硫化氢（H_2S）的形式存在，其余少量的为有机硫。在有机硫中90%是氧硫化碳（COS），其次是二硫化碳（CS_2）、硫醇（RSH）、噻吩（C_4H_4S）等。原料气中硫化物的含量取决于气化所用燃料中硫的含量。以煤为原料制得的煤气一般含硫化氢 $1\sim6g/m^3$，有机硫 $0.1\sim0.8g/m^3$。用高硫煤作原料时，硫化氢含量高达 $20\sim30g/m^3$。天然气、轻油及重油中的硫化物含量因产地不同差别很大。

原料气中的硫化物对合成氨生产危害很大，不仅能腐蚀设备和管道，而且能使合成氨生产过程所用催化剂中毒。例如，天然气蒸汽转化所用镍催化剂要求原料气中总硫含量小于 0.5×10^{-6}（体积分数），铜锌系低变催化剂要求原料气中总硫含量小于 1×10^{-6}（体积分数）。若硫含量超过上述标准，催化剂将中毒而失去活性。此外，硫是一种重要的化工原料，应当予以回收。

目前工业上脱硫方法多是针对无机硫（或硫化氢），有机硫则是先转化为无机硫再进行脱除。工业上脱硫的方法如图4-15所示。

（1）干法脱硫

干法脱硫是用固体脱硫剂脱除原料气中的硫化

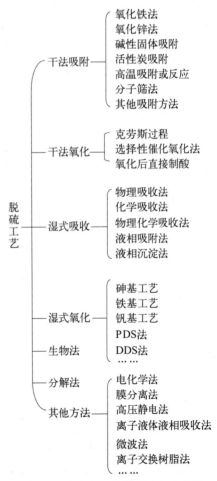

图4-15 合成氨原料气脱硫方法分类

物。优点是既能脱除无机硫又能脱除有机硫，净化度高，可将气体中的硫化物含量脱至 1×10^{-6}（体积分数）以下。缺点是再生比较麻烦或难以再生，回收硫黄比较困难，并且只能周期性操作，设备庞大，劳动强度高。因此，干法脱硫一般只作为脱除有机硫和精细脱硫手段。在气体中含硫量高的情况下，应先采用湿法除去绝大部分硫化氢，再采用干法脱除有机硫和残余硫化氢。干法脱硫分为吸附法和氧化法两大类。

① 吸附法。采用对硫化物有强吸附能力的固体进行脱硫，吸附剂主要有氧化锌、活性炭、氧化铁、分子筛等。

a. 氧化锌法。工业生产中一般使用氧化锌法。氧化锌脱除有机硫的能力很强，可使原料气出口硫含量$<1\times 10^{-7}$（体积分数）。当原料气含量$<5\times 10^{-5}$（体积分数）时，可用氧化锌法一步脱硫。若硫含量较高，可先用湿法，再用此法。

氧化锌法的反应原理如下：

$$ZnO+H_2S \Longleftrightarrow ZnS+H_2O \tag{4-27}$$

$$ZnO+C_2H_5SH \Longleftrightarrow ZnS+C_2H_5OH \tag{4-28}$$

$$ZnO+C_2H_5SH \Longleftrightarrow ZnS+C_2H_4+H_2O \tag{4-29}$$

若原料气中有氢气存在，氧硫化碳、二硫化碳等有机硫化物先转化生成硫化氢，然后再被氧化锌吸收。

$$CS_2+4H_2 \Longleftrightarrow CH_4+2H_2S \tag{4-30}$$

$$COS+H_2 \Longleftrightarrow CO+H_2S \tag{4-31}$$

氧化锌对噻吩的转化能力很低，也不能直接吸收，因此单用氧化锌法不能将全部有机硫化物脱净。

在氧化锌脱硫过程中，通常以氧化锌与硫化氢的反应为例讨论。该反应为放热反应，温度上升，平衡常数下降，理论上是低温对反应有利。但是氧化锌在低温下反应速率较慢，相应的脱硫剂用量增多，所以采用较高温度。一般工业脱无机硫操作温度为200℃左右，脱有机硫温度在350～450℃的范围内选择。

氧化锌脱硫的反应主要是在氧化锌的微孔内表面上进行的，除了温度、空速等操作条件影响脱硫效果外，氧化锌颗粒的大小、形状和内部结构，也影响脱硫效率，颗粒的孔容积越大，内表面越发达，脱硫的效果就越好。工业上使用的氧化锌脱硫剂都做成与催化剂一样的多孔结构。

氧化锌脱硫用质量硫容（单位质量氧化锌脱硫剂能吸收多少质量的硫，单位为 kg/kg）或体积硫容（单位体积氧化锌脱硫剂能吸收多少质量的硫，单位为 kg/m³ 或 g/L）来表示其脱硫性能的好坏。硫容值越大，则氧化锌脱硫效率越高。通常氧化锌脱硫的硫容为 0.15～0.20kg/kg，最高达 0.3kg/kg。硫容与温度的关系如图 4-16 所示。氧化锌脱硫后，出口气体的含硫量小于 1×10^{-6}（体积分数）。使用过的氧化锌不可再生，因此该法适用于脱微量

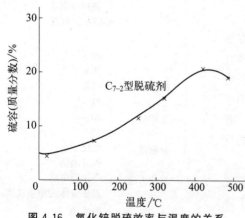

图 4-16 氧化锌脱硫效率与温度的关系
（空速 700h^{-1}，进口 H_2S 为 5×10^{-5}，出口 $H_2S<1\times 10^{-6}$）

硫。当原料气中硫含量较高时，氧化锌脱硫法常与湿法脱硫或其他干法脱硫（如活性炭脱硫）配合使用。

b. 氧化铁法。氧化铁法是用固体氧化铁（Fe_2O_3）吸收原料中的硫化氢，生成三硫化二铁，通常这种方法能将原料中硫含量降低到 $1\sim2mg/m^3$。当氧化铁吸收的硫为脱硫剂质量的 40%~60% 时，脱硫剂需要再生。再生是在有充分的水和空气（使用氧气）作用下，发生再生反应，生成单质硫。氧化铁脱硫和再生两个反应均是放热反应，必须严格控制温度，避免脱硫剂过热及硫黄燃烧。

氧化铁脱硫剂必须是碱性的，不能呈酸性，否则脱硫时会生成 FeS 和 FeS_2，这两种物质再生时会变成没有脱硫能力的 $FeSO_4$ 而不是 Fe_2O_3。

c. 活性炭法。活性炭法既可以脱除煤气中的无机硫又可以脱除有机硫。机理是硫化氢被活性炭表面所吸附，在氨的催化作用下被氧化成单质硫。

$$2H_2S+O_2 =\!=\!= 2H_2O+2S \tag{4-32}$$

氧的加入量比理论值过量 50%~100%，但也不能过量太多，脱硫后的原料气中氧含量不应大于 0.2%~0.3%，氨的含量为 0.3%~0.5%，一般脱硫操作温度在 35~50℃ 范围，净化后 H_2S 含量可降到 $0.005\sim0.02g/m^3$。

活性炭的硫容较大，硫容可为质量的 40%~150%。实际生产中，当硫容达活性炭质量的 70%~80% 时须进行再生。

再生时用硫化铵萃取活性炭中的硫。其反应式为：

$$(NH_4)_2S+(n-1)S =\!=\!= (NH_4)_2S_n \tag{4-33}$$

② 催化转化法。使用加氢催化剂将烃类原料中所含的有机硫化合物氢解，将其转化成易于脱除的硫化氢，再用氧化锌脱硫剂进行脱除。

工业生产中广泛使用的是钴钼加氢转化法。加氢催化剂是以 Al_2O_3 为载体负载的 CoO 和 MoO_3，亦称钴钼加氢脱硫剂。使用时需预先用 H_2S 或 CS_2 将 CoO 和 MoO_3 硫化，使其变成 Co_9S_8 和 MoS_2，才有活性。钴钼加氢转化后可用氧化锌脱除生成的 H_2S。因此，用钴钼加氢转化-氧化锌组合，可达到精脱硫的目的。

钴钼加氢转化法的反应原理如下：

$$RCH_2SH+H_2 =\!=\!= RCH_3+H_2S \tag{4-34}$$

$$RCH_2SCH_2R'+2H_2 =\!=\!= RCH_3+R'CH_3+H_2S \tag{4-35}$$

$$RCH_2SSCH_2R'+3H_2 =\!=\!= RCH_3+R'CH_3+2H_2S \tag{4-36}$$

$$C_4H_4S+4H_2 =\!=\!= C_4H_{10}+H_2S \tag{4-37}$$

$$CS_2+4H_2 =\!=\!= CH_4+2H_2S \tag{4-30}$$

$$COS+H_2 =\!=\!= CO+H_2S \tag{4-31}$$

上述反应平衡常数都很大，在 350~430℃ 的操作温度范围内原料气中的有机硫几乎全部转化成硫化氢。

有机硫加氢转化反应速率对不同种类的硫化物差别较大，其中噻吩加氢反应速率最慢，所以有机硫加氢反应速率取决于噻吩（工程上称作难溶硫）的加氢反应速率。加氢反应速率还与温度和氢气分压有关，温度升高，氢气分压增大，加氢反应速率加快。

当原料气中含有氧、一氧化碳、二氧化碳时，还会发生以下反应：

$$CO+3H_2 =\!=\!= CH_4+H_2O+206.1kJ/mol \tag{4-10}$$

$$CO_2 + 4H_2 \rightleftharpoons CH_4 + 2H_2O + 165.4 \text{kJ/mol} \tag{4-12}$$

$$O_2 + 2H_2 \rightleftharpoons 2H_2O \tag{4-38}$$

一氧化碳和二氧化碳在镍钼催化剂上的甲烷化反应速率低于在钴钼催化剂上的反应速率，因此当原料气中含有一氧化碳和二氧化碳时最好采用镍钼催化剂。使用钴钼催化剂时，要求原料气中一氧化碳含量应小于 3.5%（体积分数），二氧化碳含量应小于 1.5%（体积分数）。其他操作条件：温度 350～430℃，压力 0.7～7.0MPa，气态烃空速 500～2000h^{-1}。

所有的有机硫化物在钴钼（或镍钼）催化剂作用下能全部加氢转化成容易脱除的硫化氢。因此，工业生产中一般采用钴钼加氢转化串联氧化锌脱硫工艺（图 4-17）。先将有机硫化物转化为硫化氢，再脱除硫化氢，可使总硫含量降到 0.1×10^{-6}（体积分数）以下。

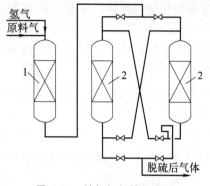

图 4-17　钴钼加氢转化串联氧化锌脱硫工艺流程
1—钴钼加氢脱硫槽；2—氧化锌槽

干法脱硫具有脱硫效率高、操作简便、设备简单、维修方便等优点。但干法脱硫所用脱硫剂的硫容有限，而且再生困难，需定期更换脱硫剂，劳动强度较大，因此干法脱硫不适用于原料气中含硫量高的情况。

（2）湿法脱硫

湿法脱硫是在吸收塔中利用液体吸收剂（脱硫剂）吸收原料气中的硫化氢，然后在再生塔中将吸收剂再生，再生后的吸收剂返回吸收塔中循环使用。湿法脱硫具有吸收速度快、生产强度大、脱硫过程连续、脱硫剂可以再生、能回收富有价值的化工原料硫黄等特点，一般适用于含硫高、处理量大的原料气的脱硫。湿法脱硫按脱硫机理不同可分为物理吸收法、化学吸收法、物理化学吸收法三种。

① 物理吸收法。物理吸收法是依靠吸收剂对硫化物的物理溶解作用进行脱硫的。当温度升高、压力降低时，硫化物解吸出来，使吸收剂再生，循环使用。吸收剂一般为有机溶剂，如甲醇、聚乙二醇二甲醚、碳酸丙烯酯等。这类方法除了能脱除硫化氢外，还能脱除有机硫和二氧化碳。

甲醇是一种具有良好吸收性能的溶剂，当气体中同时存在硫化物和二氧化碳时，可选择性脱除硫化物，也能同时吸收并分别回收高浓度的硫化物和二氧化碳。以重油和煤为原料的大型氨厂目前均采用低温甲醇法同时脱除硫化物和二氧化碳。

② 化学吸收法。化学吸收法分为吸收与再生两部分。首先以弱碱性溶液作为吸收剂，吸收原料气中的硫化氢；再生时，吸收液（富液）在温度升高和压力降低的条件下，经化学吸收生成的化合物分解，放出硫化氢气体，解吸的吸收液（贫液）循环使用。按反应原理不同，化学吸收法又分为中和法和湿式氧化法。

a. 中和法。以弱碱性溶液为吸收剂，与原料气中的酸性气体硫化氢进行中和反应，生成硫氢化物而除去硫化氢。在减压和加热的条件下吸收了硫化氢的溶液中硫氢化物分解，放出硫化氢，溶液再生后循环使用。中和法主要有烷基醇胺法、氨水法、碳酸钠法等。烷基醇胺法多用于天然气的脱硫，所用的吸收剂有一乙醇胺（MEA）、二乙醇胺（DEA）、二异丙醇胺（DIPA），其中一乙醇胺应用较多。

b. 湿式氧化法。用弱碱性溶液吸收原料气中的硫化氢，生成硫氢化物，再借助溶液中载氧体（催化剂）的氧化作用将硫氢化物氧化成单质硫，获得副产品硫黄，然后还原态的载氧体再被空气氧化成氧化态的载氧体，使脱硫溶液再生，循环使用。根据所用载氧体的不同，湿式氧化法主要有改良蒽醌二磺酸钠（ADA）法、氨水对苯二酚催化法、铁碱法、硫酸盐-水杨酸-对苯二酚（MSQ）法、改良砷碱法、栲胶法、双核磺化酞菁钴（PDS）法，所用载氧体分别是蒽醌二磺酸钠、对苯二酚、三氧化二铁、硫酸锰-水杨酸-对苯二酚、三氧化二砷、栲胶、双核磺化酞菁钴。常用的弱碱性溶液为碳酸钠或氨水。

湿式氧化法与中和法一样只能脱除硫化氢，很难脱除有机硫。其整个工艺可分为气体吸收、脱硫液再生及硫回收三部分（图4-18），含硫原料气进入脱硫塔，与脱硫液接触完成吸收过程，吸收后的脱硫液经气液分离器进入富液槽，经富液泵加压后进入再生槽，在再生槽中与加压空气完成氧化再生过程。再生后的脱硫液返回脱硫塔中循环使用。再生过程中产生的单质硫颗粒溢流至硫泡沫槽，经固液分离后进入熔硫釜，由沉降槽产出硫黄。

与中和法相比，湿式氧化法脱硫的优点是反应速率快，净化度高，能直接回收硫黄。湿式氧化法脱硫工作原理如下：

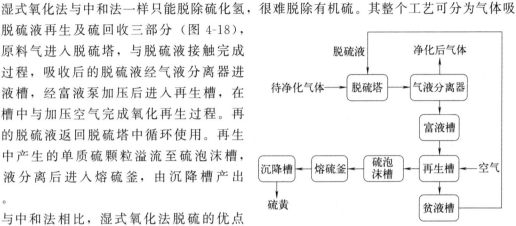

图4-18　湿式氧化法脱硫工艺路线图

ⅰ. 在碱性水溶液（通常的碱源为 Na_2CO_3 或氨水）的作用下吸收气相中的 H_2S，H_2S 由气相进入液相。

ⅱ. 进入液相的 H_2S 发生电离，转化为 HS^-；HS^- 与碱源发生反应，脱硫液由贫液变为富液。

ⅲ. 在催化剂的作用下，HS^- 被氧化为单质硫；同时，催化剂由氧化态变为还原态。

ⅳ. 利用空气中的氧，将还原态的催化剂氧化为氧化态，使脱硫催化剂再生；同时，脱硫富液得到再生，变为脱硫贫液。

ⅴ. 生成的单质硫采用空气浮选的方法与脱硫液分离，硫泡沫经高温加热，实现单质硫与脱硫液的分离，分离后的脱硫贫液循环使用。

以 Na_2CO_3 为碱源，双核磺化酞菁钴（PDS）为脱硫催化剂的脱硫过程，可描述如下：

$$H_2S(g) \longrightarrow H_2S(l) \tag{4-39}$$

$$H_2S(l) \xrightarrow{电离} H^+(l) + HS^-(l) \tag{4-40}$$

$$H^+(l) + CO_3^{2-}(l) \longrightarrow HCO_3^-(l) \tag{4-41}$$

$$2HS^-(l) + O_2(l) + PDS(氧化) \longrightarrow 2S(s) + 2OH^-(l) + PDS(还原) \tag{4-42}$$

$$PDS(还原) \xrightarrow{O_2} PDS(氧化) \tag{4-43}$$

$$OH^-(l) + HCO_3^-(l) \longrightarrow CO_3^{2-}(l) + H_2O(l) \tag{4-44}$$

总反应：
$$2H_2S(g) + O_2(g) \xrightarrow{PDS} 2S(s) + 2H_2O(l) \tag{4-45}$$

湿式氧化法采用液相氧化方法，将 H_2S 转化为单质硫和水，由于湿式氧化法脱硫液硫容较低（0.1~0.5g/L），其工艺运行时液气比大（15~50L/m³），脱硫液循环量很大，脱硫泵的电耗成为脱硫过程的主要耗能之一。再生过程中，硫颗粒浮选效果也会影响到脱硫效果，再生效果不好会造成塔堵现象，使整个脱硫工艺无法进行。另外，由于副反应的存在，脱硫液中的硫代硫酸钠等盐含量会逐渐升高，工业生产过程中，有的企业设置有提盐装置，但大多数企业采用定期置换脱硫液的方法保持脱硫液的稳定性。在实际生产过程中，需要从工艺、设备和管理上严格要求，才能保障湿式氧化法脱硫工艺的顺利进行。

③ 物理化学吸收法。物理化学吸收法是将具有物理吸收性能和化学吸收性能的两类溶液混合在一起进行脱硫，该法脱硫效率较高。常用的吸收剂为环丁砜-烷基醇胺（例如甲基二乙醇胺）混合液，对硫化物前者是物理吸收，后者是化学吸收。我国有少数中型氨厂采用该法脱硫。

用物理吸收法或物理化学吸收法脱硫时，再生过程解吸出的气体中硫化物含量较多，通常采用克劳斯（Claus）法或康开特（Concat）法进一步回收利用。

4.1.3.2 一氧化碳变换

用不同燃料制得的合成气，均含有一定量的一氧化碳。一般固体燃料气化制得的水煤气中一氧化碳的体积分数为35%~37%，半水煤气中一氧化碳的体积分数为25%~34%，天然气蒸汽转化制得的转化气中一氧化碳的体积分数较低，一般为12%~14%。一氧化碳不是合成氨生产所需要的直接原料，而且在一定条件下还会与合成氨的铁系催化剂发生反应，导致催化剂失活。因此，在原料气进入合成塔之前，必须将一氧化碳清除。清除一氧化碳分两步进行，首先进行变换反应：

$$CO + H_2O \rightleftharpoons CO_2 + H_2 + 41.2 kJ/mol \tag{4-8}$$

这样，既能把大部分一氧化碳变为易于清除的二氧化碳，而且又制得了等量的氢，而所消耗的只是廉价的蒸汽。因此，一氧化碳变换既是原料气的净化过程，又是原料气制造的延续。少量残余的一氧化碳再通过其他净化法（如甲烷化法）加以脱除。

（1）一氧化碳变换基本原理

一氧化碳变换反应如式（4-8）所示，反应具有可逆、放热、反应前后体积不变等特点，反应速率比较慢，只有在催化剂作用下才具有较快的反应速率。根据反应温度不同，变换过程分为中温变换（或高温变换）和低温变换。中温变换使用的催化剂称为中温变换催化剂，反应温度为350~550℃，变换气中一氧化碳含量可降至2%~4%（体积分数）。低温变换使用活性较高的低温变换催化剂，操作温度为180~260℃，变换气中残余一氧化碳量可降到0.2%~0.4%（体积分数）。

低温变换催化剂虽然活性高，但抗中毒性差，操作温度范围窄，所以很少单独使用。采用铜氨液洗涤法或液氮洗涤法清除变换气中残余的一氧化碳时，要求一氧化碳含量小于4%（体积分数），采用中温变换即可；甲烷化法要求变换气中一氧化碳含量小于0.5%（体积分数），就必须采用中温变换串低温变换的工艺流程。因此，早期合成氨厂的变换过程都有中温变换，而并非所有的变换过程都有低温变换。20世纪80年代以来，随着合成氨生产技术的不断发展，一些耐硫宽温变换催化剂被开发出来，使得相当多的合成氨厂采用中变串低变或全低变工艺，达到了更有效的节能效果。

① 变换反应的平衡常数。一氧化碳变换反应是在常压或压力不太高的条件下进行的，在计算平衡常数时各组分用分压表示即可：

$$K_p = \frac{p_{CO_2} p_{H_2}}{p_{CO} p_{H_2O}} = \frac{y_{CO_2} y_{H_2}}{y_{CO} y_{H_2O}} \tag{4-46}$$

式中 p_{CO_2}、p_{H_2}、p_{CO}、p_{H_2O}——CO_2、H_2、CO、H_2O 的平衡分压；

y_{CO_2}、y_{H_2}、y_{CO}、y_{H_2O}——CO_2、H_2、CO、H_2O 平衡组成的摩尔分数。

不同温度一氧化碳变换反应的平衡常数见表 4-2。可以看出，变换反应的平衡常数随温度升高而降低，所以降低反应温度对变换反应有利，可使变换气中残余的一氧化碳含量降低。

表 4-2　一氧化碳变换反应的平衡常数

温度/℃	200	250	300	350	400	450	500
K_p	227.9	86.51	39.22	20.34	11.70	7.311	4.878

② 变换率及平衡变换率。工业生产中用来衡量一氧化碳变换程度的参数称为变换率，用 x 表示，其定义为已变换的一氧化碳量与变换前的一氧化碳量的百分比，表达式为：

$$x = \frac{n_{CO} - n'_{CO}}{n_{CO}} \times 100\% \tag{4-47}$$

式中　x——一氧化碳的变换率；

n_{CO}、n'_{CO}——变换前后一氧化碳的物质的量。

反应达到平衡时的变换率称为平衡变换率。在工业生产条件下，由于反应不可能达到平衡，实际变换率总是小于平衡变换率。因此，需要分析影响平衡变换率的因素，从而确定适宜的生产条件，使实际变换率尽可能接近平衡变换率，降低变换气中残余一氧化碳的含量。

（2）一氧化碳变换催化剂

无催化剂存在时，一氧化碳变换反应速率极慢，即使温度升至 700℃ 以上反应仍不明显，因此必须采用适当的催化剂，使反应在不太高的温度下保持足够高的反应速率，以求获得较高的变换率，同时防止或减少副反应发生。根据催化剂的活性温度及抗硫性能不同，变换催化剂分为铁铬系、铜锌系、钴钼系三类。

① 铁铬系变换催化剂。化学组成以 Fe_2O_3 为主，促进剂有 Cr_2O_3 和少量的 K_2O、MgO、Al_2O_3 等。该类催化剂的活性组分是 Fe_3O_4，使用前将 Fe_2O_3 还原成 Fe_3O_4。该类催化剂适用温度范围是 300~530℃，称为中温或高温变换催化剂。因为温度较高，反应后气体中残余一氧化碳含量最低为 3%~4%（体积分数）。另外该类催化剂具有相当高的选择性，在正常操作条件下不会发生甲烷化和析炭反应。

② 铜锌系变换催化剂。化学组成以 CuO 为主，ZnO 和 Al_2O_3 为促进剂和稳定剂，使用前还原成具有活性的细小铜晶粒。铜锌系变换催化剂适用温度范围是 180~260℃，称为低温变换催化剂，反应后残余一氧化碳含量可降至 0.2%~0.3%（体积分数）。铜锌系变换催化剂活性高，若原料气中一氧化碳含量高，应先经中（高）温变换将一氧化碳含量降至 3%（体积分数）左右，再串接低温变换，以防剧烈放热烧坏低温变换催化剂。该类催化剂存在易中毒的弱点，所以原料气中硫化物的含量不得超过 $0.1cm^3/m^3$。

③ 钴钼系变换催化剂。化学组成是钴、钼氧化物并负载在氧化铝上，反应前将钴、钼氧化物转变为硫化物（预硫化）才有活性，反应中原料气必须含硫化物。该类催化剂的适用温度范围是 160~500℃，属宽温变换催化剂（国外称为耐硫变换催化剂）。其特点是耐硫抗毒、强度高、使用寿命长。在以重油或煤为原料的合成氨厂，使用该类催化剂可以将含硫的

原料气直接进行变换,再脱硫、脱碳,简化流程,降低能耗。

(3) 一氧化碳变换工艺条件

要使变换过程在最佳工艺条件下进行,达到高产、优质和低耗的目的,就必须分析各工艺条件对反应的影响,综合选择最佳条件。

① 温度。变换反应是可逆的放热反应,此类反应存在最适宜温度或最佳反应温度。反应不同瞬间有不同的组成,也对应着不同的变换率,把对应于不同变换率时的最适宜温度的各点连成的曲线称为最适宜(最佳)温度曲线。图 4-19 是一氧化碳变换过程的 $T\text{-}x$ 图,图中 T_m 线为最适宜温度曲线, T_e 线为平衡温度曲线。图 4-19 表明,对一定初始组成的反应系统,随一氧化碳变换率 x 增加,平衡温度 T_e 及最适宜温度 T_m 均降低。对同一变换率,最适宜温度一般比相应的平衡温度低几十摄氏度。如果工业反应器能按最适宜温度进行反应,则反应速率最大。也就是说,当催化剂一定时,可以在最短的时间里达到较高转化率,或者说达到规定的最终转化率所需催化剂用量最少,反应器的生产强度最高。尽管按最适宜温度曲线进行操作最为理想,但实际上完全按最适宜温度曲线操作是不可能的,因为很难按最适宜温度的需要准确地、不断地移出反应热,而且在反应开始 ($x=0$) 时最适宜温度大

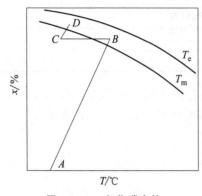

图 4-19 一氧化碳变换过程的 $T\text{-}x$ 图

大超过一般中(高)温变换催化剂的耐热温度。

实际生产中选定操作温度一般遵守两条原则:一是操作温度必须控制在催化剂的活性温度范围内,反应开始温度应高于催化剂起始活性温度 20℃ 左右,反应中严防超温;二是要使整个变换过程尽可能在接近最适宜温度的条件下进行。由于最适宜温度随变换率升高而下降,需要随着反应的进行及时移出反应热,从而降低反应温度。

② 压力

压力较低时对变换反应的化学平衡几乎没有影响,但反应速率却随压力增大而增大,所以提高压力对变换反应是有利的。从压缩气体的动力消耗上看,由于目前合成氨工艺采用高压,而变换前干原料气体积小于干变换气体积,先压缩干原料气后再进行变换比常压变换后再压缩变换气的能耗低。此外,加压变换可提高过热蒸汽的回收率,同时加压还有利于传热、传质速率的提高,使变换系统的设备更紧凑。当然,加压变换需用压力较高的蒸汽,对设备材质、耐腐蚀的要求也增高,设备投资增加,尽管如此其优点仍是主要的。具体操作压力则是根据各合成氨厂的工艺特点,特别是工艺蒸汽的压力及压缩机各段压力合理配置而定。一般小型氨厂为 0.7~1.2MPa,中型氨厂为 1.2~1.8MPa,大型氨厂因原料及工艺的不同差别较大。

③ 蒸汽用量。增加蒸汽用量,既有利于提高一氧化碳的平衡变换率,又有利于提高变换反应速率,降低一氧化碳残余含量,为此生产上均采用过量蒸汽。由于过量蒸汽的存在,保证了催化剂的活性组分四氧化三铁的稳定性,同时抑制了析炭及甲烷化副反应的发生。过量蒸汽还起到热载体的作用,使床层温升减小。因此,改变蒸汽用量是调节床层温度的有效手段。但蒸汽用量不宜过大,因为过量蒸汽不但经济上不合理,而且催化剂床层阻力增加,一氧化碳停留时间缩短,余热回收负荷加大。因此,要根据原料气成分、变换率、反应

温度及催化剂活性等合理控制蒸汽比例。工业生产中的蒸汽比例一般为 $H_2O/CO=3\sim5$（体积比）。

(4) 一氧化碳变换反应器类型

如前所述，变换反应是剧烈的放热反应，随着反应的进行气体温度不断升高，但最适宜反应温度随变换率的增大逐步降低。为了提高变换率，使反应能在最适宜温度下进行，必须不断移走反应热，使温度随反应进行不断降低。其次，催化剂本身耐热性有一定限度，为防止催化剂层超温，也必须及时移走反应热。因此，设计变换反应器应满足"除反应初期外，反应过程尽可能接近最适宜温度曲线"和"保证操作温度控制在催化剂的活性温度范围内"的原则。要使反应完全沿着最适宜温度进行在实际上是极为困难的。在工业上一般采取分段变换的方法，首先在较高温度下进行几乎绝热的变换反应，以得到较快的反应速率，提高催化剂利用率，然后进行中间冷却，接下来在较低的温度下继续反应，达到较高的变换率。根据移走反应热方法和介质的不同，变换反应器分为中间间接冷却式多段绝热反应器、原料气冷激式多段绝热反应器、蒸汽或冷凝水冷激式多段绝热反应器 3 种。

① 中间间接冷却式多段绝热反应器。该反应器的特点是反应时与外界无热交换，冷却时将反应气体引至位于反应器之外的热交换器中进行间接换热降温。图 4-20 (a) 是中间间接冷却式两段绝热反应器示意图。实际操作温度变化线如图 4-20 (b) 所示，图中 E 点是入口温度，一般比催化剂的起活温度高 20℃左右，在第 I 段中发生绝热反应，温度直线上升至 F 点。当穿过最适宜温度曲线以后离平衡曲线越来越近，反应速率明显下降，如继续反应到平衡（F' 点）需要很长的时间，而且此时的平衡转化率并不高，所以当反应进行到 F 点（不超过催化剂的活性温度上限）时将反应气体引至位于反应器之外的热交换器中进行冷却，反应暂停，冷却线为 FG，冷却过程转化率不变，FG 为水平线，G 点温度不应低于催化剂活性温度下限，然后进入第 II 段反应，可以接近最适宜温度曲线，以较高的反应速率达到较高的转化率。当段数增多时，操作曲线更接近最适宜温度曲线，如图 4-26 (b) 中的虚线所示。

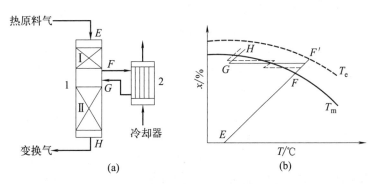

图 4-20 中间间接冷却式两段绝热反应器
1—反应器；2—热交换器；$EFGH$—操作温度线

反应器分段越多，流程和设备就越复杂，工程上既不合理也不经济。工业生产中变换反应器的具体段数应由水煤气中的一氧化碳含量、要求达到的变换率、催化剂的活性温度范围等因素决定，一般 2～3 段即可满足高变换率的要求。

② 原料气冷激式多段绝热反应器。该反应器的特点是段间添加冷原料气进行直接冷却降温。图 4-21 (a) 是原料气冷激式两段绝热反应器示意图。实际操作温度线如图 4-21 (b)

所示,图中 FG 是冷激线,冷激过程虽无反应发生,但因为添加了原料气,反应物一氧化碳的含量增加,根据变换率的定义可知变换率变低。为了达到相同的变换率,冷激式所使用的催化剂量比中间冷却式多一些。但由于该反应器采用的冷激剂是原料气,省去了换热器,所以冷激式不但流程简单,原料气也有一部分不需要预热。

③ 蒸汽或冷凝水冷激式多段绝热反应器。该反应器的特点是段间添加蒸汽或冷凝水进行直接冷却降温。变换反应需要蒸汽参加,故可利用蒸汽作冷激剂,因其热容大,降温效果好。如用系统的冷凝水冷激,由于汽化吸热更多,降温效果更好。用蒸汽或水冷激使水碳比增高,对反应平衡和反应速率均有影响,故第Ⅰ段和第Ⅱ段的平衡曲线和最适宜温度曲线是不相同的。因为冷激前后既无反应又没添加一氧化碳原料,变换率不变,所以冷激线(FG)是一条水平线。水冷激式两段绝热反应器的示意图和操作线如图4-22(a)和(b)所示。

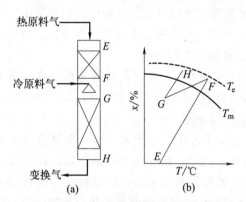

图4-21 原料气冷激式两段绝热反应器

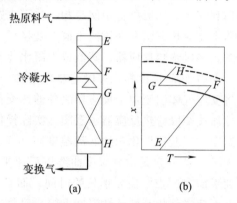

图4-22 水冷激式两段绝热反应器

(5) 一氧化碳变换工艺流程

一氧化碳变换工艺是合成氨生产的重要组成部分。早期国内中小型合成氨厂大多采用铁铬系中温变换催化剂,变换工艺以中温变换为主,中温变换出口控制一氧化碳含量在3%(体积分数)左右。随着钴钼系耐硫低变催化剂开发成功和投入工业应用,合成氨变换工艺发生了巨大变化。20世纪80年代中期的"Fe-Cr 中变串 Co-Mo 耐硫低变"工艺,以及90年代"全低变"工艺和"中-低-低"工艺,低变出口一氧化碳含量在1.5%(体积分数)左右。变换反应的工艺流程有多种形式,实际生产中应综合考虑以下影响因素,进行合理选择。

首先要考虑合成气的生产方法。以天然气或石脑油为原料制造合成气时,水煤气中一氧化碳含量仅为10%~13%(体积分数),只需采用一段高变和一段低变的串联流程就能将一氧化碳含量降低至0.3%(体积分数);以渣油为原料制造合成气时,水煤气中一氧化碳含量高达40%(体积分数)以上,需要分三段进行变换。

其次要将一氧化碳变换与残余一氧化碳的脱除方法结合。如果合成气最终精制采用铜洗和液氮洗涤流程,只需采用中温变换即可;若最终精制采用甲烷化流程,则可选择中温变换串耐硫低变流程。

另外还要根据进入系统的原料气温度和湿含量选择气体的预热和增湿方法,合理利用预热。同时要兼顾企业的管理水平和操作水平,即根据企业自身情况合理选择变换流程。

下面以一氧化碳全低变变换流程为例进行说明。

① 全低变变换工艺流程。全低变变换流程是指不用中变催化剂而全部采用宽温区钴钼

系耐硫变换催化剂进行一氧化碳变换的工艺过程，其工艺流程如图4-23所示。半水煤气首先进入系统的饱和热水塔，在塔内与塔顶流下的热水逆流接触，进行传热、传质，使半水煤气提温增湿。出饱和热水塔气体进入气液分离器，分离夹带的液滴，并补充从主热交换器来的蒸汽，使汽气比达到要求。补充蒸汽的气体温度升至180℃，进入变换炉的上段，反应后温度升至350℃左右，引出塔外，在段间换热器中与热水换热，而后进入第二段催化剂床层反应，反应后的气体在主热交换器与半水煤气换热，并经第二水加热器降温后进入第三段催化剂床层继续反应，反应后气体中一氧化碳含量降至1%～1.5%（体积分数），离开变换炉。变换气经第一水加热器后进入热水塔，最后经软水加热器回收热量，再进入冷凝器，冷却至常温。

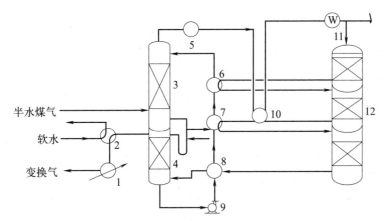

图4-23 一氧化碳全低变变换工艺流程

1—冷凝器；2—软水加热器；3—饱和热水塔；4—热水塔；5—气液分离器；6—段间换热器；7—第二水加热器；8—第一水加热器；9—热水泵；10—主热交换器；11—电加热器；12—变换炉

② 全低变变换工艺特点。全低变变换工艺使用耐硫低温变换催化剂，克服中串低或中低低变换流程中铁铬系中变催化剂在低汽气比条件下过度还原及硫中毒等缺点，变换炉入口温度及床层内的热点温度均比中变炉入口及热点温度降低100～200℃，使变换系统在较低的温度范围内操作，有利于提高一氧化碳平衡变换率，在满足出口变换气中一氧化碳含量的前提下可降低入炉蒸汽量，使全低变流程比中变及中变串低变流程蒸汽消耗降低。

另外，全低变变换工艺中催化剂用量减少一半，使床层阻力下降，同时由于钴钼系催化剂耐高硫，对半水煤气脱硫指标可适当放宽。但催化剂活性下降快，使用寿命相对较短，一般需在一段入口前装填脱氧、脱水保护层，以保护低变催化剂。

4.1.3.3 二氧化碳的脱除

在合成氨生产过程中，粗原料气经过脱硫、变换后，气体中一般含有体积分数为18%～35%的二氧化碳。二氧化碳不仅会使合成氨催化剂中毒，而且稀释了原料气，降低了氢气和氮气分压；此外，二氧化碳又是制尿素、纯碱、碳酸氢铵、干冰等产品的原料。因此，合成氨原料气中的二氧化碳不仅需脱除（此过程称为"脱碳"），而且要回收利用。

国内外用于脱碳的主要工艺技术有溶剂吸收法、膜分离法和变压吸附法。由于溶剂吸收法具有脱碳效率高、设备占地面积小、投资少等优点，得到广泛应用，成为工业上脱碳的主要方法。溶剂吸收法根据所用吸收剂性质的不同，可分为物理吸收法、化学吸收法和物理化学吸收法。图4-24为常见脱碳工艺分类。

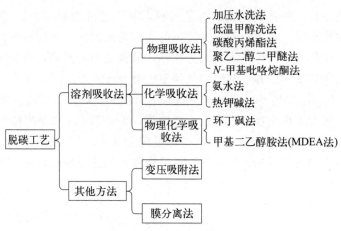

图 4-24 常见脱碳工艺分类

（1）物理吸收法

最早使用的物理吸收法是加压水洗法。由于水对二氧化碳的吸收能力较小，操作中水循环量大，动力消耗高，气体的净化度较低，有效气体损失较多，再生设备体积庞大，现已很少使用。目前国内外使用较多的物理吸收法主要有低温甲醇洗法、碳酸丙烯酯法、聚乙二醇二甲醚法（Selexol法）等，其中低温甲醇洗法应用较为广泛。

① 低温甲醇洗法吸收原理。低温甲醇洗法是以工业甲醇为吸收剂的一种气体净化方法。在温度较低的情况下，甲醇对二氧化碳、硫化氢、氧硫化碳等酸性气体有较大的溶解能力，而氢气、氮气、一氧化碳等在甲醇中的溶解度甚微，因而甲醇能从原料气中选择吸收二氧化碳、硫化氢等酸性气体，而氢气、氮气损失很小。图 4-25 为不同温度下各种气体在甲醇中的溶解度。由图可见，当温度从 20℃降至 −40℃时，二氧化碳的溶解约增加 6 倍，而氢气、氮气、一氧化碳、甲烷等的溶解度随温度变化很小。另外，低温下，硫化氢、氧硫化碳及二氧化碳在甲醇中的溶解度与氢气、氮气相比至少大 100 倍，与甲烷相比大 50 倍，因此吸收过程中有效气体损失很少。

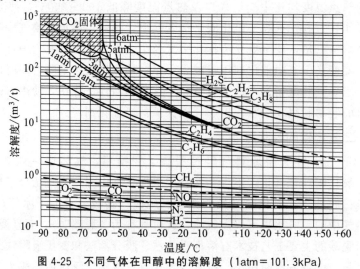

图 4-25 不同气体在甲醇中的溶解度（1atm=101.3kPa）

二氧化碳在甲醇中的溶解度随温度、压力及气体组成的变化而变化。表 4-3 为不同压力和温度下二氧化碳在甲醇中的溶解度数据。

表 4-3 不同压力和温度下二氧化碳在甲醇中的溶解度

p_{CO_2} /MPa	溶解度/(cm³/g)				p_{CO_2} /MPa	溶解度/(cm³/g)	
	-26℃	-36℃	-45℃	-60℃		-26℃	-36℃
0.101	17.6	23.7	35.9	68.0	0.912	223.0	444.0
0.203	36.2	49.8	72.6	159.0	1.013	268.0	610.0
0.304	55.0	77.4	117.0	321.4	1.165	343.0	
0.405	77.0	113.0	174.0	960.7	1.216	385.0	
0.507	106.0	150.0	250.0		1.317	468.0	
0.608	127.0	201.0	362.0		1.418	617.0	
0.709	155.0	262.0	570		1.520	1142.0	
0.831	192.0	355.0					

表中数据表明，压力升高，二氧化碳在甲醇中的溶解度增大，溶解度与压力几乎成正比关系。压力升高，吸收的推动力增大，既可以提高气体的净化度，又可以增大甲醇的吸收能力，减少甲醇的循环量。但操作压力过高，对设备强度和材质的要求也相对提高。目前工业上低温甲醇洗法的操作压力一般为 2~8MPa。

温度对溶解度的影响更大，尤其是低于-30℃时，溶解度随温度的降低而急剧增大，因此，为脱除干净 CO_2，必须在低温下操作，故称低温甲醇洗法。由于甲醇的冰点是-97.8℃，所以工业上一般将吸收的温度控制在-75~-20℃的范围内。

经过低温甲醇洗后，原料气中的二氧化碳含量可降至 $20cm^3/m^3$ 以下，硫化氢含量降至 $0.1cm^3/m^3$ 以下。

表 4-3 中数据没有涉及气体组分对溶解度的影响。当气体中含有氢气时，二氧化碳在甲醇中的溶解度降低。当气体中同时含有硫化氢、二氧化碳和氢气时，由于硫化氢在甲醇中的溶解度大于二氧化碳，而且甲醇对硫化氢的吸收速率远大于二氧化碳，硫化氢首先被甲醇吸收。当甲醇中溶解有二氧化碳时，硫化氢在该溶液中的溶解度比在纯甲醇中降低 10%~15%。在低温甲醇洗涤过程中，原料气中的氧硫化碳、二硫化碳等有机硫化物也能被脱除。

② 低温甲醇洗法再生原理。吸收了二氧化碳气体后的甲醇溶液，在减压加热条件下解吸出所溶解的气体，使甲醇得到再生，循环使用。由于在同一条件下硫化氢在甲醇中的溶解度比二氧化碳大，而二氧化碳的溶解度又比氢气、氮气、一氧化碳等气体大得多，因此用甲醇洗涤含有上述组分的混合气体时只有少量氢气、氮气被甲醇吸收。采用分级减压膨胀的方法再生时，氢气、氮气首先从甲醇中解吸出来，将其回收，然后适当控制再生压力，使大量二氧化碳解吸出来，而硫化氢仍旧留在溶液中。二氧化碳浓度大于 98%的气体，可满足尿素生产的要求。最后再用减压、汽提、蒸馏等方法使硫化氢解吸出来，得到硫化氢含量大于 25%的气体，送往硫黄回收工序。

③ 低温甲醇洗法工艺流程。低温甲醇洗法吸收二氧化碳的工艺流程基本上有两种类型：一种流程适用于单独脱除混合气中的二氧化碳或处理只含有少量硫化氢的混合气；另一种是同时脱除并回收硫化氢和二氧化碳的流程。图 4-26 为单独脱除二氧化碳工艺流程，该流程的特点是采用两段吸收、两段再生。

原料气冷却到-20℃后进入吸收塔下部，与塔中部加入的-75℃甲醇逆流接触，大量二氧化碳被吸收，由于吸收过程放出热量，所以甲醇溶液温度升到-20℃。将甲醇液送往再生塔，经两级降压再生，第一级常压再生，第二级负压再生（0.02MPa），大部分二氧化碳放出，同时，由于二氧化碳解吸吸热，甲醇溶液温度降到-75℃，用泵加压送入吸收塔中部循

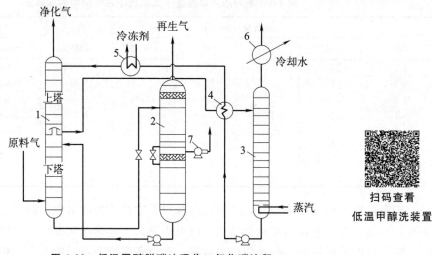

图 4-26 低温甲醇脱碳法吸收二氧化碳流程
1—吸收塔；2—再生塔；3—蒸馏塔；4—换热器；5—冷却器；6—水冷器；7—真空泵

环使用。

为了进一步提高净化度，气体在下塔完成吸收后进入吸收塔上塔，用 $-60℃$ 纯甲醇溶液吸收，吸收液从上塔底部流出，与蒸馏塔蒸馏后的溶液换热后进入蒸馏塔，在塔内用蒸汽加热的方法蒸馏再生。再生后的溶液冷却到 $-60℃$ 送到吸收塔顶部循环使用。为了节省热量和冷量上塔循环的量很少。

（2）化学吸收法

目前常用的化学吸收脱碳法主要有两种体系：一种是以碳酸钾溶液为基础的热钾碱脱碳体系；另一种是以醇胺类溶液为基础的醇胺脱碳体系。我国以天然气和轻油为原料的大型氨厂以及部分中型氨厂均采用改良热钾碱法，即在碳酸钾溶液中添加少量活化剂，以加快吸收二氧化碳的速率和解吸速率。根据活化剂种类不同，改良热钾碱法又分为本菲尔（Benfild）法、复合催化法、空间位阻胺促进法、氨基乙酸法等。以醇胺类溶液为基础的醇胺脱碳方法主要包括一乙醇胺（MEA）法、二乙醇胺（DEA）法。

（3）物理化学吸收法

物理化学吸收法主要有环丁砜法和甲基二乙醇胺法（MDEA 法）。MDEA 是一种无色液体，能与水、醇互溶，微溶于醚。在一定条件下 MDEA 对二氧化碳等酸性气体有很强的吸收能力，而且反应热小，解吸温度低，化学性质稳定，溶剂无毒，在正常操作范围内稳定，不降解，蒸气压低，工艺损失少，年补充率为 $2\%\sim3\%$。

4.1.3.4 原料气的精制

经过脱硫、变换和脱碳工序后，原料气中除了氢气和氮气外，尚含有少量一氧化碳、二氧化碳、氧和硫化物等杂质。这些杂质都是氨合成催化剂的毒物，其中 $CO+CO_2>10\sim25cm^3/m^3$ 就会使合成氨催化剂中毒，水分也会使催化剂中毒。因此，原料气在进入氨合成塔之前还必须进一步精制，使 $CO+CO_2<10cm^3/m^3$（中小型合成氨厂 $<25cm^3/m^3$），$O_2<1cm^3/m^3$，$H_2O<1cm^3/m^3$。工业生产中称这一净化步骤为最终净化，简称"精制"。

由于一氧化碳既不是酸性气体也不是碱性气体，加之在各种无机、有机液体中的溶解度又很小，要脱除少量一氧化碳并不容易。工业上常用的方法有铜氨液洗涤法、液氮洗涤法、甲烷化法、双甲精制工艺法和醇烃化精制法。其中，铜氨液洗涤法，又称铜洗法，工艺成熟、操作弹性大，长期在中小氮肥企业占据主导地位。随着技术的进步，铜洗法与其他方法相比缺点越来越突出，主要表现在运行和维修费用高，环境污染严重等方面。甲烷化法具有系统运行经济、操作平稳、费用低等优点，尤其是与甲醇系统串联，其优点更加突出，是一种比较先进的原料气精制工艺。但甲烷化净化工艺必须保证进入系统的原料气中一氧化碳和二氧化碳含量之和小于0.7%（体积分数），这也使其应用受到了一定限制。双甲精制工艺是20世纪90年代提出的甲醇化、甲烷化原料气精制工艺，与低变铜洗或深度低变甲烷化精制工艺相比，不仅克服了上述两种传统方法的缺点，而且工艺流程简单，生产运行稳定可靠，操作费用低，精制度高（$CO+CO_2 \leq 10cm^3/m^3$），环境友好，同时副产甲醇，经济效益好。目前，世界上使用最广泛的精制方法当属液氮洗涤法，该法净化度高、有效气体损失少，但存在设备投资大的问题。

（1）液氮洗涤法

液氮洗涤法是利用液态氮能溶解一氧化碳、甲烷等的物理性质，在深度冷冻的温度条件下，不仅能脱除原料气中残留的少量一氧化碳，而且能脱除甲烷和氩气等。该法适用于设有空气分离装置的重油、煤气化制备合成气的净化流程，也可用于焦炉气分离制氢流程。

液氮洗涤法属于物理吸收过程，在脱除一氧化碳的同时也能脱除合成气中的甲烷、氩气等惰性气体，可使合成气中一氧化碳和二氧化碳含量降至$10cm^3/m^3$以下，还能将甲烷和氩气降低至$100cm^3/m^3$以下，从而减少氨合成系统的弛放气量。

① 基本原理。液氮洗涤法是基于混合气体中各组分在不同的气体分压下冷凝的温度不同，混合气体中各组分在相同的溶液中溶解度不同，使混合气体中需分离的某种气体冷凝和溶解在所选择的溶液中，从而得以从混合气体中分离出来。表4-4列出了液氮洗涤工艺中所涉及的各种气体的有关物性参数。

表4-4 液氮洗涤工艺中一些气体的相关物性参数

气体名称	大气压下沸点/℃	大气压下汽化热/(kJ/kg)	临界温度/℃
甲烷	−161.45	509.74	−82.45
氩气	−185.86	164.09	−122.45
一氧化碳	−191.80	215.83	−140.20
氮气	−195.80	199.25	−147.10
氢气	−252.77	446.65	−240.20

从表4-4中的数据可以看出，各组分的临界温度都比较低，氮的临界温度为−147.10℃，从而决定了液氮洗涤必须在低温下进行。从各组分的沸点数据可以看出，氢气的沸点远远低于氮气及其他组分，因此在低温液氮洗涤过程中甲烷、氩气、一氧化碳容易溶解于液氮中，而原料气体中的氢气则不易溶解于液氮中，从而达到液氮洗涤净化原料气体中甲烷、氩气和一氧化碳的目的。工业上液氮洗涤装置常与低温甲醇脱除二氧化碳联用，脱除二氧化碳后的气体温度为−62~−53℃，然后进入液氮洗涤的热交换器，使温度降至−190~−188℃，进入液氮洗涤塔。由于氮气和一氧化碳的汽化潜热非常接近，可以基本认为液氮洗涤过程为等温过程。

② 工艺流程。液氮洗涤的工艺流程因氮的来源、冷源的补充方法、操作压力及是否与低温甲醇洗联合而各有差异。我国以煤、重油为原料的合成氨厂液氮洗涤工艺流程如图4-27所示，与之配套的脱碳过程是低温甲醇洗工艺。

扫码查看
液氮洗涤工艺

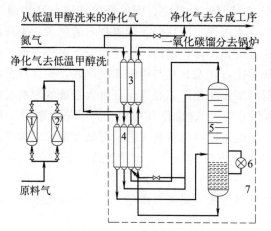

图 4-27 液氮洗涤工艺流程
1,2—分子筛吸收器；3—冷却器；4—原料气冷却器；
5—液氮洗涤塔；6—液位计；7—冷箱

液氮洗涤流程主要由六个工艺步骤组成：一是脱除原料气中的微量甲醇和二氧化碳；二是净化气在热交换器中被氮洗气混合物冷却，并部分冷凝至氮洗温度；三是甲烷富液的分离；四是高压氮气经热交换器冷凝成液氮；五是冷源的补充；六是在净化气中加氮，配制成氨合成所要求的氢氮比气体。

（2）甲烷化法

甲烷化法是在催化剂存在下少量一氧化碳和二氧化碳与氢气作用生成甲烷和水，使原料气体中一氧化碳和二氧化碳的总含量降到 $10cm^3/m^3$ 以下的一种净化工艺。由于甲烷化反应需要消耗氢气，并生成惰性气体甲烷，降低原料气的含量，因此，只有当原料气中 $CO+CO_2<0.7\%$（体积分数）时才可采用此法。20 世纪 60 年代初开发成功低温变换催化剂以后，才为甲烷化工艺提供了条件。

① 甲烷化基本原理。甲烷化法的主反应是一氧化碳、二氧化碳加氢生成甲烷，反应式为

$$CO+3H_2 \rightleftharpoons CH_4+H_2O+206.1kJ/mol \tag{4-10}$$

$$CO_2+4H_2 \rightleftharpoons CH_4+2H_2O+165.4kJ/mol \tag{4-12}$$

甲烷化反应是体积减小的强放热可逆反应，反应热效应随温度升高而增大，催化剂床层会产生显著的绝热升温。在绝热情况下，若原料气中有 1% 的一氧化碳进行甲烷化反应，温度可升高 72℃；若有 1% 的二氧化碳转化成甲烷，温度可升高 60℃ 左右。另外，当原料气中含有微量的氧时，其温度升高比一氧化碳、二氧化碳高得多。所以，必须严格控制原料气中一氧化碳、二氧化碳的含量在规定的工艺指标内，同时严格控制氧的进入，否则会因超温烧坏催化剂甚至设备。

在进行甲烷化反应的过程中，还可能发生析炭和生成羰基镍的副反应，其反应式为：

$$2CO \rightleftharpoons C+CO_2+172.4kJ/mol \tag{4-24}$$

$$Ni+4CO \rightleftharpoons Ni(CO)_4 \tag{4-48}$$

在 $H_2/CO<5$ 时才有可能发生析炭副反应，但合成气中 $H_2/CO\gg5$，实际上不会发生析炭副反应。

② 甲烷化催化剂。常用的甲烷化催化剂是以氧化镍为主要成分，镍含量为 15%～35%（以金属镍计），氧化铝为载体，氧化镁或三氧化二铬为促进剂。国产镍催化剂型号有 J_{101}、J_{102}、J_{103}、J_{104} 和 J_{105} 等，这些催化剂的特点是镍含量较低、耐热性能好、活性高。

甲烷化催化剂在使用前必须将氧化镍还原成金属镍，才具有催化活性。一般用氢气或脱碳后的原料气还原，其反应如下：

$$NiO+H_2 \rightleftharpoons Ni+H_2O \quad \Delta H^{\ominus}_{298}=-1.3kJ/mol \tag{4-49}$$

$$NiO+CO \rightleftharpoons Ni+CO_2 \quad \Delta H^{\ominus}_{298}=-38.5kJ/mol \tag{4-50}$$

虽然这些还原反应的热效应不大,但还原后的催化剂马上可使一氧化碳和二氧化碳进行甲烷化反应,放出大量热。因此,为了避免还原过程床层升温过高,要求还原使用的原料气中一氧化碳和二氧化碳的总量在1%(体积分数)以下。还原后的镍催化剂会自燃,要防止与氧化性气体接触。还原态的甲烷化催化剂能与氧发生激烈的氧化反应,生成氧化镍,同时放出大量热:

$$2Ni+O_2 \Longrightarrow 2NiO \quad \Delta H_{298}^{\ominus}=-485.7kJ/mol \tag{4-51}$$

因此,在长期停车或更换催化剂时,需向催化剂层通入含少量氧气的氮气或蒸汽,使催化剂缓慢氧化,在表面形成一层氧化镍保护膜,这一过程称为钝化,钝化后才能与空气接触。

还原后的催化剂在180℃以下与一氧化碳接触,能生成羰基镍[式(4-48)]。生成的羰基镍不仅是剧毒物质,而且还会造成催化剂活性组分的损失,生产中应采取必要措施加以预防。在1.4MPa、存在1%一氧化碳时,生成羰基镍的最高理论温度是121℃,而正常开车时甲烷化反应温度都在300℃以上,所以一般不可能有羰基镍生成。但当发生事故停车时,或在催化剂降温至180℃时,要停止使用含一氧化碳的原料气,改用氢气或氮气。

能使甲烷化催化剂中毒的物质除羰基镍外,还有硫化物、砷化物等。硫化物对催化剂的毒害是积累性的。若催化剂吸收了0.5%的硫,就会完全失去活性。催化剂中硫吸附量与活性的关系见表4-5。

表4-5 催化剂中硫吸附量与活性的关系

硫吸附量(质量分数)/%	0.1	0.15~0.2	0.3~0.4	0.5
活性(以新催化剂为100%)/%	90	50	20~30	0

砷化物对催化剂的毒害更为严重,当吸收了0.1%的砷时,催化剂活性即可丧失。因此,采用环丁砜法或砷碱法脱碳时,必须小心操作,严防把含有硫或砷的溶液带入甲烷化系统。为了保护催化剂,可在甲烷化催化剂上设置部分氧化锌或活性炭作保护剂。

③ 甲烷化工艺流程。甲烷化工艺流程根据加热源的来源不同分为两种,如图4-28所示。当原料气中碳的氧化物含量为0.5%~0.7%(体积分数)时,甲烷化反应放出的热量就可将进口原料气预热到所需要的温度,因此流程中只有甲烷化炉、进口原料气换热器和水冷却器。但考虑到催化剂的升温还原及原料气中碳的氧化物的波动,还需补充其他热源。图4-28中的流程一和流程二就是根据外加热量的多少设计的两种不同形式的流程。流程一中原料气预热部分是由进出气体换热器与外加热源(如烃类蒸汽转化流程中用高变气或回收余

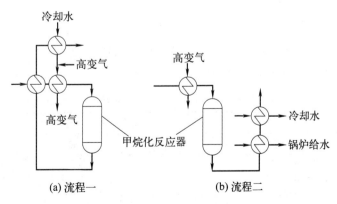

图4-28 甲烷化工艺流程

热的二段转化气）换热器串联而成；流程二中则全部利用外加热源预热原料气，出甲烷化反应器的气体用来预热锅炉给水。流程一的缺点是，开车时进出气体换热器不能立即起作用，因而升温较慢。

4.1.4 氨合成

氨的合成是整个合成氨生产的核心部分。在较高的温度、压力和活性催化剂存在下，经过精制的氢气、氮气混合原料气直接反应生成氨。由于受化学平衡及操作条件的限制，反应后气体混合物中氨含量不高，一般只有10%～20%，必须将氨从混合物中分离出来，才能制得产品氨。未反应的气体除少数为弛放气而放空或作一段燃料气之外，其余均循环使用。

4.1.4.1 氨合成原理

氨合成的化学反应式为：

$$3/2H_2 + 1/2N_2 \rightleftharpoons NH_3 \quad \Delta H_{298}^{\ominus} = -46.22 \text{kJ/mol} \tag{4-1}$$

氨合成反应是一个气体分子数减少的放热可逆反应，其化学平衡受温度、压力及气体组成影响。

（1）氨合成反应热力学

① 平衡常数。氨合成反应的平衡常数 K_p 可表示为：

$$K_p = \frac{p_{NH_3}}{p_{H_2}^{1.5} p_{N_2}^{0.5}} \tag{4-52}$$

式中 p_{NH_3}、p_{H_2}、p_{N_2}——平衡状态下 NH_3、H_2、N_2 的分压。

工业生产中氨合成是在高压条件下进行的，而在高压下 NH_3、H_2、N_2 的性质与理想气体有很大偏差。因此，平衡常数不仅与温度有关，而且受压力和气体组成影响，在一定压力范围内，可以用组分的逸度代替组分的分压，平衡常数 K_f 需用逸度表示。

$$K_f = \frac{f_{NH_3}}{f_{H_2}^{1.5} f_{N_2}^{0.5}} = \frac{p_{NH_3} \gamma_{NH_3}}{(p_{H_2} \gamma_{H_2})^{1.5}(p_{N_2} \gamma_{N_2})^{0.5}} = K_p K_\gamma \tag{4-53}$$

式中 f——各平衡组分的逸度；

γ——各平衡组分的逸度系数；

K_γ——实际气体的活度系数 γ 表示的平衡常数的校正值。

K_f 是温度的函数，随温度升高而降低，与压力无关，可按下式计算：

$$\lg K_f = 2250.3 T^{-1} + 0.8534 - 1.5105 \lg T - 25.8987 \times 10^{-5} T + 14.8961 \times 10^{-8} T^2 \tag{4-54}$$

计算出 K_f 和 K_γ 后，即可求出 K_p，结果见表4-6。由表4-6可知，氨合成反应的平衡常数 K_p 值随温度降低、压力升高而增大。压力在60MPa以下时 K_p 的计算结果与实验值基本相符，而当压力高于60MPa时误差较大。

表4-6 氨合成反应的平衡常数 K_p

温度/℃	压力/MPa			
	1.013	10.13	30.4	101.3
300	0.06238	0.06966	0.08667	0.51340
400	0.01282	0.01379	0.01717	0.06035
500	0.00378	0.00409	0.00501	0.00918
600	0.00152	0.00153	0.00190	0.00206

② 平衡氨含量。反应达到平衡时氨在混合气体中的摩尔分数称为平衡氨含量。平衡氨含量是在给定操作条件下氨合成反应能够达到的最大限度。

已知 K_p 值，就可以求出不同压力和温度下平衡体系中氨的含量。设平衡时总压为 p，氮气、氢气的含量为 x_{N_2} 和 x_{H_2}，平衡氨含量为 $x^*_{NH_3}$，惰性气体含量为 x_i，即

$$x_{N_2}+x_{H_2}+x^*_{NH_3}+x_i=1$$

$x_{H_2}/x_{N_2}=r$，则有：

$$\frac{x_{N_2}}{x_{N_2}+x_{H_2}}=\frac{1}{1+r} \tag{4-55}$$

$$\frac{x_{H_2}}{x_{N_2}+x_{H_2}}=\frac{r}{1+r} \tag{4-56}$$

平衡时各组分分压为：

NH_3 $$p_{NH_3}=px^*_{NH_3} \tag{4-57}$$

N_2 $$p_{N_2}=p(1-x^*_{NH_3}-x_i)/(1+r) \tag{4-58}$$

H_2 $$p_{H_2}=p(1-x^*_{NH_3}-x_i)r/(1+r) \tag{4-59}$$

代入平衡常数表达式 (4-52) 中，得

$$K_p=\frac{px^*_{NH_3}}{\left[p\frac{1}{1+r}(1-x^*_{NH_3}-x_i)\right]^{1/2}\left[p\frac{r}{1+r}(1-x^*_{NH_3}-x_i)\right]^{3/2}} \tag{4-60}$$

整理后得

$$\frac{x^*_{NH_3}}{(1-x^*_{NH_3}-x_i)^2}=K_p p\frac{r^{1.5}}{(1+r)^2} \tag{4-61}$$

由式 (4-61) 可知，平衡氨含量与温度（体现为 K_p）、压力、惰性气体含量、氢氮比有关。温度降低或压力升高时，等式右边数值增加，因此平衡氨含量也随之增加。所以，实际生产中氨合成反应均在加压下进行。氢氮比和惰性气体体积分数对平衡氨含量的影响如下。

a. 氢氮比的影响。当温度、压力和惰性气体的含量一定时，则式 (4-61) 为 r 的函数，在某一个 r 时，平衡氨摩尔分数有一个最大值。使平衡氨摩尔分数为最大值的条件为

$$\frac{d}{dr}\left[\frac{r^{1.5}}{(1+r)^2}\right]=0 \tag{4-62}$$

即

$$\frac{1.5r^{0.5}(r+1)^2-2r^{1.5}(r+1)}{(r+1)^4}=\frac{(r+1)r^{0.5}[1.5(r+1)-2r]}{(r+1)^4}=0 \tag{4-63}$$

式中，$(r+1)$、$r^{0.5}$ 和 $(r+1)^4$ 均不为零，欲使等式成立只有使 $1.5(r+1)-2r=0$，即 $r=3$。即当氢氮比等于反应计量比时，平衡氨摩尔分数最大。但在实际生产中，压力比较高，应考虑与 r 有关的组分逸度系数，所以 $r=3$ 并不是高压下的正确结论。实践证明，平衡氨摩尔分数最大时的氢氮比略小于 3，为 2.6~2.9。

b. 惰性气体含量的影响。习惯上把不参与反应的气体（CH_4、Ar 等）称为惰性气体，它对平衡氨摩尔分数有明显影响。因为 x_i 相对很小，当 $r=3$ 时，可以将式 (4-61) 近似转化为：

$$\frac{x^*_{NH_3}}{(1-x^*_{NH_3}-x_i)^2}\approx\frac{x^*_{NH_3}}{(1-x^*_{NH_3}-x_i+x^*_{NH_3}x_i)^2}=\frac{x^*_{NH_3}}{(1-x^*_{NH_3})^2(1-x_i)^2}=0.325K_p p \tag{4-64}$$

即
$$\frac{x^*_{NH_3}}{(1-x^*_{NH_3})^2} = 0.325 K_p p(1-x_i)^2 \tag{4-65}$$

上式表明平衡氨摩尔分数随着惰性气体含量的增加而减小。在氨合成反应中，由于惰性气体不参与反应，在循环过程中越积越多，对提高平衡氨摩尔分数极为不利。因此，在生产中往往要被迫放空一部分循环气体，使惰性气体保持一稳定值。放空气量可从物料衡算中求出。在图 4-29 所示的循环操作中，设新鲜原料气的进料量为 N_F mol/h，放空气量为 N_P mol/h，原料气中惰性气的分率为 i_F，放空气中惰性气的分率为 i_P，则物料衡算式为 $N_F i_F = N_P i_P$。

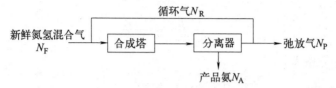

图 4-29　氨合成的循环操作流程

综上所述，提高平衡氨含量的途径为降低温度，提高压力，保持氢氮比为 3 左右，并减少惰性气体含量。

（2）氨合成反应的动力学

① 反应机理。在催化剂作用下氢气与氮气合成氨的反应是气固相催化反应，与其他气固相催化反应相似，也需经历扩散、吸附、反应、脱附、扩散的历程。目前得到普遍认可的合成氨的反应机理如下：

$$N_2 + [\sigma\text{-Fe}] \longrightarrow N_2[\sigma\text{-Fe}] \tag{4-66}$$

$$N_2[\sigma\text{-Fe}] \longrightarrow 2N[\sigma\text{-Fe}] \tag{4-67}$$

$$2N[\sigma\text{-Fe}] + H_2 \longrightarrow 2NH[\sigma\text{-Fe}] \tag{4-68}$$

$$2NH[\sigma\text{-Fe}] + H_2 \longrightarrow 2NH_2[\sigma\text{-Fe}] \tag{4-69}$$

$$2NH_2[\sigma\text{-Fe}] + H_2 \longrightarrow 2NH_3[\sigma\text{-Fe}] \tag{4-70}$$

$$2NH_3[\sigma\text{-Fe}] \longrightarrow 2NH_3 + [\sigma\text{-Fe}] \tag{4-71}$$

式中，[σ-Fe] 为催化剂活性中心。

在上述机理中，氮气在催化剂表面活性中心上的吸附是最慢的一步，是氨合成反应的控制步骤。

② 反应速率。在工业生产中，不仅要求获得较高的氨含量，同时还要求有较快的反应速率，以便在单位时间内有较多的氮和氢合成为氨。

1939 年捷姆金和佩热夫根据氮在催化剂表面活性中心上的吸附是氨合成反应的控制步骤，并假设催化剂表面活性不均匀、氮的吸附覆盖度为中等、气体为理想气体以及反应距平衡不很远等条件，推导出动力学方程式如下：

$$r_{NH_3} = \frac{d[NH_3]}{dt} = k_1 p_{N_2} \left(\frac{p^3_{H_2}}{p^2_{NH_3}}\right)^\alpha - k_2 \left(\frac{p^2_{NH_3}}{p^3_{H_2}}\right)^{1-\alpha} \tag{4-72}$$

式中　r_{NH_3}——氨合成反应的瞬时总速率，为正、逆反应速率之差；

k_1、k_2——正、逆反应速率常数；

p_{N_2}、p_{H_2}、p_{NH_3}——N_2、H_2、NH_3 的分压；

α——常数,与催化剂的性质及反应条件有关,由实验确定,通常 $0<\alpha<1$。

对以铁为主的工业催化剂,$\alpha=0.5$,此时式(4-72)可写成:

$$r_{NH_3} = k_1 p_{N_2} \frac{p_{H_2}^{1.5}}{p_{NH_3}} - k_2 \frac{p_{NH_3}}{p_{H_2}^{1.5}} \tag{4-73}$$

式(4-73)在常压至10MPa范围内,与实验值比较相符,压力再增加后偏差较大。当反应远离平衡时,特别是当 $p_{NH_3}=0$ 时,由式(4-73)得 $r_{NH_3}=\infty$,这显然是不合理的。为此,捷姆金提出远离平衡的动力学方程式如下:

$$r_{NH_3} = k' p_{N_2}^{1-\alpha} p_{H_2}^{\alpha} \tag{4-74}$$

还有一些其他形式的氨合成反应动力学方程,但在一般工业操作条件范围内使用式(4-73)还是比较令人满意的。

4.1.4.2 氨合成催化剂

可以作氨合成催化剂的物质很多,如铁、铂、锰、钨、铀等,但以铁为主体的催化剂由于具有原料来源广、价格低廉、在低温下有较好的活性、抗中毒能力强、使用寿命长等优点而被合成氨工业广泛应用。

铁催化剂在还原之前以铁的氧化物状态存在,主要成分是三氧化二铁(Fe_2O_3)和氧化亚铁(FeO),氧化铁的组成对还原后催化剂的活性影响很大。当 Fe^{2+}/Fe^{3+} 接近或等于0.5时,还原后催化剂的活性最好,这时 FeO/Fe_2O_3(摩尔比)等于1,相当于 Fe_3O_4 的组成。氧化铁在催化剂中的作用是经还原生成 α-Fe 活性中心,使催化剂具有催化活性。

催化剂中还加入各种促进剂。合成氨铁催化剂中使用的促进剂有三氧化二铝(Al_2O_3)、氧化镁(MgO)、氧化钙(CaO)、氧化钾(K_2O)、二氧化硅(SiO_2)等。加入促进剂后,FeO/Fe_2O_3 在 24%~38% 之间波动,这对催化剂的活性影响不大,但催化剂热稳定性和机械强度随低价铁含量的增加而增加。

Al_2O_3 能与氧化铁生成 $FeAl_2O_4$(或 $FeO \cdot Al_2O_3$)晶体,其晶体结构与 $Fe_2O_3 \cdot FeO$ 相同。当催化剂被氢氮混合气还原时,氧化铁被还原为 α-Fe,而 Al_2O_3 不被还原,它环绕在 α-Fe 晶粒的周围,防止活性铁的微晶在还原及使用过程中进一步长大。这样 α-Fe 的晶粒间就出现了空隙,形成纵横交错的微型孔道结构,大大增加了催化剂的表面积,提高了活性。

MgO 的作用与 Al_2O_3 有相似之处。在还原过程中,MgO 也能防止活性铁的微晶进一步长大。但其主要作用是增强催化剂对硫化物的抗毒能力,并保护催化剂在高温下不致因晶体破坏而降低活性,延长催化剂寿命。

加入 CaO 可以降低熔融物的熔点和黏度,并使 Al_2O_3 易于分散在 $Fe_2O_3 \cdot FeO$ 中,还可提高催化剂的热稳定性。

K_2O 的作用是使催化剂的金属电子逸出功降低。因为氮被吸附在催化剂表面,形成偶极子时,电子偏向于氮。电子逸出功的降低有助于氮的活性吸附,从而使催化剂的活性提高。实践证明,只有在加入 Al_2O_3 的同时再加入 K_2O 才能提高催化剂的活性。

SiO_2 具有中和 K_2O、CaO 等碱性组分的作用,此外还具有提高催化剂抗水毒害和耐烧结的作用。

通常制成的催化剂为黑色不规则颗粒,有金属光泽,堆积密度为 2.5~3.0kg/dm³,空隙率为 40%~50%。催化剂还原后,$FeO \cdot Fe_2O_3$ 晶体被还原成细小的 α-Fe 晶体,它们疏松地处在氧化铝的骨架上。经还原的铁催化剂若暴露在空气中将迅速氧化，立即失去活性。一氧化碳、二氧化碳、蒸汽、油类、硫化物等均会使催化剂暂时或永久中毒。还原前后表观容积并无显著改变，因此，除去氧后的催化剂便成为多孔的海绵状结构。

催化剂的颗粒密度与纯铁的密度 $7.86g/cm^3$ 相比要小得多，这说明孔隙率是很大的。一般孔呈不规则树枝状，还原态催化剂的内表面积为 $4\sim16m^2/g$。国内外氨合成催化剂的一般性能见表 4-7。

表 4-7 氨合成催化剂的一般性能

国别	型号	组成	外形	还原前堆积密度/(kg/L)	推荐使用温度/℃	主要性能
中国	A_6	$FeO \cdot Fe_2O_3$, K_2O, Al_2O_3, CaO	黑色光泽，不规则颗粒	平均 2.9	400~520	380℃还原已很明显，550℃耐热20h,活性不变
	A_9	$FeO \cdot Fe_2O_3$, K_2O, Al_2O_3, CaO, MgO, SiO_2	同 A_6	2.7~2.8	380~500 活性优于 A_6	还原温度比 A_6 型低20~30℃,350℃耐热20h,活性不变
	A_{10}		同 A_6	2.7~2.8	380~464	易还原，低温下活性较高
丹麦	KMA	$FeO \cdot Fe_2O_3, K_2O$, Al_2O_3, CaO, MgO, SiO_2	黑色光泽，不规则颗粒	2.35~2.80	380~550	还原从390℃开始，耐热、耐毒性能较好，耐热温度550℃
	KMR	KM 型预还原催化剂	同 KMA	1.83~2.18	同 KMA	室温至100℃,在空气中稳定，其他性能同 KMA,寿命不变
英国	ICI35-4	$FeO \cdot Fe_2O_3$, K_2O, Al_2O_3, CaO, MgO, SiO_2	黑色光泽，不规则颗粒	2.65~2.85	350~530	当温度超过530℃时，催化剂活性下降
美国	C73-1	$FeO \cdot Fe_2O_3$, K_2O, Al_2O_3, CaO, SiO_2	黑色光泽，不规则颗粒	2.88±0.16	370~540	一般在570℃以下是稳定的，高于570℃很快丧失稳定性

4.1.4.3 氨合成工艺条件

氨合成工艺条件的选择除了考虑平衡氨含量外，还要综合考虑反应速率、催化剂使用特性及系统的生产能力、原料和能量消耗等。氨合成工艺条件主要包括合成温度、压力、空间速度、原料气组成等。

（1）温度

氨合成反应为可逆放热反应。因此，同其他可逆放热反应一样，合成氨反应存在最适宜温度 T_m（或称最佳反应温度）。实际生产中，希望合成塔催化剂层中的温度分布尽可能接近最适宜温度曲线。由于催化剂只有在一定的温度条件下才具有较高的活性，还要使最适宜温度在催化剂的活性温度范围内。如果温度过高，会使催化剂过早地失去活性；而温度过低，达不到活性温度，催化剂起不到加速反应的作用。不同的催化剂有不同的活性温度。同一种催化剂在不同的使用时期，其活性温度也有所不同。对 A_6 型催化剂而言，催化剂在使用初期活性较高，反应温度可以控制低一点（480℃）；使用中期活性下降，温度控制在最适宜温度（500℃）；使用后期，因活性较差，温度可以控制高一点（520℃）。

在生产中，控制最适宜温度是指控制"热点"温度，"热点"就是在反应过程中催化剂层中温度最高的那一"点"。下面以双套管并流式催化剂管为例分析，如图4-30所示。

设气体进入催化剂层时的温度和氨体积分数分别为 t_1 和 $\varphi(NH_3)$。要求 t_1 大于或等于催化剂使用温度的下限。反应初期，因远离平衡态，氨合成反应速率较快，放热多，为使温度迅速达到最适宜温度，这一段不设冷却管冷却（即图中 L_1 那一段），故称绝热层。在 L_1 一段，氨的浓度也迅速增加。

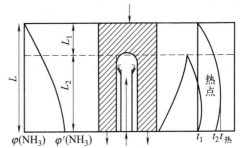

图 4-30　催化剂层不同高度的温度分布和氨体积分数的变化

L_1—绝热层高度；L_2—冷却层高度；L—催化剂高度；$\varphi(NH_3)$—进口氨体积分数；$\varphi'(NH_3)$—出口氨体积分数；t_1—催化剂层进口温度；t_2—出口温度；$t_热$—热点温度

随着温度升高到一定程度，温度上升的速度逐渐缓慢，而且反应后的气体与双套管内的冷气相遇，反应热开始逐步移走。当温度达到最高点后，由于移走的热量超过反应所放出的热量，温度就随催化剂床层深度的增加而降低。

从较理想的情况来看，希望 $t_1 \sim t_热$ 这一段进行得快一些，$t_热 \sim t_2$（气体出催化剂层的温度）则尽可能沿着最适宜温度线进行。

（2）压力

从热力学与动力学角度分析，提高压力有利于提高氨的平衡浓度，也有利于总反应速率的增加。另外，合成装置的生产能力随压力提高而增加，而且压力高时氨分离流程可以简化，如高压下分离氨，只需水冷却就足够。

工业生产中选择氨合成压力的主要依据是包括能量消耗、原料费用、设备投资、技术投资在内的综合费用，即取决于技术经济性能。能量消耗主要包括原料气的压缩功、循环气的压缩功、氨分离的冷冻功。提高压力，原料气压缩功增加，循环气压缩功和氨分离冷冻功却减少。但压力过高对设备材质和制造的要求较高，同时高压下反应温度较高，催化剂的使用寿命短，操作管理也随之变得困难，因此操作压力也不宜太高。从技术经济分析，总能量消耗在 15~30MPa 区间相差不大，而且数值较小；就综合费用而言，将压力从 10MPa 提高到 30MPa 时，其值可下降 40% 左右。因此，30MPa 左右是氨合成的适宜压力，为国内外普遍采用（中压法）。从当前节省能源的观点出发，有向降低压力方向发展的趋势，如美国凯洛格公司开发的年产 30 万吨合成氨工艺的合成压力为 15MPa。

（3）空间速度

在操作压力、温度及进塔气组成一定时，对于既定结构的合成塔，空间速度大，单位体积催化剂处理的气体量大，生产能力大。但空速过大，催化剂与反应气体接触时间太短，部分反应物未参与反应就离开催化剂表面进入气流，导致出塔气氨含量降低，即氨净值降低。另外，气量增大，会使设备负荷、动力消耗增大，氨分离不完全。因此空间速度亦有一个最适宜的范围。采用中压法合成氨，空间速度为 20000~30000h^{-1} 较适宜；大型合成氨厂为充分利用反应热、降低功耗及延长催化剂使用寿命，通常采用低空速，一般为 10000~20000h^{-1}。

（4）原料气组成

原料气组成即合成塔进口气体组成，包括氢氮比、惰性气体含量和入塔氨含量。

① 氢氮比。在讨论平衡氨含量影响因素时就指出，就氨合成反应本身而言，氢氮比最佳值应是 3。在工业生产中，一般控制氢氮比在 2.6~2.9（体积比）之间。

② 惰性气体含量。原料气中的惰性气体通常是甲烷和氩气。惰性气体含量在新鲜原料气中一般很低，只是在循环过程中逐渐积累增多，相对降低了氢气、氮气的有效分压，使反应速率降低，平衡氨含量下降。为使循环气中惰性气体含量不致过高，生产中通常采取放掉一部分循环气的办法。若以增产为主要目标，惰性气体含量可低一些，约 10%~14%（体积分数）；若以降低原料成本为主，可控制得高一些，约为 16%~20%（体积分数）。

③ 入塔氨含量。进合成氨塔气体中的氨由循环气带入，其数量决定于氨分离的条件。目前一般采用冷凝法分离反应后气体中的氨，冷凝温度越低，分离效果越好，循环气中含氨越低，进塔气中氨浓度越小，从而可以加快反应速率，提高氨净值和催化剂生产能力，但同时分离冷冻的能耗势必增大。一般进口氨含量控制在 3%（体积分数）左右。

4.1.4.4 氨合成工艺流程

（1）氨合成基本工艺步骤

根据压缩机形式、操作压力、氨分离方法、热能回收形式以及各部分相对位置的差异，合成氨工艺流程各有不同。但基于氨合成本身的特性，构成氨合成过程的基本步骤是相同的，主要由以下 6 个步骤组成。

① 气体的压缩和除油。为了将新鲜原料气和循环气压缩到氨合成所要求的操作压力，需要在流程中设置压缩机。当使用往复式压缩机时，在压缩过程中气体夹带的润滑油和蒸汽混合在一起，呈细雾状悬浮在气流中。气体中所含的油不仅会使氨合成催化剂中毒，而且附着在热交换器壁上，降低传热效率，因此必须清除干净。除油的方法是在压缩机每段出口处设置油分离器，并在氨合成系统设置滤油器。若采用离心式压缩机或无油润滑的往复式压缩机则不需除油。

② 气体的预热和合成。压缩后的氢氮混合气需加热到催化剂的起始活性温度，才能送入催化剂床层进行氨合成反应。在正常操作情况下，加热气体的热源主要是氨合成时放出的反应热，即反应前的氢氮混合气被反应后的高温气体预热到反应温度。在开工或反应不能自热时，可利用塔内加热炉或塔外加热炉供给热量。

③ 氨的分离。进入氨合成塔催化剂床层的氢氮混合气只有少部分反应生成氨，合成塔出口气体氨含量一般为 10%~20%（体积分数），因此需要将氨分离出来。氨分离的方法有两种，一种是水吸收法，另一种是冷凝法。水吸收法得到的产品是浓氨水，从浓氨水制取液氨尚需经过氨水蒸馏及气氨冷凝等步骤，消耗一定的热量，目前工业上较少采用此法。冷凝法是将合成气体降温，使其中的气氨冷凝成液氨，然后在氨分离器中从不凝气体中分离出来。液氨冷凝过程中有部分氢氮气及惰性气体溶解在其中，溶解气大部分在液氨储槽中减压释放出来，称为"储槽气"或"弛放气"。冷凝法是目前工业上分离氨采用的主要方法。

④ 气体的循环。分离氨后剩余的氢氮气，除为降低惰性气体含量而少量放空以外，大部分与补充的新鲜原料气混合后重新返回合成塔，再进行氨的合成，从而构成循环生产流程。气体在设备、管道中流动时产生压力损失，为补偿这一损失，循环流程中必须设置循环压缩机。循环压缩机进出口压差约为 2~3MPa，它表示整个循环系统阻力降的大小。

⑤ 惰性气体的排放。氨合成循环系统的惰性气体通过以下 3 个途径带出：一小部分从系统中漏损；一小部分溶解在液氨中被带走；大部分采用放空的办法，即间断或连续地从系统中排放。

在氨合成循环系统中，惰性气体在流程各部位的含量是不同的，放空位置应该选择在惰性气体含量最大而氨含量最小的地方，这样放空的氨损失最小。由此可见，放空的位置应该在氨已大部分分离之后，新鲜气加入之前。放空气中的氨可用水吸收法或冷凝法加以回收，其余的气体一般可用作燃料；也可采用冷凝法将放空气中的甲烷分离出来，然后将甲烷转化为氢，回收利用，从而降低原料气的消耗。

⑥ 反应热的回收利用。氨的合成反应是放热反应，必须回收利用这部分反应热。工业上回收利用反应热的方法主要有以下三种。

a. 预热反应前的氢氮混合气。在合成塔内设置换热器，用反应后的高温气体预热反应前的氢氮混合气，使其达到催化剂的活性温度。这种方法简单，但热量回收不完全。一般小型氨厂采用此法回收利用反应热。

b. 预热反应前的氢氮混合气和副产蒸汽。在合成塔内设置换热器预热反应前的氢氮混合气，再利用余热副产蒸汽。按副产蒸汽锅炉安装位置的不同，可分为塔内副产蒸汽合成塔（内置式）和塔外副产蒸汽合成塔（外置式）两类。一般采用外置式，该法热量回收比较完全，同时得到副产蒸汽。该法中型氨厂应用较多。

c. 预热反应前的氢氮混合气和预热高压锅炉给水。反应后的高温气体首先通过塔内的换热器预热反应前的氢氮混合气，然后通过塔外的换热器预热高压锅炉给水。此法的优点是减少了塔内换热器的面积，减小了塔的体积，同时热能回收完全。大型合成氨厂一般采用这种方法回收热量。

用副产蒸汽及预热高压锅炉给水方式回收反应热时，生产1t氨一般可回收0.5~0.9t蒸汽。

（2）氨合成工艺流程

尽管氨合成工艺流程各不相同，但基于氨合成的工艺特性，其工艺流程均采用循环流程，均包括氨的合成、氨的分离、氢氮原料气的压缩与循环系统、反应热的回收利用、排放部分弛放气以维持循环气中惰性气体的平衡等。在组织氨合成工艺流程时，要合理设置上述各环节，充分体现有利于氨的合成和分离、有利于保护催化剂以尽量延长其使用寿命、有利于反应热回收降低能耗3个基本原则。

扫码查看
合成氨3D
工艺讲解

20世纪70年代以来我国引进的大型合成氨装置普遍采用美国凯洛格公司的氨合成工艺流程。该流程采用蒸汽透平驱动带循环段的离心式压缩机，气体不受污染，氨合成压力为15MPa，采用三级氨冷，分离完全。其工艺流程如图4-31所示。

凯洛格氨合成工艺流程的特点有：①采用汽轮机驱动带循环段的离心式压缩机，气体中不含油雾，可以将压缩机设置在氨合成塔之前；②氨合成反应热除预热进塔气体外还用于加热锅炉给水，热量回收较好；③采用三级氨冷，逐级将气体温度降至-23℃；④放空线位于压缩机循环段之前，此处惰性气体含量最高，氨含量也最高，但由于设置了氨回收设备，氨损失不大；⑤氨冷设置在循环段之后，可进一步清除气体中夹带的油雾、二氧化碳等杂质，但缺点是循环功耗较大。

随着合成氨生产竞争的日益加剧，提高装置产量、降低生产成本一直是合成氨生产厂家探索的课题。经过许多专家、学者的研究，合成氨工艺出现了许多新技术、新工艺。目前，国际上比较先进的有布朗三塔三废锅氨合成工艺、伍德两塔两废锅氨合成工艺、托普索S-250型氨合成工艺、卡萨利轴径向氨合成工艺等，其中卡萨利轴径向氨合成工艺流程如图4-32所示。

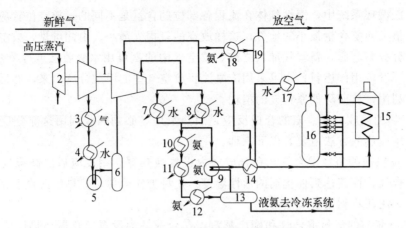

图 4-31 凯洛格氨合成工艺流程

1—离心式压缩机；2—汽轮机；3—甲烷化气换热器；4,7,8—水冷器；5,10~12—氨冷器；
6—段间液滴分离器；9—冷热换热器；13—高压氨分离器；14—热热换热器；15—开工加热炉；
16—氨合成塔；17—锅炉给水预热器；18—放空气氨冷器；19—放空气分离器

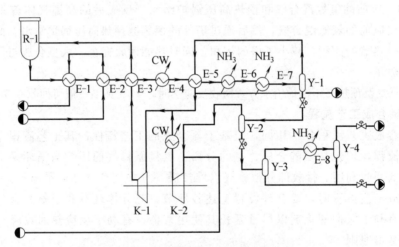

图 4-32 卡萨利轴径向氨合成工艺流程

R-1—合成塔；E-1—废锅；E-2—锅炉给水预热器；E-3、E-5—换热器；E-4—水冷器；E-6~E-8—氨冷器；
K-1—循环气压缩机；K-2—原料气压缩机；Y-1~Y-4—氨分离器；CW—循环水

来自循环气压缩机的原料气进入换热器 E-3，被来自锅炉给水预热器 E-2 的气体加热至 180~240℃，进入合成塔 R-1，在催化剂作用下进行反应，出口处氨含量 $\varphi(NH_3)=19\%$~22%。出合成塔的合成气，温度为 400~450℃，经废锅 E-1 和锅炉给水预热器 E-2 回收热量，产生 10MPa 高压蒸汽（每生产 1t 氨可产生 1t 以上高压蒸汽）。由 E-2 流出的合成气进入换热器 E-3 的壳程，被管程的循环气冷却，再送往水冷器 E-4，部分氨被冷凝下来，气-液合成气混合物进入换热器 E-5，被来自氨分离器 Y-1 的冷循环气冷却，然后进入两级氨冷器 E-6 和 E-7。在 E-7 中，液氨在 -10℃下蒸发，将气-液合成气混合物冷凝至 0℃。采用两级氨冷的目的是降低氨压缩的能耗。液氨在氨分离器 Y-1 中被分离，气-液合成气混合物变成冷循环气，它经 E-5 升温至 30℃后进入循环气压缩机。液氨经减压后送往氨库，弛放气由 E-5 出口引出送往氢回收装置，用低温冷冻法或膜分离法进行分离，回收其中的氢。合成塔为叠合式催化剂床的立式合成塔，第一催化剂床内气体基本上以轴向方式流动，第二床内是以径向流动,能成功地获得低压力降。塔内操作压力 14.78MPa,进(出)塔气体温度 182℃ (422℃),氨净值 $\varphi(NH_3) \geqslant 14\%$。卡萨利技术已在我国多个中型合成氨厂应用,该技术具有催化剂和热能利用率高,节能效果好,操作、安装、维修简单,安全可靠等优点。

氨合成工艺各有特色,从技术改造的角度来讲,卡萨利轴径向工艺更好些,因为不需要增加合成塔,在原塔上进行改造,投资少、合成转化率高、能耗低,操作压力低(8~18MPa),可采用活性好的小颗粒(1.5~3.0mm)催化剂。从新建厂的角度来讲,布朗和伍德氨合成工艺较好,因为一次性投资省、能耗低。我国涪陵、合江和锦西3个合成氨厂采用布朗工艺,以天然气为原料。大庆石化总厂采用伍德氨合成工艺,原料为石油渣油,能耗可低至 28.8GJ/t NH_3。

4.1.4.5 氨合成塔

氨合成塔通常被称为合成氨厂的心脏,它是整个合成氨厂生产过程的关键设备之一,其工艺参数的选择和结构设计是否合理直接影响到整个合成氨生产能力的大小和技术经济指标的好坏。

(1) 氨合成塔的结构特点及基本要求

氨是在高温(400~520℃)、高压(≥10MPa)条件下合成的。因此,氨合成塔的结构一要耐高温,二要耐高压。在高温高压条件下,氢气、氮气对碳钢有明显的腐蚀作用。氢腐蚀的原因:一是氢脆,即氢溶解于金属晶格中,使钢材在缓慢变形时发生脆性破坏;二是氢腐蚀,即氢渗透到钢材内部,使碳化物分解,并生成甲烷,反应生成的甲烷聚积于晶界微观孔隙中形成高压,导致应力集中,沿晶界出现破坏裂纹。氢腐蚀与压力、温度有关,当温度超过300℃和压力高于30MPa时开始发生氢腐蚀。另外,在高温、高压下,氮与钢中的铁及其他很多合金元素可生成硬而脆的氮化物,导致金属力学性能降低。

为了满足合成氨反应条件,尽量克服氢腐蚀、氢脆对合成塔材料的腐蚀作用,工业上将氨合成塔设计成外筒和内件两部分。合成塔外筒一般做成圆筒形,为保证塔身强度,气体的进出口设在塔的上、下两端的顶盖上;内件置于外筒内,其外面设有保温层,以减少向外筒散热。进入塔的低温气体先引入外筒和内件的环隙。由于内件的保温措施,外筒只承受高压而不承受高温,可用普通低合金钢或优质碳钢制造;内件只承受高温而不承受高压,亦降低了对材质的要求,用合金钢制造便能满足要求。

合成塔除了在结构上应力求可靠并能满足高温高压的要求外,在工艺方面还必须满足下列条件:①满足氨合成工艺要求,达到最大生产强度;②气体在催化剂床层中分布均匀,阻力最小;③生产稳定,调节灵活,操作弹性大;④结构可靠,高压的空间利用率高;⑤反应热利用合理;⑥氨净值高。

(2) 氨合成塔的分类

按气体在塔内的流动方向不同,氨合成塔分为轴向塔和径向塔两类。气体沿塔的轴向流动,称为轴向塔;沿半径方向流动,称为径向塔。

由于氨合成反应的最适宜温度随氨含量增加而逐渐降低,随着反应的进行要在催化剂层采取降温措施。按降温方式不同,氨合成塔可分为冷管式、冷激式和中间换热式3类。

① 冷管式。在催化剂层中设置冷却管,反应前温度较低的原料气在冷管中流动移出反应热,降低反应温度,同时将原料气预热到反应温度。冷管式氨合成塔结构复杂,一般用于直径为 500~1000mm 的中小型氨合成塔。

② 冷激式。将催化剂分为多层(一般不超过5层),气体经过每层绝热反应温度升高后

通入冷的原料气与之混合,温度降低后再进入下一层催化剂。冷激式结构简单,但由于加入了未反应的冷原料气,氨合成率较低,多用于大型氨合成塔。

③ 中间换热式。将催化剂分为几层,在层间设置换热器,上一层反应的高温气体进入换热器降温后再进入下一层进行反应。

我国中小型氨厂过去一般采用冷管式合成塔,如三套管式、单管式等。后来逐渐采用一些新型合成塔,如双层单管并流塔、轴径向塔、冷激式塔、卧式塔等。目前大型氨厂一般采用轴向冷激式或径向冷激式合成塔。

(3) 典型的氨合成塔

① 冷管式氨合成塔。在冷管式氨合成塔中,催化剂床层中设置冷却管,通过冷却管进行床层内冷热气流的间接换热,以达到调节床层温度的目的。冷却管形式有单管、双套管、三套管之分,根据催化剂床层和冷却管内气体流动方向的异同又有逆流式冷却管和并流式冷却管之分。早期大多采用并流双套管式,20 世纪 60 年代后开始采用并流三套管式和并流单管式。

冷管式氨合成塔的内件由催化剂筐、分气盒、热交换器和电加热器组成。图 4-33 所示为并流三套管式氨合成塔,其结构如图 4-34 所示。

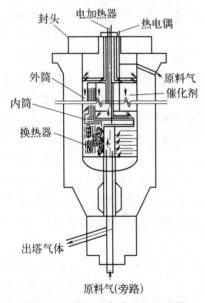

图 4-33 并流三套管式氨合成塔

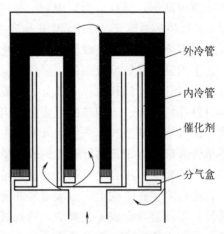

图 4-34 并流三套管结构

塔内分成上下两个区域,上部是催化剂筐,下部是换热器。气体由(主线)塔上部入塔,经内外筒环隙至塔底下部换热器管间换热至 300℃ 后进入分气盒,分布到双套管的内管。气体在内管顶部折流到内外管的环隙并向下流动,与催化剂床层气体并流换热,被预热到 400℃(铁催化剂的活性温度),再流经设有电加热器的中心管,出中心管的气体再自上而下通过催化剂床层反应生成氨,随后经过塔下部换热器的管内降温离开氨合成塔。副线冷原料气直接加至中心管内,用于调节塔温。

并流三套管式氨合成塔是由并流双套管式氨合成塔演变而来的。二者的主要区别在于内冷管前者为双层,后者为单层。双层内冷管一端的层间间隙被焊死,形成"滞气层",增大了内外管间的传热阻力,使气体在内管温升减小,使床层与内外管环隙之间的气体温差增大,从而改善上部床层的冷却效果。与双套管式氨合成塔相比,三套管式氨合成塔的催化剂床层温度分布比较合理,在相同产量情况下催化剂用量较少,氨净值也较高,且操作稳定,适应性强。

② 冷激式氨合成塔。在冷激式氨合成塔内,催化剂床层分为几段,在段间引入未经预热的原料气直接用于冷却,所以又称为多层直接冷激式合成塔。冷激式合成塔的温度是由冷激气控制的,催化剂每段床层是绝热反应,反应器的温度分布没有冷管理想,在相同产量情况下催化剂用量较多。但是催化剂的床层温度非常容易控制,内件的结构比较简单,容易维修。

冷激式氨合成塔分为轴向冷激式和径向冷激式两种。图 4-35 所示为凯洛格四层轴向冷激式氨合成塔。图 4-36 所示为托普索型两段径向冷激式氨合成塔。

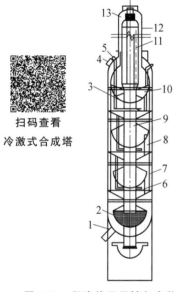

图 4-35　凯洛格四层轴向冷激式氨合成塔
1—塔式封头接管;2—氧化铝球;3—筛板;4—人孔;5—冷凝气接管;6—冷激管;7—下筒体;8—卸料管;9—中心管;10—催化剂筐;11—换热器;12—上筒体;13—波纹连接管

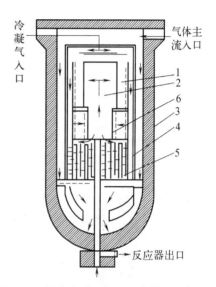

图 4-36　托普索型两段径向冷激式氨合成塔
1—径向催化剂床;2—中心管;3—外管;
4—热交换器;5—冷副线管;6—多孔套管

凯洛格轴向冷激式氨合成塔的外筒形状呈上小下大的瓶式,在缩口部位密封,克服了大塔径不易密封的困难。内件包括四层催化剂、层间气体混合装置(冷激管和筛板)以及列管式换热器。原料气由塔底部进入塔内,经催化剂筐和外筒之间的环隙向上流动以冷却外筒,再经过上部热交换器的管间被预热到400℃左右,进入第一层催化剂进行绝热反应,经反应后气体温度升高至500℃左右,在第一、二层间的空间与冷激气混合降温,然后进入第二层催化剂进行绝热反应,依此类推,最后气体从第四层催化剂层底部流出,折流向上,经过中心管进入热交换器管内,与原料气换热后由塔顶排出。

径向冷激式氨合成塔是后来出现的塔型。原料气由塔顶进入合成塔,沿内外筒之间的环隙向下流动,进入下段的换热器管间,与塔底封头接口处引入的冷副线原料气混合后沿中心管进入第一段催化剂床层,气体沿径向呈辐射状流经催化剂床层后进入内筒与催化剂筐间形成的环形通道,在此与塔顶来的冷激气混合降温后再进入第二段催化剂床层,从外部沿径向向内流动,最后由中心管外的环形通道向下流动,经换热器管内从塔底接口流出塔外。

③ 轴径向氨合成塔。轴径向氨合成塔是20世纪80年代末瑞士卡萨利（Casale）制氨公司针对凯洛格轴向氨合成塔存在的缺点开发的。图4-37所示为卡萨利轴径向氨合成塔。

原料气可轴向和径向通过催化剂床层，通过调节气体的分布和催化剂层高度可提高催化剂的利用率。该塔具有下列结构特征：一个催化剂床叠加在另一个催化剂床顶部，二者之间密封简单，可拆卸，缩短了装卸催化剂床的时间；催化剂床由筒体内壁与外壁组成，在筒体内壁与外壁之间装填催化剂，沿内外筒壁一定间距钻孔，集气管上段不开孔，如图4-38所示，约5%～10%的气流进入轴径向流动区，其余进入径向流动区，高压空间利用率可达70%～75%，床层顶部不封闭；催化剂床的筒壁为气流分布器。气流分布器由三层组成：第一层为圆孔多孔壁，远离催化剂，气流均匀分布是通过分布器的阻力实现的；第二层为桥形多孔壁，催化剂床筒壁上冲压形成许多等间距排列像桥形的凸形结构，此多孔壁不仅起到机械支撑作用，而且对气流起到缓冲和均匀作用；第三层即为与催化剂接触的一层金属丝网。由这三层组成的气流分布器焊接成弧形板，然后拼接成圆筒。

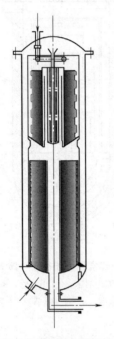

图4-37 卡萨利轴径向氨合成塔

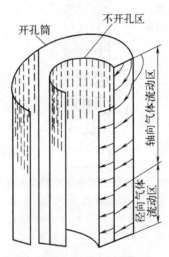

图4-38 轴径向氨合成塔内件

轴径向氨合成塔是节能和生产都较先进的氨合成设备，具有阻力较低、能耗低、合成塔空间利用率高等优点。此塔适应性强，不仅可用于新厂建设，而且可用于老厂改造。

4.1.5 合成氨工业的技术发展

自1909年哈伯研究成功氨合成方法以来，合成氨工业已走过了100多年的历程，在此过程中，合成氨工业经历了"油改气"和"油改煤"的原料结构调整、大型化合成气压缩机的开发应用以及"多联产和再加工"的产品结构调整。进入21世纪，世界能源供应量日益紧张，环境问题逐渐受到关注，为了促进合成氨工业的长远发展，研究新型的催化剂、选用先进的生产工艺以及高效节能的氨合成设备，是其沿"低能耗、高效率、零排放"路线发展的关键。

(1) 氨合成催化剂

氨合成反应即使在高温高压下进行,其反应速率也极其缓慢,为了最大限度推动合成氨的平衡转化,需要使用高效的催化剂。传统的合成氨催化剂为 Fe 基催化剂,近来研究发现,Ru 也是比较理想的合成氨活性金属,且 Ru 基催化剂比 Fe 基催化剂具有更高的氨合成活性,以 Ba-Ru/CNTs-D 为催化剂采用热催化合成氨,其氨合成速率可达 $72000\mu mol/(g \cdot h)$。另外研究发现,金属氮化物及金属氢化物均具有在低温下合成氨的活性。

在催化方式方面,目前,将电能、热能、光能、辐射能引入合成氨过程辅助氮分子的活化或者改变反应途径一直是备受关注的研究领域之一。虽然就目前而言,电流效率低使得电化学合成氨的经济性无法与现行的 Haber-Bosch 合成氨相比,但电化学合成氨在未来电能充足或可有效将太阳能转化为电能时,特别是未来可能由于能源危机导致煤炭、石油等合成氨原料成本大幅增加时,不失为一种有益的选择。

(2) 氨合成工艺

自 21 世纪以来,合成氨生产技术已经取得了突破性的进展,其中节能减排、工艺过程绿色化是其工艺发展的方向。在节能减排方面,大型合成氨装置通常将工艺过程与蒸汽动力系统有机结合,达到能量的综合利用,当前低能耗的大型合成氨工艺包括 Uhde 工艺、Topsoe 工艺、低压氨合成工艺和 KBR 工艺等。氨合成工艺的绿色化则主要集中在减少生产过程的二氧化碳排放和制氢过程的绿色化两个方面。2020 年 12 月,由 Skovgaard 公司牵头投资并由 Haldor Topsoe 公司和 Vestas 公司提供技术支持的丹麦合作集团宣布将建造世界上第一个 10GW 的"绿色氨"工厂。同时,挪威大型合成氨和化肥公司 Yara 宣布,将把下属一家合成氨工厂的氢气改为由可再生能源供电的电解水提供,该工厂的氢气转变为电解氢将大幅减少挪威的二氧化碳排放。

(3) 氨合成设备

氨合成塔是氨合成生产过程中的关键设备,其结构是否先进、可靠,能否长期稳定运转,往往会影响整个合成氨装置的效率及效益。现今设计的合成塔,塔径为 600~3200mm,合成塔的合成能力相比之前有较大提升。2003 年,南京化学工业有限公司首次完成 30 万吨/年合成氨装置 DN3200mm 氨合成塔及内件国产化制造,标志着我国在合成氨工艺上有了完全自主知识产权和设计制造能力。目前,由寰球工程公司开发设计的 1500t/d 三床轴径向复合床间接换热式高效节能型氨合成塔,由高压外壳和内件两部分构成,典型操作压力为 11~15MPa,合成气进气温度 185~230℃,合成塔出口氨浓度可达到 18.88%。

【弗里茨·哈伯】

弗里茨·哈伯(Fritz Haber,1868—1934),德国化学家。1909 年,用锇催化剂使氮气与氢气在 17.5~20MPa 和 500~600℃下直接反应合成氨,反应出口氨浓度为 6%,并与卡尔斯鲁厄理工学院建立了一个每小时产 80g 合成氨的实验装置。1913 年巴登苯胺纯碱公司利用哈伯的发明在德国奥堡建成世界第一座日产 30t 氨的工厂,使人类摆脱依靠天然氮肥的被动局面,加速了世界农业的发展,为工业生产、军工需要的大量硝酸、炸药解决了原料问题。因发明用氮气和氢气直接合成氨的方法,哈伯于 1918 年获诺贝尔化学奖。

4.2 硫酸

4.2.1 硫酸及其生产方法

(1) 硫酸的用途

硫酸是无机化学工业最重要的产品之一,广泛地应用于国民经济的很多重要部门。硫酸最主要的用途是生产化学肥料,用于生产磷酸铵、过磷酸钙、硫酸铵等,另外,硫酸可以用于生产硫酸盐、塑料、人造纤维、染料、油漆、药物、农药、杀草剂、杀鼠剂等;可用作除去石油产品中的不饱和烃和硫化物等杂质的洗涤剂;在冶金工业中用作酸洗液,电解法精炼铜、锌、镉、镍时的电解液和精炼某些贵重金属时的溶解液;在国防工业中与硝酸一起用于制取硝化纤维、三硝基甲苯等。

(2) 硫酸的性质和规格

硫酸的分子式为 H_2SO_4,分子量为 98.078,外观为无色透明油状液体,密度为 $1.831g/cm^3$ (20℃),常压下沸点为 279.6℃。硫酸是重要的强酸,有很强的吸水性和氧化性。硫酸在溶于水时放出大量的热,溶解热为 92kJ/mol。

常用的硫酸有质量分数为 75%、92%、98% 的硫酸以及含游离 SO_3 20% 和 65% 的发烟硫酸。75% 硫酸原是塔式法生产的,主要用于磷肥生产,现由一些接触法硫酸厂副产。接触法硫酸厂主要生产 92% 或 98% 的硫酸。98% 的硫酸密度最大,20℃ 为 $1.836kg/m^3$,但其结晶温度(融点)高,不适宜于冬季或寒冷地区使用,在寒冷条件下可使用 92% 硫酸(结晶温度为 -25.6℃)或 93% 硫酸(结晶温度为 -35.1℃)。发烟硫酸是 SO_3 的 H_2SO_4 溶液,SO_3 与 H_2O 的摩尔比大于 1,为无色油状液体,因其暴露在空气中逸出的 SO_3 与空气中的水分结合形成白色酸雾,故称之为发烟硫酸。对发烟硫酸来说,含游离 SO_3 62% 时密度最大,20℃ 时密度为 $2.003kg/m^3$。表 4-8 为各种工业硫酸的组成。

表 4-8 各种工业硫酸的组成

名称	$w_{H_2SO_4}/\%$	n_{SO_3}/n_{H_2O}	$w_{SO_3}/\%$	$w_{H_2O}/\%$	$x_{SO_3}/\%$	$x_{H_2O}/\%$	结晶温度/℃
92%硫酸	92	0.628	75.1	24.9	40.4	59.6	-25.6
98%硫酸	98	0.90	80.0	20.0	47.4	52.6	0.1
无水硫酸	100	1.00	81.6	18.4	50.0	50.0	10.5
20%发烟硫酸	(104.5)	1.28	85.3	14.7	56.1	43.9	-11.0
65%发烟硫酸	(114.6)	3.29	93.6	6.4	76.7	23.3	-0.4

发烟硫酸的含量可用游离 SO_3 含量 w_{SO_3}(质量分数)表示,但为了酸碱滴定分析计算上的方便,常常折算成 H_2SO_4 的含量 $w_{H_2SO_4}$ 来表示。两种表示方法的换算公式如下:

$$w_{H_2SO_4} = 100\% + 0.225 w_{SO_3} \tag{4-75}$$

$$w_{SO_3} = 4.44 \times (w_{H_2SO_4} - 100\%) \tag{4-76}$$

如果需要使用其他浓度的硫酸或发烟硫酸,一般用表 4-8 中各种规格的硫酸、发烟硫酸和水配制。设 G、G_1、G_2 分别表示拟配酸及已有较浓和较稀酸的质量,C、C_1、C_2 分别表示它们相应的浓度,则配酸的计算公式如下:

$$G_1 = G \frac{C - C_2}{C_1 - C_2} \tag{4-77}$$

$$G_2 = G \frac{C_1 - C}{C_1 - C_2} \tag{4-78}$$

注意：上式中各种硫酸含量的表示方法必须一致，即都用 $w_{H_2SO_4}$ 或都用 w_{SO_3}。

（3）生产硫酸的原料

硫酸生产原料来源较广，硫铁矿、硫黄、有色金属冶炼烟气（其中铜冶炼烟气占烟气制酸量的50%以上）、硫酸盐以及含硫化氢的工业废气等都可作为硫酸生产的原料。其中硫铁矿、硫黄和冶炼烟气为主要原料。

① 硫铁矿。硫铁矿是硫元素在地壳中存在的主要形态之一，是硫化铁矿的总称。硫铁矿分为普通硫铁矿和磁硫铁矿两类。普通硫铁矿的主要成分是 FeS_2，纯净的 FeS_2 多为正方晶系，呈金黄色，称为黄铁矿；另一种斜方晶系的 FeS_2，称为白铁矿。还有一种比较复杂的含铁硫化物，一般可用 Fe_nS_{n+1} 表示（$5 \leq n \leq 16$），最常见的是 Fe_7S_8，称为磁硫铁矿或磁黄铁矿。同种矿石，含硫量越高，焙烧时放热量越大；含硫量相同时，磁硫铁矿比普通硫铁矿放热量大30%左右。

② 硫黄。硫黄是制造硫酸使用最早且最好的原料。硫黄的来源有天然硫黄、从石油和天然气副产回收的硫黄以及用硫铁矿生产的硫黄。天然硫黄是用高压热水熔融地下硫黄矿的方法开采的。回收硫黄是从石油和天然气中的硫化氢转化回收的。由于石油和天然气开采量急剧增长，对环境污染的控制和生产工艺的进步，以及高效加氢脱硫方法的发展，回收硫黄的产量逐年增加。天然硫黄和回收硫黄的纯度很高，可达99.8%以上，有害杂质的含量很少。作为生产硫酸的原料，不需要复杂的炉气净制工序，还可以省掉排渣设备，工艺流程短，生产费用低，生产中热能可合理利用，对环境污染小。

③ 冶炼烟气。冶炼烟气（含 SO_2）是制酸的重要补充原料。冶炼烟气的来源较多，主要是来自硫化铜矿、硫化铅矿、硫化锌矿、硫化镍矿和硫化钴矿等。在不同冶炼工艺中（如焙烧和熔炼等）产生了含 SO_2 的大量冶炼烟气，其具有如下特点：一是含有砷、汞和氟等有害元素，给制酸带来困难；二是含尘量大（有的含尘 $70g/m^3$ 或 $50g/m^3$），且温度较高；三是含 SO_2 量很不稳定（有的 SO_2 含量为10%~12.5%，有的为3.5%~6.5%，低的为1%~3%），对制酸的工艺稳定不利。

④ 其他原料。

a. 硫酸盐。自然界中的硫酸盐，以石膏储量最为丰富。硫酸盐的还原需要消耗大量燃料，为节省能源、降低成本，工业上将石膏制硫酸与水泥联合生产。

b. 含硫化氢的工业废气。在化肥、石油化工、天然气、煤化工、焦化和化纤等行业，原料中的硫基本以硫化氢的形式从系统中脱出。为净化环境、回收硫资源，工业上常常将硫化氢制成单质硫或硫酸。单质硫通常也用于制硫酸。硫化氢制单质硫的方法有单硫法、分硫法及与空气反应生成单质硫，这部分硫的纯度较高，通过氧化、转化、吸收即可生成硫酸。硫化氢制硫酸是将硫化氢与空气反应直接生成二氧化硫，然后通过转化、吸收生成硫酸。

（4）硫酸的生产方法

硫酸的生产始于8世纪，由阿拉伯人用天然绿矾（$FeSO_4 \cdot nH_2O$）干馏而制得。1740年英国人 J. Ward 在玻璃器皿中将硫黄和硝石混合燃烧，再将产生的气体与水反应制得硫酸，即为硝化法制酸。而后又在铅室内生产出浓度为33.4%的硫酸，即为铅室法。20世纪初,用塔代替铅室生产硫酸,可生产浓度为75%的硫酸,即为塔式法。

1831年英国人P. Philips发现用铂作催化剂将二氧化硫氧化为三氧化硫,再用水吸收制硫酸的方法,即为接触法制硫酸。1915年BASF公司用价格低廉的钒催化剂代替铂催化剂,从而使接触法制硫酸工艺得到迅速推广。自20世纪50年代以来,接触法成为全世界生产硫酸的主要方法。

4.2.2 接触法生产硫酸

尽管生产硫酸的原料多样,但是接触法生产硫酸通常包括以下四个必不可少的基本工序:

① 二氧化硫炉气的制备:将含硫原料通过焙烧制得二氧化硫炉气,获得原料气。
② 炉气的净化:除去焙烧制得的二氧化硫炉气中的杂质。
③ 二氧化硫的催化氧化:在催化剂作用下,将二氧化硫转化为三氧化硫。
④ 三氧化硫的吸收:用硫酸吸收三氧化硫气体,制备不同规格的硫酸产品。

由于原料不同,工业上具体的生产过程还需其他的辅助工序:如以硫铁矿为生产原料,焙烧前需进行破碎、筛分;矿石含水分较多,焙烧前需进行干燥;由于矿石的品位不同、杂质成分不一,需多种矿石进行搭配,即配矿;另外,还需对生产过程中产生的"三废"进行治理和综合利用。

硫铁矿制酸是辅助工序最多且最有代表性的化工过程,且我国目前以硫铁矿为原料制硫酸约占30%以上,所以,本节重点讨论硫铁矿为原料制硫酸。

4.2.2.1 硫铁矿焙烧制二氧化硫炉气

(1) 硫铁矿的焙烧原理

硫铁矿焙烧过程的化学反应较复杂,控制的条件不同,获得的产物也不同。通常认为,焙烧反应过程可分为两步进行。

首先是硫铁矿受热分解为硫化亚铁和单质硫:

$$2FeS_2 = 2FeS + S_2(g) \quad \Delta H_{298}^{\ominus} = 295.68 \text{kJ/mol} \quad (4-79)$$

式(4-79)为吸热反应,温度升高对FeS_2的分解有利,实际上高于400℃,二硫化铁就开始分解,500℃时分解显著。

其次是分解产物硫蒸气的燃烧和硫化亚铁的氧化反应。

$$S_2 + 2O_2 = 2SO_2 \quad \Delta H_{298}^{\ominus} = 724.07 \text{kJ/mol} \quad (4-80)$$

$$4FeS + 7O_2 = 2Fe_2O_3 + 4SO_2 \quad \Delta H_{298}^{\ominus} = 2453.30 \text{kJ/mol} \quad (4-81)$$

综合反应式(4-79)~式(4-81),硫铁矿焙烧过程的总反应方程式为:

$$4FeS_2 + 11O_2 = 2Fe_2O_3 + 8SO_2 \quad \Delta H_{298}^{\ominus} = -3310.08 \text{kJ/mol} \quad (4-82)$$

在硫铁矿焙烧过程中,当空气量不足、氧浓度低时,硫化亚铁氧化生成Fe_3O_4:

$$3FeS_2 + 8O_2 = Fe_3O_4 + 6SO_2 \quad \Delta H_{298}^{\ominus} = -2366.28 \text{kJ/mol} \quad (4-83)$$

上述硫铁矿焙烧生成的二氧化硫以及过量的氧气、未反应的氮气和蒸气等统称为炉气;铁的氧化产物以及其他固体统称为烧渣。此外,焙烧过程还会发生少量SO_2氧化为SO_3,硫铁矿中的砷、硒、氟等燃烧生成气态物质,也随炉气进入制酸工序。

(2) 硫铁矿焙烧的焙烧速率及其影响因素

焙烧属于气-固相不可逆反应,从热力学观点看,反应进行得很完全,因而对生产起决定作用的是焙烧速率。焙烧速率不仅和化学反应速率有关，还与传热和传质过程有关。硫铁矿的焙烧反应过程由一系列依次进行和并列进行的步骤所组成。首先是 FeS_2 的分解；氧气向硫铁矿表面和内部的扩散；氧气与硫化亚铁在矿物颗粒表面及内部反应生成二氧化硫，同时硫蒸气向外扩散并与氧发生反应生成二氧化硫；生成的二氧化硫自颗粒内部通过氧化铁层扩散出来。哪一阶段速率最慢或阻力最大，则控制着整个过程。

由实验数据描绘硫铁矿焙烧的 $\lg k$-$1/T$ 曲线如图 4-39 所示。从图上看，曲线分为三段：第一段为 485～560℃，该段斜率很大，活化能很大，在 500℃时与 FeS_2 分解反应的活化能一致，属 FeS_2 分解动力学控制；第三段为 720～1155℃，该段斜率较小，活化能较小，与 FeS 和氧反应时的活化能只有 12.56kJ/mol 一致，符合扩散规律，属于氧的内扩散控制；第二段为 560～720℃，是由化学控制向扩散控制的转换阶段。实际生产中反应温度高于 700℃，因而，硫铁矿焙烧属于氧的内扩散控制。而氧的内扩散取决于温度、颗粒粒度、气固接触面积和气固相对运动速率等因素。

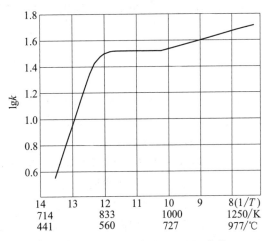

图 4-39 硫铁矿焙烧的 $\lg k$-$1/T$ 曲线

综上所述，可以采取以下方法提高焙烧速率：

① 提高焙烧温度。提高焙烧温度可以加快扩散速率，但温度过高，矿料熔融会结块成疤，影响正常操作。在沸腾焙烧炉中，一般将焙烧温度控制在 850～950℃为宜。

② 减小粒度。矿料粒度小，可以增加空气与矿石的接触面积，并减小内扩散阻力。矿料粒度越小，单位质量矿料气固相接触面积越大，在矿料表面形成的氧化铁层越薄，氧气越容易扩散到矿料颗粒内部，所以矿料焙烧前要适当破碎，一般控制粒度在 3～6mm。

③ 增加空气与矿料颗粒的相对运动。由于空气与矿料颗粒间的相对运动增强，矿料颗粒表面氧化铁层得到更新，能减小对气体的扩散阻力。所以，沸腾炉焙烧优于固定床焙烧。

④ 提高入炉空气氧体积分数。提高氧气浓度有利于提高焙烧速率，但富氧空气焙烧硫铁矿并不经济，通常用空气焙烧即可。

（3）焙烧方法

① 氧化焙烧。氧化焙烧即常规焙烧，是目前硫酸厂中广泛采用的焙烧方法。在氧过量的情况下，使硫铁矿完全氧化，烧渣主要为 Fe_2O_3，部分为 Fe_3O_4。主要工艺条件：炉床温度为 800～850℃，炉顶温度为 900～950℃，炉气中 SO_2 的体积分数为 13%～13.5%，炉底压力为 10～15kPa，空气过剩系数为 1.1。

② 磁性焙烧。磁性焙烧的目的是使烧渣中的铁绝大部分成为具有磁性的四氧化三铁，通过磁选后得到含铁大于 55%的高品位精矿作为炼铁的原料。焙烧温度为 900℃，空气用量为理论用量的 105%，磁性焙烧时控制焙烧炉内呈弱氧化性气氛，烧渣中的铁几乎全部成为磁性的四氧化三铁，炉气中二氧化硫的体积分数为 12%～14%，氧的体积分数为 0.3%～0.5%。磁性焙烧技术的应用改善了渣尘与炉气的性质，如炉气中 SO_2 浓度较高、SO_3 浓度低、矿尘流动性好等。更重要的是，为低品位硫铁矿烧渣的利用创造了磁选炼铁的条件。因

此，要使贫矿烧渣中的铁也能得到利用，磁性焙烧技术简便有效。

③ 硫酸化焙烧。硫酸化焙烧是为综合利用某些硫铁矿中伴生的钴、铜、镍等有色金属而采用的焙烧方法。焙烧时控制较低的焙烧温度，一般 600～700℃为宜，保持大量过剩的氧，使炉气含较高浓度的三氧化硫，造成选择性的硫酸化条件，使有色金属形成硫酸盐，铁生成铁氧化物。用水浸取烧渣时，有色金属的硫酸盐溶解而与氧化铁等不溶渣料分离，随后可以用湿法冶金提取有色金属。焙烧时，有色金属硫化物 MS 所发生的反应为：

$$2MS + 3O_2 \rightleftharpoons 2MO + 2SO_2 \tag{4-84}$$

$$2SO_2 + O_2 \rightleftharpoons 2SO_3 \tag{4-85}$$

$$MO + SO_3 \rightleftharpoons MSO_4 \tag{4-86}$$

焙烧时用的空气量比理论空气量多 150%～200%，炉气中二氧化硫的体积分数只有氧化焙烧的 1/2 左右，焙烧炉的焙烧强度只有氧化焙烧的 1/5～1/4。

为了进一步提高有色金属钴、铜、镍硫酸盐的转化率，还可在焙烧矿料中加入适当的促进剂如 Na_2SO_4，或用双层沸腾炉焙烧。即在 Fe_2O_3 存在下，促使 SO_2 氧化成 SO_3 的反应进行，提高有色金属的硫化程度。

④ 脱砷焙烧。脱砷焙烧是指焙烧含砷硫铁矿时，使矿料中砷全部脱出的一种方法，它既为接触法硫酸生产使用高砷矿原料，又为烧渣利用寻找到了一条出路。脱砷焙烧有多种工艺路线，两段焙烧法是其中之一。第一段焙烧先使含砷硫铁矿在低的氧分压、高的二氧化硫分压条件下焙烧，发生的主要反应为：

$$FeS_2 + O_2 \rightleftharpoons FeS + SO_2 \tag{4-87}$$

同时也发生含砷硫铁矿的热分解：

$$4FeAsS \rightleftharpoons 4FeS + 4As \tag{4-88}$$

$$4FeAsS + 4FeS_2 \rightleftharpoons 8FeS + As_4S_4 \tag{4-89}$$

$$2FeS_2 \rightleftharpoons 2FeS + S_2 \tag{4-79}$$

及少量的其他氧化反应：

$$As_4 + 3O_2 \rightleftharpoons 2As_2O_3 \tag{4-90}$$

$$S_2 + 2O_2 \rightleftharpoons 2SO_2 \tag{4-80}$$

$$3FeS + 5O_2 \rightleftharpoons Fe_3O_4 + 3SO_2 \tag{4-91}$$

若炉气中氧含量过多，会使 As_2O_3 氧化成 As_2O_5，Fe_3O_4 氧化成 Fe_2O_3，Fe_2O_3 与 As_2O_5 反应生成 $FeAsO_4$，使砷在炉渣中固定下来。因此，焙烧条件要求低氧分压、高二氧化硫分压。

第二段焙烧主要发生以下反应：

$$4FeS + 7O_2 \rightleftharpoons 2Fe_2O_3 + 4SO_2 \tag{4-81}$$

两段焙烧的工艺常采用德国 BASF 公司的两段焙烧流程，如图 4-40 所示。第一段焙烧温度控制在 900℃左右，炉气中 w_{SO_2} 约 20%，固体产物为 FeS，此时砷、锑、铅大部分以硫化物、部分以氧化物形式与二氧化硫一起挥发，焙烧气中夹带的尘粒（≤50%）由旋风分离器除去，与一段炉渣同时进入第二段焙烧炉焙烧。第二段是在 800℃和压降 6.86kPa 下焙烧 FeS，生成体积分数为 10%的 SO_2。一、二两焙烧段间应避免气体互换，否则会将挥发的砷再固定。第一段炉气中含有升华硫黄，将其送入废热锅炉并补充一段燃烧空气量 15%

的空气。第二段焙烧炉气不必经过特殊处理即可进入净化工段,砷在洗涤塔内除去。

(4) 沸腾焙烧炉

焙烧硫铁矿的沸腾炉有直筒型、扩散型和锥床型等,扩散型沸腾炉应用最广,其基本结构如图4-41所示。

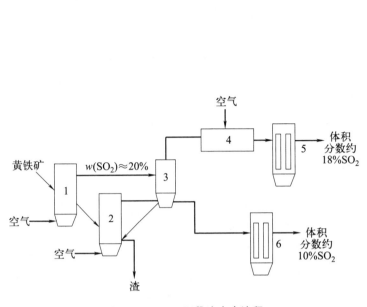

图4-40 BASF两段法生产流程
1——段焙烧炉;2—二段焙烧炉;
3—旋风分离器;4—燃烧室;5,6—废热锅炉

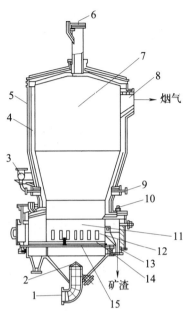

图4-41 沸腾焙烧炉炉体结构
1—空气进口管;2—风室;3—加料口;4—耐火砖内衬;5—保温砖内衬;6—安全口;7—上部焙烧空间;8—炉气出口;9—二次空气进口;10—点火口;11—沸腾层;12—冷却管束;13—矿渣溢流口;14—风帽;15—空气分布板

沸腾炉炉体一般为钢壳内衬保温砖再衬耐火砖结构。为防止外漏炉气产生冷凝酸腐蚀炉体,钢壳外面设有保温层。由下往上,炉体可分为4部分:风室、分布板、沸腾层、沸腾层上部焙烧空间。炉子下部的风室设有空气进口管。风室上部为气体分布板,分布板上装有许多侧向开口的风帽,风帽间铺耐火泥。空气由鼓风机送入风室,经风帽向炉膛内均匀喷出。炉膛中部呈向上扩大圆锥形,上部焙烧层空间的截面积较沸腾层截面积大。加料口设在炉身下段,在加料口对面设有矿渣溢流口。此外,还设有炉气出口、二次空气进口、点火口等接管,顶部设有安全口。焙烧过程中,为避免温度过高炉料熔结,需从沸腾层移走焙烧释放的多余热量。通常采用在炉壁周围安装水箱(小型炉),或用插入沸腾层的冷却管束冷却,后者作为废热锅炉换热元件移热,以产生蒸汽。

由于扩散型沸腾炉的沸腾层和上部焙烧空间尺寸不一致,沸腾层和上部焙烧层气速不同,沸腾层气速高,细小颗粒被气流带到扩大段,部分气速下降的颗粒又返回沸腾层,避免过多矿尘进入炉气。这种炉型对原料品种和粒度适应性强,烧渣含硫量低,不易结疤。扩散型炉的扩大角一般为$15°\sim 20°$。

沸腾焙烧炉一般具有如下优点:

① 构造简单，容易制造。
② 操作简便，开、停车容易，检修方便。
③ 能连续加料和连续排渣，便于实现自动控制，可以大大提高生产能力。
④ 由于矿石颗粒表面积大，能与空气充分接触，在较大气速下有利于空气中氧的扩散，可使矿料焙烧比较完全，并使焙烧反应速率加快。脱硫率高，矿渣中的残硫为 0.1%～0.5%，有利于节省硫资源和开展矿渣综合利用，减少对环境的污染。
⑤ 按炉床截面积计算，焙烧强度可以高达 7～40t/(m^2·d)。
⑥ 在沸腾层内固体矿料混合均匀，传热系数高，不易发生局部过热现象，可允许反应温度高达 900℃以上。沸腾炉焙烧用冷却水夹套时，总传热系数达 175～250W/(m^2·K)，用蒸发管束时，总传热系数达 280～350W/(m^2·K)，而一般废热锅炉的总传热系数只有 25～35W/(m^2·K)。因此，沸腾炉中容易将热量移走，保持炉床正常操作。因炉温较高，热能利用价值高。
⑦ 可以使用粒径小的碎块矿和有色金属矿的尾砂，以及其他含硫量少的低品位矿石为原料，有利于合理使用硫资源。
⑧ 炉气中二氧化硫浓度高（SO_2 体积分数可达 13%），而三氧化硫浓度低（SO_3 在炉气中体积分数为 0.1%～0.3%），有利于减少净化过程中硫的损失。

沸腾炉也有一些缺点，主要是炉气中粉尘含量高，炉气净化工序的设备要求高，负荷重，需要采用压头较高的鼓风机，因而动力消耗较大。

（5）沸腾焙烧工艺

硫铁矿的沸腾焙烧和废热回收流程如图 4-42 所示。硫铁矿由皮带输送机送入储料斗，

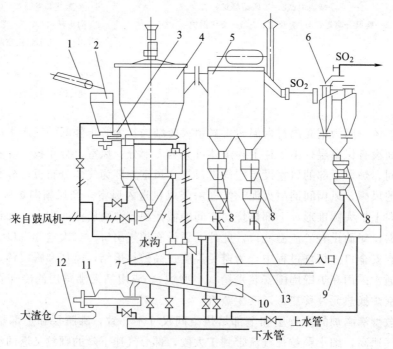

图 4-42　沸腾焙烧和废热回收工艺流程
1—皮带输送机；2—储料斗；3—圆盘加料器；4—沸腾炉；5—废热锅炉；6—旋风除尘器；7—矿渣沸腾冷却箱；8—闪动阀；9，10—埋刮板输送机；11—增湿器；12—胶带输送机；13—事故排灰

经圆盘加料器均匀地送入沸腾炉。空气由鼓风机送到沸腾炉，由底部进入，经气体分布板与矿料接触。沸腾层的温度由设在沸腾层中的冷却水箱来控制，维持在850℃左右。带有大量炉尘的900℃高温炉气出沸腾炉后进入废热锅炉，产生饱和蒸汽。出废热锅炉的炉气温度约为450℃，经旋风除尘后引往净化工序。沸腾炉焙烧产生的烧渣（包括沸腾炉底部、废热锅炉、旋风除尘器收集下来的）温度较高，为方便运输，用埋刮板输送机，经增湿冷却到80℃以下，送往堆场。

4.2.2.2 炉气的净化与干燥

以硫黄制取的炉气比较洁净，不需净化可直接进入转化工序。硫铁矿或冶炼气制备的炉气在焙烧工序经过初步除尘，出口炉气含尘量一般为 $150\sim300g/m^3$。若不将尘除净，任其随炉气进入制酸系统，不仅会堵塞设备和管道，且会沉积覆盖在催化剂外表面而影响其活性。另外，焙烧硫铁矿制得的炉气中含有因升华而进入炉气的气态氧化物 As_2O_3、SeO_2 和 HF。砷的存在会使 SO_2 转化使用的钒催化剂中毒，硒的存在会使成品酸着色，氟的存在不仅对硅质设备及塔填料具有腐蚀性，而且会侵蚀催化剂，引起粉化，使催化床层阻力增加。此外，随同炉气带入净化系统的还有蒸汽及少量 SO_3 等，它们本身并非毒物，但在一定条件下两者结合可形成酸雾。酸雾在洗涤设备中较难吸收，带入转化系统会降低 SO_2 的转化率，腐蚀系统的设备和管道。因此，必须对炉气进行进一步的净化和干燥，方可进行 SO_2 的催化转化。

（1）炉气除尘

目前在硫酸生产过程中，炉气中尘的清除依尘粒大小可相应采取不同的净化方法。对于尘粒较大的（10μm以上）可采用自由沉降室或旋风除尘器等机械除尘设备；对于尘粒较小的（0.1～10μm）可采用电除尘器；对于更小颗粒的粉尘（＜0.5μm）可采用液相洗涤法。下面介绍几种典型的除尘设备。

① 旋风除尘器。旋风除尘器又称旋风分离器，它是利用离心力将一定粒度的尘与炉气分开，其形式较多，常见的形式如图4-43所示。当含尘炉气从上部一侧以切线方向进入分离器后，在器内绕着中心管沿筒壁自上而下做旋转运动，由于尘粒具有较大惯性，所以在旋转时沿着切线方向被抛至器壁，尘粒碰到器壁后，由自身的重力沿筒壁落至锥形底部，定期排出；气体则自下而上形成另一个旋流沿中心管排出。

旋风除尘器结构简单、造价低廉、操作可靠，但对粒径小于10μm的尘粒，去除效率很低，大多用于炉气的初级除尘，有时由多个旋风除尘器串联，以提高除尘效率。

② 文氏管。文氏管与旋风除尘器一样，也是化工行业中常见的除尘设备。在用于炉气净化过程中，它兼有除尘、降温、除酸雾和其他有害杂质等多种作用。文氏管主要由收缩管、喉管和扩大管3部分组成，其结构示意如图4-44所示。气体在喉管内高速运动，较液体有很大的相对速率，洗涤液通过喷头粗分散，进一步被高速气体分散成很细小的液滴。当气流接近液滴时，气体绕过液滴，而气流中的尘粒密度比气体要大得多，由于惯性作用，它不会像气体那样绕过液滴，一接触到液滴，就会被液滴捕捉。文氏管除尘原理示意如图4-45所示。

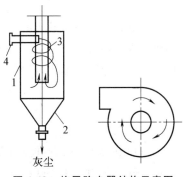

图4-43 旋风除尘器结构示意图
1—圆筒；2—锥形储槽；
3—中心管；4—进气管

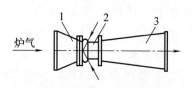

图 4-44 文氏管结构示意图

1—收缩管；2—喉管；3—扩大管

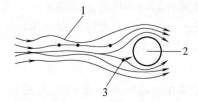

图 4-45 文氏管除尘原理示意图

1—气流流线；2—水滴；3—尘粒

文氏管是一种高效的除尘设备，可用于除去 $10\mu m$ 以下的尘粒。它可将炉气中含尘量由 $50g/m^3$ 降至 $0.1g/m^3$，此外，可将温度由 $350\sim400℃$ 降至 $60\sim70℃$。

③ 泡沫塔。泡沫塔实际上是一种筛板塔，就塔板上的降液形式而言，可分为溢流式筛板和淋降式筛板。在泡沫塔内，气体从下向上流动，液体从上向下流动。由于气流作用，液体在筛板上形成一定高度的泡沫层。在该泡沫层中，由于气液间的剧烈运动，表面不断更新，进行强烈的热量和质量传递，达到降温和清除杂质的效果。

应用于硫酸工业的泡沫塔，一般采用 2 层以上的塔板，大多为 $3\sim5$ 层。另外顶部有一除沫层，防止气体把液沫带入下一级设备。

④ 电除尘器。电除尘器的特点是除尘效率高，一般可达 99% 以上，可使含尘量降到 $0.2g/m^3$ 以下，除去尘粒的粒度在 $0.01\sim100\mu m$ 之间，设备适应性好。

⑤ 袋式除尘。袋式除尘是利用纤维层对细颗粒物进行拦截过滤，除尘效率较高，对粒径在 $1\sim5\mu m$ 的细微颗粒，除尘效率可达 99% 以上；对于 $0.1\sim1\mu m$ 的粒子，其分级除尘效率可达 95%。

（2）砷、硒和氟的脱除

氟在炉气中主要以 HF 的形式存在，少部分以 SiF_4 形式存在。氟化物很容易被水或稀酸吸收。在湿法净化流程中，用稀酸或水洗涤炉气时，脱氟效率很高，因而一般不需设置专门脱氟设备。但要注意以下两个问题：

① 酸洗流程中，处理含氟炉气时必须定期排出部分洗涤酸。酸洗流程中洗涤酸是循环使用的，若不定期排出会造成氟的积累而增大洗涤酸中氟的浓度，影响除氟效率。水洗流程则不存在氟的积累问题。

② HF 对硅酸盐有强烈的腐蚀作用：

$$4HF + SiO_2 \Longrightarrow SiF_4 + 2H_2O \tag{4-92}$$

故使用含氟矿时，除氟装置必须避免使用硅酸盐陶瓷材料。

砷和硒在炉气中以 As_2O_3 和 SeO_2 的形式存在，高温时它们呈气态。当用液体洗涤炉气时，炉温迅速降低而出现凝华现象：

$$As_2O_3(g) \xrightarrow{凝华} As_2O_3(s) \tag{4-93}$$

$$SeO_2(g) \xrightarrow{凝华} SeO_2(s) \tag{4-94}$$

As_2O_3 和 SeO_2 的饱和蒸气质量分数随着温度下降而显著降低（表 4-9）。炉气冷却到 $30\sim50℃$ 后，As_2O_3 和 SeO_2 几乎全部凝结。用水或酸洗涤炉气时，一部分砷、硒氧化物被液体带走，大部分凝成固态颗粒悬浮在气相中，成为酸雾的凝聚中心。因此，只要酸雾被清除，砷、硒的净化指标就可以达到。

表 4-9　不同温度下 As_2O_3 和 SeO_2 在气体中饱和时（标准状态下）的质量浓度

温度/℃	As_2O_3 的质量浓度 /(g·m^{-3})	SeO_2 的质量浓度 /(g·m^{-3})	温度/℃	As_2O_3 的质量浓度 /(g·m^{-3})	SeO_2 的质量浓度 /(g·m^{-3})
50	1.6×10^{-5}	4.4×10^{-5}	150	0.28	0.53
70	3.1×10^{-4}	8.8×10^{-4}	200	7.90	13
100	4.2×10^{-3}	1.0×10^{-3}	250	124	175
125	3.7×10^{-2}	8.2×10^{-2}			

（3）酸雾的脱除

采用水或稀硫酸洗涤炉气时，炉气温度从 300℃ 以上迅速冷却至 65℃ 左右，炉气中的三氧化硫与蒸汽反应形成硫酸蒸气。由于炉气骤然冷却，硫酸蒸气达到过饱和，来不及冷凝，形成酸雾悬浮在气相中，吸收和溶解气体中的砷、硒氧化物和细小尘粒，造成设备和管道腐蚀以及钒催化剂中毒。由此可见，脱除酸雾，也就脱除了砷、硒氧化物和矿尘等。所以，酸雾的脱除是炉气净化的关键。

酸雾的雾滴直径很小，是很难捕集的物质，洗涤时只有少部分（30%～50%或更少）被酸吸收，大部分要用湿式电除雾器清除。电除雾器使雾滴在静电场中沉降，由电晕电极放电，气体中的酸雾液滴带上电荷后趋向沉淀极，传递电荷后沉析在电极上，凝聚后因自身重力下沉。

增大雾滴直径是提高脱除效率的有效方法。增大雾滴直径的主要措施是使炉气增湿。当炉气湿度增大并冷却时，水汽在酸雾表面冷凝而使雾滴增大。酸洗流程中常用增湿塔喷淋 5% 硫酸使炉气增湿。用文氏管洗涤时，既除去一些酸雾，也使酸雾液滴增大。清除酸雾时，组成雾滴凝聚核心的砷、硒氧化物等微粒也同时被消除。

（4）炉气净制的湿法工艺流程

目前，炉气的净化大都采用湿法净化。湿法净化有水洗和酸洗两类。水洗流程的优点是设备简单、投资省，除尘、降温、除砷、除氟效率高，生产技术易于掌握；其缺点是污水排放量大，含有大量粉尘、砷及氟等有害杂质且酸性较强，对环境危害较大，近年来较少使用。酸洗流程是用稀硫酸洗涤炉气，除去其中的矿尘和有害杂质，降低炉气温度。大中型硫酸厂多采用酸洗流程。经典的酸洗流程（三塔二电流程）如图 4-46 所示。

温度为 327℃ 左右的热炉气，由下而上通过第一洗涤塔，用温度为 40～50℃、质量分数为 60%～70% 的硫酸洗涤。炉气中大部分矿尘及杂质被除去，温度降至 57～67℃，进入第二洗涤塔，被质量分数为 20%～30% 的硫酸进一步洗涤冷却到 37～47℃。这时炉气中气态的砷、硒氧化物已基本被冷凝，大部分被洗涤酸带走，其余细小的固体微粒悬浮于气相中，成为酸雾的凝聚中心并溶解其中，在电除雾器中除去。

炉气在第一段电除雾器中除掉大部分酸雾后，剩余的酸雾粒径较细。为提高第二段电除雾效率，炉气先经增湿塔，用 5% 的稀硫酸喷淋，进一步冷却和增湿，同时酸雾粒径增大，再进入第二段电除雾器，进一步除掉酸雾和杂质。炉气离开第二段电除雾器时，温度为 30～35℃，所含的水分在干燥塔中除去。

从第一洗涤塔底流出的洗涤酸，其温度和浓度均有提高，且夹带了大量矿尘杂质，为了继续循环使用，先经澄清槽沉降分离杂质酸泥，上部清液经冷却后继续循环喷淋第一塔。进入第一洗涤塔的炉气含尘较多，宜采用空塔以防堵塞。第二洗涤塔通过的炉气和循环酸含尘少，可以采用填料塔。循环酸可不设沉降槽，只经冷却器冷却后，再循环喷淋第二塔。增湿

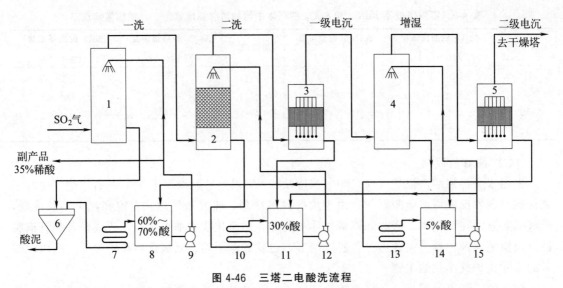

图 4-46 三塔二电酸洗流程

1,2—洗涤塔；3,5—电除雾器；4—增湿塔；6—沉降槽；7,10,13—换热器；8,11,14—储槽；9,12,15—泵

塔和电除雾器流出的稀酸送入第二洗涤塔循环槽，第二塔循环槽多余的酸窜入第一洗涤塔循环槽。这样，炉气带入净化系统的三氧化硫最终都转入循环酸里，并从第一洗涤塔循环泵出口引出作为稀酸副产品，但由于其中含较多的有害物质，用途受到很大限制。

该流程的特点是排污少、二氧化硫和三氧化硫损失少、净制程度较好，缺点是流程复杂、金属材料耗用多、投资费用高。随着科学技术的发展，现在的塔式稀酸洗流程中，第一洗涤塔广泛采用了绝热蒸发，炉气的显热以潜热的形式转入后续设备，这样既提高了炉气除砷的效果，又简化了流程。

（5）炉气的干燥

二氧化硫炉气经过净化，清除了粉尘、砷、硒、氟和酸雾等有害杂质，但含有饱和蒸汽。炉气温度越高，饱和蒸汽的含量越大。蒸汽随炉气被带入转化器内会与 SO_3 形成酸雾，损坏催化剂，使其活性降低。因此，炉气进入转化器前必须清除水分，这一步骤称为炉气的干燥。

① 炉气干燥的工艺条件。工业上常用具有强吸水性的浓硫酸作为炉气干燥剂。炉气从填料干燥塔下部通入与塔上部淋洒下来的浓硫酸在填料表面逆流接触，除掉炉气中的水分，达到炉气干燥要求。干燥酸的浓度、温度、喷淋密度及气流速度均为炉气干燥的影响因素。

a. 干燥酸的浓度。在一定温度下，硫酸溶液上的蒸气压随 H_2SO_4 质量分数的增加而减小，在 H_2SO_4 质量分数为 98.3% 时，具有最低值。从脱水指标看，干燥炉气所用的硫酸浓度越高越好。但是，硫酸浓度越高，其液面上三氧化硫分压越大，三氧化硫易与炉气中的蒸汽形成酸雾。温度越高，生成的酸雾越多。表 4-10 中列出了不同温度下干燥后炉气中酸雾质量浓度与干燥酸质量分数的关系。

再者，硫酸的浓度大于 80% 之后，二氧化硫在其中的溶解度随酸浓度的增大而增大。当干燥酸作为产品酸引出或窜入吸收工序的循环酸槽时，酸中溶解的二氧化硫就随产品酸带走，引起二氧化硫的损失。表 4-11 列出了二氧化硫损失与干燥酸质量分数及温度的关系。从表可见，硫酸的质量分数越高，温度越低，二氧化硫的溶解损失越大。

表 4-10　干燥后炉气中酸雾质量浓度与干燥酸质量分数的关系

干燥酸质量分数 $w_{H_2SO_4}/\%$	酸雾质量浓度/(mg/m³)			
	40℃	60℃	80℃	100℃
90	0.6	2	6	23
95	3	11	33	115
98	9	19	56	204

表 4-11　二氧化硫损失与干燥酸质量分数、温度的关系

干燥酸质量分数 $w_{H_2SO_4}/\%$	二氧化硫的损失(以产品%计)		
	60℃	70℃	80℃
93	0.55	0.51	0.37
95	1.00	0.92	0.64
97	3.30	2.92	2.22

综上所述，干燥酸质量分数以93%～95%较为适宜，这种酸还具有结晶温度较低的优点，可避免冬季低温下，因硫酸结晶而带来操作和储运上的麻烦。

b. 干燥酸的温度。降低干燥酸的温度，有利于减少干燥酸液面上蒸汽分压和酸雾的生成，有助于干燥过程的进行。但酸温度过低，二氧化硫溶解损失增加。为此，某些制酸装置在干燥流程中设置一个吹出塔，以回收溶解在浓硫酸中的二氧化硫，这样又使流程变得复杂。此外，干燥塔酸温规定得过低，必然会增加酸循环过程中冷却系统的负荷。实际生产中，干燥酸的温度取决于水温及循环酸冷却效率，通常酸温为30～45℃。

c. 干燥酸的喷淋密度。由于炉气干燥是气膜控制的吸收过程，在理论上，喷淋酸量只要保证塔内填料表面全部润湿即可。但硫酸在吸收水分的同时，产生大量的稀释热，使酸温升高。因此，若喷淋量过少，会使硫酸浓度降低和酸温升高过多，降低干燥效果，加剧酸雾的形成。通常干燥酸的喷淋密度是10～15m³/(m²·h)。喷淋密度过大，不仅增加气体通过干燥塔的阻力损失，也增加了循环酸量，导致动力消耗增加。

d. 气流速度。提高气流速度能增大气膜传质系数，有利于干燥过程的进行。但气速过高，通过干燥塔的压降迅速增加，且炉气带出的酸沫量多，甚至可造成液泛。目前，干燥塔的空塔气速大多为0.7～0.9m/s。

② 炉气干燥的工艺流程。炉气干燥的工艺流程如图4-47所示。经过净化的湿炉气从干燥塔的底部进入，与塔顶喷淋的浓硫酸逆流接触，炉气中的水分被硫酸吸收后，经捕沫器除去气体夹带的酸沫，进入转化工序。吸收了水分后的干燥酸，温度升高，由塔底流入酸冷却器，温度降低后流入干燥酸储槽，再由泵送到塔顶喷淋。

为维持干燥酸浓度，必须由吸收工序引来质量分数为98%的H_2SO_4，在干燥酸储槽中混合。储槽中多余的酸由循环酸泵送回吸收塔酸循环槽中，或把干燥塔出口质量分数为92.5%～93%的硫酸直接作为产品酸送入酸库。

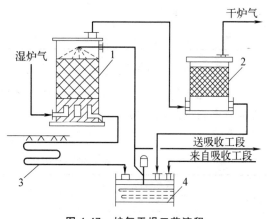

图 4-47　炉气干燥工艺流程
1—干燥塔；2—捕沫器；3—酸冷却器；4—干燥酸储槽

4.2.2.3　二氧化硫的催化氧化

二氧化硫炉气经过净化和干燥，消除了有害杂质，余下主要是SO_2、O_2和N_2。SO_2和O_2在钒催化剂作用下发生氧化反应，生成三氧化硫，这是硫酸生产中的重要一步。

（1）热力学分析

二氧化硫的催化氧化反应如下：

$$SO_2 + 1/2O_2 \rightleftharpoons SO_3 + 98\text{kJ/mol} \tag{4-95}$$

该反应是分子数减少的可逆放热反应，平衡常数为：

$$K_p = \frac{p_{SO_3}}{p_{SO_2} p_{O_2}^{0.5}} \tag{4-96}$$

式中，p_{SO_3}、p_{SO_2}、p_{O_2} 分别为 SO_3、SO_2、O_2 的平衡分压。

在 400～700℃ 范围内，反应热（单位 J/mol）、平衡常数与温度的关系可用下列简化经验式表示：

$$-\Delta H^{\ominus} = 101342 - 9.25T \tag{4-97}$$

$$\lg K_p^{\ominus} = 4905.5/T - 4.6455 \tag{4-98}$$

用热力学理论可得二氧化硫平衡转化率 x_e 的公式：

$$x_e = \frac{K_p^{\ominus}}{K_p^{\ominus} + \sqrt{\frac{100 - 0.5ax_e}{p(b - 0.5ax_e)}}} \tag{4-99}$$

式中，a、b 分别为 SO_2、O_2 的初始体积分数。

不同炉气原始组成时的平衡转化率与温度的关系如表 4-12 所示。当压力和炉气的原始组成一定时，平衡转化率 x_e 随温度的升高而降低，温度越高，平衡转化率下降的幅度越大。因此，从热力学角度分析，转化反应应在低温下进行。

表 4-12　0.1MPa 下不同炉气组成的平衡转化率 x_e 与温度的关系

	φ_{SO_2}/%	5	6	7	7.5	9
	φ_{O_2}/%	13.9	12.4	11.0	10.5	8.1
温度/℃	400	99.3	99.3	99.2	99.1	98.8
	440	98.3	98.2	97.9	97.8	97.1
	480	96.2	95.8	95.4	95.2	93.7
	520	92.2	91.5	90.7	90.3	87.7
	560	85.7	84.7	83.4	82.8	79.0
	600	76.6	75.1	73.4	72.6	68.1

炉气原始组成（体积分数）为 $\varphi_{SO_2}=7\%$，$\varphi_{O_2}=11\%$，$\varphi_{N_2}=82\%$ 时，不同温度、压力下的平衡转化率如表 4-13 所示。当压力增大时，平衡转化率也随着增大，平衡向生成 SO_3 的方向移动。因此，从热力学角度分析，转化反应应在高压下进行。但是，由于常压下转化率已经很高（97.5%），所以工业生产上多用常压转化。

表 4-13　平衡转化率与压力、温度的关系

	压力/MPa	0.1	0.5	1.0	5.0
温度/℃	450	97.5	98.9	99.2	99.6
	500	93.5	96.9	97.8	99.0
	550	85.6	92.9	94.9	97.7

（2）动力学分析

二氧化硫的氧化属气固相催化氧化反应，当无催化剂时，反应活化能是 209kJ/mol，反应不易进行，在钒催化剂上，反应活化能降至 92～96kJ/mol。

① 催化剂。目前硫酸工业中二氧化硫催化氧化反应所用的催化剂主要是钒催化剂，它

是以五氧化二钒（质量分数为6%～12%）为活性组分，氧化钾为助催化剂，以硅藻土或硅胶为载体制成，有时还配少量的Al_2O_3、BaO、Fe_2O_3等，以增强催化剂某一方面的性能。

钒催化剂一般具有活性温度低、活性温度范围大、活性高、耐高温、抗毒性强、寿命长、比表面积大、流体阻力小、机械强度大等性能。对钒催化剂有害的物质有砷、硒氧化物，氟化物，矿尘和酸雾等。

我国的钒催化剂型号有S101、S102和S105。S101是国内广泛使用的中温催化剂，S102是环状催化剂，S105是低温催化剂。S101钒催化剂以优质硅藻土为载体，操作温度425～600℃，适用于催化剂床层的各段，其催化活性已达国际先进水平。

② 反应速率。尽管二氧化硫催化氧化反应机理尚无定论，但普遍认为二氧化硫在催化剂表面的氧化过程包括以下4个步骤：

a. 钒催化剂上存在着活性中心，氧分子吸附在它上面后，O—O键遭到破坏甚至断裂，使氧分子变为活泼的氧原子（或称原子氧），它比氧分子更易与SO_2反应。

b. SO_2吸附在钒催化剂的活性中心，SO_2中的S原子受活性中心的影响被极化，很容易与原子氧结合在一起，在催化剂表面形成络合状态的中间物种。

c. 络合状态的中间物种性质相当不稳定，经过内部的电子重排，生成了性质相对稳定的吸附态物种。

$$催化剂·SO_2·O_2 \longrightarrow 催化剂·SO_3$$
（络合状态中间物种）（吸附态物种）

d. 吸附态物种在催化剂表面解吸并进入气相。

以上4个步骤中最慢的一步为整个反应的控制步骤。控制步骤不同，反应速率方程式也不同；不同特性的催化剂，其相应的反应速率方程式就有可能不相同。

苏联的波列斯科夫推导出来的二氧化硫催化氧化反应速率方程式为

$$\frac{dc(SO_3)}{d\tau}=k_1 c(O_2)\left[\frac{c(SO_2)}{c(SO_3)}\right]^{0.8}-k_2\left[\frac{c(SO_3)}{c(SO_2)}\right]^{1.2} \tag{4-100}$$

式中　$c(SO_2)$、$c(SO_3)$、$c(O_2)$——气体混合物中各组分的浓度；

　　　k_1、k_2——正、逆反应速率常数；

　　　τ——空间时间（催化剂床体积/气体的体积流量）。

在工程计算中，常采用经过简化的反应速率方程式，即

$$\frac{dc(SO_3)}{d\tau}=k_1 c(O_2)\left[\frac{c(SO_2)-c^*(SO_2)}{c(SO_3)}\right]^{0.8} \tag{4-101}$$

式中，$c^*(SO_2)$为二氧化硫平衡浓度。

以上讨论了在催化剂上发生的反应（称为表面反应），实际上影响SO_2氧化成SO_3反应速率的还有另一些因素。例如气流中的氧分子和SO_2分子扩散到催化剂外表面的速率，催化剂外表面上的氧分子和SO_2分子进入催化剂内表面（催化剂微孔中）的速率，SO_3从催化剂内表面扩散到外表面以及SO_3从催化剂外表面扩散到气流的速率，包括表面反应在内，其中最慢者将成为整个化学反应的控制步骤。在工业生产中，应尽量排除或减弱扩散阻力，让表面反应成为控制步骤，此时采用高效催化剂就会对生产产生巨大的推动作用。

（3）二氧化硫催化氧化的工艺条件

根据平衡转化率和反应速率综合分析，二氧化硫催化氧化的工艺条件主要涉及反应温度、起始浓度和最终转化率3个方面。

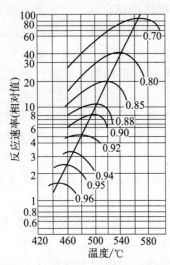

图 4-48 反应速率与温度的关系

① 最适宜温度。二氧化硫氧化反应是可逆的放热反应，此类反应存在最适宜温度。当炉气的起始体积分数为 SO_2 7%、O_2 11%、N_2 82% 时，在各种转化率下的反应速率与温度的关系，如图 4-48 所示。在各种转化率下，都有一个反应速率最大的最适宜温度；随着转化率的升高，最适宜温度逐渐降低（如图 4-48 中斜线所示）。

瞬时转化率与最适宜温度之间的关系可以用最适宜温度曲线来表示，如图 4-49 所示。纵坐标为瞬时转化率，横坐标为温度。为保证反应以最大速率进行，充分发挥催化剂的作用，应该使反应由较高温度开始，随反应进行，瞬时转化率升高，设法使温度沿着最适宜温度曲线逐步降低。对于任何组成的炉气，转化过程的最适宜温度都是先高后低，在最适宜温度下，反应所需催化剂量为最少，或者说在最适宜温度下，催化剂的生产能力最大。催化剂的性能不同，炉气的组成不同，最适宜温度也不同。

② 二氧化硫的起始浓度。入转化器的最适宜二氧化硫浓度根据经济比较的结果确定。若增加炉气中二氧化硫的浓度，就相应地降低了炉气中氧的浓度，反应速率随之降低，为达到一定的最终转化率所需要的催化剂量也随之增加。因此，从减少催化剂量来看，降低二氧化硫起始浓度是有利的。但是，降低炉气中二氧化硫浓度，生产每吨硫酸所需要处理的炉气量增大，在其他条件一定时，就要求增大干燥塔、吸收塔、转化器和输送二氧化硫的鼓风机等设备的尺寸，或者使系统中各个设备的生产能力降低，从而使设备的折旧费用增加。因此，应当根据硫酸生产总费用最低的原则来确定二氧化硫起始浓度。二氧化硫体积分数与生产成本的关系见图 4-50。

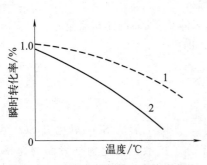

图 4-49 平衡曲线与最适宜温度曲线
1—平衡曲线；2—最适宜温度曲线

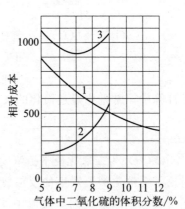

图 4-50 二氧化硫体积分数对生产成本的影响
1—设备折旧费与二氧化硫的初始体积分数的关系；2—最终转化率 97.5% 时催化剂用量与二氧化硫的初始体积分数的关系；3—系统生产总费用与二氧化硫的初始体积分数的关系

应指出的是，图 4-50 中数据是在焙烧普通硫铁矿，采用一转一吸流程，最终转化率为 97.5% 的情况下取得的。当原料改变或生产条件改变时，最佳浓度也将改变。例如，以硫黄为原料，二氧化硫最佳体积分数为8.5%左右；以含煤硫铁矿为原料，二氧化硫最佳体积分数小于7%；以硫铁矿为原料的两转两吸流程，二氧化硫最佳体积分数可提高到9.0%～10%，最终转化率仍能达到99.5%。

③ 最终转化率。最终转化率是接触法生产硫酸的重要指标之一。提高二氧化硫最终转化率，可提高原料中硫的利用率，使放空尾气中二氧化硫含量减少，减少环境污染。过高的最终转化率将导致催化剂的用量增加，并增大流体阻力。因此，在实际生产中，主要考虑硫酸生产总成本最低的最终转化率。一次转化一次吸收流程，在尾气不回收的情况下，最终转化率为97.5%～98%；对两次转化两次吸收流程，最终转化率则控制在99.5%以上。

（4） 二氧化硫转化的工艺流程

二氧化硫催化氧化流程有多种，根据转化次数分为一次转化和两次转化。

① 一次转化流程。一次转化是将炉气一次通过多段转化器转化，段与段间进行换热，转化气送去吸收。一次转化按段间的换热方式可以是间接换热式、冷激式和冷激-间接换热式三种方式。

图4-51是炉气冷激-间接换热式一次转化流程。大部分炉气（约85%）经各换热器加热到430℃后进入转化器。其余炉气从Ⅰ-Ⅱ段间进入，与Ⅰ段的反应气汇合，使转化气温度从600℃左右降到490℃左右，以混合气为基准的二氧化硫转化率从Ⅰ段反应气的65%～75%降到混合气的50%～55%。为获得较高的最终转化率，炉气冷激只用于Ⅰ-Ⅱ段间，其他各段间仍用换热器换热，换热器采用外部换热式。这一流程省去了Ⅰ-Ⅱ段间的热交换器，Ⅳ-Ⅴ段间只用两排列管放在转化器内换热，简化了转化器结构，也便于检修。

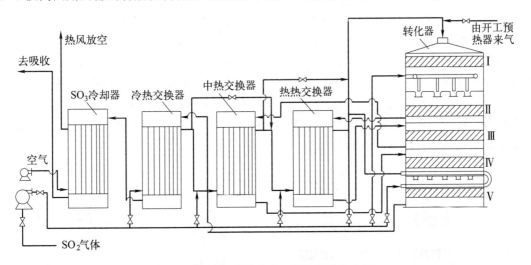

图4-51 一段炉气冷激四段换热转化流程

② 两次转化流程。两次转化流程也称两转两吸流程。一次转化工艺最佳的最终转化率是97.5%～98%，如果要得到更高的转化率，转化段数要增加很多，这是不经济的。如将尾气直接排入大气，将造成严重污染，采用两次转化工艺就能很好地解决上述问题。

两次转化有10多种流程，用得较多的是四段转化，分为（2+2）和（3+1）流程。（2+2）是指炉气经两段转化后进行中间吸收，再经两段转化后第二次吸收。（2+2）流程的转化率在相同条件下比（3+1）流程稍高一些，因为SO_3较早被吸收掉，有利于反应平衡和加快反应速率。（3+1）流程则在换热方面较易配置。我国用得较多的一种（3+1）两次转化两次吸收流程如图 4-52 所示。炉气依次经过Ⅲ段出口的热交换器和Ⅰ段出口的热交换器后送去转化，经中间吸收，气体再顺序经过Ⅱ段和Ⅳ段换热器后送去第二次转化。二次转化气经Ⅳ段换热器冷却后送去最终吸收。

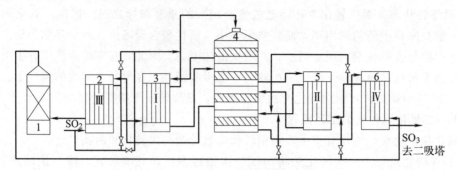

图 4-52 ⅢⅠ/ⅣⅡ四段两次转化流程
1—第一吸收塔；2—第三换热器；3—第一换热器；4—转化器；5—第二换热器；6—第四换热器

（5）二氧化硫转化的设备

按热量的移出方式不同，转化反应器的形式也有所不同，大致可分为内部换热式和段间换热式（或称多段换热式）两类。前者在转化器内设置催化剂管或冷管（为内部换热式 SO_2 转化器），冷却介质在 SO_2 转化过程中带走热量，以保持最适宜温度。这种转化器结构复杂，操作不便，后来逐渐由段间换热式 SO_2 转化器所代替。段间换热式转化器的中间冷却方式可分为间接换热式和冷激式两种。转化器换热方式如图 4-53 所示。

间接换热式是将部分转化的热气体与未反应的冷气体在间壁换热器中进行换热，达到降温的目的。换热器放在转化反应器内，称为内部间接换热式，放在转化反应器外为外部间接换热式。内部间接换热式转化器结构紧凑，系统阻力小，热损失也小。其缺点是转化器本体庞大，结构复杂，检修不便。特别是由于受管板的机械强度限制，难以制作大直径的转化器，故这种转化器只适用于生产能力较小的转化系统。外部间接换热式转化器，由于换热器设在体外，转化器和换热器的连接管线长，系统阻力和热损失相应增加，占地面积也增多。其优点是转化器结构简单，易于大型化。

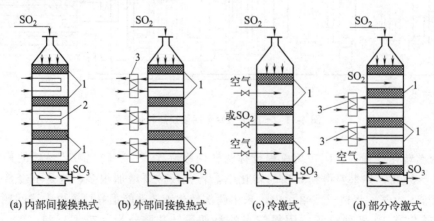

(a) 内部间接换热式　(b) 外部间接换热式　(c) 冷激式　(d) 部分冷激式

图 4-53 转化器换热方式示意图
1—催化剂床层；2—内部换热器；3—外部换热器

四段内部间接换热式转化器内部结构见图 4-54（a），图 4-54（b）是转化器内 SO_2 氧化

的 T-x 图。图中的冷却线是水平的，因为冷却过程中混合气体的组成没有变化，所以转化率不变。从这个图可以看出，各段绝热操作线斜跨最适宜温度曲线的两侧，段数越多，跨出最适宜曲线的范围越短，亦即越接近最适宜操作。但是，转化器段数的增多必然导致设备和管路庞杂，阻力增加，操作复杂。实际生产中，一般采用4~5段的间接换热式转化器。

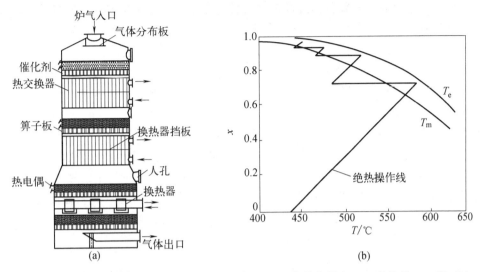

图 4-54　四段内部间接换热式转化器结构示意图（a）和转化器内 SO_2 氧化的 T-x 图（b）

冷激式是在绝热反应后加入一定量的冷气体，使反应后气体降温，从而省去换热器。由于加入冷气体使反应系统快速降温，故称为"冷激式"。冷激方式可分为原料二氧化硫炉气冷激和空气冷激。

炉气冷激式只有部分新鲜炉气进入第一段催化床，其余的炉气作冷激用。图 4-55 是四段炉气冷激过程的 T-x 图，与图 4-54 不同之处在于换热过程的冷却线不是水平线，而是一条温度和 SO_2 转化率都降低的直线。这是由于加入了冷炉气，气体混合物中二氧化硫含量增加，三氧化硫含量虽然不变，但二氧化硫和三氧化硫总含量增加，由此计算而得的转化率降低。

空气冷激式转化器是在段间补充干燥的冷空气，使混合气体的温度降低，尽量满足最适宜温度的要求。图 4-56 表示四段转化空气冷激过程的 T-x 关系。添加冷空气后，气体混合

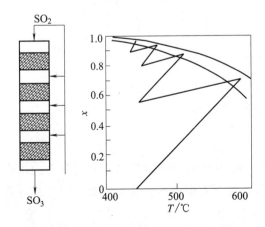

图 4-55　四段炉气冷激过程的 T-x 图

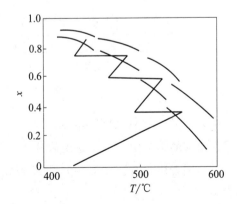

图 4-56　四段转化空气冷激过程的 T-x 图

物中 SO_2 和 SO_3 含量比值没有变化，冷却线仍为水平线；加入空气后，进入下一段催化床的原料气的原始组成发生变化，初始 SO_2 体积分数降低，O_2 的体积分数增加，平衡曲线、最适宜温度线将向同一温度下 SO_2 转化率增大的方向移动，各段绝热操作线斜率发生改变。

根据这些特点，当以硫黄或硫化氢为原料时，炉气中的 SO_2 体积分数较高，炉气比较纯净，无须湿法净化，适当降低温度即可进入转化器，适宜于采用多段空气冷激。而以普通硫铁矿为原料时，炉气中 SO_2 体积分数变化不大，湿法净化后的气体又需升温预热，所以宜采用多段间接换热式或多段间接换热式与少数段炉气冷激相结合。

图 4-57 示出的是硫铁矿制酸工艺流程中的转化器结构和转化器中气体走向，它是加拿大 Chemetics 公司研发的不锈钢转化器。除一、二段间用器内间接换热外，其余各段均采用器外间接换热。它有如下优点：

① 转化器采用 304 不锈钢制造，它的耐热性能比碳钢好，因此不必再衬耐火砖。

② 转化器中心圆柱体内装有不锈钢气体换热器（为管壳式换热器），从而省去了第一催化剂床层到换热器的气体管道。

③ 催化剂床的全部侧向进气都为多孔环形进气，保证了气体沿转化器截面的良好分布。

④ 把工况条件最恶劣的第一段催化剂床层（该段反应最激烈，热效应最大，温升也最大）设置在转化器底部，为操作人员过筛和更换催化剂提供了方便。

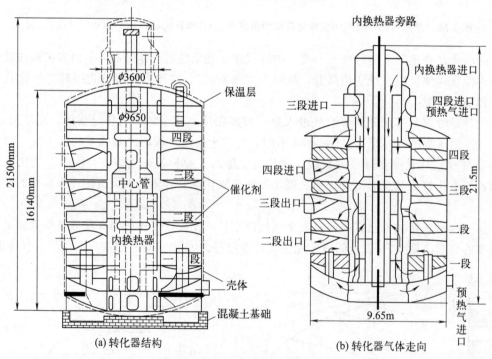

图 4-57 转化器结构及气体走向

4.2.2.4 三氧化硫的吸收

在硫酸的生产中，SO_3 是用浓硫酸来吸收的，使 SO_3 溶于硫酸溶液，并与其中的水生成硫酸；或者用含有游离态 SO_3 的发烟硫酸吸收，生成发烟硫酸。这一过程可用下列方程式表示：

$$nSO_3 + H_2O \rightleftharpoons H_2SO_4 + (n-1)SO_3 \tag{4-102}$$

式中的 $n>1$ 时，制得发烟硫酸；当 $n=1$ 时，制得无水硫酸；当 $n<1$ 时，制得含水硫酸，即硫酸和水的溶液。

（1）发烟硫酸吸收过程的原理和影响因素

用发烟硫酸吸收 SO_3 是一个物理吸收过程。在其他条件一定时，吸收速率快慢主要取决于推动力，即气相中三氧化硫的分压与吸收液液面上三氧化硫的平衡分压之差。在气液相逆流接触的情况下，吸收过程平均推动力可用下式表示：

$$\Delta p_m = \frac{(p_1'-p_2'')-(p_2'-p_1'')}{\ln\dfrac{p_1'-p_2''}{p_2'-p_1''}} \quad (4-103)$$

式中 p_1'、p_2'——进出口气体中 SO_3 的分压，Pa；
p_1''、p_2''——进出口发烟硫酸液面上 SO_3 的平衡分压，Pa。

在一定的吸收酸温度下，气相中 SO_3 体积分数越高，发烟硫酸对 SO_3 的吸收率越高。当气相中 SO_3 的体积分数和吸收用发烟硫酸浓度一定时，吸收推动力与吸收酸的温度有关。酸温度越高，酸液面上 SO_3 的平衡分压越高，使吸收推动力下降，吸收速率减慢；当吸收酸升高到一定温度时，推动力接近于零，吸收过程无法正常进行。

当气体中 SO_3 体积分数为 7% 时，不同酸温度下所得发烟硫酸的最大浓度如表 4-14 所示。由表 4-14 可见，当气体中 SO_3 体积分数为 7%，吸收温度超过 80℃ 时，将不会获得标准发烟硫酸。

表 4-14 不同吸收酸温度下产品发烟硫酸的最大浓度

吸收酸温度/℃	20	30	40	50	60	70	80	90	100
发烟硫酸游离 SO_3 浓度/%	50	45	42	38	33	27	21	14	7

在通常的条件下，用发烟硫酸来吸收 SO_3 时，吸收率是不高的。气相中其余的 SO_3 必须再用浓硫酸吸收。因此，生产发烟硫酸时一般采用两个吸收塔。如果不生产发烟硫酸，全部产品为浓硫酸，则 SO_3 的吸收只需要在浓硫酸吸收塔中完成。

（2）浓硫酸吸收过程的原理和影响因素

提高 SO_3 的吸收率不但可以提高硫酸的产量和硫的利用率，而且吸收后尾气中的 SO_3 减少，对大气污染也小。浓硫酸吸收三氧化硫是气膜控制的化学吸收过程，影响 SO_3 吸收率的主要因素包括吸收酸的浓度、温度、喷淋密度和进塔气温。

① 吸收酸的浓度。硫酸吸收工序不仅要生产一定浓度的硫酸，而且要有较高的三氧化硫吸收速率和吸收率，同时减少酸雾的产生和硫的损失。不同温度三氧化硫吸收率与吸收酸的关系见图 4-58。由图可以看出，吸收酸的浓度在 98.3% 时，三氧化硫的吸收率最大。

当用浓硫酸吸收 SO_3 时，有下列两种过程同时进行：气相中的 SO_3 被硫酸水溶液吸收后与酸液中的水分结合而生成硫酸；SO_3 在气相中与硫酸液面上的蒸汽结合生成硫酸蒸气，使酸液面上的硫酸蒸气分压增大而超过平衡分压，气相中的硫酸分子便

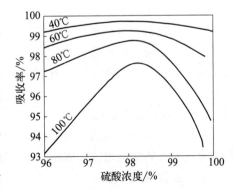

图 4-58 三氧化硫吸收率与硫酸浓度、温度的关系

不断进入酸中。

当吸收酸的浓度低于98.3%时，吸收酸液面上气相中蒸汽分压高，气相中的SO_3与蒸汽生成硫酸分子的速率很快。由于酸液面上蒸汽的消耗，酸液中的水分不断蒸发而进入气相，与气相中的SO_3生成硫酸分子，结果使气相中硫酸急剧增多，硫酸蒸气在气相中冷凝成酸雾，而不易被吸收酸所吸收。吸收酸浓度越低，酸液面上蒸汽分压越大，酸雾越容易生成，对气相中的SO_3吸收越不完全，即吸收率越低。

当吸收酸浓度高于98.3%时，酸液面上硫酸和SO_3蒸气分压都增大，吸收推动力减小，吸收速率降低。另外，由于平衡蒸气分压增大，气相中硫酸和SO_3含量增多，SO_3的吸收率也会大大降低。

98.3%的浓硫酸是常压下H_2O-H_2SO_4体系中的最高恒沸液，具有最低的蒸气压，它的水汽分压比浓度低的硫酸低，它的SO_3和硫酸分压比浓度高的硫酸低。用98.3%的浓硫酸吸收SO_3时有较大的推动力，吸收率最高。

② 吸收酸的温度。吸收酸温度越高，吸收酸液面上总蒸气压越大，对SO_3的吸收越不利。当吸收酸浓度一定时，温度越高，SO_3吸收率越低。硫酸生产中，一般将进入吸收塔的吸收酸温度控制在50℃以下，出塔酸的温度则控制在70℃以下。

③ 吸收酸的喷淋密度。吸收酸的喷淋密度对吸收效率也有很大影响，首先保证塔内填料充分润湿，使之能有较大的接触面。喷淋的酸量不能太大也不能太小，太大会增加气体通过阻力，动力消耗增大；太小，酸温升高又太大。所以应保证一定的喷淋密度。国内硫酸厂多采取$15\sim25m^3/(m^2\cdot h)$的喷淋密度。

④ 进塔气温。进塔气温对吸收操作过程亦有影响。在一般的吸收操作中，气体温度越低越对吸收有利。但在吸收SO_3时，为了避免生成酸雾，气体温度不能太低，尤其是在转化气中水含量较高时，提高吸收塔的进气温度，能有效减少酸雾的生成。表4-15是SO_3体积分数为7%的蒸汽质量浓度与转化气露点的关系。

表4-15　蒸汽质量浓度与转化气露点的关系

蒸汽质量浓度/(g/m³)	0.1	0.2	0.3	0.4	0.5	0.6	0.7
转化气露点/℃	112	121	127	131	135	138	141

从表4-15可看出，当炉气干燥到蒸汽含量只有$0.1g/m^3$时，转化气进吸收塔温度必须高于112℃。此外，在两次转化两次吸收工艺中，适当提高第一吸收塔的进出口气体温度，可以减少转化系统的换热面积。

基于广泛采用两次转化两次吸收工艺，以及节能工艺的需要，吸收工序有提高第一吸收塔进口气温和酸温的趋势，这种工艺对于维护转化系统的热平衡、减少换热面积、节约并回收能量等方面均是有利的。但在工艺条件、设备配置和材料的选择上，亦需做一些相应的变更。

（3）吸收工艺流程

硫酸生产工序中虽然干燥和吸收不是连贯的，但是这两个工序均采用浓硫酸作吸收剂，需要相互调节硫酸的浓度，因此，常把这两个工序合为干吸工序。干吸工序流程与转化工序和产品酸品种有关。

图4-59是生产发烟硫酸和浓硫酸的吸收流程。经冷却的转化气先经过发烟硫酸吸收塔，再经过浓硫酸吸收塔，尾气送回收处理系统。发烟硫酸吸收塔喷淋的是游离SO_3体积分数

为 18.5%~20% 的发烟硫酸,喷淋酸温度控制在 40~50℃,吸收 SO_3 后浓度和温度均有所升高,经稀释后用螺旋冷却器冷却,以维持循环酸和成品酸的浓度和温度。发烟硫酸的 SO_3 蒸气压高,只能用 98.3% 的浓硫酸稀释以减少酸雾的生成。混合后的发烟硫酸一部分作为产品,大部分循环用于吸收。浓硫酸吸收塔用 98.3% 硫酸喷淋,吸收 SO_3 后用干燥塔来的 93% 的硫酸混合稀释并冷却,一部分送往发烟硫酸循环槽,一部分送往干燥系统,大部分循环用于吸收,另一部分作为产品抽出。为有利于发烟硫酸的吸收,进气温度控制较低,为 70~120℃。虽有一些酸雾生成,但连续经过两个塔的拦截,部分酸雾被捕集。

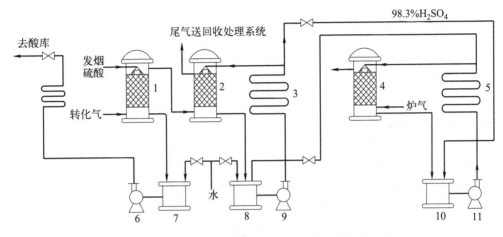

图 4-59　生产发烟硫酸和浓硫酸的吸收流程
1—发烟硫酸吸收塔;2—浓硫酸吸收塔;3,5—换热器;4—干燥塔;6,9,11—泵;7,8,10—储槽

工业生产普遍采用的生产 98.3% 浓硫酸的吸收流程如图 4-60 所示。催化氧化后的转化气从吸收塔底部进入,98.3% 的浓硫酸从塔顶喷淋,气液两相逆流接触,三氧化硫被吸收得很完全。进塔气体温度维持在 140~160℃,空塔气速为 0.5~0.9m/s,吸收在常压下进行。

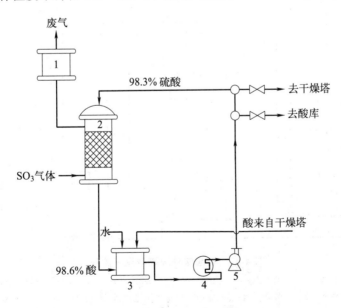

图 4-60　生产浓硫酸的泵前吸收流程
1—捕沫器;2—吸收塔;3—储槽;4—冷却器;5—泵

喷淋酸温度控制在50℃以下,出塔酸温度用喷淋量控制,使之小于70℃。吸收塔流出的酸浓度比进塔酸提高0.3%~0.5%,经冷却器冷却后送往循环槽,用干燥塔来的变稀硫酸混合,不足的水分由新鲜水补充,再用酸泵输送,除循环外,部分送往干燥塔,部分抽出作为产品。正常操作时,吸收率可达99.95%。

此流程冷却器位于泵前,称为泵前流程。特点是输送过程中酸的压头小,操作比较安全。冷却器也可以放在泵后,称为泵后流程,酸由泵强制输送通过冷却器,传热效果好,但酸因受压而易泄漏。

4.2.3 "三废"治理与综合利用

硫酸生产的"三废"主要包括含SO_2、SO_3和含酸雾的尾气,固体烧渣和酸泥,有毒酸性废液。开展"三废"综合利用,充分回收原料中的有用成分,使有害物质资源化,是减少硫酸生产有害物排放的主要途径。

(1) 废气治理与综合利用

硫酸厂尾气中的有害物主要是SO_2、少量的SO_3和酸雾。因此,减少尾气中有害物的排放,主要应提高SO_2的转化率和SO_3的吸收率。采用两次转化两次吸收,使SO_2的转化率达到99.5%,就可达到排放标准。但考虑到尾气排放标准日趋严格,硫酸工业仍需采取一定措施来减少硫的排放。

目前对尾气及含低浓度SO_2烟气的处理方法甚多,且各具特色,应用较广的是氨酸法。采用氨水或铵盐溶液为吸收剂吸收尾气中的SO_2和SO_3,吸收过程得到中间产品亚硫酸铵和亚硫酸氢铵。为提高硫的回收价值,用浓硫酸分解中间产品,得到含蒸汽的SO_2和硫酸铵,其中SO_2送往干燥塔继续用于生产硫酸,硫酸铵则可用于生产肥料。氨酸法的工艺流程如图4-61所示。

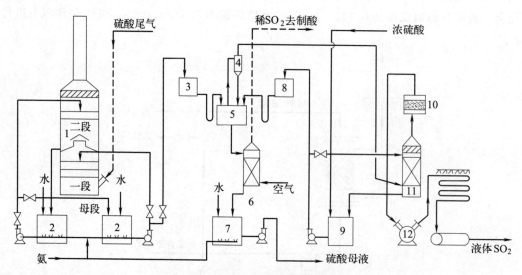

图 4-61 氨酸法处理硫酸尾气流程
1—回收塔;2—循环槽;3—高位槽;4—旋风除沫器;5—混合槽;6—分解塔;
7—中和桶;8—硫酸高位槽;9—储槽;10—焦炭过滤器;11—干燥塔;12—压缩泵

尾气送入回收塔吸收其中的SO_2,回收塔有两段,第一段有2~3块塔板使SO_2体积分数从（$2.0×10^{-3}$）～（$4.0×10^{-3}$）降到 $5.0×10^{-4}$；第二段有 2 块塔板，可使 SO_2 体积分数继续降到（$1.0×10^{-4}$）～（$2.0×10^{-4}$），经过除沫层后排空。各段有单独的母液循环系统，系统中有补充氨的循环槽。多出的浓母液送往高位槽，再流往混合槽，同时流往混合槽的有硫酸高位槽来的硫酸。在混合槽中反应并释放出高浓度的 SO_2，约占总分解出 SO_2 量的 60%～80%，送去干燥和加压到 0.4～0.8MPa 后液化成液体 SO_2，也可在常压下冷冻到 $-10℃$ 冷凝成液态。混合槽中初步分解的母液流入填料分解塔。塔底通入空气将母液中的 SO_2 吹出并送回制酸系统。分解液在中和桶内用氨气中和，溶液含硫酸铵 550～580kg/m^3，可直接作为产品。

除了氨酸法之外，硫酸生产企业还采用其他的尾气处理方法。其中过氧化氢法是利用过氧化氢的强氧化性，将 SO_2 中的硫元素氧化成硫酸，从而得到稀硫酸产品；离子液体法则利用离子液体来循环吸收硫酸尾气当中的二氧化硫，该法具有操作简单的特点，随着离子液体制备成本的降低，未来将会得到进一步的推广与应用；炭法烟气法主要是利用活性炭的作用将硫酸尾气当中的二氧化硫吸收，该法作为一种可回收和可资源化的技术，符合对环境保护的要求，因此其发展前景较为广阔。

（2）烧渣的综合利用

硫铁矿或硫精矿焙烧后残余大量的烧渣。烧渣除含铁和少量残硫外，还含有一些有色金属和其他物质。沸腾焙烧时得到的烧渣分为两部分：一部分是从炉膛排渣口排出的烧渣，粒度较大，铁品位低，残硫较高，占总烧渣量的 30% 左右；另一部分是从除尘器卸下的矿尘，粒度细，铁品位较高，残硫较低，有色金属含量也稍高一些。烧渣和矿灰宜分别利用，它们可用于以下几个主要方面：

① 作为建筑材料的配料，代替铁矿石作助溶剂用于水泥生产以增强水泥强度，制矿渣水泥，用硫酸处理并与石灰作用生产绝热材料，用于生产碳化石灰矿渣砖。用于这些配料的量均不大，如 1t 水泥约用含铁大于 30% 的矿渣 60kg。

② 作为炼铁的原料，1 个年产 40 万吨硫酸厂的烧渣如能全部利用，可炼钢 10 万～20 万吨。就可利用性而言，烧渣含铁量低于 40% 时，几乎没有作为炼铁原料的利用价值。一般来说，在高炉炼铁时，入炉料的含铁品位提高 1%，高炉焦比可降低 1.5%～2.5%，生铁产量增加 2.6%～3%。因为随入炉料含铁量的增加，脉石量减少，溶剂消耗量降低，燃烧消耗量减少。国外不少企业为提高硫铁矿对硫黄的竞争力，将硫铁矿精选到含硫 47%～52%，使烧渣达到炼铁精料的要求，降低硫酸成本。

③ 回收烧渣中的贵重金属，有些硫化矿来自黄金矿山的副产物，经过焙烧制取 SO_2 炉气后，烧渣中金、银等贵金属含量有所提高，成为提取金银的宝贵原料。

④ 用来生产氧化铁颜料铁红、制硫酸亚铁、玻璃研磨料、钻探泥浆增重剂等。

（3）废液的处理

用硫铁矿焙烧制取 SO_2 原料气时，经常有污酸、污泥和污水的排出。污酸、污泥主要来自炉气的酸洗净化系统。污水来自两个方面：一是炉气水洗净化系统排出的大量的洗涤水；二是厂区内冲洗被污染地面的出水。无论是污酸还是污水，均含有数量不等的矿尘和有毒物质，其中还包括一些有色金属及稀有元素。必须在排放前进行处理并回收有用元素，使有害物质含量降低到国家规定的排放标准以下。关于硫酸厂排放污酸、污水的处理方法，可根据排出液的成分及当地条件而采用因地制宜的方法。目前常用的有两类：

① 加入碱性物质的多段中和法。通过加入碱性物质使污酸、污水中所含的砷、氟及硫

酸根等形成难溶的物质，通过沉淀分离设备使固体矿尘及有毒物质从污酸、污水中分离出来。常用的碱性物质有石灰石、石灰乳、电石渣以及其他废碱液。为加速污酸、污水中固体物质的沉降，可添加适量凝聚剂，如氢氧化铁、碱式氯化铝、氯化物以及聚丙烯酰胺等。

② 硫化-中和法。该方法主要用于冶炼烟气制酸系统的污酸处理。冶炼烟气制酸装置排出的稀酸中，常溶有铜、铅、锌、铁以及砷和氟等成分，在中和处理前，先除铅，再经硫化除去铜和砷，然后中和处理，使清液达到排放标准。

4.2.4 我国硫酸工业的发展

我国虽然在1874年建成了第一座硫酸生产工业装置，但直到20世纪70年代才开始进入快速发展阶段。进入21世纪，伴随着有色金属冶炼和磷复肥工业的迅猛发展，我国硫酸工业进入高速发展阶段。截至2020年底，我国硫酸总产能达1.24亿吨。随着国家产业结构调整及大力推行节能减排和循环经济产业政策，我国硫酸工业在热能回收利用、"三废"治理和污染物减排、新的制酸工艺等方面开展了卓有成效的工作，促进了硫酸行业技术进步。

（1）节能和热能回收技术

在节能方面采用电机变频调速技术、汽轮机驱动风机及泵技术、低阻规整填料、高效低阻催化剂、低压力降分酸器和除雾器等技术和设备，均可显著降低企业综合能耗和电耗。

硫酸生产全过程均是放热反应，各工序均有未回收的热能。采用干吸低温热回收技术、电除尘器后烟气余热回收技术、低值热能回收利用技术，可使硫黄制酸热回收效率接近90％，助力"碳中和"目标，真正实现硫酸装置作为"能源工厂"的定位。

（2）"三废"治理和污染物减排技术

根据"五位一体"的总体布局，生态环境保护已经成为我国未来高质量发展的重要组成部分。对硫酸工业而言，减少污染物的排放则显得尤为重要。比如采用二转二吸＋双氧水脱硫工艺、一转一吸＋有机胺脱硫工艺、两级湿法制酸＋碱法脱硫工艺可显著减少制酸尾气的排放量。

（3）新的制酸工艺

为了处理特殊原料、应对更严苛的产业政策、最大限度地回收热能资源等，新的制酸工艺应运而生。比如利用现有硫酸生产装置协同处置废硫酸等含硫废物，既解决了废硫酸处理的难题，又实现了硫资源的循环利用，也为硫酸生产企业带来了新的利润增长点。

【绿水青山就是金山银山】

2015年4月，中共中央、国务院发布《关于加快推进生态文明建设的意见》，明确提出"坚持绿水青山就是金山银山，深入持久地推进生态文明建设"。2015年9月，中共中央、国务院制定出台《生态文明体制改革总体方案》，要求"树立绿水青山就是金山银山的理念"，加快建立系统完整的生态文明制度体系。在绿水青山就是金山银山理念的指导下，为从根本上解决最突出最紧迫的环境问题，国务院相继出台了《大气污染防治行动计划》《水污染防治行动计划》《土壤污染防治行动计划》等系列制度，先后实施了《党政领导干部生态环境损害责任追究办法（试行）》《生态文明建设目标评价考核办法》等管理办法。2017年10月，"增强绿水青山就是金山银山的意识"写进《中国共产党章程》。2018年3月，十三届全国人大一次会议表决通过中华人民共和国宪法修正案，把发展生态文明、建设美丽中国写入宪法。2018年5月，在全国生态环境保护大会上，进一步指出"生态文明建设是关系中华民族永续发展的根本大计""生态环境是关系党的使命宗旨的重大政治问题，也是关系民生的重大社会问题"，再次强调坚持"绿水青山就是金山银山"基本原则，加快构建生态文明体系，确保到2035年，美丽中国目标基本实现，到本世纪中叶，建成美丽中国。

4.3 纯碱

扫码查看
纯碱装置

纯碱即碳酸钠（Na_2CO_3），俗称苏打，白色细粒结晶粉末，20℃时真密度为2.533g/cm^3，比热容为1.04kJ/(kg·K)，熔点为851℃。颗粒大小不同，堆密度也不同，故有轻质纯碱和重质纯碱之分。水合时放热，水合物有 $Na_2CO_3·H_2O$、$Na_2CO_3·7H_2O$ 和 $Na_2CO_3·10H_2O$。

纯碱是重要的化工原料，广泛应用于玻璃工业、肥皂制造业、工业用水的净化、造纸工业、纺织与印染工业、纤维工业、制革工业以及钢铁和有色金属冶炼等工业生产和日常生活。因此，纯碱的年产量是一个国家化学工业发展水平的重要标志，在国民经济中占有举足轻重的地位。

工业制碱始于1791年，法国人路布兰首先提出以食盐、煤、硫酸及石灰石等为原料，间歇生产纯碱，称为路布兰制碱法（简称路氏制碱法）。路氏制碱法存在着严重的缺点，如硫酸耗量大，熔融过程需要高温且燃料耗量大；设备生产能力小；原料利用不充分，产品不纯；设备腐蚀严重以及劳动条件差等。因而促使人们去研究新的制碱方法。比利时人苏尔维于1861年提出"氨碱法"（又称苏尔维制碱法）代替了路布兰法。氨碱法以食盐和石灰石为主要原料，以氨为媒介来生产纯碱。该法原料来源广泛、成本低、产量高，但存在食盐利用率不高且产生大量氯化钙副产品的缺点。1924年，我国化学家侯德榜提出了联合制碱法，简称联碱法，也称侯氏制碱法。联碱法是碱厂与合成氨厂的联合生产，使合成氨厂副产的二氧化碳与氯化钠中的钠结合制成碳酸钠，同时使氨厂生产的氨与氯化钠中的氯结合生成氯化铵。氯化铵是一种有价值的氮肥。联碱法生产既生产了纯碱又生产了氮肥，一举两得。

4.3.1 氨碱法生产纯碱

氨碱法生产纯碱主要包括以下工序：
① 石灰石的煅烧和石灰乳的制备：石灰石煅烧制备二氧化碳和氧化钙，氧化钙与水反应生产石灰乳，二氧化碳作为制备纯碱的原料。
② 食盐水的精制和氨盐水的制备：精制的饱和食盐水吸氨制成氨盐水。
③ 氨盐水碳酸化：氨盐水吸收二氧化碳生产碳酸氢钠（也称重碱）结晶。
④ 重碱的分离与煅烧：将用过滤法分离出的重碱结晶煅烧制得纯碱和二氧化碳。
⑤ 氨的回收：加入石灰乳使母液中的氯化铵转化为氢氧化铵，通过加热蒸馏回收氨。

4.3.1.1 石灰石的煅烧和石灰乳的制备

氨碱法生产纯碱，需要大量的二氧化碳和石灰乳，前者供氨盐水碳酸化之用，后者供蒸氨之用。通过石灰石的煅烧可以得到二氧化碳和石灰，石灰经消化即得石灰乳。

（1）石灰石的煅烧

石灰石的主要成分是$CaCO_3$，含量为95%左右，煅烧时的主要反应为：

$$CaCO_3(s) \rightleftharpoons CO_2(g) + CaO(s) \quad \Delta H = 179.6 kJ/mol \quad (4-104)$$

该反应是气体体积增加的可逆吸热反应。由热力学分析可知，提高温度或降低压力，对分解反应有利。尽管提高温度，分解速度加快，但石灰石可能熔融，同时还要考虑石灰窑材料的耐热温度和热量消耗问题。另外石灰石煅烧还需考虑生石灰的消化难易，煅烧温度过高所得生石灰难以消化，如图4-62所示。实验测定纯$CaCO_3$在二氧化碳分压为0.1MPa时的分解温度为908℃，所以，石灰石煅烧温度一般不超1200℃。为了促进石灰石分解，还可以将产生的二氧化碳导出。

（2）石灰消化制石灰乳

生石灰遇水时发生水合反应，称为消化。

$$CaO + H_2O \rightleftharpoons Ca(OH)_2 \quad \Delta H = -64.9 kJ/mol \quad (4-105)$$

消化时放出大量热，生石灰体积膨大松散。因加入水量的不同而可得粉末的消石灰、稠厚的石灰膏、悬浮液的石灰乳和水溶液的石灰水。

$Ca(OH)_2$在水中的溶解度不大，并且是少数溶解度随温度升高而降低的物质之一，其溶解度与温度的关系如图4-63所示。氨碱法要求石灰悬浮液有良好的流动性而固体颗粒不沉淀，常制备CaO含量220~300kg/m³的悬浮液，密度为1.160~1.220g/cm³，消化良好的悬浮液中粒子仅有1μm大小。

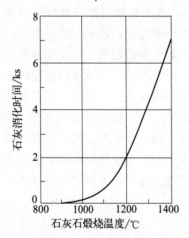

图4-62 石灰消化时间与石灰石煅烧温度的关系

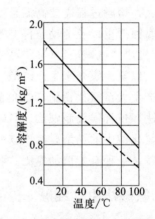

图4-63 氢氧化钙在水中的溶解度

氨碱法中石灰消化常用卧式转筒化灰机。主体是一卧式钢制回转圆筒，长径比约为10:1，转速为2~4r/min，稍向出口端倾斜。石灰和水从进口加入，随圆筒旋转物料向前行进，出口处有圆筒筛将未消化物料与石灰乳分离，大块残渣返回石灰窑煅烧。石灰乳再经振动筛将2mm以上固体物料分出后送往蒸氨塔。

4.3.1.2 食盐水的精制和氨盐水的制备

（1）食盐水的精制

氨碱法生产的主要原料之一是食盐水溶液。粗盐水来源不同，其组成也大不相同，工业生产纯碱要求食盐水中钙镁离子总含量不超过3×10^{-5}（质量分数）。粗海盐中只含NaCl 88%~92%，用海盐溶得的饱和粗盐水中含钙镁盐6~7kg/m³，在吸氨和碳酸化时会生成

Mg(OH)$_2$ 和 CaCO$_3$ 沉淀，不仅消耗了原料 NH$_3$ 和 CO$_2$，影响产品质量，而且在设备和管道积垢结疤，阻碍气液流动，妨碍操作。为此，粗盐水必须精制，除去 99% 以上的钙镁杂质。

精制盐水的方法目前常用两种，即石灰-碳酸铵法和石灰-纯碱法。两种方法的第一步都是加入石灰乳使镁离子成为 Mg(OH)$_2$ 沉淀，除去盐中的镁离子，除镁后的盐水称为一次盐水。

$$Mg^{2+} + Ca(OH)_2 == Mg(OH)_2\downarrow + Ca^{2+} \tag{4-106}$$

第二步是除钙。石灰-碳酸铵法是用碳酸化塔塔顶来的含 NH$_3$ 和 CO$_2$ 的尾气处理一次盐水得到二次盐水。

$$Ca^{2+} + 2NH_3 + CO_2 + H_2O == CaCO_3\downarrow + 2NH_4^+ \tag{4-107}$$

石灰-纯碱法则采用纯碱除镁，反应式为

$$Ca^{2+} + Na_2CO_3 == CaCO_3\downarrow + 2Na^+ \tag{4-108}$$

石灰-碳酸铵法适用于含镁较高的海盐。由于利用了碳酸化尾气，可使成本降低。但此法具有溶液中氯化铵含量较高、氨耗增大、氯化钠的利用率下降、工艺流程复杂等缺点。石灰-纯碱法需要消耗纯碱，但在精制过程不生成铵盐而生成钠盐，因此不存在 NaCl 利用率降低的问题，但消耗最终产品纯碱。

（2）氨盐水的制备

工业生产纯碱需要用盐水吸收二氧化碳，但是二氧化碳在盐水中溶解度较小，而在氨盐水中的溶解度较大，且氨在盐水中的浓度越高，二氧化碳的吸收越快。所以纯碱生产过程要先制备氨盐水，然后进行碳酸化。需要指出，盐水吸氨除了制备氨盐水外，还起到进一步除去盐水中钙镁等杂质的作用。

吸氨时的主要反应为：

$$NH_3(g) + H_2O(l) == NH_3 \cdot H_2O(l) \quad \Delta H = -35.2 \text{kJ/mol} \tag{4-109}$$

氨气中含有一些 CO$_2$，同时溶入溶液并起反应：

$$2NH_3(l) + CO_2(g) + H_2O(l) == (NH_4)_2CO_3(l) \quad \Delta H = -95.0 \text{kJ/mol} \tag{4-110}$$

当有残余 Mg^{2+}、Ca^{2+} 存在时发生如下反应：

$$Ca^{2+} + (NH_4)_2CO_3 == CaCO_3\downarrow + 2NH_4^+ \tag{4-111}$$

$$Mg^{2+} + (NH_4)_2CO_3 == MgCO_3\downarrow + 2NH_4^+ \tag{4-112}$$

$$Mg^{2+} + 2NH_4OH == Mg(OH)_2\downarrow + 2NH_4^+ \tag{4-113}$$

盐水吸氨是伴有化学反应的吸收过程，由于 CO$_2$ 与 NH$_3$ 在溶液中作用而生成 (NH$_4$)$_2$CO$_3$，NH$_3$ 分压低于同一浓度氨水的氨平衡分压，低温和 CO$_2$ 的存在对氨吸收有利。随着氨溶解量增加，NaCl 的溶解度减小，纯碱生产不仅要求足够的氨浓度，还要求有较高的 NaCl 浓度，实际生产中一般维持氨盐水中的游离氨与 NaCl 的物质的量之比为 (1.08~1.12):1。

盐水吸氨过程是显著放热的，每千克氨溶于水时释放的热量超过 2000kJ。若包括氨气带来的蒸汽的冷凝热和 CO$_2$ 与氨的反应热，1kg 氨吸收成氨盐水时释出的总热量达 4280kJ。这些热量足以使吸氨塔内温度高达 120℃，这样会阻碍吸氨的进行。因此，吸氨塔附有多个塔外水冷却器，将吸氨盐水导出多次冷却，使塔中部的温度不超过 60~65℃，塔底的氨盐水则冷却至 30℃，吸氨后的盐水送去碳酸化。

吸氨的主要设备是吸氨塔，其基本构造如图4-64所示。它是多层塔板的铸铁单泡罩塔。

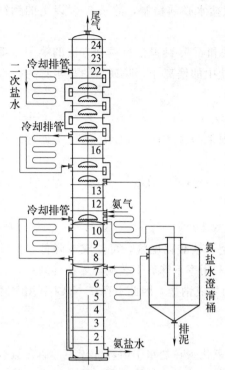

图4-64 吸氨塔的结构示意图

精制的饱和盐水从塔的上部加入，逐层下流；塔板上有单个圆形泡罩，气液间逆流流动，气体通过泡罩边缘时散成细泡，扩大了气液间的接触。吸氨是放热的，在塔的上段、中段和下段分别将吸氨的盐水导出，经过淋水的冷却排管冷却，再送回吸收。氨气从塔的中、下部引入，在引入区域吸氨进行得最剧烈，约有50%的氨被吸收，需要加强冷却，因此将部分冷却的氨盐水循环，以提高吸收率。塔的顶部是洗涤段，用清水洗涤尾气以回收氨，所得的稀氨水用去化盐。塔的中段有些区域是空的塔圈，其作用是保持一定的位差，使通过排管的吸氨盐水能靠重力流回塔内。塔的下部和底部是循环氨盐水的储罐和澄清氨盐水的储罐。

吸氨塔顶是在稍减压（绝对压力为75～85kPa）的条件下操作的，可以减少吸氨过程中氨的流失和便于蒸氨塔中NH_3和CO_2引入吸氨塔。

4.3.1.3 氨盐水碳酸化

氨盐水碳酸化是使氨盐水吸收二氧化碳，制备出碳酸氢钠，它是纯碱生产过程最重要的一个工序。该过程首先要求$NaHCO_3$的收率要高，即NaCl和NH_3的利用率高；其次要求结晶的$NaHCO_3$质量好、粒度大，便于过滤分离；另外还要求$NaHCO_3$含水量低，便于重碱煅烧。

氨盐水吸收二氧化碳的反应为：

$$NaCl+NH_3+CO_2+H_2O \Longrightarrow NaHCO_3\downarrow +NH_4Cl \tag{4-114}$$

这是一个伴有化学反应的吸收，同时又有结晶析出的过程，此过程中放出大量的热，包括CO_2的溶解热24.6kJ/mol，溶液中NH_3与CO_2的反应热106kJ/mol，$NaHCO_3$的结晶热20.5kJ/mol。为使CO_2充分吸收和提高碳酸化度，应适时对过程加以冷却。

（1）碳酸化反应机理

氨盐水碳酸化生成$NaHCO_3$是一个复杂的过程，探讨其反应机理对于工艺条件的选择、提高$NaHCO_3$质量至关重要。多数学者认为氨盐水碳酸化的反应机理包括以下步骤：

① 氨基甲酸铵的生成。实验表明，当CO_2通过氨盐水时，总出现氨基甲酸铵：

$$CO_2+2NH_3 \Longrightarrow NH_4^+ +NH_2COO^- \tag{4-115}$$

该反应是以下两个反应的结果：

$$CO_2+NH_3 \Longrightarrow H^+ +NH_2COO^- \tag{4-116}$$

$$NH_3+H^+ \Longrightarrow NH_4^+ \tag{4-117}$$

氨基甲酸铵的反应是中等速率的反应，但仍然比CO_2的水化速率快得多，CO_2的水化反应为：

$$CO_2+H_2O \Longrightarrow H_2CO_3 \tag{4-118}$$

$$CO_2 + OH^- \rightleftharpoons HCO_3^- \tag{4-119}$$

与此同时，碳酸化液中氨的浓度一直比 OH^- 浓度大很多倍。因此，吸收的 CO_2 绝大多数生成氨基甲酸铵。

② 氨基甲酸铵的水解。碳酸化液中的 HCO_3^-，主要由氨基甲酸铵的水解生成：

$$NH_2COO^- + H_2O \rightleftharpoons HCO_3^- + NH_3 \tag{4-120}$$

③ 复分解析出 $NaHCO_3$ 结晶。当碳酸化度到一定程度，HCO_3^- 在溶液中积累，HCO_3^- 与 Na^+ 的浓度乘积超过该温度下 $NaHCO_3$ 溶度积时，发生下列反应：

$$Na^+ + HCO_3^- \rightleftharpoons NaHCO_3 \downarrow \tag{4-121}$$

$NaHCO_3$ 析出以后，会影响一系列离子反应的平衡，其中最重要的是氨基甲酸铵的水解[式(4-120)]，使得溶液中的游离氨增加，从而对吸收过程产生显著影响。

(2) 氨碱法相图

因为影响盐类互溶体系或熔融体系反应平衡的因素很多，难以准确计算平衡常数。工业生产多利用相图来找出反应进展的深度、原料利用程度、反应适宜条件。

氨盐水碳酸化后是个多元物系。该物系在一般条件下没有复盐或带结晶水的盐生成，属于简单复分解类型。工业生产条件下，碳酸化后溶液中有 Na^+、NH_4^+、Cl^-、HCO_3^- 和 CO_3^{2-}，由于存在 $HCO_3^- + OH^- \rightleftharpoons H_2O + CO_3^{2-}$ 平衡，物系可以用 Na^+、$NH_4^+ \parallel Cl^-$、$HCO_3^- + H_2O$ 来表示。原料食盐中虽有 SO_4^{2-} 等，但由于体系碳酸化度达 190%～195%，CO_3^{2-} 在体系中含量很少，SO_4^{2-} 的量也不大，可以忽略。对于 $NaCl-NH_4Cl-NH_4HCO_3-NaHCO_3-H_2O$ 体系，虽然有 4 种盐和水共存，但其中一个不是独立组分，由复分解反应所决定，因而体系是四元交互体系。

① 相律。相律用下式表示：

$$F = c - \varphi + 2 \tag{4-122}$$

式中　c——独立组分数，在 Na^+、$NH_4^+ \parallel Cl^-$、$HCO_3^- + H_2O$ 体系中，独立组分数为 4；

　　　φ——相数；

　　　F——体系的自由度。

氨碱法常在指定压力下进行，因此自由度为：$F = 4 - \varphi + 1 = 5 - \varphi$。氨碱法制碱时，要求物系中仅有碳酸氢钠析出，不应有其他盐（例如 NH_4HCO_3、NH_4Cl）夹杂。体系仅有两相，即碳酸氢钠固相和溶液相。此时，体系的自由度为 $F = 5 - 2 = 3$。

可见，完全碳酸化并只析出碳酸氢钠时，体系由 3 个强度变数决定体系平衡状态。溶液中 Na^+ 越少而 Cl^- 越多，则钠的利用越完全；溶液中 NH_4^+ 越多而 HCO_3^- 越少，则氨的利用越完全。欲获得最大的钠利用率，应考虑温度和盐水某两个浓度因素。当温度一定时，体系自由度为 2，制碱过程的相平衡关系就可以用平面相图来比较方便地表示了。

② 四元相图的组成及原料利用率。氨碱法制碱过程常用四元相图，如图 4-65 所示。体系 4 个组分的平衡浓度关系可以在图上清楚地表示出来。图中 P_1 是几种盐的共析点。在共析点处，盐的饱和溶液中含 4 种离子：Na^+、NH_4^+、Cl^-、HCO_3^-。阳离子的量与阴离子的量相等：$[Na^+] + [NH_4^+] = [Cl^-] + [HCO_3^-]$。所以通常用离子浓度来表示体系中 4 个组分的浓度更为简便。

$NaCl$ 与 $NaHCO_3$ 的配比不同，对 NH_4HCO_3 的析出量有明显影响。根据相图中的杠杆定律和向量法则，由 $NaCl(A)$ 与 $NH_4HCO_3(C)$ 混合所得物系的总组成必然在 AC 线上。因为只要求析出$NaHCO_3$，所以物系的总组成必须在$NaHCO_3$的饱和面上，即在AC线的RS范围内。按$NaCl$与NH_4HCO_3不同的配比，物系总组成可能在X、Y、Z等各点。这些点的平衡液相组成都在$NaHCO_3$饱和面上，所以物系必然分成两相，即$NaHCO_3$固体和相应的饱和溶液。

以X点为例，要得到该组成的物系，$NaCl$对NH_4HCO_3的配比应为$[NaCl]:[NH_4HCO_3]=CX:XA$。物系在平衡时分为液相和固相两相，溶液的组成为T点组成，固相则为D点表示的纯$NaHCO_3$，$NaHCO_3$结晶对溶液量之比为$m_固:m_液=TX:XD$。显然，

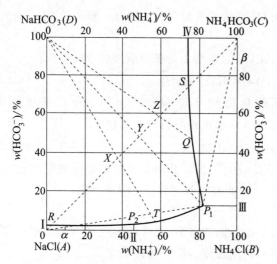

图 4-65 氨碱法中的原料配比和原料利用率

固液比越大，钠的利用率越高。考察AC线上的X、Y、Z各点可以明显地比较出，当物系的组成为Y时，钠利用率最大，此时溶液成分为P_1。

P_1点处钠利用率最高，还可以从以下分析得知：

$$U_{Na}=\frac{[Cl^-]-[Na^+]}{[Cl^-]}=1-\frac{[Na^+]}{[Cl^-]}=1-\tan\beta \quad (4-123)$$

$$U_{NH_3}=\frac{[NH_4^+]-[HCO_3^-]}{[NH_4^+]}=1-\frac{[HCO_3^-]}{[NH_4^+]}=1-\tan\alpha$$

$$(4-124)$$

从图中可明显看出，当β越小时，U_{Na}越大。比较Q、P_1、T各点可以看出，在P_1点，β最小，U_{Na}最大。同理，当α越小时，U_{NH_3}越大。在P_2点，α最小，所以U_{NH_3}最大。在氨碱法中，氨是循环利用的，所以选择接近于P_1点的条件可以充分利用原料。

（3）碳酸化设备

氨盐水碳酸化在碳酸化塔中进行。碳酸化塔由许多铸铁塔圈组装，大致可分为两部分，如图4-66所示。塔上部是CO_2吸收段，每圈之间装有笠形泡帽，塔板是略向下倾的中央开孔的漏液板，孔板和笠帽边缘有分散气泡的齿缝，可以增加气液间的接触面积。塔的中下部是冷却段，是$NaHCO_3$析出的区域，氨盐水继续吸收CO_2的同时，生成大量$NaHCO_3$结晶析出。这区间除了有笠帽和塔板外，还有约10个列管式水箱，用水间接冷却碳酸化母液以促进结晶析出。

氨盐水中$NaCl$和NH_3的浓度越高，碳酸化塔引入的CO_2的分压越大，碳酸化塔底部的温度越低，原料的利用

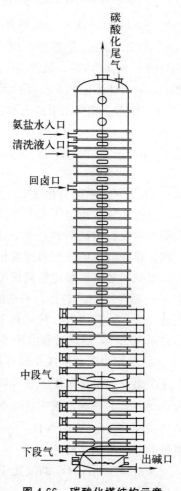

图 4-66 碳酸化塔结构示意

率就越高。氨盐水进碳酸化塔顶部温度为30～50℃。氨盐水高于该温度时要冷却后再进塔,使CO_2吸收较完全,减少氨逸散损失。塔的中部因反应热而温度上升到60℃左右。塔下部用水箱通水间接冷却,既使CO_2能充分吸收,又使$NaHCO_3$晶体逐步成长。控制塔底温度在25～30℃,使$NaHCO_3$较多地析出。氨盐水在碳酸化塔中停留时间一般为1.5～2h,塔顶出口气体含CO_2不大于6%～7%,但含氨可达15%。

4.3.1.4 重碱的分离与煅烧

(1) 重碱的过滤

碳酸化塔底排出的晶浆含悬浮的$NaHCO_3$,体积分数为45%～50%,常用真空过滤机分离。过滤时,对滤饼进行洗涤,以降低NaCl的含量。

真空过滤机的操作如图4-67所示。其主要构件有滤鼓、错气盘、碱液槽、压辊、刮刀、洗水槽及传动装置。滤鼓内有许多格子连在错气盘上,鼓外面有多块箅子板,板上用毛毡作滤布,鼓的两端装有空心轴,轴上有齿轮与传动装置相连。滤鼓下部约2/5浸在碱液槽内,旋转时全部滤面轮流与碱液槽内碱液相接触,滤液因压差而被吸入滤鼓内,重碱结晶则附着于滤布上。在滤鼓的旋转过程中,滤布上重碱内的母液被逐步吸干,转至一定角度时用水洗涤重碱内残留母液;然后再经真空吸干,同时用压辊挤压,使重碱内的水分减少到最低限度,最后滤鼓上的重碱被刮刀刮下,落在带运输机上送至煅烧工序。滤液及空气经空心轴抽到气液分离器。为了不使重碱在碱液槽底部沉降,真空过滤机上附有的搅拌机在半圆槽内往复摆动,使重碱均匀附在滤布上。

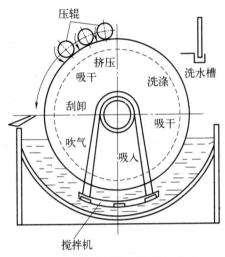

图4-67 真空过滤机操作示意图

真空过滤的优点是操作连续,生产能力大,适合于连续大规模自动化生产;但滤出的重碱含水量较高,一般含水在15%左右,有时高达20%。

(2) 重碱的煅烧

重碱是一种不稳定的化合物,在常温常压下即能自行分解,随着温度的升高,分解速率加快。化学反应式为:

$$2NaHCO_3(s) \Longrightarrow Na_2CO_3(s) + CO_2(g) + H_2O(g) \quad \Delta H = 128.5 kJ/mol \tag{4-125}$$

化学反应平衡常数为

$$K_p = p_{CO_2} p_{H_2O} \tag{4-126}$$

式中 p_{CO_2}——CO_2的平衡分压;

p_{H_2O}——蒸汽的平衡分压。

分解压力即为CO_2的平衡分压与蒸汽的平衡分压之和。纯$NaHCO_3$煅烧分解时,p_{CO_2}和p_{H_2O}相等。

因为煅烧是吸热过程,温度升高,p_{CO_2}和p_{H_2O}增大,K_p随之增大。表4-16列出了不同温度下重碱的分解压力。

表 4-16　不同温度下重碱的分解压力

温度/℃	30	50	70	90	100	110	120
分解压力/kPa	0.83	3.99	16.05	55.23	97.47	166.99	263.44

由表可见，温度升高，分解压力急剧上升，当温度在100～101℃时，分解压力已达到101.325kPa，可使$NaHCO_3$完全分解，但此时的分解速率较慢。生产实践中为了提高分解速率，一般采用提高温度的办法。当温度达到190℃时，煅烧炉内的$NaHCO_3$在半小时内即可分解完全，因此生产中一般控制煅烧温度为160～190℃。

$NaHCO_3$滤饼受热时，首先挥发的是滤饼中的游离水分，接着是NH_4HCO_3分解，$NaHCO_3$的分解最慢。NH_4HCO_3分解除消耗热量和增大氨耗外，对成品质量没有影响。但当滤饼中夹杂有NH_4Cl时，煅烧时发生以下反应：

$$NH_4Cl + NaHCO_3 \Longrightarrow NH_3 + CO_2 + H_2O + NaCl \tag{4-127}$$

因此，重碱过滤时要充分洗涤除去NH_4Cl，以防纯碱产品中夹带NaCl而影响质量。

煅烧过程一般在煅烧炉中进行，工业使用较多的是内热式蒸汽煅烧炉，其基本构造如图4-68所示。炉体是普通钢板焊制的卧式回转圆筒，炉体前后有滚圈承架于托轮上，炉体向后倾斜度为1.7%。炉尾滚圈附近装有齿轮圈，通过减速器由电动机带动炉体慢速回转。炉体内有多排靠近炉壁、以同心圆排列的带翅片的加热管。为避免入炉处结疤，近炉头端的加热管区不带翅片。蒸汽经炉尾空心轴进入汽室，再分配到加热管中，结构较复杂，密封要求高，用聚四氟乙烯填料密封。返碱和重碱由螺旋输送器从炉头送入炉内，煅烧好的纯碱由炉尾的螺旋输送器送出。分解出的炉气经水洗冷却，回收氨和碱尘后送去制碱。

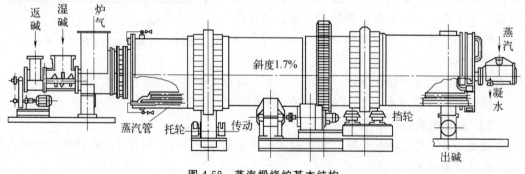

图 4-68　蒸汽煅烧炉基本结构

4.3.1.5　氨的回收

氨碱法生产纯碱过程中，氨是循环利用的。生产1t纯碱，循环的氨量为0.4～0.5t，通常采用蒸馏法回收循环氨。需要回收的含氨料液主要包括过滤母液和淡液（含氨的回收液，包括炉气洗涤液、冷凝液和含氨杂水）。

（1）母液蒸馏

过滤母液含可直接蒸出的游离氨，以及添加石灰乳可转变成游离氨蒸出的结合氨（或称固定氨），故氨的回收采用两步进行，即先将母液加热蒸出游离氨和二氧化碳，然后加石灰乳与结合氨作用，使结合氨分解成游离氨而蒸出。过滤重碱后母液的大致组成如表4-17所示，因被洗涤水稀释而约为$6.0 m^3/t$。

表 4-17 过滤出重碱后母液的大致组成

组分	质量浓度/(kg/m³)	物质的量浓度/(kmol/m³)	备注
NH₄Cl	180~200	3.4~3.7	相当于总氮 6.6~7.4kg/m³
(NH₄)₂CO₃	40~50	0.5~0.6	游离氨 5.6~6.2kg/m³
NaHCO₃	6~8	0.07~0.10	结合氨 1.0~1.2kg/m³
NaCl	1.2~1.4	1.2~1.4	

母液受热时，游离氨受热即从液相驱出，同时还发生以下反应：

$$NH_4OH \Longrightarrow NH_3 + H_2O \tag{4-128}$$

$$(NH_4)_2CO_3 \Longrightarrow 2NH_3 + CO_2 + H_2O \tag{4-129}$$

$$NH_4HCO_3 \Longrightarrow NH_3 + CO_2 + H_2O \tag{4-130}$$

$$NaHCO_3 + NH_4Cl \Longrightarrow NH_3 + CO_2 + H_2O + NaCl \tag{4-127}$$

$$Na_2CO_3 + 2NH_4Cl \Longrightarrow 2NH_3 + CO_2 + H_2O + 2NaCl \tag{4-131}$$

加入石灰乳时，结合氨分解成游离氨，受热逸出：

$$2NH_4Cl + Ca(OH)_2 \Longrightarrow 2NH_3(g) + 2H_2O + CaCl_2 \tag{4-132}$$

母液蒸氨的主要设备是蒸氨塔，其基本结构如图 4-69 所示，主要由母液预热器、加热段和石灰乳蒸馏段组成，总高可达 40m。母液预热器由 7~10 个卧式列管水箱组成，安置在蒸馏塔的顶部，管内走母液，管外是蒸出的带水汽的热氨气。母液在预热器中与热氨气换热，温度从 25~30℃升高到 70℃后导入蒸氨塔中部的加热段。热氨气经预热器后从 80~90℃降到 65℃左右，再进入冷凝器冷凝掉气体中的大部分水汽，随后送往吸氨工序。加热段一般是填料床，预热的母液加入后，与下部上升的热气（蒸汽+氨气）直接接触，填料能增加气液接触面积，加速传热。母液通过加热段时蒸出游离 NH_3 和 CO_2，剩下的残液主要含 NH_4Cl。

结合氨要分解成游离 NH_3 方能蒸出。所以将残液引入预灰桶，在桶中与添加的石灰乳通过搅拌混匀，混合液再引回蒸氨塔的石灰乳蒸馏段再蒸馏。由于混合液中悬浮有固体，石灰乳蒸馏段用铸铁单泡罩的塔板，有 10~14 层塔板。结合氨与石灰乳反应而分解成游离 NH_3，被塔底直接蒸汽汽提而驱出。通过石灰乳蒸馏段，母液中 99% 以上的氨已被回收，废液由塔底排出。

（2）淡液蒸馏

淡液的量比母液少得多，含纯碱约为 0.6~1.0m³/t，并且不含固体悬浮物。淡液中只含游离氨，因为 $NaHCO_3$ 煅烧炉的冷凝液含少量碳酸钠，即使淡液中含有结合氨也会被分解。所以直接加热蒸馏淡液回收氨。淡液的蒸馏常用填料塔，蒸馏过程的主要反应与蒸氨塔加热段的反应相同。

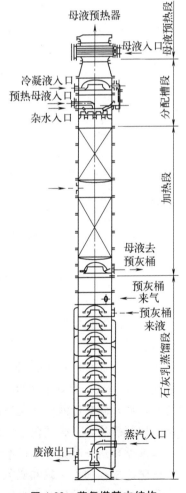

图 4-69 蒸氨塔基本结构

4.3.2 联碱法生产纯碱和氯化铵

氨碱法适用于大规模生产，产品质量优良，经济上也合理。但其缺点突出表现在钠的利用率只有72%～73%，食盐中的氯完全没有利用。以总的质量计，氯化钠的利用率只有28%～29%。此外，蒸氨塔排放的含大量悬浮固体的废液中含游离氧化钙和氯化钙，污染环境，处理困难。氨碱法回收氨消耗大量石灰和蒸汽，流程繁长，设备庞大。

为了克服氨碱法制碱原料利用率低和排出大量废液的两大缺点，我国著名化学家侯德榜对联合制碱技术进行系统的研究，于1942年提出完整的联合法制碱工艺流程。该法不消耗石灰，氯化钠的利用率可提高到95%，而且没有大量的废液、废渣排出。

4.3.2.1 联合制碱法的基本工序

联合制碱法的基本工序如图4-70所示。碳酸化塔塔底引出的悬浮晶浆经过滤滤出的母液 I 含有相当数量的 NH_4Cl、未反应的 $NaCl$、一些溶解的 NH_4HCO_3 和 $(NH_4)_2CO_3$。母液先吸收少量氨气，使母液中的碳酸氢盐转化成溶解度大的碳酸盐，从而在随后冷冻时不析出碳酸氢盐沉淀。母液中残留的碳酸氢根不多，吸氨量只有母液量的1%。吸收的氨在溶液中生成 NH_4^+，也产生同离子效应而有利于氯化铵随后析出。

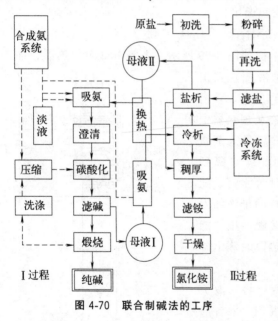

图4-70 联合制碱法的工序

吸少量氨的母液称为氨母液 A I。氨母液经过冷冻，部分氯化铵析出。冷析后的母液（称为半母液）送往盐析结晶器，加入经过洗涤和研磨的食盐。半母液对氯化铵饱和而对氯化钠未饱和，加入氯化钠后，氯化钠逐渐溶解，因同离子效应，有部分氯化铵结晶析出。加入的食盐是盐粉，有70%通过40目，尽量使盐粉在结晶器中维持悬浮状态，使之与母液均匀接触，促进盐粉较快溶解，避免沉入结晶器底而与氯化铵混杂。氯化铵夹杂过多的食盐时不宜用作肥料。冷冻温度越低，氯化铵析出越多，冷冻设备就越大，能源消耗也越多。

冷冻结晶器和盐析结晶器引出的氯化铵浆液经增稠和离心分离，将滤饼甩干至水分降到6%，送去流化干燥。

盐析结晶器溢流出的母液Ⅱ与母液Ⅰ换热后，送去大量吸氨，得到含游离氨约 $62kg/m^3$、含总氨约 $98kg/m^3$、含氯化钠约 $200kg/m^3$ 的氨母液 AⅡ，AⅡ送往碳酸化塔。由于氨和氯化钠的含量低，同时母液中存在的氯化钠也对反应平衡不利，因此，单位体积母液生成的碳酸氢钠量比氨碱法少。碳酸化生成的含重碱的晶浆经连续回转过滤分离、结晶后送去煅烧成纯碱，母液循环送回吸氨和冷析系统。

联碱法根据加入原料和吸氨、加盐、碳酸化等操作条件以及析铵温度不同而有多种工艺。我国的联碱法采用两次吸氨、一次加盐、一次碳酸化的方法，冷析氯化铵用浅冷法，冷析温度为 8~10℃，盐析温度为 13~15℃。

氨碱法中的氨循环利用，仅需补充过程的少量损耗。联碱法则将氨用于生成产品，需量极大，宜将氨厂和碱厂联合生产。氨厂和碱厂联产后，两厂的原料利用率都显著提高。氨厂变换时生成的二氧化碳正好用于联碱法。联碱法生产 1t 纯碱需 NH_3 的消耗定额为 330~400kg，CO_2 的消耗定额为 300~320m^3；而生产 1t 氨要用变换气 4000~4400m^3（CO_2 的体积分数为 26%~31%），只要采用适当的回收方法使 CO_2 的利用率达到 85%，就足以供给制碱的需要；碱厂就不需要石灰石和焦炭，可以节省石灰窑和制石灰乳的设备，也不需要氨回收装置；氨厂还可以省掉制氮肥的附属设备，节约投资，并且免除废液废渣造成的公害。

4.3.2.2 联合制碱法过程分析

（1）析铵过程的相图分析

联合制碱法制碱的吸氨和碳酸化原理与氨碱法基本相同。联合制碱法中，用冷析和盐析从母液中分出氯化铵，主要是利用不同温度下氯化钠和氯化铵的互溶度关系。氨母液是复杂的 Na^+、$NH_4^+ \| CO_3^{2-}$、$Cl^- + H_2O$ 体系。为便于阐明析铵的原理，将体系简化为 Na^+、$NH_4^+ \| Cl^- + H_2O$ 讨论。

氯化钠与氯化铵的互溶关系如图 4-71 所示。图 4-71（a）是纯的 $NaCl-NH_4Cl$ 体系，图中的 M_1 点是氨碱法中碳酸化后经过析碱的清液（母液Ⅰ）成分，表达时因坐标限制，只表示出其氯化钠和氯化铵的含量，不包括碳酸氢盐。M_1 点处于 0℃ 的不饱和区内，理论上不会有结晶析出。实际上，母液所含的碳酸氢盐和碳酸盐对体系有影响。图 4-71（b）是含 0.12kg 碳酸铵/kg 水的 $NaCl-NH_4Cl$ 的互溶关系，M_1 点在图中位于 NH_4Cl 饱和区中。

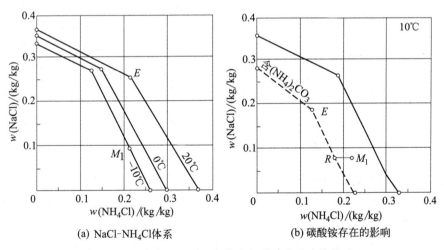

(a) $NaCl-NH_4Cl$ 体系　　(b) 碳酸铵存在的影响

图 4-71　$NaCl-NH_4Cl-H_2O$ 体系与碳酸化母液的关系

从图 4-71（b）可见，冷却到 10℃ 时，溶液的组成从 M_1 移到 R，过程中析出氯化铵。R 位于氯化铵饱和线上，溶液对氯化铵饱和而对氯化钠未饱和。当氯化钠固体粉末加入 R 溶液时，氯化钠溶解而氯化铵将析出，进行到溶液成分变化到共析点 E 为止。过程中，从 M_1 到 R 属于冷析，从 R 到 E 则属于盐析。从 M_1 到 E，析出的氯化铵约为溶液原含氯化铵的一半，这与从实际母液成分计算的结果基本相符。

析铵过程的温度影响如图 4-72 所示。E_1 点接近于 30℃ 的氯化铵饱和线，即析铵过程必须低于30℃。冷析和盐析温度越低，析出氯化铵越多，盐析的终点是 E_0 和 E_{10}。在0℃析铵比10℃时多，但增加并不很显著，而冷冻耗能却显著增大；另一方面，制铵和制碱两过程的温度差不宜过大，因为循环母液的量很大，温差大时加热和冷却都耗能多，一般温差为20~50℃。此外，温度过低时，母液黏度增大，也使 NH_4Cl 分离困难。工业上冷析温度一般不低于5~10℃。盐析时因结晶热的搅拌动力（转化为热量）及添加食盐所带入的热使温度比冷析高些，一般为5℃左右。

（2）制碱过程的相图分析

联合制碱时，循环母液Ⅱ中含相当数量的 NH_4Cl，其量约为总 Cl^- 量的1/3以上。母液Ⅱ中 $NaCl$ 对 NH_4Cl 量的关系在干盐图中近似地用 N 点表示。当混合盐 N 在溶液中与 $NH_4HCO_3(C)$ 作用时，反应生成母液 P_1 和 $NaHCO_3$ 结晶。对进料来说，NH_3 量对混合盐 N 量之比为 $NK:KC$，其值为0.6~0.7，即母液Ⅱ所需的吸氨量比氨盐水少得多。对生成物来说，$n_{(NaHCO_3)}:n_{(P_1母液)}=P_1K:KD$，其值约为0.41。氨碱法生产1t纯碱约耗用 $6m^3$ 的氨盐水，联碱法则需 $10m^3$ 左右的氨母液Ⅱ。生产中，母液Ⅰ的组成约在图4-73中的 M_1 点，母液Ⅱ的组成约在 M_2 点，与上述分析是较吻合的。

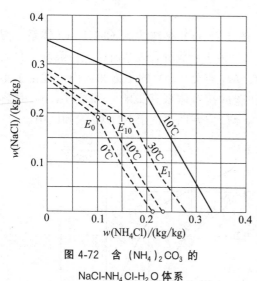

图4-72 含 $(NH_4)_2CO_3$ 的 $NaCl-NH_4Cl-H_2O$ 体系

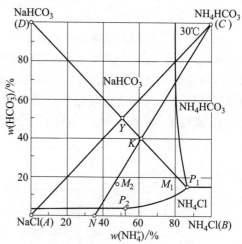

图4-73 联合制碱法的制碱过程相图

4.3.2.3 联碱法工艺流程

联合制碱的析碱流程基本上与氨碱法相近，析铵则有多种流程，这里只介绍外冷流程，如图4-74所示。

制碱系统送来的氨母液Ⅰ经换热器与母液Ⅱ换热，母液Ⅱ是盐析出氯化铵后的母液。换热后的氨母液Ⅰ送入冷析结晶器。在冷析结晶器中，利用冷析轴流泵将氨母液Ⅰ送到外部冷却器冷却并在结晶器中循环。因温度降低，氯化铵在母液中呈过饱和状态，生成结晶析出。适当加强搅拌、降低冷却速率、晶浆中存在一定量晶核和延长停留时间都能促进结晶成长和析出。

冷析结晶器的晶浆溢流至盐析结晶器，同时加入粉碎的洗盐，并用轴流泵在结晶器中循环。过程中洗盐逐渐溶解，氯化铵因同离子效应而析出，其结晶不断长大。盐析结晶器底部沉积的晶浆送往滤铵机。盐析结晶器溢流出来的氨母液Ⅱ与氨母液Ⅰ换热后送去制碱。

滤铵机常用自动卸料离心机，滤渣含水分6%~8%。之后氯化铵经过转筒干燥或流态化干燥，使含水量降至1%以下作为产品。

结晶器是析铵过程中的主要设备，分为冷析结晶器和盐析结晶器，构造有差别，但原理相似。对结晶器要求有足够的容积，并能起分级作用。

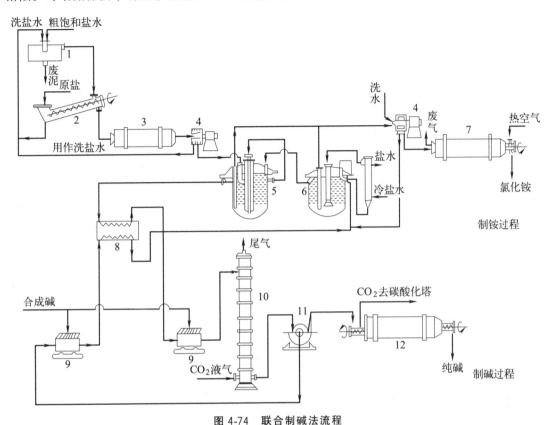

图 4-74　联合制碱法流程

1—澄清桶；2—洗盐机；3—球磨机；4—离心机；5—盐析结晶器；6—冷析结晶器；7—氯化铵干燥筒；8—热交换器；9—吸氨塔；10—碳酸化塔；11—真空过滤机；12—重碱煅烧炉

【侯德榜】

侯德榜（1890—1974），杰出化学家，侯氏制碱法创始人，中国化学工业的开拓者之一。生于福建闽侯，幼年家境贫困，目睹外国工头蛮横欺凌，耳闻种族主义等，在英资津浦铁路当实习生，深切感受到被残酷剥削与压迫，立志要掌握科学技术，用科学和工业来拯救苦难的中国。为实现中国人自己制碱的梦想，揭开苏尔维法秘密，侯德榜全身心投入研究和改进制碱工艺上，于1926年生产出合格纯碱，被誉为"中国工业进步的象征"。抗日战争爆发后，为了打破德国垄断，维护民族尊严，侯德榜与永利的工程技术人员，经过不断的试验探索，最终确定了具有独立特点的新的制碱工艺。1941年，这种新工艺被命名为"侯氏制碱法"，为我国农业生产做出不可磨灭的贡献。侯德榜一生在化工技术上有三大贡献：①揭开了苏尔维法的

秘密；②创立了中国人自己的制碱工艺——侯氏制碱法；③为发展小化肥工业所做的贡献。侯德榜一生勤奋、创新和爱国，一直在激励后人开拓进取，因为世界化学工业所做出的杰出贡献受到各国人民的尊敬和爱戴。

4.4 烧碱

烧碱即氢氧化钠，亦称苛性钠。氢氧化钠吸湿性很强，易溶于水，溶解时强烈放热。水溶液呈强碱性，手感滑腻；易溶于乙醇和甘油，不溶于丙酮；有强烈的腐蚀性，对皮肤、织物、纸张等侵蚀剧烈；易吸收空气中的二氧化碳变为碳酸钠；与酸作用而生成盐。烧碱广泛应用于造纸、纺织、印染、搪瓷、医药、染料、农药、制革、石油精炼、动植物油脂加工、橡胶、轻工等工业部门，也用于氧化铝的提取和金属制品加工。我国是烧碱的净出口国，2018年出口固体烧碱62.4万吨，约占全球出口总量的44.5%。

工业生产烧碱有苛化法和电解法。苛化法用纯碱水溶液与石灰乳通过苛化反应而生成烧碱，该法历史悠久，但原料利用率低，能耗大。电解法用电解饱和食盐水溶液生成烧碱，同时副产氯气和氢气。因此，电解法生产烧碱又称为氯碱工业。在电解法出现之后，苛化法基本被淘汰。

4.4.1 电解过程基本理论

电解是将电能转化成化学能的过程。水溶液电解时，溶液中的阴离子向阳极迁移，阳离子向阴极迁移。阴阳离子分别在阳极和阴极放电，进行氧化还原反应，亦即借助电流进行化学反应，称为电化学反应。

（1）离子放电顺序

在电解质溶液中，阴阳离子都不止一种，通电后它们都向相应的电极迁移，对于迁移到阴极的阳离子而言，极化电极电势高的反应优先进行；而对于迁移到阳极的阴离子，则极化电极电势低的反应优先进行。比如食盐水通电时Na^+和H^+都趋向阴极，但H^+极化电极电势为$-1.2V$，Na^+极化电极电势为$-2.6V$，则在阴极上只能有H^+放电产生H_2。阳极有Cl^-和OH^-，其电极电势分别为$1.52V$和$2.06V$，因此在阳极上只能析出Cl_2。

（2）法拉第定律

在电极析出物系的种类取决于各离子在该电极上的极化电极电势，析出的量则取决于通过电解液的电量。法拉第定律描述电极上通过的电量与电极反应物质量之间的关系，又称为电解定律。

$$Q = \frac{nM}{Ar}F \tag{4-133}$$

式中　Q——通过的电量，C；

　　　n——离子价数；

　　　M——电极上析出物质的质量，g；

　　　Ar——原子量；

　　　F——法拉第常数，等于96500C/mol。

(3) 理论分解电压、过电位和槽电压

① 理论分解电压。电解时，要使指定的物质在电极上析出，必须外加电压。理论上，此电压只要等于或略大于阳极与阴极电极电位之差就行，该电压称理论分解电压。理论分解电压可用下式计算：

$$E = E^{\ominus} - \frac{RT}{nF} \ln \Pi a_i^{\nu_i} \tag{4-134}$$

式中 $E^{\ominus}$、E——标准电极电位、电极电位，V；

R——气体常数，8.314J/(mol·K)；

T——热力学温度，K；

n——电解反应中电子计量系数；

a——组分活度；

i——组分 i；

ν_i——化学计量数。

② 过电位。过电位也称超电压，是指在实际电解过程中，离子在电极上的实际放电电压与理论放电电压的差值。

从电极过程动力学来说，电极起电子传递作用，电极的表面还起着相当于多相催化反应中催化剂表面的作用。气体从电极表面析出的反应机理包括由离子放电形成的原子成为分子、分子的脱附（或原子与离子作用并放电再脱附的电化学脱附）等步骤。因控制步骤不同，电极表面所起的作用也不同。因此，过电位与多种因素有关：析出的物质种类、电极的材料和制备方法、电极表面状况、电流密度、电解质溶液温度等。最有影响的是电极的材料。一般的电极表面粗糙，电解的电流密度降低，电解液的温度升高，可以降低电解时的过电位。提高温度，不仅降低过电位，而且可以加速离子的扩散迁移，减少浓差极化，提高电解质溶液的电导，还可减少气体在液相中的溶解而降低副反应的发生。

③ 槽电压。电解槽两电极上所加的电压称为槽电压。槽电压包括理论分解电压 E、过电位 E_0、电流通过电解液的电压降 ΔE_L 和通过电极、导线、接点等的电压降 ΔE_R，即

$$E_{槽} = E + E_0 + \Delta E_L + \Delta E_R \tag{4-135}$$

(4) 电流效率、电压效率和电能效率

① 电流效率。实际生产过程，有一部分电流消耗于电极上的副反应，使得实际产量比理论产量低。工业上将实际产量与理论产量之比称为电流效率 η_L。电流效率是电解生产中的一个重要技术指标。现代氯碱生产中，电流效率一般为95%~97%。

② 电压效率。理论分解电压 E 对槽电压 $E_{槽}$ 之比，称为电压效率 η_E，即 $\eta_E = E/E_{槽}$。

电解水生产氢和氧时，由于过电位的存在，降低了电解时的电压效率。隔膜法的电压效率在60%左右。

③ 电能效率。电能效率 η 为电压效率与电流效率的乘积，即 $\eta = \eta_E \eta_L$。

电解的电能效率不高，主要是因为槽电压比理论分解电压高得多。因而，生产上要采用多种方法来降低槽电压。

4.4.2 电解制碱方法

电解制碱主要有水银法、隔膜法和离子交换膜法。其中水银法需要汞资源且投资较高，已基本被淘汰。除上述三种方法外，目前还在研究新的方法，如β-氧化铝隔膜法。本节主

要介绍隔膜法和离子交换膜法。

(1) 隔膜法

① 电极反应。食盐水溶液中存在 Na^+、H^+、Cl^- 和 OH^- 四种离子。当通入直流电时，Na^+ 和 H^+ 向阴极迁移，Cl^- 和 OH^- 向阳极迁移。根据离子在电极的放电顺序，在阴极表面 H^+ 先放电被还原为 H_2，并从阴极析出；在阳极表面则是 Cl^- 放电被氧化为 Cl_2。阴阳极的主要电极反应为：

阴极 $\qquad\qquad 2H^+ + 2e^- = H_2\uparrow$ \hfill (4-136)

阳极 $\qquad\qquad 2Cl^- - 2e^- = Cl_2\uparrow$ \hfill (4-137)

由于在阴极析出氢气，水的电离平衡遭到破坏，故在阴极区有 OH^- 聚积，与 Na^+ 形成 NaOH，随着电解的进行，NaOH 浓度逐渐增加。

因此，电解总反应式为

$$2NaCl + 2H_2O = H_2\uparrow + Cl_2\uparrow + 2NaOH \qquad (4-138)$$

隔膜法的特点是钠不参加反应，碱是阳极和阴极的电解产物。需要指出，在电极表面也会发生副反应。比如阳极产生的氯气会溶解在水中，并与水反应生成次氯酸和盐酸，而生成的次氯酸在阳极聚积到一定量时，可能会放电生成氧气；次氯酸和盐酸还可与 NaOH 反应生成次氯酸钠和氯化钠。这些副反应不仅降低烧碱和氯气的产品质量，还浪费大量电能，应采取各种措施阻止和减少副反应的发生。

② 电解食盐水工艺流程。隔膜法是在电解槽的阳极和阴极间设置多孔性隔膜。隔膜不妨碍离子迁移，但能隔开阴极和阳极的电解产物。隔膜法电解采用的阳极是石墨阳极或金属阳极，阴极材料为铁，隔膜常用石棉掺入含氟树脂的改性石棉隔膜。在阳极室引出氢和含食盐的 NaOH 溶液。

隔膜法电解工艺流程如图 4-75 所示。精制后的饱和食盐水，升高温度后进入盐水高位

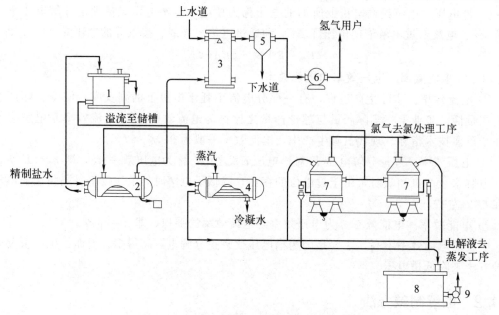

图 4-75 隔膜法电解食盐水溶液工艺流程示意图

1—盐水高位槽；2—盐水氢气热交换器；3—洗氢桶；4—盐水预热器；5—气液分离器；
6—罗茨鼓风机；7—电解槽；8—电解液储槽；9—碱泵

槽，槽内盐水保持一定液面，以确保压力恒定。盐水从高位槽出来后，经过盐水预热器，温度升到75～80℃，盐水靠自压平稳地从盐水总管经分导管连续、均匀地加入电解槽中进行电解。

电解生成的氯气由槽盖顶部的支管导入氯气总管，送到氯气处理工序。氢气从电解槽阴极箱的上部支管导入氢气总管，经盐水氢气热交换器降温后送氢气处理工序。生成的电解碱液从电解槽下侧流出，经电解液总管后，汇集于电解液储槽，从隔膜电解槽出来的电解液中NaOH的含量较低，只有11%～12%，而且还含大量的NaCl，不符合使用要求。所以还要经过蒸发，使它成为含NaOH多、含NaCl少的液体烧碱。电解液里原有的大量NaCl，则在蒸发过程中结晶析出后被化成盐水，此盐水在生产上称为回收盐水。由于这种回收盐水既含NaCl，又含少量的NaOH，所以可送到盐水工段去重复使用，其中的NaOH还起着盐水精制的作用。

（2）离子交换膜法

离子交换膜（离子膜）法电极反应与隔膜法相同，不同点是离子交换膜法是使用具有选择性的离子交换膜隔开阳极和阴极，该膜是阳离子透过性的，只允许Na^+和水透过向阴极迁移，而不允许Cl^-向阳极迁移。所以离子交换膜从阳极室得到氯气，从阴极室得到NaOH溶液和H_2，NaOH含量为17%～28%，基本上不含NaCl。

离子膜法电解工艺流程如图4-76所示。二次精制盐水经盐水预热器升温后送往离子膜电解槽阳极室进行电解，纯水由电解槽底部进入阴极室。通入直流电后，在阳极室产生的氯气和流出的淡盐水经分离器分离后，湿氯气进入氯气总管，经氯气冷却器与精制盐水热交换后，进入氯气洗涤塔洗涤，然后送往氯气处理工序。从阳极室流出来的淡盐水，一部分补充到精制盐水中返回电解槽阳极室，另一部分进入淡盐水储槽，再送往分解槽，用高纯盐酸进行分解。分解后的盐水回到淡盐水储槽，与未分解的淡盐水充分混合并调节pH值在2以下，送往脱氯塔脱氯，最后送到一次盐水工序重新制成饱和盐水。电解槽出来的氢气先在洗涤塔内用水洗涤、冷却到50℃，经鼓风机加压送入H_2精制工序。

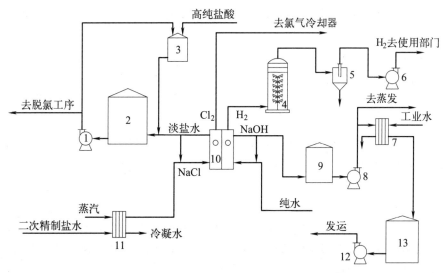

图4-76 离子膜法电解工艺流程图

1—淡盐水泵；2—淡盐水储槽；3—分解槽；4—氢气洗涤塔；5—水雾分离器；6—鼓风机；7—碱冷却器；8—碱泵；9—碱液接收槽；10—离子膜电解槽；11—盐水预热器；12—碱泵；13—碱液储槽

4.4.3 电解制碱的生产过程

电解制碱的生产过程主要包括食盐水的制备与净化、电解、产物的分离与精制等工序。

(1) 食盐水的制备与净化

普通的食盐除主要含氯化钠以外,还含有其他的化学杂质。一般的化学杂质为 $MgCl_2$、$MgSO_4$、$CaCl_2$、$CaSO_4$ 和 Na_2SO_4 等,还含有机械杂质(如泥沙及其他不溶性的杂质),这些杂质对电解是有害的。因此,除去这些杂质(主要是钙盐、镁盐、硫酸盐)就是盐水精制的任务。

我国氯碱工业所用原料主要是海盐。原盐的溶解是在化盐桶和化盐池内进行。原盐从盐仓用皮带输送到化盐桶上部,卸入化盐桶,化盐水由上部往桶底的配水管均匀喷出,使之与盐水逆流相遇。当水通过盐层时,将盐溶化制成质量浓度保持在 310~315mg/L 以上的饱和食盐水。最后,由上部通过箅子除去部分机械杂质,经溢流管流出。

① 钙、镁杂质对电解的影响及处理

有钙、镁杂质的盐水注入电解槽后将与阴极室的碱($NaOH$ 和少量的 Na_2CO_3)作用,生成氢氧化镁和碳酸钙沉淀。

$$MgCl_2 + 2NaOH = Mg(OH)_2 + 2NaCl \tag{4-139}$$

$$CaCl_2 + Na_2CO_3 = CaCO_3 + 2NaCl \tag{4-140}$$

这些沉淀积聚在隔膜上,使隔膜堵塞,影响了隔膜的渗透性,使电解槽运行恶化。

工业生产采用加入 $NaOH$ 和 Na_2CO_3 的方法除去钙盐、镁盐杂质。加入时 $NaOH$ 浓度控制在 0.1~0.2g/L,Na_2CO_3 浓度控制在 0.2~0.3g/L。常温时,氢氧化镁在 NaCl 中的溶解度比 Na_2CO_3 小。因此,一般都用 $NaOH$ 除去镁盐,由于化盐时所用的析出回收盐水中已含有 $NaOH$,故精制一般不用另加 $NaOH$。

加 Na_2CO_3 是为了与溶解在盐水中的钙盐起反应,使其生成不溶性的碳酸钙沉淀。使用 Na_2CO_3 而不用 $NaOH$ 除钙,主要是碳酸钙的溶解度比氢氧化钙小;其次,用碳酸钠处理,可以使盐水最终的碱度不大,这就减少了下一步中和时盐酸的用量,并且所得盐水透明,易于过滤。

盐水净化过程中 $Mg(OH)_2$ 易形成胶体溶液,大大影响盐水的澄清速率,常常加入凝聚剂以加快盐水澄清速率。凝聚剂的加入,可使盐水的澄清速率提高 0.5~1 倍。常用的凝聚剂是苛化麸皮或苛化淀粉,也有些氯碱厂采用羧甲基纤维素(CMC)、聚丙烯酰胺(PAM)等凝聚剂。

② 硫酸盐对电解的影响及处理。如果硫酸盐的含量较高时,SO_4^{2-} 将在电解槽的阳极发生氧化反应,增加阳极的腐蚀,缩短电极的使用寿命。其反应如下:

$$2SO_4^{2-} = 2SO_3 + O_2 + 4e^- \tag{4-141}$$

$$SO_3 + H_2O = H_2SO_4 \tag{4-142}$$

$$H_2SO_4 = 2H^+ + SO_4^{2-} \tag{4-143}$$

反应中放出的氧,将石墨电极氧化,生成 CO_2,更加速了电极的腐蚀。既造成了电能的消耗,又降低了氯气的纯度。

为了除去硫酸盐杂质,通常采用加 $BaCl_2$ 的办法,反应如下:

$$BaCl_2 + Na_2SO_4 = BaSO_4 + 2NaCl \tag{4-144}$$

氯化钡的加入量是按盐水中 SO_4^{2-} 不超过 5g/L 进行控制的。

③ 盐水的精制。对于隔膜法，采用一次净化盐水即可满足工艺要求，但对于离子膜法需对一次净化盐水进行二次精制，即先将第一次精制的盐水用碳素管或过滤器过滤，使悬浮物含量小于 1mg/L，再采用螯合树脂塔或其他超过滤系统，使 Ca^{2+}、Mg^{2+} 的总量小于 0.02mg/L，并保证 SO_4^{2-} 的浓度在 4g/L 以下。

（2）电解

隔膜电解槽现在多采用直立式隔膜电解槽，图 4-77 是典型的虎克电解槽示意图。隔膜将电解槽隔成阳极区和阴极区。阳极是石墨阳极或金属阳极，电解时在阳极上析出氯气。阴极是粗铁丝网或多孔铁板，H^+ 在阴极上放电并形成氢气释出，H_2O 解离生成的 OH^- 在阴极室积累，与阳极区渗透扩散来的 Na^+ 形成 NaOH。食盐水连续加入阳极室，通过隔膜孔隙流入阴极室。为避免阴极室的 OH^- 向阳极区扩散，要调节电解液从阳极区透过隔膜向阴极区流动的流速，使流速略大于 OH^- 向阳极区的迁移速度。这同时也造成电解液含相当数量未电解的氯化钠，因而，氯化钠应回收并循环利用。为增大食盐水的电导和减少氯在食盐水中的溶解以抑制副反应，电解时常采用浓度高的接近于饱和的食盐水，含氯化钠 $300kg/m^3$ 以上。

石墨阳极对氯的过电位约为 0.12V，金属阳极则小得多，约为 0.03V。铁板阴极对氢的过电位，在较高电流密度的操作条件下为 0.27～0.3V，包括隔膜、盐水及导体连接因电阻而有一定的电压降。因此石墨阳极电解槽的单槽槽电压为 3.7～4.0V，用金属阳极时为 3.4～3.8V。

离子交换膜法制碱的原理如图 4-78 所示。饱和精制盐水进入阳极室，去离子水加入阴极室。导入直流电时，Cl^- 在阳极表面放电逸出 Cl_2，H_2O 在阴极表面放电生成 H_2，Na^+ 通过离子膜由阳极室迁移到阴极室，与 OH^- 结合成 NaOH。通过调节加入阴极室的去离子水量，得到一定浓度的烧碱溶液。

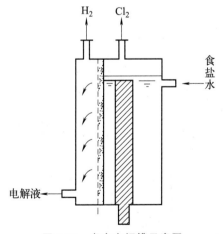

图 4-77 虎克电解槽示意图

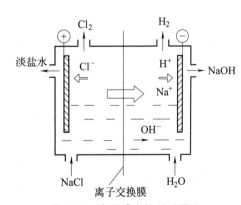

图 4-78 离子膜电解制碱原理

（3）产物的分离和精制

① 液碱制造。隔膜法电解液含 NaOH 质量分数为 10%～12%（120～145kg/m³），却含大量 NaCl，要浓缩到 30% 或 42% 才成为商品烧碱，也可再熬制成固体烧碱。浓缩过程中，大部分食盐因互溶度影响而析出。

蒸发过程都是在沸腾状态下进行的。由于电解液中含有 NaOH、NaCl、NaClO 等多种物质，所以溶液的沸点是随着蒸发过程中溶液浓度的提高而升高，同时也与蒸发的操作压力有关。表 4-18 列出了 NaCl 在 NaOH 水溶液中的溶解度随 NaOH 质量分数变化的数据。

表 4-18　NaCl 在 NaOH 水溶液中的溶解度

w_{NaOH}/%	w_{NaCl}/%		
	20℃	60℃	100℃
10	18.05	18.70	19.96
20	10.45	11.11	12.42
30	4.29	4.97	6.34
40	1.44	2.15	3.57
50	0.91	1.64	2.91

应当指出，在电解液蒸发的全过程中，烧碱溶液始终是 NaCl 饱和的水溶液，随着烧碱浓度的提高，NaCl 不断地从电解液中结晶出来，从而提高了液碱的纯度。

② 固碱制造。固碱是将 NaOH 含量 50% 左右的液碱浓缩到 98.5% 的产品。降膜蒸发法是固碱制造使用最广的方法，具有流程简单、操作容易、占地面积小、热利用率高（可达 60%～65%）、自动化程度高、投资少、成本低等优点。

降膜蒸发制固碱的流程如图 4-79 所示。从蒸发来的浓碱液进入中间储槽后用碱泵输送到高位槽，依靠位差流入预热器预热后送到预蒸发器。用降膜蒸发器闪蒸出来的二次蒸汽加热，使碱液浓缩到 60% 之后，碱液送入降膜蒸发器。在此用 430℃ 高温熔融盐加热蒸发，碱液沿管壁呈膜式流下，浓缩成为 NaOH 含量 98% 的熔融状碱，再经下部储槽闪蒸后可达 99.5%，由液下泵抽出，送往固碱成型工序（造粒机或片碱机）。也有将熔融碱灌铁桶包装。

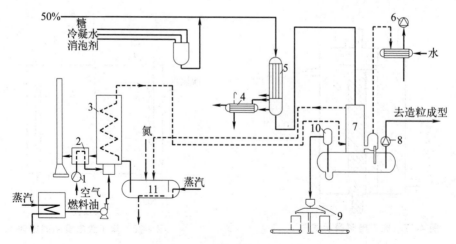

图 4-79　降膜蒸发制固碱流程

1—风机；2—预热器；3—熔盐加热炉；4—冷凝器；5—预蒸发器；6—真空泵；
7—降膜蒸发器；8，10—泵；9—熔碱灌桶站；11—熔盐槽

降膜法设备一般为镍制。高温浓碱中含氯化钠和氯酸钠，尤其是含有一定数量的氯酸钠

时，加速对镍制设备的腐蚀。为防止对镍制设备的腐蚀，常加入蔗糖以除去碱液中的氯酸盐。

③ Cl_2 净化和液氯生产。从电解槽出来的湿氯气一般温度在90℃左右，夹带同温饱和蒸汽、盐雾进入氯气洗涤塔，以工业水直接循环喷淋，洗涤冷却到40～50℃，再经钛制鼓风机送入氯气冷却塔，以8～10℃的冷冻水将氯气进一步冷却到10～20℃，除雾后进入三或四塔串联的干燥塔，与98%的浓硫酸逆流接触除去氯气中水分，干氯气经除酸雾后含水0.1mg/L，温度20℃，去氯压缩、液化工序。

氯气是一种易于液化的气体。纯氯在绝对压力为 1.013×10^5 Pa、-35℃时就可液化成液体，随着压力升高液化温度亦可提高。液化方法有高温高压、中温中压及低温低压3种。氯气液化可将氯气中的杂质清除，同时使体积缩小，便于储存和输送。

④ H_2 精制。隔膜电解槽出来的氢气温度比槽温稍低，约90℃，含有 H_2O、CO_2、O_2、N_2 及 Cl_2 等，同时还带有盐、碱雾沫，先在洗涤塔内用水冷却到50℃，经鼓风机加压送入冷却塔，用冷冻水冷却到20℃并减少水分。然后进入4个串联的洗涤塔，分别用10%～15%硫酸、10%～15%烧碱、4%～6%硫代硫酸钠、10%～15%NaOH及纯水，除去 CO_2、Cl_2、含氮物及碱等杂质，再经干燥得精制氢气。

4.4.4 我国烧碱生产技术进展

与其他生产工艺相比，离子膜法生产技术是目前世界上最先进、最节能和最省投资的方法。现阶段我国离子膜烧碱生产工艺的生产规模相对较小、效率较低、能耗问题严重，在我国环境保护形势日益严峻的情况下，只有不断创新，节约能源、降低能耗，提高烧碱产品的国际竞争力，才能够实现可持续发展。目前对于离子膜烧碱生产工艺的改造主要集中在节水、节电、节能三个方面。

（1）节水方面

随着烧碱生产规模的扩大，离子膜烧碱生产过程的用水量也不断增加，需对水资源加以节约，同时使水资源利用效率得到提升。目前可采用以下三种节水方式：①将来自泵的水、水封溢水、蒸汽冷凝水收集到回收罐中，送不同用户使用。②将树脂塔废水进行酸碱再生，碱性废水可用作化盐水。③将氢气洗涤水送化盐或配碱工序代替直流水使用。

（2）节电方面

随着烧碱生产规模扩大，用电量在其成本中的比例越来越大，因此，降低电能的损耗，相当于降低了产品的生产成本，对提高烧碱企业的经济效益具有非常重要的作用。目前烧碱企业可采用的节电措施主要有三种：①采用现代整流技术，降低离子膜电解整流装置的电耗。②合理调整整流负荷用电时间，将部分高峰用电时间转移到低谷时段，减少离子膜电解的电费支出。③采用先进的离子膜法工艺，如高电流密度复极式膜极距自然循环电解槽，减少离子膜电解电耗。

（3）节能方面

经济全球化使市场竞争日趋激烈，离子膜烧碱生产只有采取更为优质的节能技术，才能创造更大的经济价值。如利用烧碱潜在热能代替蒸汽加热，从而减少蒸汽消耗产生经济效益。在生产装置高负荷的情况下，能够满足循环碱和脱盐水混合去电解槽的温度，可以实现蒸汽零使用的目标，达到节能的效果。另外对氯化氢合成余热进行回收利用也可产生显著的经济效益。

思考题

1. 试以煤或天然气为原料，设计合成氨的生产工艺流程，并画出流程图。
2. 为什么天然气蒸汽转化要分段进行，而不采用一段转化？
3. 天然气蒸汽转化为什么要先进行脱硫再转化？有哪些脱硫方法？
4. 变换反应器段间降温方式有哪些？画出操作曲线示意图。
5. 影响平衡氨含量的因素有哪些？如何影响？
6. 氨合成径向反应器有何优势？
7. 影响硫铁矿焙烧速度的因素有哪些？
8. 硫铁矿焙烧制备的二氧化硫炉气中的有害物质有哪些？如何去除这些有害物质？
9. 如何选择干燥酸的浓度？
10. 请绘出前两段炉气冷激，后两段间接冷却的二氧化硫四段转化过程 T-x 图。
11. 三氧化硫吸收的主要工艺条件是什么？
12. 设计以硫铁矿为原料生成硫酸的工艺流程，并画出流程图。
13. 纯碱有哪些工业生产方法？其原理和工艺过程有何异同？
14. 隔膜法制烧碱，电极上发生的主要反应有哪些？
15. 离子交换膜法电解制烧碱过程中，为什么要对盐水进行二次精制？如何精制？

第 5 章

有机化工单元反应及典型产品生产工艺

> **本章学习重点**
>
> 1. 理解烃类热裂解反应的一般规律，能够从热力学和动力学的角度分析烃类热裂解过程的工艺参数，掌握裂解气的急冷和净化方法，理解深冷分离的原理及流程。
> 2. 理解加氢和脱氢的一般反应规律，掌握一氧化碳加氢合成甲醇的生产工艺及工艺条件的选择，掌握乙苯脱氢合成苯乙烯的原理、生产工艺及反应器。
> 3. 了解氧化反应的分类与特点、常用氧化剂以及氧化热的合理利用方法，掌握乙烯环氧化制环氧乙烷的原理、工艺流程及工艺条件，掌握固定床反应器与流化床反应器的结构与特点。
> 4. 掌握甲醇羰基化反应制醋酸的工艺特点及流程。
> 5. 掌握烃类氯化的反应机理、氯化方法和氯化剂的选择，了解乙炔法生产氯乙烯工艺，掌握平衡氧氯化法生产氯乙烯的原理、工艺流程及工艺条件的选择。

5.1 烃类热裂解

乙烯是石油化工最重要的基础原料，是衡量一个国家石油化工发展水平的标准之一。工业上用烃类裂解的方法获得乙烯，同时可得丙烯、丁二烯以及苯、甲苯、二甲苯等产品。它们都是重要的基本有机化工原料，所以石油烃热裂解是有机化学工业获取基本有机化工原料的主要手段，乙烯装置生产能力的大小实际反映了一个国家有机化学工业的发展水平。2023年，世界乙烯产能达到 2.28 亿吨/年，我国乙烯新增产能约 600 万吨/年，我国乙烯总产能突破 5000 万吨/年。烃类热裂解工艺总流程方框图如图 5-1 所示。

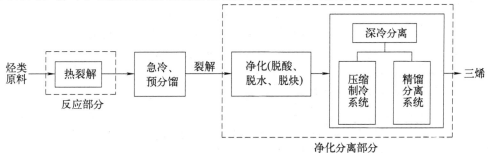

图 5-1 烃类热裂解制烯烃工艺流程方框图

烃类热裂解制得的三烯和三苯系列以及其他副产物的综合利用见图 5-2～图 5-5。

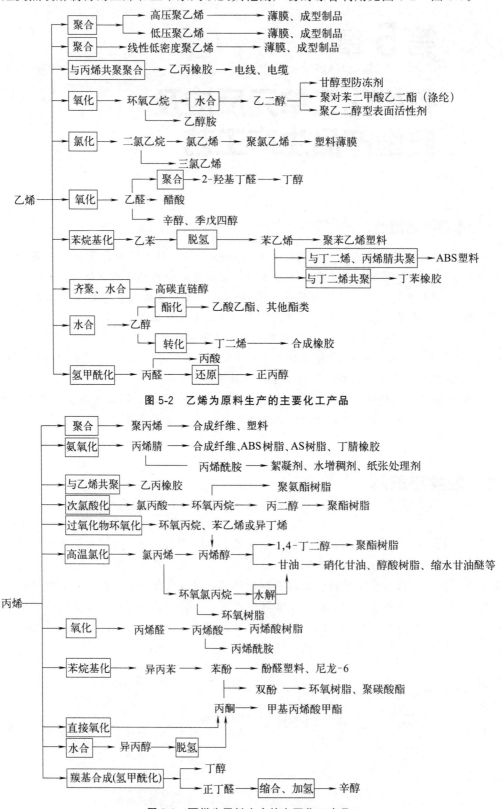

图 5-2 乙烯为原料生产的主要化工产品

图 5-3 丙烯为原料生产的主要化工产品

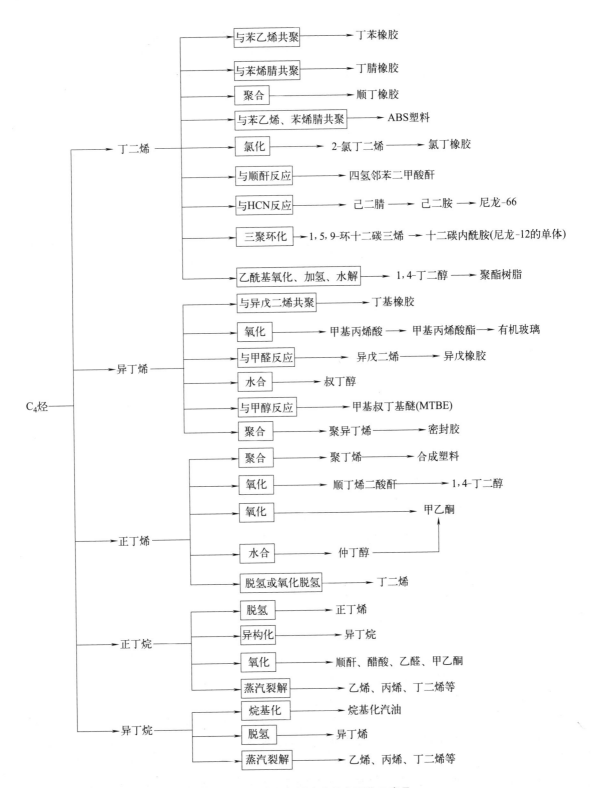

图 5-4 C₄ 烃类为原料生产的主要化工产品

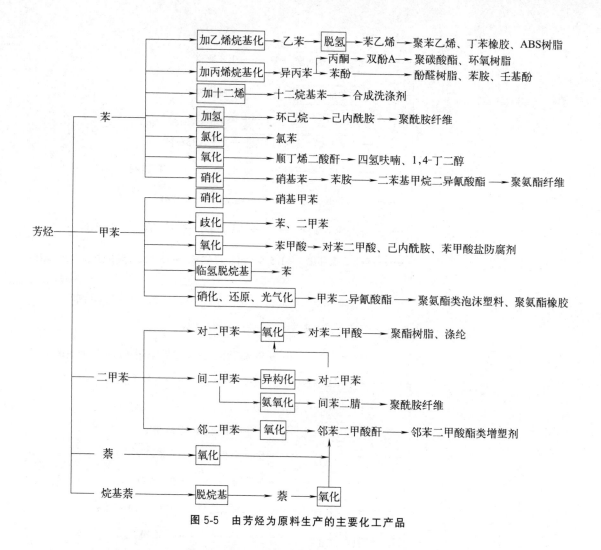

图 5-5 由芳烃为原料生产的主要化工产品

5.1.1 热裂解过程的化学反应与反应机理

烃类裂解过程非常复杂,具体体现在以下几方面。

① 原料复杂。烃类热裂解的原料包括天然气、炼厂气、石脑油、轻油、柴油、重油,甚至原油、渣油等。

② 反应复杂。烃类热裂解的反应除了断链或脱氢主反应外,还包括环化、异构化、烷基化、脱烷基化、缩合、聚合、结焦、生炭等副反应。

③ 产物复杂。即使采用最简单的原料乙烷,其产物中除了 H_2、CH_4、C_2H_4、C_2H_6 外,还有 C_3、C_4 等低级烷烯烃和 C_5 以上的液态烃。

裂解原料组成的复杂化、重质化以及裂解反应类型的多样化,致使裂解反应的复杂性和产物的多样性难以简单描述。为了便于研究反应的规律,优化反应条件,提高目的产物的收率,一般将复杂的裂解反应归纳为一次反应和二次反应。一次反应是指原料烃(主要是烷烃和环烷烃)经热裂解生成乙烯和丙烯等低级烯烃的反应;二次反应是指一次反应的产物乙烯、丙烯等低分子烯烃进一步发生反应生成多种产物,直至最后结焦或生炭。一、二次反应也可以简单描述为原料烃在裂解过程中首先发生的反应和一次反应生成物进一步进行的反应。图 5-6 相对清晰地表明了烃类热裂解过程中主要产物及其变化关系。从定义及图 5-6 可以看出，一次反应是希望发生的反应，因此在确定工艺条件、设计和生产操作过程中要千方百计促使其充分进行。二次反应的发生不仅多消耗原料，降低烯烃的收率，还能增加各种阻力，严重时还会阻塞设备、管道，造成停工停产，对裂解操作和稳定生产都带来极不利的影响，所以要设法阻止其发生。

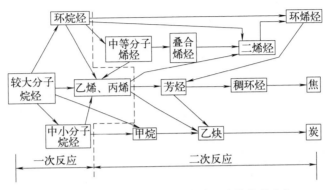

图 5-6 烃类热裂解过程中一些主要产物及其变化

5.1.1.1 烃类热裂解的一次反应

（1）烷烃热裂解

烷烃热裂解的一次反应主要有脱氢反应和断链反应。

① 脱氢反应。脱氢反应是 C—H 键断裂的反应，反应产物是同碳原子数的烯烃和氢气，其通式为：

$$C_n H_{2n+2} \rightleftharpoons C_n H_{2n} + H_2 \tag{5-1}$$

脱氢反应是可逆反应，在一定条件下达到动态平衡。

② 断链反应。断链反应是 C—C 键断裂的反应，反应产物是碳原子数较少的烷烃和烯烃。其通式为：

$$C_{m+n} H_{2(m+n)+2} \longrightarrow C_m H_{2m} + C_n H_{2n+2} \tag{5-2}$$

断链反应是不可逆反应，而且碳原子数（$m+n$）越大，断链反应越易进行。

不同烷烃脱氢和断链的难易可以从分子结构中键能数值的大小判断。表 5-1 列出了部分正、异构烷烃键能数据。

表 5-1 各种烃分子结构键能比较

碳氢键	键能/(kJ/mol)	碳碳键	键能/(kJ/mol)
H_3C—H	426.8		
CH_3CH_2—H	405.8	CH_3—CH_3	346.0
$CH_3CH_2CH_2$—H	397.5	CH_3CH_2—CH_3	343.1
$(CH_3)_2CH$—H	384.9	CH_3CH_2—CH_2CH_3	338.9
$CH_3CH_2CH_2CH_2$—H(伯)	393.2	$CH_3CH_2CH_2$—CH_3	341.8
$CH_3CH_2CH(CH_3)$—H(仲)	376.5	$(CH_3)_3C$—CH_3	314.6
$(CH_3)_3C$—H(叔)	364	$CH_3CH_2CH_2$—CH_2CH_3	325.1
C—H(一般)	378.7	$(CH_3)_2CH$—$CH(CH_3)_2$	310.9

分析表 5-1 中的数据，得出如下规律。

a. 同碳原子数的烷烃，C—H 键能大于 C—C 键能，故断链反应比脱氢反应容易。

b. 烃的相对热稳定性随碳链的增长而降低，其热稳定性顺序是：
$$CH_4 > C_2H_6 > C_3H_8 > \cdots\cdots$$
碳链越长，裂解反应越易进行。

c. 烷烃的脱氢能力与烷烃的分子结构有关。叔氢最易脱去，仲氢次之，伯氢又次之。

d. 带支链烃的C—C键或C—H键的键能较直链烷烃的C—C键或C—H键的键能小，易断裂。所以，带支链的烃更容易发生断链或脱氢反应。

（2）环烷烃热裂解

环烷烃热裂解时，可以发生断链和脱氢反应，生成低级烯烃和芳烃，其中脱氢生成芳烃的可能性最大。若环烷烃带侧链，则首先进行脱烷基反应，脱烷基反应一般在长侧链的中部开始断裂，一直进行到侧链为甲基或乙基，然后一步发生环烷烃脱氢生成芳烃的反应。裂解原料中环烷烃含量增加时，乙烯和丙烯收率会下降，丁二烯、芳烃收率则有所增加。

（3）芳香烃热裂解

芳香烃由于芳环的热稳定性很高，在一般的裂解温度下不易发生芳环开裂的反应，但可发生下列两类反应：一类是烷基芳烃的侧链发生断裂生成苯、甲苯、二甲苯等反应和脱氢反应；另一类是在较剧烈的裂解条件下芳烃发生脱氢缩合反应，如苯脱氢缩合成联苯和萘等多环芳烃，多环芳烃还能继续脱氢缩合成焦油，直至结焦。

5.1.1.2 烃类热裂解的二次反应

烃类热裂解过程的二次反应远比一次反应复杂。原料经过一次反应后，生成氢、甲烷和一些低分子量的烯烃如乙烯、丙烯、丁二烯、异丁烯、戊烯等，氢和甲烷在裂解温度下很稳定，而烯烃则可继续反应。

（1）烯烃的断链反应

较大分子的烯烃裂解可发生断链反应，生成两个较小碳链的烯烃分子，例如
$$H_2C=CHCH_2CH_2CH_3 \longrightarrow H_2C=CHCH_3 + CH_2=CH_2 \tag{5-3}$$

（2）烯烃的加氢和脱氢反应

烯烃可以发生加氢反应生成相应的烷烃，例如：
$$C_2H_4 + H_2 \rightleftharpoons C_2H_6 \tag{5-4}$$

反应温度低时，有利于加氢平衡。

烯烃也可以发生脱氢反应生成二烯烃和炔烃，例如
$$C_2H_4 \longrightarrow C_2H_2 + H_2 \tag{5-5}$$
$$C_3H_6 \longrightarrow C_3H_4 + H_2 \tag{5-6}$$
$$C_4H_8 \longrightarrow C_4H_6 + H_2 \tag{5-7}$$

烯烃的脱氢反应比烷烃的脱氢反应需要更高的温度。

（3）烯烃的聚合、环化、缩合反应

烯烃能发生聚合、环化、缩合反应，生成较大分子的烯烃、二烯烃、芳香烃，例如：
$$2C_2H_4 \longrightarrow C_4H_6 + H_2 \tag{5-8}$$
$$2C_2H_4 + C_2H_6 \longrightarrow \bigcirc + 4H_2 \tag{5-9}$$
$$C_3H_6 + C_4H_6 \xrightarrow{-H_2} 芳烃 \tag{5-10}$$

反应生成的芳烃在裂解温度下很容易发生脱氢缩合反应，生成多环芳烃、稠环芳烃，直

至转化为焦：

$$2\bigcirc \xrightarrow{-H_2} \bigcirc-\bigcirc \xrightarrow{-nH_2} \left[\bigcirc\right]_m \xrightarrow{-nH_2} 稠环芳烃 \xrightarrow{-nH_2} 焦 \quad (5-11)$$

（4）烃分解生碳

在较高的温度下，低分子的烷烃、烯烃都有可能分解为碳和氢气。举例见表5-2。

表 5-2　烃分解示例

反应	$-\Delta G_{f,1000K}^{\ominus}/(kJ/mol)$
$C_2H_2 \longrightarrow 2C+H_2$	160.99
$C_2H_4 \longrightarrow 2C+2H_2$	118.25
$C_2H_6 \longrightarrow 2C+3H_2$	109.38
$C_3H_6 \longrightarrow 3C+3H_2$	181.80
$C_3H_8 \longrightarrow 3C+4H_2$	191.30

低级烃类分解为碳和氢气的 $\Delta G_{f,1000K}^{\ominus}$ 都是很大的负值，说明在高温下都有强烈分解为碳和氢气的趋势。但由于动力学上阻力较大，并不能一步分解为碳和氢气，而是经过在能量上较为有利的生成乙炔的中间阶段：

$$C_2H_4 \xrightarrow{-H_2} CH\equiv CH \xrightarrow{-H_2} \cdots\cdots \longrightarrow C_n \quad (5-12)$$

因此，实际上生炭反应只有在高温下才可能发生，并且乙炔生成的炭不是断键生成单个碳原子，而是脱氢稠合成几百个碳原子。式（5-12）中下角 n 为稠合生成碳原子团的碳原子数。

结焦与生炭过程机理不同，结焦是在较低温度下（<1200K）通过芳烃缩合而生成的，生炭是在较高温度下（>1200K）通过生成乙炔的中间阶段再脱氢稠合为碳原子团。

从上述讨论可知，在二次反应中除了较大分子的烯烃裂解能增产乙烯、丙烯外，其余的反应都要消耗乙烯，降低乙烯的收率，由烯烃二次反应导致的结焦或生炭还会堵塞裂解炉管，影响正常生产，因此裂解原料中应尽量避免带有烯烃组分。

5.1.1.3　各族烃类热裂解的反应规律

从以上讨论可以归纳出各族烃类热裂解的反应规律（生成目的产物乙烯、丙烯的能力）大致如下：

① 烷烃　正构烷烃在各族烃中最利于生成乙烯、丙烯。烷烃的分子量越小则烯烃的总收率越高。异构烷烃的烯烃总收率低于同碳原子数的正构烷烃，但随着原料烃分子量的增大这种差别逐渐减小。

② 环烷烃　在通常裂解条件下，环烷烃生成芳烃的反应优于生成单烯烃的反应。含环烷烃较多的原料，丁二烯、芳烃的收率较高，乙烯的收率较低。

③ 芳烃　有侧链的芳烃主要是发生侧链逐步断裂及脱氢反应，无侧链的芳烃基本上不易裂解为烯烃。芳烃倾向于脱氢缩合生成稠环芳烃，直至结焦。

④ 烯烃　大分子烯烃能裂解为乙烯和丙烯等低级烯烃。烯烃脱氢生成炔烃、二烯烃，进而生成芳烃和焦。

各类烃热裂解的难易顺序可归纳为：

$$异构烷烃 > 正构烷烃 > 环烷烃(C_6 > C_5) > 芳烃$$

5.1.1.4 烃类热裂解反应机理和动力学

（1）热裂解反应机理

烃类热裂解反应属于自由基反应机理。反应由链引发、链传递和链终止三个基本阶段构成。以乙烷为例讨论烃类裂解反应机理。

链引发
$$C_2H_6 \Longleftrightarrow 2\cdot CH_3 \tag{5-13}$$

链传递
$$\cdot CH_3 + C_2H_6 \Longleftrightarrow \cdot CH_2CH_3 + CH_4 \tag{5-14}$$

$$\cdot CH_2CH_3 \Longleftrightarrow C_2H_4 + \cdot H \tag{5-15}$$

$$\cdot H + C_2H_6 \Longleftrightarrow H_2 + \cdot CH_2CH_3 \tag{5-16}$$

链终止
$$2\cdot CH_3 \Longleftrightarrow C_2H_6 \tag{5-17}$$

$$\cdot CH_3 + \cdot C_2H_5 \Longleftrightarrow C_3H_8 \tag{5-18}$$

$$2\cdot CH_2CH_3 \Longleftrightarrow C_4H_{10} \tag{5-19}$$

自由基反应三个过程的特点如下。

① 链引发。链引发是自由基的产生过程，是裂解反应的开始。在此阶段需要断裂分子中的化学键，它所要求的活化能与断裂化学键所需能量是同一数量级。裂解是靠热能引发的，因而高温有利于反应系统产生较高浓度的自由基，使整个自由基链反应的速率加快。因为乙烷链引发需要更多能量，所以主要是C—C断裂键生成·CH_3，C—H键的引发可能性较小。

② 链传递。链传递又称链增长，是一种自由基转化为另一种自由基的过程。从性质上可分为两种反应，即自由基的分解反应和自由基的夺氢反应。这两种链传递反应的活化能都比链引发的活化能小，是生成烯烃的反应，可以影响裂解反应的转化率和生成小分子烯烃的收率。

③ 链终止。链终止是自由基之间相互结合生成分子的反应，反应的活化能为零。在乙烷裂解时，若链反应不受阻，则所有乙烷最终全部生成乙烯和氢气。实际上由于自由基的活泼性，其互相碰撞结合为正常分子造成链终止。此时，整个反应再从"链引发"重新开始一个新的链反应。

（2）热裂解反应动力学

利用烃热裂解动力学方程可以计算原料在不同裂解工艺条件下裂解过程的转化率，但不能确定裂解产物的组成。经研究，烃类热裂解的一次反应基本符合一级反应动力学规律，其速率方程式为：

$$r = \frac{-dc}{dt} = kc \tag{5-20}$$

式中　r——反应物的消失速率，$mol/(L \cdot s)$；

c——反应物浓度，mol/L；

t——反应时间，s；

k——反应速率常数，s^{-1}。

当反应物浓度由 $c_0 \to c$，反应时间由 $0 \to t$，将上式积分可得

$$\ln\frac{c_0}{c} = kt \tag{5-21}$$

以 x 表示转化率时，因裂解反应是分子数增加的反应，故反应物浓度可表示为

$$c = \frac{c_0(1-x)}{\alpha_v} \tag{5-22}$$

式中 α_v——体积增大率,随转化率的变化而变化。

由此,式(5-20)可表示为

$$\ln\frac{\alpha_v}{1-x} = kt \tag{5-23}$$

已知反应速率常数随温度的变化关系式为

$$\lg k = \lg A - \frac{E}{2.303RT} \tag{5-24}$$

根据已知 α_v 和反应速率常数 k,则可求出转化率 x。

某些低分子量烷烃及烯烃裂解反应的 A 和 E 值见表 5-3。已知反应温度,查此表中相应的 A 和 E 值,就能计算出给定温度下的 k 值。

表 5-3 几种气态烃裂解反应的 A 和 E 值

化合物	lg$A$	E/(J/mol)	E/(2.303R)
C_2H_6	14.6737	302290	15800
C_3H_6	13.8334	281050	14700
C_3H_8	12.6160	249840	13050
i-C_4H_{10}	12.3173	239500	12500
n-C_4H_{10}	12.2545	233680	12300
n-C_5H_{12}	12.2479	231650	12120

为了求取 C_6 以上烷烃和环烷烃的反应速率常数,常将其与正戊烷的反应速率常数关联起来:

$$\lg\left(\frac{k_i}{k_5}\right) = 1.5\lg n_i - 1.05 \tag{5-25}$$

式中 k_5——正戊烷的反应速率常数,s^{-1};
n_i——待测烃的碳原子数;
k_i——待测烃的反应速率常数。

也可用图 5-7 估算 C_6 以上烃类裂解反应速率常数。

烃类热裂解过程除了一次反应外还伴随着大量的二次反应。烃类热裂解的二次反应动力学是相当复杂的。据研究,二次反应中烯烃的裂解、脱氢和生炭等反应都是一级反应,聚合、缩合、结焦等反应都是大于一级的反应,二次反应动力学的建立仍需做大量的研究工作。

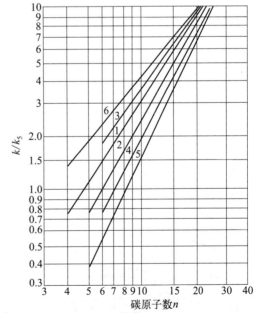

图 5-7 烃类相对于正戊烷的反应速率常数曲线
1—正构烷烃;2—异构烷烃,一个甲基连在两个碳原子上;
3—异构烷烃,两个甲基连在两个碳原子上;
4—烷基环己烷;5—烷基环戊烷;6—正构伯单烯烃

5.1.2 热裂解原料及工艺条件

5.1.2.1 裂解原料

裂解原料大致可分为两大类:气态烃,如

天然气、石油伴生气和炼厂气；液态烃，如轻油（即汽油）、煤油、柴油、原油闪蒸油馏分、原油和重油等。

气态原料价格便宜，裂解工艺简单，烯烃收率高，特别是乙烷、丙烷是优良的裂解原料。但是，气态原料特别是炼厂气，数量有限，组成不稳，运输不便，建厂地点受炼厂的限制，而且不能得到更多的联产品。因此，除充分利用气态烃原料外，还必须大量利用液态烃。液态原料资源多，便于输送和储存，可根据具体条件选定裂解方法和建厂规模。虽然乙烯收率比气态原料低，但能获得较多的丙烯、丁烯及芳烃等联产品。因此，液态烃特别是轻油是目前世界上广泛使用的裂解原料。表 5-4 列出了不同原料在管式炉内裂解的产物分布。表 5-5 列出了生产 1t 乙烯所需原料量及联产副产物量。

表 5-4 不同原料裂解的主要产物收率　　　　　　　　　　单位：%

裂解原料	乙烯	丙烯	丁二烯	混合芳烃	其他
乙烷	84.0	1.4	1.4	0.4	12.8
丙烷	44.0	15.6	3.4	2.8	34.2
正丁烷	44.4	17.3	4.0	3.4	30.9
轻石脑油	40.3	15.8	4.9	4.8	34.2
全沸程石脑油	31.7	13.0	4.7	13.7	36.8
抽余油	32.9	15.0	5.3	11.0	35.8
轻柴油	28.3	13.5	4.8	10.9	42.5
重柴油	25.0	12.4	4.8	11.2	46.6

表 5-5 生产 1t 乙烯所需原料量及联产副产物量

指标	乙烷	丙烷	石脑油	轻柴油
需原料量/t	1.3	2.38	3.18	3.79
联产品量/t	0.2995	1.38	2.60	2.79
其中				
m（丙烯）/t	0.0374	0.386	0.47	0.583
m（丁二烯）/t	0.0176	0.075	0.119	0.148
m（三苯）/t		0.095	0.49	0.50

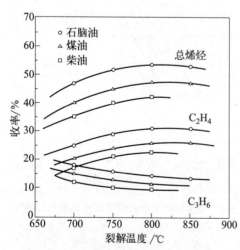

图 5-8　裂解温度对烯烃收率的影响

烃类裂解所得产品收率与裂解原料的性质密切相关，而对相同裂解原料而言，裂解所得产品收率取决于裂解过程的工艺参数。

5.1.2.2　裂解工艺条件

（1）裂解温度

裂解过程是非等温过程，反应管进口处物料温度最低，出口处温度最高，由于测定方便，一般以裂解炉反应管出口处物料温度表示裂解温度。

实际生产中所用原料多为石油的某个馏分，裂解温度对烯烃收率的影响如图 5-8 所示，不同原料在相同温度下进行裂解反应时，烯烃总收率相差很大。这表明必须根据所用原料的特性，采用适合原料裂解反应的温度才能得到最佳的烯烃收率。同时还必须注意产品的分布。例如，提高温度有利于烷烃生成乙烯，而丙烯及丙烯以上较大分子的单烯烃收率有可能下降，氢气、甲烷、炔烃、双烯烃和芳烃等将会增加。因此，需要对产品的要求做综合全面的考虑，选择最佳的操作温度。

从自由基反应机理分析，温度对一次反应产物分布的影响是通过各种链式反应相对量实现的，提高裂解温度可增大链引发速率，产生的自由基增多，有利于提高一次反应所得的乙烯和丙烯的收率。

从热力学分析，裂解是吸热反应，需要在高温下才能进行。温度越高对生成乙烯、丙烯越有利，对烃类分解成碳和氢气的副反应则更有利，即二次反应在热力学上占优势。因此，裂解生成烯烃的反应必须控制在一定的裂解深度范围内。所以，单纯从热力学上分析还不能确定反应的适宜温度。

从动力学分析，因为二次反应的活化能比一次反应的活化能小，所以提高温度，石油烃裂解生成乙烯的反应速率的提高大于其分解为碳和氢气的反应速率的提高，即有利于提高一次反应对二次反应的相对速率，但同时也提高了二次反应的绝对速率。

因此，应选择一个最适宜的裂解温度，控制适宜的反应时间，发挥一次反应在动力学上的优势，克服二次反应在热力学上的优势，既可提高石油烃的转化率又可得到较高的乙烯收率。

（2）裂解压力

烃类热裂解反应的一次反应是气体分子数增加的反应，聚合、缩合、结焦等二次反应是气体分子数减少的反应。从热力学分析，降低反应压力有利于提高一次反应的平衡转化率，不利于二次反应进行。表 5-6 列出了乙烷分压对裂解反应的影响，在反应温度与停留时间相同时，乙烷转化率和乙烯收率随乙烷分压升高而下降，所以降低压力有利于抑制二次反应。

表 5-6 乙烷分压对裂解反应的影响

反应温度/K	停留时间/s	乙烷分压/kPa	乙烷转化率/%	乙烯收率/%
1073	0.5	49.04	60	75
1073	0.5	98.07	30	70

从化学动力学分析，烃类热裂解反应的一次反应大多是一级反应，而二次反应大多是高于一级的反应。压力虽不能改变反应速率常数，但可通过浓度影响反应速率。当压力减小时，相当于反应物的浓度变小，可以增大一次反应对二次反应的相对速率，有利于提高乙烯收率，减少结焦，增加裂解炉的运转周期。

由上可见，降低裂解反应压力无论从热力学或动力学分析，对一次反应是有利的，且能抑制二次反应。

烃类裂解是在高温条件下进行，若采用负压操作，容易因密封不好而渗漏空气，引起爆炸事故。同时还会多消耗能源，对后续分离过程中的压缩操作不利。为此，通常在不降低系统总压的条件下，在裂解气中添加稀释剂以降低烃分压。稀释剂可以是惰性气体或蒸汽，一般都采用蒸汽，它除了具有稳定、无毒、廉价、易得、安全等特点外，还具有以下优点：

① 蒸汽分子量小，降低烃类分压作用显著；

② 蒸汽热容大,有利于反应区内温度的均匀分布;
③ 蒸汽易从裂解产物中分离,不会影响裂解气的质量;
④ 蒸汽可以抑制原料中的硫化物对裂解管的腐蚀作用;
⑤ 蒸汽在高温下能与裂解管中的积炭或焦发生氧化作用,有利于减少结焦、延长炉管使用寿命;
⑥ 蒸汽对炉管金属表面有钝化作用,可减缓炉管金属内的镍、铁等对烃类分解生炭反应的催化作用,抑制结焦速率。

蒸汽用量以稀释比表示,即蒸汽与烃类的质量比。稀释比的确定主要受裂解原料性质、裂解深度、产品分布、炉管出口总压力、裂解炉特性以及裂解炉后急冷系统处理能力的影响。当采用易结焦的重质原料时,蒸汽用量要加大,对较轻原料则可适当减少。不同原料裂解的蒸汽稀释比列于表 5-7。由表可以看出,原料含氢量越高,越不容易结焦,裂解所需蒸汽稀释比越小。

表 5-7 不同裂解原料的蒸汽稀释比(管式炉裂解)

裂解原料	原料含氢量 w/%	结焦难易程度	稀释比
乙烷	20	较不易	0.25~0.4
丙烷	18.5	较不易	0.3~0.5
石脑油	14.16	较易	0.5~0.8
轻柴油	约 13.6	很易	0.75~1.0
原油	约 13.0	极易	3.5~5.0

(3) 停留时间

裂解反应的停留时间是指从原料进入辐射段开始,到离开辐射段所经历的时间,即裂解原料在反应高温区内停留的时间。停留时间是影响裂解反应选择性、烯烃收率和结焦生炭的主要因素,并且与裂解温度密切相关。

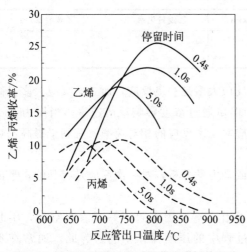

图 5-9 温度和停留时间对粗柴油裂解的影响

从动力学看,二次反应是连串副反应,裂解温度越高,允许停留的时间则越短;反之,停留时间可以相应长一些,目的是以此控制二次反应,让裂解反应停留在适宜的裂解深度上。因此,在相同裂解深度之下可以有各种不同的温度-停留时间组合,所得产品收率也会有所不同。由图 5-9 粗柴油裂解温度和停留时间的关系可见,温度和停留时间对乙烯和丙烯的收率有较大的影响。在同一停留时间下,乙烯和丙烯的收率曲线随温度的升高都有最大值,超过最大值后继续升温,因二次反应的影响其收率都会下降。而在高裂解温度下,乙烯和丙烯的收率均随停留时间缩短而增加。

由表 5-8 裂解温度与停留时间对石脑油裂解结果的影响可见,裂解温度高,停留时间短,相应的乙烯收率提高,但丙烯收率下降。

表 5-8 石脑油裂解温度与停留时间对裂解产物的影响

实验条件及产物收率	实验 1	实验 2	实验 3	实验 4
停留时间/s	0.7	0.5	0.45	0.4
$w_{蒸汽}/w_{石脑油}$	0.6	0.6	0.6	0.6
出口温度/℃	760.0	810.0	850.0	860.0
乙烯收率/%	24.0	26.0	29.0	30.0
丙烯收率/%	20.0	17.0	16.0	15.0
裂解汽油/%	24.0	24.0	21.0	19.0
汽油中芳烃/%	47.0	57.0	64.0	69.0

5.1.3 烃类热裂解设备

扫码查看
乙烯裂解装置

烃类热裂解过程具有以下特点：

① 热裂解过程为吸热反应，需在高温下进行，反应温度一般在 750℃ 以上。

② 为了避免烃类热裂解过程中二次反应的发生，反应停留时间很短，一般在 0.05~1s 之间。

③ 热裂解反应是气体分子数增加的反应，降低烃分压有利于反应平衡向生成产物的方向移动。

④ 裂解反应产物是复杂的混合物，除了裂解气和液态烃之外，还有固体产物焦炭生成。

因此，烃类热裂解工艺要实现在短时间内迅速供应大量热量，关键在于采用合适的供热方法和选择先进的裂解设备。裂解供热方式有直接供热和间接供热两类。到目前为止，间接供热的管式炉裂解法是世界各国广泛采用的方法。

裂解炉是乙烯装置的核心设备，现在乙烯产量 99% 是由管式炉裂解法生产的。

5.1.3.1 管式炉的结构和类型

管式炉主要由炉体和裂解炉管两大部分组成。炉体由钢构件和耐火材料砌筑，分为对流室和辐射室，原料预热管和蒸汽加热管安装在对流室内，裂解炉管布置在辐射室内。在辐射室的炉侧壁和炉顶或炉底，安装一定数量的燃料烧嘴。由于裂解管布置方式、烧嘴安装位置及燃烧方式等的不同，管式裂解炉的炉型有多种，其中最具代表性的是美国 Lummus 公司开发的短停留时间（short residence time，SRT）型裂解炉。

20 世纪 60 年代初期，美国 Lummus 公司成功开发能够实现高温-短停留时间的 SRT-Ⅰ型炉，如图 5-10 所示。SRT-Ⅰ型炉是一种把一组用 25Cr20Ni 铬镍合金钢制造的浇铸管垂直放置在炉膛中央以使双面接受辐射加热的裂解炉。采用双面受热，使炉管表面传热强度提高到 $251MJ/(m^2·h)$。耐高温的铬镍合金钢管可使管壁温度高达 1050℃，从而奠定了实现高温-短停留时间的工艺基础。以 25Cr35Ni 合金替代 25Cr20Ni 合金材料，可使耐热温度提高至 1100~1150℃。以石脑油为原料，SRT-Ⅰ型炉可使裂解出口温度提高到 800~860℃，停留时间减少到 0.60~0.70s，乙烯收率得到显著提高。

随着裂解技术的发展，美国 Lummus 公司对 SRT 型炉辐射段炉管构型不断进行改进。从 SRT-Ⅲ型裂解炉开始，对流段上设置高压蒸汽过热，取消了高压蒸汽过热炉。在对流段预热原料和稀释蒸汽的过程中，一般采用一次注入的方式将稀释蒸汽注入裂解原料。当裂解炉需要裂解重质原料时，可采用二次注入稀释蒸汽的方案。为进一步缩短停留时间并相应提高裂解温度，Lummus 公司在 20 世纪 80 年代相继开发了 SRT-Ⅳ型和 SRT-Ⅴ型裂解炉，其

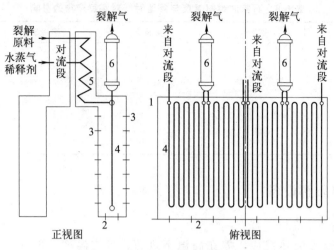

图 5-10 SRT-Ⅰ型竖管裂解炉示意图

1—炉体；2—油气联合烧嘴；3—气体无焰烧嘴；4—辐射煅炉管（反应管）；5—对流段炉管；6—急冷锅炉

辐射盘管为多分支变径管，管长进一步缩短。高生产能力盘管（HC 型）为 4 程盘管，高选择性盘管（HS 型）为双程盘管。SRT-Ⅴ型与 SRT-Ⅳ型裂解炉辐射盘管的排列和结构相同，SRT-Ⅳ型为光滑管，而 SRT-Ⅴ型的辐射盘管则为带内翅片的炉管。内翅片可以增加管内给热系数，降低管内传热热阻，由此相应降低管壁温度，延长清焦周期。针对 SRT-Ⅳ、SRT-Ⅴ型炉存在的不足，Lummus 公司又研制开发出了 SRT-Ⅵ型裂解炉。SRT-Ⅵ型裂解炉的辐射盘管为 8-2 排列的双程分支变径盘管，第一程为 8 根炉管，第二程为 2 根炉管。盘管第一程的汇总管长度缩短，并用变径方式解决了汇总管端部可能因传热差造成过热的问题，汇总管不必再隔离保温，相应克服了汇总管中因绝热反应使裂解蒸汽温度下降的问题。典型的 SRT 型裂解炉辐射盘管的排列特点和发展趋势见表 5-9。可以看出，为了适应高温-短停留时间，Lummus 公司 SRT 型裂解炉的炉管做了如下变革：由长变短、分支变径、先细后粗（均管径变异管径）、程数变少、排列方式改变、管材变化（耐温越来越高）等。

表 5-9 SRT 型炉管排布及工艺参数

项目	SRT-Ⅰ型	SRT-Ⅱ型	SRT-Ⅲ型	SRT-Ⅳ型 SRT-Ⅴ型	SRT-Ⅵ型
炉管排列					
程数	8P	6P33	4P40	2程(16-2)	2程(8-2)
管长/m	80~90	60.6	51.8	21.9	约21
管径/mm	75~133	64 96 152 (1程)(2程)(3~6程)	64 96 152 (1程)(2程)(3~4程)	41.6 (1程) 116 (2程)	>50 (1程) >100 (2程)
表观停留时间/s	0.6~0.7	0.47	0.38	0.21~0.3	0.2~0.3

5.1.3.2 管式炉的结焦与清焦

烃类在裂解过程中由于聚合、缩合等二次反应的发生，不可避免地会结焦或生炭，积附在炉管的内壁上。结焦程度将随裂解深度的加深和原料的重质化,以及炉子运行周期加长而变得严重。

(1) 炉管结焦

焦层在管壁内厚度增加,传热效果变差,为了满足管内反应物料温度,就得加大燃料量,当达到管材极限温度时易出事故,此时应停炉清焦。最高管壁温度是控制炉子运转周期的限制因素,另外由于结焦引起管内径减小,当处理同样原料量时,则管内线速度增加,此时压降增大。为了保证出口压力相同,必须增加进口压力,结果平均压力增大,裂解性能变差,当裂解选择性降到一定程度时,需要停炉清焦。

(2) 抑制结焦延长运转周期

添加结焦抑制剂可抑制结焦,抑制剂有硫化物[元素硫、噻吩、硫醇、NaS水溶液、$(NH_4)_2S$、$Na_2S_2O_4$、KHS_2O_2、$(C_2H_5)_2SO_2$、二苯硫醚、二苯基二硫]、聚有机硅氧烷、碱土金属氧化物(如CH_3COOK、K_2CO_3、Na_2CO_3等)和含磷化合物等。据报道,加入纳尔科5211和硫磷化合物抑制剂后,不仅抑制结焦,还能改变结焦形态,使焦变松软、易碎、易剥落,容易除去。当裂解温度高于850℃时,抑制剂就不起作用了。合理控制裂解炉和急冷锅炉的操作条件,如控制裂解深度,也可延长运转周期。

(3) 清焦方法

停炉清焦法是将进料及出口裂解气切断后,用惰性气体或蒸汽清扫管线,逐渐降低炉管温度,然后通入空气和蒸汽烧焦。不停炉清焦法(也称在线清焦法)分交替裂解法和蒸汽、氢气清焦法两种。交替裂解法是当重质烃原料(如柴油等)裂解时,一段时间后切换轻质烃(如乙烷)为裂解原料,并加入大量蒸汽,这样可以起到清焦作用,当压降减小后,再切回原来的裂解原料。蒸汽、氢气清焦法是定期将原料切换成蒸汽、氢气,方法同上。其特点也是达到了不停炉清焦的目的,对整个裂解炉系统,可以将炉管组轮流进行清焦。

5.1.4 裂解气的急冷

从裂解管出来的裂解气含有烯烃和大量蒸汽,温度高达800℃以上,烯烃反应性强,若任它们在高温下长时间停留,仍会继续发生二次反应,引起结焦和烯烃的损失,因此必须使裂解气急冷以终止反应。急冷的方法有两种,一种是直接急冷,另一种是间接急冷。

(1) 直接急冷

直接急冷的方法是在高温裂解气中直接喷入冷却介质,冷却介质被高温裂解气加热而部分汽化,由此吸收裂解气的热量,使高温裂解气迅速冷却。根据冷却介质的不同,直接急冷可分为水直接急冷和油直接急冷。直接急冷不能回收高品位的热能,工业上应用极少。

(2) 间接急冷

裂解炉出来的高温裂解气温度在800℃以上,在急冷降温过程中要释放出大量热,是一个可利用的热源,为此可用换热器进行间接急冷,回收此部分热量发生蒸汽,以提高裂解炉的热效率,降低产品成本。

因此,采用间接急冷,首先是降低裂解气温度,终止二次反应;同时回收高品位热能,产生高压蒸汽驱动三机(裂解气压缩机、丙烯冷媒压缩机、乙烯冷媒压缩机)。间接急冷的关键设备是急冷废热锅炉,是由急冷换热器与汽包所构成的蒸汽发生系统。急冷换热器常遇到的问题就是结焦,用重质原料裂解时,常常是急冷器结焦先于炉管,故急冷器的清焦影响裂解操作周期。为减少结焦倾向,应控制两个指标,一是停留时间,一般控制在0.04s以内；二是裂解气出口温度，要求高于裂解气的露点。在一般条件下，裂解原料含氢量越低，裂解气的露点越高，因而急冷换热器出口温度应根据原料而确定。

间接急冷虽能回收高品位的能量，并减少污染，但对急冷换热器的技术要求高，管外必须同时承受很大的温度差和压力差，同时为了达到急速降温目的，急冷换热器必须有高热强度，且传热性能好、停留时间短。另外，对急冷换热器要考虑冷管内的结焦清焦操作，还要考虑裂解气的压降损失等问题，操作条件极为苛刻。

5.1.5 裂解气的预分馏

裂解气的预分馏就是将急冷后温度为200～300℃的裂解气进一步冷却至常温，并在冷却过程中分馏出裂解气中的重组分（如燃料油、裂解汽油、水分）的过程。经预分馏处理的裂解气再送至压缩工序，随后进行净化和深冷分离。裂解气的预分馏过程有以下作用。

① 降低裂解气温度，保证裂解气压缩机的正常运转，并降低裂解气压缩机的功耗。
② 分馏出裂解气中的重组分，减少进入压缩分离系统的进料负荷。
③ 将裂解气中的稀释蒸汽以冷凝水的形式分离回收，循环使用，以减少污水排放量。
④ 回收裂解气低能位热量，由急冷油回收的热量发生稀释蒸汽，并可由急冷水回收的热量进行分离系统的工艺加热。

（1）轻烃裂解装置裂解气预分馏过程

因为轻烃裂解装置所得裂解气的重质馏分甚少，尤其乙烷和丙烷裂解时，裂解气中燃料油含量甚微。所以，裂解气预分馏过程主要是在裂解气进一步冷却过程中分馏裂解气中的水分和裂解汽油馏分。

如图5-11所示，裂解炉出口高温裂解气经第一废热锅炉回收热量副产高压蒸汽后，还可经第二（和第三）废热锅炉进一步冷却至200～300℃，然后进入水洗塔。在水洗塔中，塔顶用急冷水喷淋冷却裂解气。塔顶裂解气冷却至40℃左右送至裂解气压缩机。塔釜的油水混合物经油水分离器分出裂解汽油和水，裂解汽油经汽油汽提塔汽提后送出装置。而分离出的水（约80℃），一部分经冷却送至水洗塔塔顶作为喷淋水（称为急冷水），另一部分则送至稀释蒸汽发生器发生稀释蒸汽。急冷水除部分用冷却水冷却（或空冷）外，部分可用于分离系统工艺加热（如丙烯精馏塔再沸器加热），由此回收低品位热量。

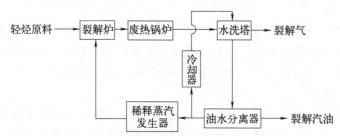

图5-11 轻烃裂解装置裂解气预分馏流程示意

（2）馏分油裂解装置裂解气预分馏过程

馏分油裂解装置所得裂解气中含有相当量的重质馏分，这些重质燃料油馏分与水混合后会因乳化而难以进行油水分离。因此，在馏分油裂解装置中，必须在冷却裂解气的过程中先将裂解气中的重质燃料油馏分分馏出来，然后进一步送至水洗塔冷却，并分离其中的水和裂解汽油。

如图 5-12 所示，裂解炉出口高温裂解气经废热锅炉回收热量后，再经急冷器用急冷油喷淋降温至 220~230℃左右，进入油洗塔（或称预分馏塔），塔顶用裂解汽油喷淋，塔顶温度控制在 100~110℃，保证裂解气中的水分从塔顶带出油洗塔。塔釜温度则随裂解原料的不同而控制在不同水平。石脑油裂解时，塔釜温度大约 180~190℃，轻柴油裂解时则可控制在 190~200℃左右。塔釜所得燃料油产品，部分经汽提并冷却后作为裂解燃料油产品输出。另外部分（称为急冷油）送至稀释蒸汽系统作为发生稀释蒸汽的热源，由此回收裂解气的热量。经稀释蒸汽发生系统冷却后的急冷油，大部分送到急冷器以喷淋高温裂解气，少部分急冷油还可进一步冷却后作为油洗塔中段回流。

油洗塔塔顶裂解气进入水洗塔，塔顶用急冷水喷淋，塔顶裂解气降至 40℃左右送入裂解气压缩机。塔釜温度约 80℃，在此，可分离出裂解气中大部分水分和裂解汽油。塔釜油水混合物经油水分离后，部分水（称为急冷水）经冷却后送入水洗塔用作塔顶喷淋，另一部分水则送至稀释蒸汽发生器发生稀释蒸汽，以供裂解炉使用。油水分离所得裂解汽油馏分，部分送至油洗塔作为塔顶喷淋，另一部分则作为产品经汽提、冷却后送出。

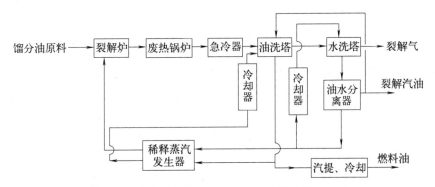

图 5-12　馏分油裂解装置裂解气预分馏流程示意图

5.1.6　裂解气的净化

裂解气经预分馏过程处理后温度被降至常温，并且从中已分馏出裂解汽油和大部分水分，其典型组成见表 5-10。表中的 $C_4'S$ 和 $C_5'S$ 分别表示混合 C_4 组分和混合 C_5 组分。C_6~204℃馏分中富含芳烃，是抽提芳烃的重要原料。由表 5-9 可以看出，不同的裂解原料得到的裂解气组成是不同的。为获得较多乙烯，最好的裂解原料是乙烷；为获得较多的丙烯和 C_4 混合烃，最好的原料是石脑油和轻柴油。

表 5-10　不同裂解原料的典型裂解气组成（裂解气压缩机进料）　　　单位：%

裂解气组分	乙烷	轻烃	石脑油	轻柴油	减压柴油
H_2	34.0	18.20	14.09	13.18	12.75
$CO+CO_2+H_2S$	0.19	0.33	0.32	0.27	0.36
CH_4	4.39	19.83	26.78	21.24	20.89
C_2H_2	0.19	0.46	0.41	0.37	0.46
C_2H_4	31.51	28.81	26.10	29.34	29.62
C_2H_6	24.35	9.27	5.78	7.58	7.03
C_3H_4	—	0.52	0.48	0.54	0.48
C_3H_6	0.76	7.68	10.30	11.42	10.34
C_3H_8	—	1.55	0.34	0.36	0.22

续表

裂解气组分	乙烷	轻烃	石脑油	轻柴油	减压柴油
$C_4'S$	0.18	3.44	4.85	5.21	5.36
$C_5'S$	0.09	0.95	1.04	0.51	1.29
C_6~204℃馏分	—	2.70	4.53	4.58	5.05
H_2O	4.36	6.26	4.98	5.40	6.15
平均分子量	18.89	24.90	26.83	28.01	23.38

由表5-10可见，经预分馏系统处理后的裂解气是含氢气和各种烃的混合物，其中还含有一定的水分、酸性气体（CO_2、H_2S等）、一氧化碳等杂质。裂解气的净化就是脱除裂解气中的水分、酸性气体、一氧化碳和炔烃等杂质的操作过程。

① 酸性组分。裂解气中的酸性组分主要是指CO_2、H_2S，此外还有少量的有机硫化物，如氧硫化碳（COS）、二硫化碳（CS_2）、硫醚（RSR'）、硫醇（RSH）和噻吩等。裂解气中含有的酸性组分对裂解气分离装置以及乙烯和丙烯衍生物加工装置都会有很大危害。对裂解气分离装置而言，CO_2会在低温下结成干冰，造成深冷分离系统设备和管道堵塞；H_2S将造成加氢脱炔催化剂和甲烷化催化剂中毒。对下游生产装置而言，当氢气、乙烯、丙烯产品中酸性气含量不合格时，可使下游加工装置的聚合过程或催化反应过程的催化剂中毒，也可能严重影响产品质量。因此，在裂解气精馏分离之前，需将裂解气中的酸性气脱除干净，一般要求将裂解气中硫含量降至1μL/L以下，CO_2含量降至5μL/L以下。工业上常采用碱洗法脱除酸性杂质，而当裂解原料硫含量过高时（如硫含量超过0.2%），为降低碱耗量，可考虑增设可再生的溶剂吸收法（常用乙醇胺溶剂）脱除大部分酸性气体，然后用碱洗法做进一步精细净化。

碱洗法是以NaOH为吸收剂，通过化学吸收过程使NaOH与裂解气中的酸性气体发生化学反应，以达到脱除酸性气体的目的。其反应为：

$$CO_2 + 2NaOH \longrightarrow Na_2CO_3 + H_2O \tag{5-26}$$

$$H_2S + 2NaOH \longrightarrow Na_2S + 2H_2O \tag{5-27}$$

$$COS + 4NaOH \longrightarrow Na_2S + Na_2CO_3 + 2H_2O \tag{5-28}$$

$$RSH + NaOH \longrightarrow RSNa + H_2O \tag{5-29}$$

由于反应的化学平衡常数很大，在平衡产物中CO_2和H_2S的分压几乎可降到零，因此，可以使裂解气中的CO_2和H_2S的含量降至1μL/L以下。为提高碱液利用率，目前乙烯装置大多采用多段碱洗。

② 水。裂解气经急冷、脱除酸性气体后一般含有$(400\sim700)\times10^{-6}$（体积分数）的水。这些水分带入低温分离系统，会在低温下结冰，也会与烃类生成白色结晶状的水合物，造成设备和管道的堵塞。因此，为保证乙烯生产装置的稳定运行，需要对裂解气进行脱水处理。工业上通常要求进入低温分离系统的裂解气中含水量在1μL/L以下，对应的裂解气露点在−70℃以下。

脱水方法有多种，如冷冻法、吸收法、吸附法。现在乙烯装置广泛采用的是以3A分子筛为吸附剂的吸附法。对氢气、C_2、C_3馏分还可用活性氧化铝干燥。

③ 炔烃。裂解气中含有少量炔烃，如乙炔、丙炔和丙二烯等。炔烃的存在不仅影响产品的纯度，对乙烯和丙烯下游产品的生产过程带来麻烦，还会使催化剂中毒，过多的乙炔积累可能引起爆炸。因此，大多数乙烯和丙烯衍生物的生产均对原料乙烯和丙烯中的炔烃含量

提出比较严格的要求。通常要求乙烯产品中乙炔含量低于 $5\mu L/L$。而对丙烯产品而言，则要求甲基乙炔含量低于 $5\mu L/L$，丙二烯含量低于 $10\mu L/L$。

脱炔的方法很多，有溶剂吸收法、催化加氢法、低温精馏法、氨化法、乙炔酮沉淀法和络合吸收法等。对于炔烃含量不多、生产规模较大且不需要回收乙炔时，采用催化加氢法脱除乙炔在操作和技术经济上都比较有利。

催化加氢法就是将裂解气中的乙炔进行选择性催化加氢生成乙烯，而裂解气中的乙烯、丙烯等不会加氢为相应烷烃。这样既脱除了乙炔，又提高了乙烯的收率。欲达这一目的，关键在于选择合适的催化剂。加氢脱炔反应大多采用 Co、Ni、Pd 作为催化剂的活性中心，用 Fe 和 Ag 作助催化剂，用 α-Al_2O_3 作载体。

根据加氢脱炔在裂解气净化分离流程所处的位置不同，有前加氢和后加氢两种不同的工艺技术。前加氢是在裂解气未分离甲烷、氢馏分前进行（即在脱甲烷塔前），利用裂解气中的氢对炔烃进行选择加氢，所以又称为自给氢催化加氢过程。由于不用外供氢气，所以流程简单，但氢气量不易控制，氢气过量可使脱炔反应的选择性降低。另外，前加氢脱炔所处理的气体组成复杂，要求催化剂活性高且不易中毒。而且，催化剂用量大，反应器的体积也大，催化剂的寿命短，氢炔比不易控制，操作稳定性比较差。后加氢工艺过程是指裂解气在分离出 C_2 和 C_3 馏分后，再分别对其进行催化加氢，以脱除 C_2 馏分中的乙炔以及 C_3 馏分中的甲基乙炔和丙二烯。采用后加氢方案时，C_2 馏分加氢脱炔的过程安排在脱乙烷之后，C_3 馏分加氢脱炔的过程则安排在脱丙烷之后，C_2 和 C_3 馏分进料中均不含有氢，需要根据炔烃含量定量供给氢气。因此，当裂解气分离装置采用后加氢方案时，必须从裂解气中分离提纯氢气，以作为加氢反应的氢源。后加氢脱炔所处理的馏分组成简单，反应器体积小，而且易控制氢炔比例，使选择性提高，有利于提高乙烯收率，催化剂不易中毒，使用寿命长。

④ 一氧化碳。裂解气中的一氧化碳是在裂解过程中由结炭的气化和烃的转化反应生成的。烃的转化反应是在含镍裂解炉管的催化作用下发生的，当裂解原料硫含量低时，这种催化作用可能十分显著。

结炭的气化反应：
$$C+H_2O \Longleftrightarrow CO+H_2 \tag{5-30}$$

烃的转化反应：
$$CH_4+H_2O \Longleftrightarrow CO+3H_2 \tag{5-31}$$

$$C_2H_6+2H_2O \Longleftrightarrow 2CO+5H_2 \tag{5-32}$$

裂解气经低温分离，一氧化碳富集于甲烷馏分和氢气馏分中，含量达到 $5000\mu L/L$ 左右。氢气中含有的 CO 会使加氢催化剂中毒。此外，随着烯烃聚合过程高效催化剂的发展，对乙烯和丙烯产品中 CO 含量的要求也越来越高。为避免在加氢过程中将 CO 带入产品乙烯和丙烯中，通常要求将氢气中 CO 脱除至 $3\mu L/L$ 以下。

乙烯装置中最常用的脱除 CO 的方法是甲烷化法，即在催化剂存在下，使氢气中的 CO 与氢反应生成甲烷，从而达到脱除 CO 的目的。其主反应为：

$$CO+3H_2 \Longleftrightarrow CH_4+H_2O \quad \Delta H=-206.3kJ/mol \tag{5-33}$$

当氢中含有烯烃时，可发生如下反应：

$$C_2H_2+H_2 \Longleftrightarrow C_2H_4 \quad \Delta H=-136.7kJ/mol \tag{5-34}$$

甲烷化反应是可逆、放热、体积减小的反应，加压、低温对反应有利，反应通常在 2.95MPa 和 300℃ 左右条件下进行，采用镍系催化剂，大多数催化剂的使用条件要求限制氢气中的 CO 含量不超过 1.5%～2%。

5.1.7 裂解气的分离与精制

裂解气的工业分离法主要有两种：深冷分离法和油吸收精馏分离法。此外，还有吸附分离法、络合分离法以及膨胀机法等。在现代乙烯工业生产中，为了得到高纯度乙烯主要采用深冷分离法。

工业上通常将低于－100℃的冷冻，称为深度冷冻，简称深冷。深冷分离就是在－100℃左右低温下，将净化后裂解气中除氢气和甲烷以外的烃类全部冷凝下来，利用各种烃的相对挥发度不同，在精馏塔内进行多组分精馏，分离出各种烃。图 5-13 为深冷分离的工艺流程方框示意图。图中所示的各种操作在流程的位置及各种精馏塔的顺序均可变动，这样构成了不同的深冷分离流程，但它们的共同点都是由气体压缩、冷冻系统、净化系统和低温精馏分离系统几部分组成。

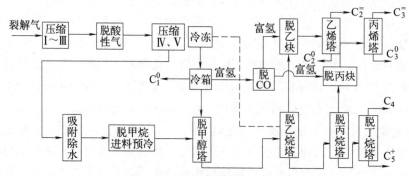

图 5-13 深冷分离流程示意图

在脱甲烷塔系统中，有些在－100～－170℃超低温下操作的换热设备，如冷凝器、换热器和气-液分离罐等，由于温度低冷量容易散失，因此为了防止散冷，减少与环境接触的表面积，通常把这些低温设备集装在填满绝热材料（珠光砂）的方形容器内，习惯上称之为冷箱。

（1）裂解气的多段压缩

裂解气中各组分在常温常压下均为气态，采用精馏法分离时需在很低的温度下进行，消耗冷量甚大；而在较高压力下分离，虽然分离温度可以提高，但需多消耗压缩功，且因分离温度提高，而引起重组分聚合，并使烃类相对挥发度降低，增加了分离难度。因此，选择适宜的压力和温度，对裂解气的分离具有重要意义。一般认为，裂解气分离经济合理的操作压力约为3MPa，为此，裂解气进入分离系统的压力应在3.7MPa左右。

在裂解气绝热压缩过程中，随着压力升高其温度随之上升，压缩后气体的温度可通过气体绝热方程计算。

$$T_2 = T_1 (P_2/P_1)^{(k-1)/k} \tag{5-35}$$

式中　T_1、T_2——压缩前后的温度，K；

　　　P_1、P_2——压缩前后的压力，MPa；

　　　k——绝热指数，$k=c_p/c_v$，c_p 为恒压比热容，c_v 为恒容比热容。

为避免温升过大造成裂解气中双烯烃大量聚合，一般采用多段压缩，段间设置中间冷却，限制裂解气在压缩过程中的温升。裂解气分段压缩的段数，主要是由压缩机各段出口温度所限定。通常要求正常操作时各段裂解气出口温度低于100℃，段间冷却采用水冷，相应各段入口温度一般为38～40℃左右。在此限定条件下，裂解气压缩的单级压缩比被限制在2.2以下，相应裂解气压缩一般需采用4～5段。采用多段压缩也便于在压缩段间进行气体净化和分离，例如脱硫、干燥、重组分脱除等可安排在压缩段间进行。

(2) 深冷制冷循环

为了获得低温条件，可以选择某一沸点为低温的液体介质使其蒸发，而冷却介质则被冷却。将汽化的制冷剂压缩到一定压力，再经冷却使其液化，由此形成压缩-冷凝-膨胀-蒸发的单级压缩制冷循环。通常选用可以降低制冷装置投资、运转效率高、来源容易、毒性小的介质作为制冷剂。对乙烯装置而言，产品为乙烯、丙烯，已有储存设施，且乙烯和丙烯具有良好的热力学特性，因而一般选用乙烯和丙烯作为乙烯装置制冷系统的制冷剂。

如表5-11所示，丙烯常压沸点为-47.7℃，可作为-40℃温度级的制冷剂。乙烯常压沸点为-103.8℃，可作为-100℃温度级的制冷剂。采用低压脱甲烷分离流程时，可能需要更低的制冷温度，此时常采用甲烷制冷。甲烷常压沸点为-161.5℃，可作为-120～-160℃温度级的制冷剂。

表5-11 烃类及H_2、CO的主要物理常数

名称	分子式	沸点/℃	临界温度/℃	临界压力/MPa
氢气	H_2	-252.5	-239.8	1.307
一氧化碳	CO	-191.5	-140.2	3.469
甲烷	CH_4	-161.5	-82.3	4.641
乙烯	C_2H_4	-103.8	9.7	5.132
乙烷	C_2H_6	-88.6	33.0	4.934
乙炔	C_2H_2	-83.6	35.7	6.242
丙烯	C_3H_6	-47.7	91.4	4.600
丙烷	C_3H_8	-42.07	96.8	4.306
异丁烷	$i\text{-}C_4H_{10}$	-11.7	135	3.696
异丁烯	$i\text{-}C_4H_8$	-6.9	144.7	4.002
丁烯	C_4H_8	-6.26	146	4.018
1,3-丁二烯	C_4H_6	-4.4	152	4.356
正丁烷	$n\text{-}C_4H_{10}$	-0.50	152.2	3.780
顺-2-丁烯	C_4H_8	3.7	160	4.204
反-2-丁烯	C_4H_8	0.9	155	4.102

并不是所有制冷剂经压缩后，用水冷却就能被液化。以丙烯为制冷剂构成的蒸气压缩制冷循环中，其冷凝温度可采用38～42℃的环境温度（冷却水或空气冷却）。而在以乙烯为制冷剂构成的蒸气压缩制冷循环中，由于受乙烯临界点的限制，乙烯制冷剂不可能在环境温度下冷凝，其冷凝温度必须低于其临界温度（9.7℃），此时，可采用丙烯制冷循环为乙烯制冷循环的冷凝器提供冷量。为制取更低温度级的冷量，还需选用沸点更低的制冷剂。例如，选用甲烷作为制冷剂时，其临界温度为-82.3℃，则选用乙烯制冷循环为甲烷制冷循环的冷凝器提供冷量，如此构成图5-14所示甲烷-乙烯-丙烯三元复叠制冷循环系统。

复叠制冷循环是能耗较低的深冷制冷循环，其主要缺陷是制冷机组多，又需有储存制冷剂的设施，相应投资较大，操作较复杂。在乙烯装置中，所需制冷温度的等级多，所需制冷剂又是乙烯装置的产品，储存设施完善，加上复叠制冷循环能耗低，因此，在乙烯装置中仍广泛采用复叠制冷循环。

(3) 裂解气的精馏分离

精馏分离是深冷分离工艺的主体，任务是把C_1～C_5馏分逐个分开，对产品乙烯和丙烯进行提纯精制。为此，深冷分离工艺必须设脱甲烷、脱乙烷、脱丙烷、脱丁烷和乙烯、丙烯产品塔。

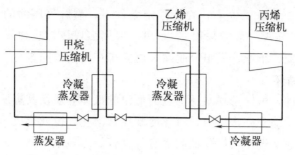

图 5-14 甲烷-乙烯-丙烯三元复叠制冷循环系统

由于不同碳原子数的烃之间相对挥发度较大,彼此容易分离;而同碳原子数的烷烃和烯烃之间相对挥发度较小,分离比较困难。因此,在深冷分离时,先分离不同碳原子数的烃,再分离相同碳原子数的烯烃和烷烃。如图 5-15 所示裂解气分离流程的分类,其中工艺流程

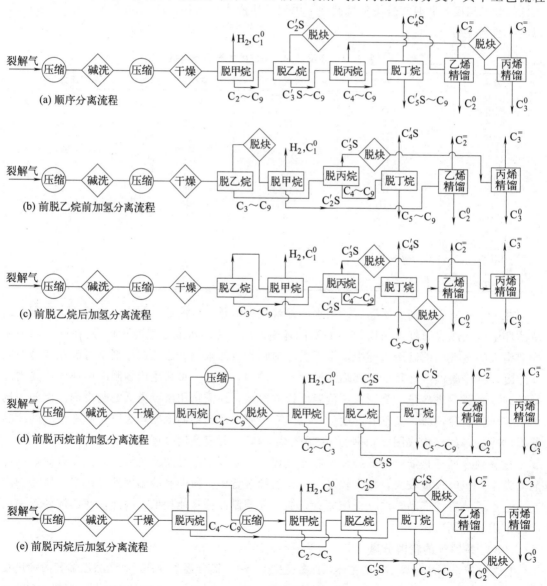

图 5-15 裂解气分离流程分类示意

(a) 是先用脱甲烷塔从裂解气中分离出氢气和甲烷，塔釜液则送至脱乙烷塔，由脱乙烷塔塔顶分离出乙烷和乙烯，塔釜液则送至脱丙烷塔。最终由乙烯精馏塔、丙烯精馏塔、脱丁烷塔分别得到乙烯、乙烷、丙烯、丙烷、混合 C_4、裂解汽油等产品。由于这种分离流程是按 C_1，C_2，C_3，…顺序进行切割分馏，通常称为顺序分离流程。流程（b）和（c）是从乙烷开始切割分馏，通常称为前脱乙烷分离流程。流程（d）和（e）则是从丙烷开始切割分馏，通常称为前脱丙烷流程。因为它们催化加氢脱炔工序的位置不同，又分为前加氢和后加氢流程。顺序分离流程一般按后加氢的方案进行组织，而前脱乙烷和前脱丙烷流程则既有前加氢方案，也有后加氢方案。

三种分离流程中，顺序分离流程技术比较成熟，流程的效率、灵活性和运转性能都好，对裂解原料适应性强，综合经济效益高。为避免丁二烯损失，一般采用后加氢，但流程较长，裂解气全部进入深冷系统，冷量较大。前脱乙烷分离流程一般适合于分离含重组分较少的裂解气，由于脱乙烷塔的塔釜温度较高，重质不饱和烃易于聚合，故也不宜处理含丁二烯较多的裂解气。脱炔可采用后加氢，但最适宜用前加氢，因为可以减少设备。操作中的主要问题在于脱乙烷塔压力及塔釜温度较高，会引起二烯烃聚合，发生堵塞。前脱丙烷分离流程因先分去 C_4 以上馏分，进入深冷系统物料量减少，冷冻负荷减轻，适用于分离较重裂解气或含 C_4 烃较多的裂解气。可采用前加氢或后加氢，前者所用设备较少。目前，世界上乙烯生产装置主要采用顺序分离流程。

5.1.8 我国乙烯工业的发展趋势

我国乙烯工业起步于 20 世纪 60 年代，经过半个多世纪的发展，目前是仅次于美国的世界第二大乙烯生产国。2023 年，我国乙烯总产能突破 5000 万吨/年。其中广东石化 120 万吨/年、海南炼化 100 万吨/年炼化一体化装置于 2023 年 2 月相继投产，浙江兴兴新能源 100 万吨/年轻烃裂解装置于 2023 年 5 月建成投产。

从原料结构看，石脑油裂解仍是最主要的乙烯生产路线，产能份额增至 70%；其次是 MTO/CTO 路线，近年来受制于碳减排及环保政策，产能份额逐年下滑至 14%；乙烷/LPG（液化石油气）轻烃路线，随着卫星石化、浙江兴兴新能源等项目投产，产能份额升至 8%。

（1）乙烯装置规模继续向大型化发展

大型化乙烯装置是实现低成本战略的有效途径，有数据统计，乙烯成本随装置规模的增大而有较大幅度的降低。乙烯装置的规模由 500kt/a 增至 700kt/a，可节省投资 16%，由 500kt/a 增至 1.0Mt/a，可节省投资 35%。规模效益使乙烯装置的生产能力不断向大型化方向发展。近年来，从世界范围来看，乙烯装置大型化的趋势日益明显。2021 年投产的浙江石化二期产能为 140 万 t/a，在建的南山裕龙石化一期设计产能达 300 万 t/a。

（2）炼化一体化基地不断崛起

炼化一体化已成为全球乙烯工业发展主流，炼油与化工是关联最密切的业务，两者结合可以优化资源配置，优化互用各种物流，提高产品附加值，延伸产业链，降低固定资产费用，节省储运系列投资，共享公用工程和环保系统，从而实现炼油厂与化工厂整体效益最大化的目标。例如古雷炼化于 2020 年建成 80 万 t/a 乙烯装置。

（3）原料多样化成为发展趋势

近年，我国乙烯原料多元化步伐有所加快，除采用石脑油为原料外，以煤/甲醇、乙烷及其他轻烃为原料生产乙烯的装置越来越多。预计 2035 年石脑油占乙烯生产原料的 60% 左右。

与此同时，我国煤制烯烃产业发展迅速。和石脑油裂解制备烯烃相比，选择廉价煤炭作为原料，生产成本明显降低。通过煤代油来生产低碳烯烃，对提高我国的能源安全有重要的意义。

国际上，美国页岩气的成功开发，不仅为本国乙烯提供了廉价的原料，还影响到世界乙烯原料的变化，使得乙烯原料的选择更具多样性。虽然我国页岩气的可开采量居世界首位，但对页岩气的开采还处于起步阶段。并且从目前已开采的情况来看，大部分天然气中乙烷等轻烃组分含量很低，很难直接得到制取乙烯的原料。由此可见，我国要实现由页岩气制乙烯这一工艺路线，还需要不断进行探索。

另外，原油直接裂解技术越过了原油裂解为石脑油的过程，将原油直接转化为乙烯、丙烯等化学品，是未来实现少油多化、高端发展战略的有益探索。

【清洁能源利用】

乙烷裂解过程中副产大量氢气，国外乙烷制乙烯装置普遍将氢气作为裂解炉燃料，造成了资源浪费。由于氢气的特性，目前还未找到氢气大规模生产、长距离运输的有效途径，这大大限制了氢气的利用。乙烷裂解制乙烯副产的大量氢气，有望成为支持我国氢能燃料电池车规模化发展的重要氢源，但现阶段，低成本和大规模的氢气生产仍然来自石油化工和煤化工行业。乙烷裂解副产氢气将是未来潜在最具优势的燃料电池车用氢源选择之一。另外，我国乙烷裂解装置集中在沿海港口地区，通过低强度的改造便可满足燃料电池用氢气。如何快捷高效利用乙烷裂解副产的氢气，进而实现能源的清洁利用，也是未来科研学者的研究课题。

5.2 催化加氢与脱氢

加氢（hydrogenation）系指在催化剂作用下，化合物分子与氢气发生反应而生成有机化工产品的过程，是还原反应的一种。脱氢（dehydrogenation）系指从化合物中除去氢原子的过程，是氧化反应的一个特殊类型。它可以在加热而不使用催化剂的情况下进行，称为加热脱氢，也可在加热又使用催化剂的情况下进行，称为催化脱氢。

加氢和脱氢是一对可逆反应，即在进行加氢反应的同时，也发生脱氢反应。究竟在什么条件下有利于加氢或脱氢反应，可由热力学计算求得平衡转化率后来判断。一般而言，加压和低温对加氢有利，减压和高温对脱氢有利。

5.2.1 催化加氢

5.2.1.1 催化加氢反应类型

① 不饱和炔烃、烯烃的加氢。不饱和烃加氢，如乙炔加氢生成乙烯、乙烯加氢生成乙烷等。

$$-C\equiv C- + H_2 \longrightarrow \diagup\!\!\!\!C=C\diagdown \tag{5-36}$$

$$\diagup\!\!\!\!C=C\diagdown + H_2 \longrightarrow -\underset{|}{\overset{|}{C}}-\underset{|}{\overset{|}{C}}- \tag{5-37}$$

$$\text{环戊二烯} + H_2 \longrightarrow \text{环戊烯} \tag{5-38}$$

② 芳烃加氢。芳烃加氢可对苯环直接加氢，也可对苯环外的双键进行加氢，或两者兼有，即所谓选择加氢，不同的催化剂有不同的选择。如苯加氢生成环己烷，苯乙烯在 Ni 催化剂作用下生成乙基环己烷，而在 Cu 催化剂作用下则生成乙苯。

$$\text{苯} + 3H_2 \longrightarrow \text{环己烷} \tag{5-39}$$

$$\text{苯乙烯} + 4H_2 \xrightarrow{Ni} \text{乙基环己烷} \tag{5-40}$$

$$\text{苯乙烯} + H_2 \xrightarrow{Cu} \text{乙苯} \tag{5-41}$$

③ 含氧化合物加氢。对带有 $\text{C}=\text{O}$ 的化合物，经催化加氢后可转化为相应的醇类。如一氧化碳在铜催化剂作用下可以加氢生成甲醇，丙酮在铜催化剂作用下加氢生成异丙醇，羧酸加氢生成伯醇。

$$CO + 2H_2 \longrightarrow CH_3OH \tag{5-42}$$

$$(CH_3)_2CO + H_2 \longrightarrow (CH_3)_2CHOH \tag{5-43}$$

$$RCOOH + 2H_2 \longrightarrow RCH_2OH + H_2O \tag{5-44}$$

④ 含氮化合物加氢。N_2 加 H_2 合成氨是当前产量最大的无机化工产品之一。对于含有 —CN、—NO_2 等官能团的化合物，加氢后得到相应的胺类，如己二腈在 Ni 催化剂作用下加氢合成己二胺、硝基苯催化加氢合成苯胺等。

$$N_2 + 3H_2 \longrightarrow 2NH_3 \tag{5-45}$$

$$N\equiv C(CH_2)_4C\equiv N + 4H_2 \longrightarrow H_2N(CH_2)_6NH_2 \tag{5-46}$$

$$\text{硝基苯} + 3H_2 \longrightarrow \text{苯胺} + 2H_2O \tag{5-47}$$

⑤ 氢解。在加氢反应过程中同时发生裂解，有小分子产物生成，或者生成分子量较小的两种产物。如甲苯氢解生成苯和甲烷，硫醇氢解生成烷烃和硫化氢气体，吡啶氢解生成烷烃和氨。

$$\text{甲苯} + H_2 \longrightarrow \text{苯} + CH_4 \tag{5-48}$$

$$C_2H_5SH + H_2 \longrightarrow C_2H_6 + H_2S \tag{5-49}$$

$$\text{吡啶} + 5H_2 \longrightarrow C_5H_{12} + NH_3 \tag{5-50}$$

5.2.1.2 催化加氢反应一般规律

(1) 热力学分析

① 反应热效应

催化加氢反应是可逆放热反应，但由于被加氢的官能团结构不同，加氢时放出的热量也不相同。表 5-12 给出了 25℃时某些烃类气相加氢热效应的 $\Delta H^{\ominus}$ 值。

表 5-12　25℃时加氢反应的热效应值

反应式	$\Delta H^{\ominus}/(kJ/mol)$
$C_2H_2 + H_2 \longrightarrow C_2H_4$	−174.3
$C_2H_4 + H_2 \longrightarrow C_2H_6$	−132.7
$CO + 2H_2 \longrightarrow CH_3OH$	−90.8
$CO + 3H_2 \longrightarrow CH_4 + H_2O$	−176.9
$(CH_3)_2CO + H_2 \longrightarrow (CH_3)_2CHOH$	−56.2
$CH_3CH_2CH_2CH_2CHO + H_2 \longrightarrow CH_3CH_2CH_2CH_2CH_2OH$	−69.1
苯 $+ 3H_2 \longrightarrow$ 环己烷	−208.1
甲苯 $+ H_2 \longrightarrow$ 苯 $+ CH_4$	−42

常压下不同温度时的热效应可由下式计算：

$$\Delta H_T = a + bT + cT^2 + dT^3 \tag{5-51}$$

式中　ΔH_T——化学反应热，kJ/mol；
　　　T——热力学温度，K；
a、b、c、d——系数。

② 化学平衡。影响加氢反应平衡的因素有温度、压力及反应物中氢气的用量。

a. 温度的影响。当加氢反应的温度低于 100℃时，绝大多数加氢反应的平衡常数值都非常大，可视为不可逆反应。因为加氢是放热反应，随着反应温度的升高，理论上平衡常数减小，低温有利于加氢反应。加氢反应平衡常数与温度的关系有如表 5-13 所示的 3 种类型。

表 5-13　加氢反应平衡常数与温度的关系

反应类型	温度/℃	K_p
乙炔加氢生成乙烯	127	7.63×10^{16}
	227	1.65×10^{12}
	427	6.5×10^6
苯加氢合成环己烷	127	7×10^7
	227	1.86×10^2
一氧化碳加氢合成甲醇	0	6.773×10^5
	100	12.92
	200	1.909×10^{-2}
	300	2.4×10^{-4}
	400	1.079×10^{-5}

第一类加氢反应在热力学上是有利的，即使在高温条件下平衡常数仍很大。如乙炔加氢反应，当温度为 127℃时，K_p 值为 7.63×10^{16}；而温度为 427℃时，K_p 值为 6.5×10^6，仍很大。该类反应在较宽的温度范围内在热力学上是十分有利的，都可进行到底，影响反应的

关键是反应速率。

第二类加氢反应的平衡常数随温度变化较大，当反应温度较低时平衡常数很大，但随反应温度升高平衡常数显著减小。如苯加氢合成环己烷，当反应温度从127℃升到227℃时，K_p值由7×10^7降至1.86×10^2，下降到1/370000。该类反应在较高温度下进行时，为了提高转化率，必须采用适当加压或氢过量的办法。

第三类加氢反应在热力学上是不利的，只有在很低温度下才具有较大的平衡常数，温度稍高平衡常数就变得很小。如一氧化碳加氢合成甲醇的反应，当温度为0℃时K_p值为6.773×10^5，而温度为100℃时，K_p值就降为12.92。这类反应的关键是化学平衡问题，为了提高平衡转化率，保证一定的反应速率，常在高温和高压下反应。

b. 压力的影响。加氢反应化学计量系数$\Delta v<0$，是气体分子数减少的反应。因此，增大反应压力可以提高K_p值，从而提高加氢反应的平衡转化率。

c. 氢气用量的影响。从化学平衡分析，增加反应物中氢气的用量，有利于反应正向进行，提高平衡转化率，同时氢气作为良好的载热体可以及时移走反应热，有利于反应的进行。但氢气用量也不能过大，以免造成产物浓度降低，增加分离困难，另外大量氢气的循环还会增加动力消耗。

（2）动力学分析

影响加氢反应速率的因素有反应温度、反应压力、氢气用量、溶剂及加氢物质结构。

① 反应温度的影响。对于热力学上十分有利的加氢反应，可视为不可逆反应。对于此类反应，温度升高，反应速率常数k升高，反应速率加快。但温度升高会影响加氢反应的选择性，增加副产物的生成，加重产物分离的难度，甚至使催化剂表面积炭，活性下降。

对于可逆加氢反应，反应速率常数k随温度升高而升高，但平衡常数随温度升高而下降，其反应速率与温度的变化为：当温度较低时反应速率随温度升高而加快，而在较高的温度下平衡常数减小，反应速率随温度升高反而下降。故应有一个最适宜的温度，在该温度下反应速率最大。

② 反应压力的影响。工业上加氢可在气相也可在液相中进行。一般而言，加氢反应是气体分子数减少的反应，提高氢气分压有利于反应速率的增加。但是压力对加氢反应速率的影响需视反应的机理而定。若产物在催化剂上是强吸附，就会占据一部分催化剂的活性中心，抑制加氢反应的进行，产物分压越高，加氢反应速率就越慢。

对于液相加氢反应，一般来讲，增加氢气分压有利于增大氢气在液相的溶解度，提高加氢反应速率。

③ 氢气用量的影响。氢气过量可以提高被加氢物质的平衡转化率和加快反应速率，且可以提高传热系数，有利于导出反应热和延长催化剂的寿命。但氢气过量太多，会导致产物浓度下降，增加分离难度。

④ 溶剂的影响。在液相加氢时，有时需要采用溶剂作稀释剂，以便带走反应热；其次，当原料或产物是固体时，可将其溶解在溶剂中，以利于反应的进行和产物的分离。一般常用的溶剂有甲醇、乙醇、醋酸、环己烷、乙醚、四氢呋喃、乙酸乙酯等。不同的溶剂对加氢反应速率和选择性的影响不同。以苯加氢为例，以骨架镍为催化剂，无溶剂时加氢速率为460mL/min；若以庚烷为溶剂，加氢速率增大到495mL/min；而当用甲醇或乙醇为溶剂时，加氢速率会降至$3\sim6$mL/min。

⑤ 加氢物质结构的影响。加氢物质在催化剂表面的吸附能力不同、活化难易程度不同、

加氢时受到空间阻碍不同以及催化剂活性组分的不同等都影响加氢反应速率。

a. 烯烃、炔烃加氢。在同系列烯烃的加氢反应中，乙烯加氢反应速率最快，丙烯次之，直链烯烃反应速率大于带支链的烯烃，随取代基增加反应速率下降。烯烃加氢反应速率顺序如下：

$$R{-}CH{=}CH_2 > \left\{ \begin{array}{l} R{-}CH{=}CH{-}R' \\ \underset{R'}{\underset{|}{R}}\!\!C{=}CH_2 \end{array} \right. > \underset{R'}{\underset{|}{R}}\!\!C{=}CH{-}R'' > \underset{R'}{\underset{|}{R}}\!\!C{=}\underset{R'''}{\overset{R''}{C}}$$

对于炔烃，由于乙炔吸附能力太强，会引起反应速率下降，所以单独存在时，乙炔加氢速率比丙炔慢。

非共轭二烯烃的加氢反应，无取代基双键首先加氢。共轭双烯烃则先加 1 分子氢后变成单烯烃，再加 1 分子氢转化为相应的烷烃。

b. 芳烃加氢。苯环上取代基越多，加氢反应速率越慢。苯及甲基苯的加氢顺序如下：

$$C_6H_6 > C_6H_5CH_3 > C_6H_4(CH_3)_2 > C_6H_3(CH_3)_3$$

c. 不同烃类加氢。不同烃类加氢反应速率不同。在同一催化剂上，不同烃类单独加氢时的反应速率顺序为：

$$二烯烃 > 单烯烃 > 炔烃 > 芳烃$$

而这些化合物混合在一起加氢时，其反应速率顺序为：

$$炔烃 > 二烯烃 > 单烯烃 > 芳烃$$

因为共同存在时乙炔的吸附能力最强，大部分活性中心被乙炔覆盖，所以乙炔加氢反应速率最快。因此，裂解气可以采用加氢脱炔的方式进行净化。

d. 含氧化合物的加氢。醛、酮、酸、酯的加氢产物都是醇，但其加氢难易程度不同，通常醛比酮易加氢，酯类比酸类易加氢。醇和酚氢解为烃类和水则比较困难，需要较高的反应温度才能满足要求。

e. 有机硫化物的氢解。研究表明，在钼酸钴催化剂作用下，有机硫化物因其结构不同，其氢解速率有较显著的差异，其顺序为：

$$R{-}S{-}S{-}R > R{-}SH > R{-}S{-}R > C_4H_8S > C_4H_4S$$

由此可知，用氢解方法脱硫，含混合硫化物的原料的脱硫速率主要由最难氢解的硫杂茂（C_4H_4S）的氢解速率控制。

5.2.1.3 催化加氢反应催化剂

从热力学上分析，加氢反应是可行的，但反应速率较慢。为了提高加氢反应速率和选择性，工业生产必须使用催化剂。

不同类型的加氢反应选用的催化剂不同，同一类型的加氢反应也会因选用不同的催化剂反应条件也不尽相同。加氢催化剂种类很多，其活性组分的元素分布主要是第Ⅵ族和第Ⅷ族的过渡元素，这些元素对氢有较强的亲和力。最常采用的元素有 Fe、Co、Ni、Pt、Pd、Rh，其次是 Cu、Mo、Zn、Cr、W 等，其氧化物或硫化物也可用作加氢催化剂。Pt-Rh、Pt-Pd、Pd-Ag、Ni-Cu 等是很有开发前景的加氢催化剂。

加氢催化剂按其形态主要分为金属催化剂、合金催化剂、金属氧化物催化剂、金属硫化物催化剂、金属络合物催化剂五大类。

① 金属催化剂。金属催化剂就是把活性组分如 Ni、Pd、Pt 等金属分散于载体上，以提高催化剂活性组分的分散性和均匀性，增强催化剂的强度和耐热性。载体是多孔性的惰性物

质，常用的载体有氧化铝、硅胶和硅藻土等。在这类催化剂中 Ni 催化剂最常使用，其价格相对较便宜。

金属催化剂的优点是活性高，在低温下即可进行加氢反应，适用于绝大多数官能团的加氢反应；缺点是容易中毒，如 S、As、Cl、P 等化合物都能使金属催化剂中毒。故对原料中的杂质要求严格，一般控制在 $1cm^3/m^3$ 以下。

② 合金催化剂。合金催化剂可分为骨架催化剂和熔铁催化剂两类。骨架催化剂是由 Ni、Co、Fe 等具有催化活性的金属与金属铝制成合金，再用碱液除去铝，制得多孔、高比表面积的催化剂。常用的有骨架镍和骨架钴催化剂，它们的催化活性很高，在空气中会自燃，一般须保存在溶剂中。熔铁催化剂是由 Fe-Al-K 等组成的合金，制成后经破碎筛分即可使用，主要用作合成氨催化剂。

③ 金属氧化物催化剂。金属氧化物催化剂有 MoO_3、Cr_2O_3、ZnO、CuO、NiO 等，可单独使用也可以是混合氧化物。该类催化剂的活性比金属催化剂差，但抗毒性较强，所需反应温度较高。为提高其耐高温性能，常在金属氧化物催化剂中加入高熔点组分（如 Cr_2O_3、MoO_3）。

④ 金属硫化物催化剂。金属硫化物催化剂主要是 MoS_2、WS_2、Co-Mo-S、Fe-Mo-S 等，因其抗毒性强可用于硫化物的加氢，主要用于加氢精制产品。但这类催化剂活性较低，需要较高的反应温度。

⑤ 金属络合物催化剂。金属络合物催化剂多为贵金属 Ru、Rh、Pd 及 Ni、Co、Fe、Cu 等的络合物。其特点是催化活性高，选择性好，反应条件温和，加氢反应在常温常压下就能进行。缺点是催化剂一般溶于加氢产物中难以分离，催化剂容易流失，增加生产成本又污染了产品，特别是采用贵金属，催化剂的分离和回收显得非常重要。均相配位催化剂的固载化，可以克服上述缺点。

5.2.1.4 一氧化碳加氢合成甲醇

（1）甲醇的用途

甲醇是仅次于乙烯、丙烯和芳烃的重要基础化工原料，其世界生产能力已超过 3000 万 t/a。甲醇主要用于生产甲醛，约占其总量的 30%～40%；其次是作为甲基化试剂生产甲胺、甲烷氯化物、丙烯酸甲酯、甲基丙烯酸甲酯、对苯二甲酸二甲酯和硫酸二甲酯等。甲醇还是生产三大合成材料、农药、医药、染料、涂料等的原料。随着技术的发展和能源结构的改变，甲醇的应用范围不断扩大。由甲醇催化合成烃类化合物，合成乙醇、乙醛、乙二醇等技术正在不断发展。甲醇混合燃料和甲醇燃料电池将成为甲醇新的重要应用领域。可以预测，随着科学技术的进一步发展，以甲醇为原料必将合成出更多的化工产品，其地位将更加重要。

（2）甲醇生产工艺

合成甲醇的工业化始于 1923 年，德国巴登苯胺纯碱公司首先建成以合成气为原料的高压法装置（温度 300～400℃，压力 30MPa），一直沿用至 20 世纪 60 年代中期。1966 年，英国 ICI 公司研制成功铜系催化剂，开发了甲醇低压合成工艺，简称 ICI 法（温度 230～270℃，压力 5～10MPa）。1971 年德国开发了鲁奇低压法。1973 年意大利开发成功氨-甲醇联合生产方法（联醇法）。目前，工业上合成甲醇几乎全部采用一氧化碳催化加氢的方法，即以合成气为原料的化学合成法，此法又有高压法、中压法和低压法之分。

① 高压法。一氧化碳和氢气在高温（300～400℃）、高压（25～35MPa）下，以锌-铬

氧化物为催化剂合成甲醇。其优点是生产能力大，单程转化率较高，技术成熟。但是高压法有许多缺点，如操作压力和温度高，不易控制，副产物多，原料损失量大，设备投资和操作费用高，操作复杂。

② 低压法。一氧化碳和氢气在压力为5MPa、温度为230～270℃条件下，以铜基催化剂合成甲醇。此法特点是反应选择性高，粗甲醇杂质含量少，精甲醇质量好。但由于压力低，设备庞大、不紧凑，一般只适合于中小规模的生产。

③ 中压法。一氧化碳和氢气在压力为10～25MPa、温度为250～350℃条件下，以铜基催化剂合成甲醇。此法特点是处理量大，综合了高、低压法的优点，适合于大型化生产。

（3）甲醇合成基本原理

① 主反应和副反应。

a. 主反应。

$$CO + 2H_2 \rightleftharpoons CH_3OH \tag{5-52}$$

当有二氧化碳存在时，二氧化碳按下列反应生成甲醇：

$$CO_2 + H_2 \rightleftharpoons CO + H_2O \tag{5-53}$$

$$CO + 2H_2 \rightleftharpoons CH_3OH \tag{5-54}$$

两步反应的总反应式为：

$$CO_2 + 3H_2 \rightleftharpoons CH_3OH + H_2O \tag{5-55}$$

b. 副反应。副反应分为平行副反应和连串副反应。

平行副反应：

$$CO + 3H_2 \rightleftharpoons CH_4 + H_2O \tag{5-56}$$

$$2CO + 2H_2 \rightleftharpoons CH_4 + CO_2 \tag{5-57}$$

$$4CO + 8H_2 \rightleftharpoons C_4H_9OH + 3H_2O \tag{5-58}$$

$$2CO + 4H_2 \rightleftharpoons CH_3OCH_3 + H_2O \tag{5-59}$$

当有金属铁、钴、镍等存在时，还可能发生生炭反应：

$$2CO \rightleftharpoons CO_2 + C \tag{5-60}$$

连串副反应：

$$2CH_3OH \rightleftharpoons CH_3OCH_3 + H_2O \tag{5-61}$$

$$CH_3OH + nCO + 2nH_2 \rightleftharpoons C_nH_{2n+1}CH_2OH + nH_2O \tag{5-62}$$

$$CH_3OH + nCO + 2(n-1)H_2 \rightleftharpoons C_nH_{2n+1}COOH + (n-1)H_2O \tag{5-63}$$

这些副反应的产物还可以进一步发生脱水、缩合、酰化等反应，生成烯烃、酯类、酮类等副产物。当催化剂中含有碱类时，这些化合物生成更快。副反应不仅消耗原料，而且影响粗甲醇的质量和催化剂寿命。特别是生成甲烷的反应为一个强放热反应，不利于操作控制，且生成的甲烷不能随产品冷凝，甲烷在循环系统中循环更不利于主反应的化学平衡和反应速率。

② 反应热效应。一氧化碳加氢合成甲醇的反应为可逆放热反应，热效应 $\Delta H_{298K}^{\ominus} = -90.8 \text{kJ/mol}$。在甲醇合成反应中，反应热效应不仅与温度有关，而且与反应压力有关。

合成甲醇的反应热效应与温度及压力的关系如图5-16所示。可以看出，反应热的变化范围比较大。温度越低，压力越高时，反应热越大。当温度低于200℃时，反应热随压力变化的幅度比高温时（＞300℃）更大，所以合成甲醇反应在低于300℃时要严格控制压力和温度的变化，以免造成温度失控。从图中还可以看出，当压力高于20MPa，反应温度在

300℃以上时,反应热变化很小,反应易于控制。所以,合成甲醇反应若采用高压,则同时要采用高温,反之宜采用低温、低压操作。

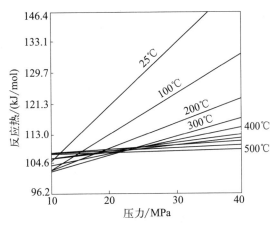

图 5-16 甲醇合成反应的反应热与温度和压力的关系

③ 平衡常数。一氧化碳加氢合成甲醇是在一定温度和加压下进行的气固相催化反应。在加压情况下,气体性质已经偏离了理想气体,所以用逸度表示平衡常数 K_f。K_f 只与温度有关,与压力无关,其表达式为:

$$\lg K_f = 10.20 + 3921T^{-1} - 7.971\lg T + 2.499 \times 10^{-3}T - 2.953 \times 10^{-7}T^2 \qquad (5-64)$$

式中 T——热力学温度,K。

④ 催化剂。20 世纪 60 年代以前,工业上都采用活性稍低但热稳定性较好且不易中毒的 $ZnO\text{-}Cr_2O_3$ 催化剂,用高压法合成甲醇。随后,英国 ICI 公司研制成功了高活性的铜基催化剂,该催化剂活性高,可以在较低温度下进行反应。表 5-14 列出了高压法使用的锌基催化剂($ZnO\text{-}Cr_2O_3$)和中、低压法使用的铜基催化剂($CuO\text{-}ZnO\text{-}Cr_2O_3$)的主要特性。

表 5-14 两种催化剂的性能及特点

项目		锌基催化剂	铜基催化剂
活性		在较高温度(633~683K)和压力(25MPa)下,具有较好的活性	在低温(503~573K)和低压(5~20MPa)下,具有较高的活性
选择性		选择性差,甲烷化显著,弛放气量大	选择性好,无甲烷化反应
粗甲醇质量	甲醇质量分数/%	85~90	>98
	二甲醚含量/(mg/kg)	1000~30000	20~150
	醛酮酸含量/(mg/kg)	80~20	10~30
	高级醇含量/(mg/kg)	8000~150000	100~2000
经济指标		受较高压力限制,能耗和成本比低、中压法高,在相同压力下,其生产能力只为铜基催化剂的 60%~70%	压力降低节省了动力,与高压法相比,低、中压法的能耗和成本约降低 25%,在相同压力下可提高生产能力约 50%
催化剂寿命/年		2~3	1~2
催化剂价格		与铜基催化剂相近	与锌基催化剂相近

研究和生产实践表明,含铜催化剂在低温时比非含铜催化剂活性高得多,前者在较低的

温度和压力下就能获得后者在较高的温度和压力下合成甲醇的浓度和产量。此点从表5-15中可以看出。

表 5-15　在不同催化剂、不同压力下合成甲醇反应器出口甲醇的浓度　　　单位：%

压力/MPa	33.42	25.32	15.20	5.065
$CuO-ZnO-Cr_2O_3$(543K)	18.2	12.4	5.8	3.0
$ZnO-Cr_2O_3$(648K)	5.5	2.4	0.6	0.15

但是，铜基催化剂对硫极为敏感，易中毒失活，并且热稳定性较差，因此，使用高效脱硫工艺，改进甲醇合成塔结构严格控制反应温度，从而延长铜基催化剂的使用寿命。这样，采用铜基催化剂的低、中压法合成甲醇才实现了工业化，并得到迅猛发展。

催化剂中 CuO 或 ZnO 是主要成分，但由于纯的 CuO 或 ZnO 活性并不高，往往需要加入少量助催化剂以提高催化剂的活性。最常用的助催化剂是 Cr_2O_3 和 Al_2O_3，另外 CuO 和 ZnO 有相互促进作用。Al_2O_3 作为 ZnO 的助催化剂的效果比 Cr_2O_3 差得多，而作为 CuO 的助催化剂效果却非常好。

铜基催化剂的活性与铜含量有关。实验表明，铜含量增加则活性增加，但耐热性和抗毒（硫）性下降；铜含量降低，使用寿命延长。我国目前使用的 C_{301} 型 Cu 系催化剂，为 $CuO-ZnO-Al_2O_3$ 三元催化剂，其大致组成（质量分数）为：CuO 45%～55%，ZnO 25%～35%，Al_2O_3 2%～6%。

催化剂的颗粒大小也有一定要求，适宜的颗粒大小要经过实验进行经济评价。一般中、低压法要求催化剂颗粒为 $\phi5.4mm\times3.6mm$、$\phi5mm\times5mm$、$\phi3.2mm\times3.2mm$ 的柱状，高压法要求为 $\phi9mm\times9mm$ 的柱状。

（4）工艺条件的选择

为了减少副反应，提高甲醇收率，除了选择适当的催化剂外，选择适宜的工艺条件也非常重要。甲醇合成工艺条件主要指温度、压力、原料气组成和空间速率等。

① 温度。合成甲醇反应是可逆放热反应，平衡收率与温度有关。温度升高，反应速率增加，平衡常数下降，存在一个最适宜反应温度。催化剂不同，最适宜温度也不同。对 $ZnO-Cr_2O_3$ 催化剂，由于其活性较低，最适宜反应温度较高，一般在 380～400℃ 之间；而 $CuO-ZnO-Al_2O_3$ 催化剂活性较高，其最适宜反应温度较低，一般为 230～270℃。最适宜反应温度还与转化程度和催化剂的老化程度有关，一般在催化剂使用初期宜采用活性温度的下限，其后随催化剂老化程度的增加相应地提高反应温度，才能充分发挥催化剂的作用，并延长催化剂的使用寿命。因此，催化剂床层的温度分布要尽可能接近最适宜温度曲线。为此，反应过程需及时移走反应热，一般采用冷激式和间接换热式两种。

② 压力。一氧化碳加氢合成甲醇的主反应与其他副反应相比是气体分子数减少最多而平衡常数最小的反应，故增大压力对加快反应速率和增加平衡浓度都十分有利。另一方面，合成反应所需压力与采用的催化剂、反应温度等有密切的关系。当采用 $ZnO-Cr_2O_3$ 催化剂时，由于其活性较低，反应温度较高，相应的反应压力也较高（约为 30MPa）；而采用 $CuO-ZnO-Al_2O_3$ 催化剂时，因其活性较高，反应温度较低，相应的反应压力也较低（约为 5MPa）。

③ 原料气组成。合成甲醇反应的化学计量比是 $H_2:CO=2:1$。但生产实践证明，一

氧化碳含量高不仅对温度控制不利，而且能引起羰基铁在催化剂上的积聚，使催化剂失去活性。故一般采用氢气过量。氢气过量可以抑制高级醇、高级烃和还原性物质的生成，提高粗甲醇的浓度和纯度。同时，过量的氢气可以起到稀释作用，且因氢气的导热性能好，有利于防止局部过热和降低整个催化层的温度。但是，氢气过量太多会降低反应设备的生产能力。工业生产中采用铜系催化剂操作时，一般控制 $H_2：CO=（2.2\sim3.0）：1$，也有为了延长催化剂寿命以及其他原因采用更大 H_2/CO。H_2/CO 对 CO 转化率的影响见图 5-17。

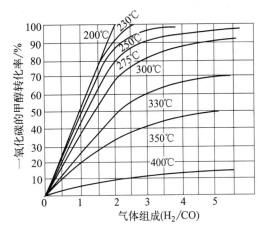

图 5-17　合成气中气体组成与一氧化碳生成甲醇转化率的关系

由于二氧化碳的比热容比一氧化碳高，其加氢反应热效应却较小，故原料气中有一定二氧化碳含量时，可以降低反应峰值温度。对于低压法合成甲醇，二氧化碳体积分数为 5% 时甲醇收率最好。此外，二氧化碳的存在也可抑制二甲醚的生成。

原料气中有氮气及甲烷等惰性物存在时，氢气及一氧化碳的分压降低，导致反应转化率下降。由于合成甲醇空速大，接触时间短，单程转化率低（10%～15%），因此，反应气体中仍含有大量未转化的氢气及一氧化碳，必须循环利用。为了避免惰性气体的积累，必须将部分循环气从反应系统中排出，以使反应系统中惰性气体含量保持在一定浓度范围。工业生产上一般控制循环气量为新鲜原料气量的 3.5～6 倍。

④ 空速。合成甲醇的空速大小会影响反应的选择性和转化率。由于合成甲醇的副反应较多，若空速低，反应气体与催化剂接触时间长，会促进副反应发生，降低合成甲醇的选择性和生产能力。空速高，可提高催化剂的生产能力，减少副反应发生，提高甲醇产品的纯度；但空速过高，会降低单程转化率，产品中甲醇含量太低，产品的分离难度增加。因此，应选择合适的空速，以提高生产能力，减少副反应，提高甲醇产品的纯度。对 $ZnO\text{-}Cr_2O_3$ 催化剂，适宜的空速为 20000～40000$m^3/(m^3$ 催化剂·h)；对 $CuO\text{-}ZnO\text{-}Al_2O_3$ 催化剂，适宜的空速为 10000$m^3/(m^3$ 催化剂·h) 左右。

（5）低压法合成甲醇工艺流程

低压法合成甲醇工艺流程如图 5-18 所示。净化后的合成气经合成气压缩机 1 加压后与分离器 6 来的循环气汇合，进入循环气压缩机 2，升温后的大部分原料气进入换热器 4，与甲醇合成塔 3 出来的反应气体进行换热，温度升至 210℃ 进入甲醇合成塔 3；小部分原料气作冷激气，用于调节控制催化剂床层温度。合成气在合成塔内与铜基催化剂接触，发生反应生成甲醇。反应后的气体（含 6%～8% 的甲醇）进入换热器 4 与原料换热，进入冷凝器 5，降温后送入分离器 6，将未反应的气体分出并送入循环气压缩机 2。分出的液体产物为粗甲醇，进入闪蒸槽 7，闪蒸出溶解的气体，然后送入粗甲醇储槽 8。

粗甲醇中除甲醇外，含有的杂质可以分为两类：一类是溶于其中的气体和易挥发的轻组分，如氢气、一氧化碳、二氧化碳、二甲醚、乙醛、丙酮等；另一类是难挥发的重组分，如乙醇、高级醇、水分等。因此，粗甲醇的精制采用两个塔精制。第一塔为脱轻组分塔 9，采用加压操作，分离易挥发物，塔顶馏出物经冷却冷凝回收甲醇，不凝性气体及轻组分排出；

第二塔为甲醇精馏塔10，用以脱除重组分和水。重组分乙醇、高级醇等杂醇油在塔的加料口下6~14块板处侧线采出，水由塔釜分出，塔顶排出残余的轻组分，距塔顶3~5块板处在线采出产品甲醇。产品甲醇的纯度可达99.85%（质量分数）。

扫码查看
甲醇精制工艺

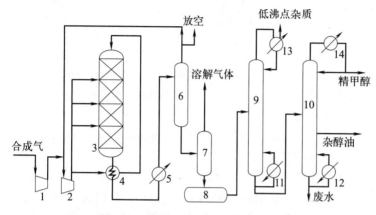

图 5-18 低压法合成甲醇的工艺流程
1—合成气压缩机；2—循环气压缩机；3—甲醇合成塔；4—换热器；
5,13,14—冷凝器；6—分离器；7—闪蒸槽；8—粗甲醇储槽；
9—脱轻组分塔；10—甲醇精馏塔；11,12—再沸器

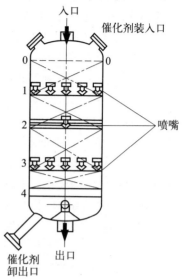

图 5-19 冷激式绝热反应器结构示意图

（6）甲醇合成反应器

甲醇合成反应器，也称甲醇转化器或甲醇合成塔，是甲醇合成系统中最重要的部分。合成气中含有氢气和一氧化碳，要求反应器材质有抗氢气和一氧化碳腐蚀能力。一般采用耐腐蚀的特殊钢材，如1Cr18Ni9Ti不锈钢。合成甲醇是一可逆放热反应，需要及时移走反应热。根据反应热移出方式不同，甲醇合成反应器可分为绝热式和等温式两大类；按照冷却方式不同，可分直接冷却的冷激式和间接冷却的列管式两大类。

① 冷激式绝热反应器。这类反应器把反应床层分为若干绝热段，段间直接加入冷的原料气使反应气冷却，故称为冷激式绝热反应器。图5-19是冷激式绝热反应器的结构示意图。反应器主要由塔体、气体喷头、气体进出口、催化剂装卸口等组成。催化剂由惰性材料支撑，分成数段。反应气体由上部进入反应器，冷激气在段间经喷嘴喷入，喷嘴分布于反应器的整个截面上，以便冷激气与反应气混合均匀。混合后的温度正好是反应温度低限，混合气进入下一段床层进行反应。段中进行的反应为绝热反应，释放的反应热使反应气体温度升高，但未超过反应温度高限，于下一段间再与冷激气混合降温后进入再下一段床层进行反应。

冷激式绝热反应器在反应过程中流量不断增大，各段反应条件略有差异，气体的组成和空速都不一样。这类反应器结构简单，催化剂装填方便，生产能力大，但要有效控制反应温度，避免过热现象发生，冷激气和反应气的混合及均匀分布是关键。冷激式绝热反应器的温度分布如图5-20所示。

② 列管式等温反应器。图 5-21 为列管式等温反应器的结构示意图。该类反应器结构类似于列管式换热器，管内装填催化剂，管间走冷却水，反应热由冷却水带走，冷却水入口为常温水，出口为高压蒸汽。通过调节蒸汽压力可以控制反应器内的反应温度，使其沿管长温度几乎不变，避免催化剂过热，从而延长催化剂的使用寿命。列管式等温反应器的优点是温度易控制，能量利用较经济。

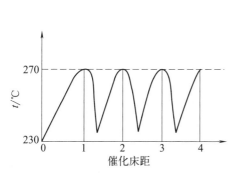

图 5-20 冷激式绝热反应器的温度分布

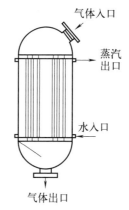

图 5-21 列管式等温反应器结构

5.2.2 催化脱氢

5.2.2.1 催化脱氢反应类型

① 烷烃脱氢生成烯烃、二烯烃及芳烃。

$$n\text{-}C_4H_{10} \longrightarrow n\text{-}C_4H_8 + H_2 \tag{5-65}$$
$$\quad\quad\quad\quad\quad\hookrightarrow H_2C\!=\!CHCH\!=\!CH_2 + H_2$$

$$n\text{-}C_{12}H_{26} \longrightarrow n\text{-}C_{12}H_{24} + H_2 \tag{5-66}$$

$$n\text{-}C_{12}H_{26} \longrightarrow 2\,\text{C}_6H_5\!-\! + 7H_2 \tag{5-67}$$

② 烯烃脱氢生成二烯烃。

$$i\text{-}C_5H_{10} \longrightarrow H_2C\!=\!CHC(CH_3)\!=\!CH_2 + H_2 \tag{5-68}$$

③ 烷基芳烃脱氢生成烯基芳烃。

$$\text{C}_6H_5\text{CH}_2\text{CH}_3 \longrightarrow \text{C}_6H_5\text{CH}\!=\!\text{CH}_2 + H_2 \tag{5-69}$$

④ 醇类脱氢可制得醛和酮类。

$$CH_3CH_2OH \longrightarrow CH_3CHO + H_2 \tag{5-70}$$

$$CH_3CHOHCH_3 \longrightarrow CH_3COCH_3 + H_2 \tag{5-71}$$

5.2.2.2 催化脱氢反应一般规律

（1）热力学分析

① 反应热效应。烃类催化脱氢反应是强吸热反应，不同结构的烃类脱氢热效应有所不同，如：

$$n\text{-}C_4H_{10}(g) \longrightarrow n\text{-}C_4H_8(g) + H_2 \quad \Delta H_{298K}^{\ominus} = 124.8\,\text{kJ/mol} \tag{5-72}$$

第 5 章　有机化工单元反应及典型产品生产工艺

$$n\text{-}C_4H_8(g) \longrightarrow H_2C=CHCH=CH_2 + H_2 \quad \Delta H_{298K}^{\ominus} = 110.1 \text{kJ/mol} \tag{5-73}$$

$$\text{CH}_2\text{CH}_3\text{-C}_6\text{H}_5(g) \longrightarrow \text{CH}=\text{CH}_2\text{-C}_6\text{H}_5(g) + H_2 \quad \Delta H_{298K}^{\ominus} = 117.8 \text{kJ/mol} \tag{5-74}$$

② 化学平衡。

a. 温度的影响。大多数脱氢反应在低温下平衡常数比较小,平衡常数 K_p 与温度 T 和热效应 $\Delta H^{\ominus}$ 之间的关系为:

$$\left(\frac{\partial \ln K_p}{\partial T}\right)_p = \frac{\Delta H^{\ominus}}{RT^2} \tag{5-75}$$

因为烃类脱氢反应是强吸热反应,$\Delta H^{\ominus} > 0$,因此,随反应温度升高,平衡常数增大,平衡转化率也升高。

b. 压力的影响。脱氢反应是气体分子数增加的反应,从热力学分析可知,降低总压力可使产物的平衡浓度增大。

压力与脱氢反应平衡转化率及反应温度之间的关系见表5-16。可以看出,为了达到相同的平衡转化率,操作压力从101.3kPa降低到10.1kPa,反应温度可以降低100℃左右,反应条件较为温和。但工业上在高温下进行减压操作是不安全的,为此常采用惰性气体作稀释剂以降低烃的分压,其对平衡产生的效果和降低总压是相似的。工业上常用蒸汽作为稀释剂,其优点是:产物易分离;热容量大;既可提高脱氢反应的平衡转化率,又可消除催化剂表面的积炭或结焦。当然,蒸汽用量也不宜过大,以免造成能耗增加。

表 5-16 脱氢反应压力、平衡转化率与温度的关系　　　　　　　　　单位:K

项目	正丁烷→丁烯		丁烯→1,3-丁二烯		乙苯→苯乙烯	
	101.3kPa	10.1kPa	101.3kPa	10.1kPa	101.3kPa	10.1kPa
平衡转化率 10%	460	390	540	440	465	390
平衡转化率 30%	545	445	615	505	565	455
平衡转化率 50%	600	500	660	545	620	505
平衡转化率 70%	670	555	700	585	675	565
平衡转化率 90%	753	625	710	620	780	630

(2) 动力学分析

影响脱氢反应速率和选择性的因素有催化剂粒度、温度、压力、空速以及加氢物质的结构。

① 催化剂粒度的影响。在以氧化铁系作催化剂的脱氢体系中,催化剂颗粒大小对反应速率和选择性都有影响。图5-22是催化剂粒度对反应速率的影响,图5-23是催化剂粒度对选择性的影响。从图中可以看出,较小颗粒的催化剂不仅能提高脱氢反应速率,也能提高选择性,由此可见,内扩散是主要的影响因素。工业生产中一般采用较小粒度的催化剂,并且通过改进催化剂孔结构(如减少微孔)改善其内扩散性能。

② 温度和压力的影响。提高温度既可加快脱氢反应速率,又可提高转化率;但是温度过高必然会加快副反应速率,从而导致选择性下降,促使催化剂表面聚合生焦,使催化剂的失活速度加快。因此脱氢反应有一个较为适宜的温度。

从热力学角度分析,降低操作压力对脱氢反应是有利的,因此脱氢反应应控制在高温低压下进行。工业上高温下减压操作比较危险,所以除少数脱氢反应之外,大部分脱氢反应均可向系统内加入蒸汽作稀释剂,降低反应物的分压,以达到低压操作的目的。

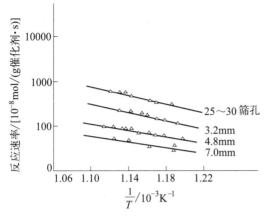

图 5-22　催化剂颗粒对乙苯脱氢反应速率的影响

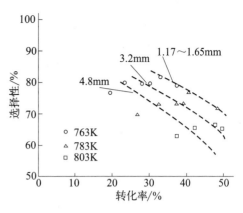

图 5-23　催化剂粒度对丁烯脱氢转化率和选择性的影响

③ 空速的影响。对于脱氢反应，空速减小，转化率提高，但副反应增加，选择性下降，催化剂表面结焦增加，再生周期缩短；空速增大，转化率减小，原料循环量增加，能耗增大，操作费用增加。所以最佳空速必须综合考虑各方面的因素而定。

④ 脱氢物质结构的影响。对于烃类脱氢反应，脱氢物质的结构对反应速率也有一定的影响。如正丁烯脱氢速率大于正丁烷；而烷基芳烃，一般侧链上 α-碳原子上的取代基增多、链的增长或苯环上的甲基数目增多时，其脱氢反应速率加快。乙苯的脱氢反应速率最慢。

5.2.2.3　催化脱氢反应催化剂

一般而言，脱氢催化剂应满足下列要求：第一是具有良好的活性和选择性，能够尽量在较低的温度条件下进行反应，对副反应没有或很少有催化作用；第二是催化剂的热稳定性好，能耐较高的操作温度而不失活；第三是化学稳定性好，由于脱氢反应产物中有氢气存在，要求金属氧化物催化剂能耐受还原气氛，不被还原成金属态，同时在大量蒸汽气氛下催化剂颗粒能长期运转而不粉碎，保持足够的机械强度；第四是抗结焦性能好，易再生。

工业生产中常用的脱氢催化剂主要有以下三大系列：

① 氧化铬-氧化铝系列催化剂。该类催化剂氧化铬是活性组分，氧化铝是载体，通常还添加少量的碱金属或碱土金属氧化物作助催化剂，以提高其活性。其大致组成为：Cr_2O_3 18%～20%、Al_2O_3 80%～82%。该类催化剂适用于低级烷烃脱氢，例如丁烷脱氢制丁烯和丁二烯等。水分对此类催化剂有毒化作用，故不能采用蒸汽作稀释剂，而采用减压法。另外，该类催化剂在脱氢反应条件下易结焦，需要频繁地用含氧的烟道气进行再生。

② 氧化铁系列催化剂。该类催化剂氧化铁是活性组分，具有较高的活性和选择性，是目前工业上用于乙苯脱氢制备苯乙烯的催化剂。其中具有代表性的为美国的壳牌（Shell）105 催化剂，其组成为：Fe_2O_3 87%～90%，Cr_2O_3 2%～3%，K_2O 8%～10%。

据研究，氧化铁系列催化剂在脱氢反应中起催化作用的可能是 Fe_3O_4。在有氢气存在的还原气氛中，3 价铁会向 2 价铁转化，从而引起催化剂选择性下降。因此，使用该系列催化剂时，脱氢反应必须在适当的氧化气氛中进行。蒸汽是氧化性气体，可以阻止氧化铁被还原，从而获得较高的选择性，故氧化铁系催化剂脱氢总是以蒸汽作稀释剂。

Cr_2O_3 是高熔点金属氧化物，可作为结构性助剂，以提高催化剂的热稳定性，同时起到稳定铁的价态的作用。但 Cr_2O_3 的毒性较大，现以 Mo 和 Ce 代替，制成无铬的氧化铁系列催化剂。助催化剂 K_2O 可以改变催化剂表面的酸度，减少裂解副反应的进行，同时提高催化剂的抗结焦性，延长催化剂的使用寿命。

③ 磷酸钙镍系列催化剂。该类催化剂以磷酸钙镍为主体，添加 Cr_2O_3 和石墨，属于金属盐类催化剂。如 $Ca_8Ni(PO_4)_6$-Cr_2O_3-石墨催化剂，其中石墨含量为 2%，氧化铬含量为 2%，其余为磷酸钙镍。该系列催化剂对烯烃脱氢制二烯烃具有良好的选择性，但抗结焦性能差，需用蒸汽和空气的混合物再生。

5.2.2.4 乙苯脱氢制苯乙烯

（1）苯乙烯的用途

苯乙烯是高分子合成材料的一种重要单体，均聚可制得聚苯乙烯树脂，其用途十分广泛；与其他单体共聚可得到多种有价值的共聚物，如与丙烯腈共聚得色泽光亮的 SAN 树脂，与丙烯腈、丁二烯共聚得 ABS 树脂，与丁二烯共聚得丁苯橡胶及 SBS 塑性橡胶等。此外，苯乙烯还广泛用于制药、涂料、纺织等工业。

（2）苯乙烯生产方法

目前，世界上苯乙烯的生产方法主要有乙苯脱氢法、乙苯共氧化法、甲苯合成法、乙烯和苯直接合成法、乙苯氧化脱氢法。

① 乙苯脱氢法。

$$C_6H_5CH_2CH_3 \xrightarrow[600\sim700℃]{Fe_2O_3} C_6H_5CH=CH_2 + H_2 \tag{5-76}$$

该法工艺成熟，苯乙烯收率达 95% 以上，是工业上最早采用的苯乙烯生产方法，采用该工艺的装置产能约占苯乙烯总产能的 85%。

② 乙苯共氧化法。乙苯先氧化成过氧化氢乙苯，然后与丙烯进行环氧化反应制得苯乙烯并联产环氧丙烷：

$$C_6H_5CH(OOH)CH_3 + CH_3CH=CH_2 \longrightarrow C_6H_5CH(OH)CH_3 + H_2C-CH-CH_3(环氧) \xrightarrow{-H_2O} C_6H_5CH=CH_2 \tag{5-77}$$

该法俗称哈康（Halcon）法，其生产的苯乙烯约占世界苯乙烯总产量的 12%，优点是能耗低，可联产环氧丙烷，因此综合效益好。但工艺流程长，能盈利的最小生产规模比较大，联产两种产品受市场制约大。

③ 甲苯合成法。该法首先采用 $PbO \cdot MgO/Al_2O_3$ 作催化剂，在蒸汽存在下使甲苯脱氢缩合生成苯乙烯基苯，然后苯乙烯基苯与乙烯在 $WO \cdot K_2O/SiO_2$ 催化剂作用下生成苯乙烯。其反应式为：

$$2\ C_6H_5CH_3 \longrightarrow C_6H_5CH=CHC_6H_5 + 2H_2 \tag{5-78}$$

$$C_6H_5CH=CHC_6H_5 + H_2C=CH_2 \longrightarrow 2\ C_6H_5CH=CH_2 \tag{5-79}$$

另一种方法是甲苯与甲醇直接合成苯乙烯。其反应式为：

$$2\ C_6H_5CH_3 + 2CH_3OH \longrightarrow C_6H_5CH_2CH_3 + C_6H_5CH=CH_2 + 2H_2O + H_2 \tag{5-80}$$

此法处于研究阶段，尚未投入工业化生产。

④ 乙烯和苯直接合成法。该法采用贵金属作催化剂，既可在液相中也可在气相中进行反应，副产物有乙苯、乙醛、二氧化碳等。其反应式为：

$$C_6H_6 + H_2C=CH_2 + 1/2\ O_2 \longrightarrow C_6H_5CH=CH_2 + H_2O \tag{5-81}$$

此项技术也处于研究之中，有一定的工业应用前景。

⑤ 乙苯氧化脱氢法。该工艺是在乙苯脱氢工艺的基础上，向脱氢产物中加入适量氧或空气，使氢气在选择性氧化催化剂作用下氧化为水，从而降低反应物中的氢分压，打破了传统脱氢反应中的热力学平衡，使反应向生成物方向移动。其反应式为：

$$C_6H_5CH_2CH_3 + 1/2\ O_2 \longrightarrow C_6H_5CH=CH_2 + H_2O \tag{5-82}$$

乙苯氧化脱氢法的特点是用较低温度下的放热反应代替高温下的乙苯脱氢吸热反应，从而大大降低了能耗，提高了效率，另外该法不受乙苯脱氢平衡限制，也不采用蒸汽。该工艺于 20 世纪 90 年代初期开发成功，已实现工业化。

（3） 乙苯脱氢生产苯乙烯反应原理

① 主反应和副反应。

a. 主反应。乙苯在催化剂氧化锌或氧化铁的作用下，高温脱氢生成产物苯乙烯。

$$C_6H_5CH_2CH_3 \xrightarrow[600\sim 700^\circ C]{Fe_2O_3} C_6H_5CH=CH_2 + H_2 \quad \Delta H^{\ominus}_{900K}=125.1 kJ/mol \tag{5-83}$$

b. 副反应。副反应又可分为平行副反应和连串副反应。

平行副反应主要有裂解反应和加氢裂解反应两种。由于乙苯中的苯环比较稳定，故反应都发生在侧链上。

$$C_6H_5C_2H_5 \longrightarrow C_6H_6 + C_2H_4 \quad \Delta H^{\ominus}_{873K}=102 kJ/mol \tag{5-84}$$

$$C_6H_5C_2H_5 + H_2 \longrightarrow C_6H_5CH_3 + CH_4 \quad \Delta H^{\ominus}_{873K}=-64.5 kJ/mol \tag{5-85}$$

$$C_6H_5C_2H_5 + H_2 \longrightarrow C_6H_6 + C_2H_6 \quad \Delta H^{\ominus}_{873K}=-41.8 kJ/mol \tag{5-86}$$

连串副反应主要是脱氢产物的聚合、缩聚生成焦油和焦，以及脱氢产物加氢裂解生成甲苯和甲烷。

在蒸汽存在的条件下，乙苯还可能发生蒸汽的转化反应。

$$C_6H_5C_2H_5 + 2H_2O \longrightarrow C_6H_5CH_3 + CO_2 + 3H_2 \tag{5-87}$$

② 催化剂。工业上广泛采用氧化铁系列催化剂。该类催化剂活性高，可自行再生，使用寿命达 1~2 年，对热和蒸汽都很稳定。工业上采用的一些典型氧化铁系催化剂的组成见表 5-17。

表 5-17　典型氧化铁系催化剂组成　　　　　　　　　　　　　　　　单位：%

项目		Fe_2O_3	Cr_2O_3	K_2O
牌号	壳牌 105	87	3	10
	壳牌 205	70	3	27

在氧化铁系催化剂中，氧化铁是活性组分，起催化作用的是 Fe_3O_4 成分，但在还原气氛中脱氢，其选择性很快下降，说明高价的氧化铁还原成了低价氧化铁，甚至金属态铁。因此，反应要在适当氧化气氛中进行。在大量蒸汽存在下，可以阻止氧化铁被过度还原。因此，采用氧化铁系催化剂脱氢，总是以蒸汽作稀释剂。氧化铬是高熔点的金属氧化物，它可提高催化剂的热稳定性，还具有稳定铁价态的作用。氧化钾具有助催化剂作用，并能中和催化剂表面酸度，以减少裂解副反应的进行，提高催化剂的抗结焦性。此外，氧化镁、氧化铈、氧化铜等也是氧化铁系催化剂的助催化剂。氧化铬虽然能起到结构稳定剂的作用，但由于其毒性较大，现在工业上广泛采用非铬的氧化铁系催化剂，比如，上海石化研究院研制的 GS11 催化剂，以氧化铁为主要活性组分，添加碳酸钾、铈盐、氧化钼、氧化镁等助剂。

（4）工艺条件的选择

乙苯脱氢制苯乙烯反应过程所需控制的主要操作参数有反应温度、反应压力、蒸汽用量和原料烃的空速等。

① 反应温度。乙苯脱氢反应是可逆吸热反应，提高反应温度对热力学平衡和反应速率都有利。在氧化铁催化剂的存在下，于 500℃ 左右脱氢，几乎没有裂解副产物的生成。随着温度的升高，乙苯脱氢速率增加，但裂解和蒸汽转化等副反应的速率也迅速增加，结果乙苯的转化率虽有增加，但苯乙烯的收率却随之下降，副产物苯和甲苯的生成量增多。生产中一般选定反应温度为 550~600℃。

② 反应压力。乙苯脱氢反应是气体分子数增多的可逆反应，降低反应压力对脱氢反应是有利的。但是，对于易燃易爆物料，在负压下进行高温操作极不安全，且对设备要求高，增加了设备的制造费用。因此，工业生产中采用加入蒸汽作为稀释剂的方法来降低反应混合物中烃的分压，从而达到与减压操作相同的目的。工业上一般在略高于常压下进行操作，并使系统的压力降尽量减小，便于在低压下进行操作。

③ 蒸汽用量。在反应系统中加入蒸汽，除达到上述的减压目的外，还有如下作用：

a. 蒸汽的比热容大，通过加入过热蒸汽可以供给脱氢反应所需的部分热量，有利于反应温度稳定；

b. 蒸汽能将吸附在催化剂表面的反应产物置换，有利于产物脱离催化剂表面，加快产物生成速率；

c. 蒸汽能与催化剂表面的积炭发生反应，生产气体 CO，有利于保持催化剂的活性，延长催化剂的再生周期；

d. 蒸汽可以阻止催化剂中氧化铁在氢气氛围中被还原成低价氧化态甚至还原成金属铁，有利于脱氢反应选择性的提高，因为金属铁对深度分解反应具有催化作用。

因此,增加蒸汽用量对乙苯脱氢反应是有利的。但用量不宜过大,否则将增加能耗和操作费用。实际生产中,反应器形式不同,蒸汽的用量也有差异。由于等温多管式反应器靠管外烟道气供热,理论上其蒸汽用量是绝热反应器的一半。目前,为了降低苯乙烯装置能耗,国内90%以上企业将水油比控制在1.3左右。

④ 原料烃的空速。乙苯脱氢反应是一个复杂反应,空速低、接触时间长,有利于转化率提高,但连串副反应增加,会导致选择性下降,催化剂表面积炭量增加,催化剂再生周期缩短。空速过大,转化率变小,产物收率低,未转化的原料循环量增大,能耗增加。适宜空速的确定需综合考虑多方面因素,合理选择,工业上一般采用的空速为 $0.4\sim0.6h^{-1}$。

(5) 工艺流程

乙苯脱氢制苯乙烯的工艺流程主要包括乙苯脱氢、苯乙烯分离与精制两大部分。

① 乙苯脱氢工艺流程。脱氢反应是强吸热反应,反应需要在高温下进行,因此脱氢过程中需要在高温条件下向反应系统供给大量的热量。由于供热方式不同,采用的反应器形式也不同,工艺流程的组织也不同。根据供热方式不同,工业上采用的反应器类型主要有两种:绝热反应器和等温反应器,这两种反应器的流程差别主要是脱氢部分蒸汽用量不同,热量的供给和回收利用不同。

a. 多管等温反应器脱氢部分的工艺流程。多管等温反应器脱氢部分的工艺流程见图5-24。原料乙苯蒸气和一定量蒸汽以 $n_{蒸汽}:n_{乙苯}=(6\sim9):1$ 混合后,经第一预热器、热交换器和第二预热器预热至540℃左右,进入脱氢反应器进行催化脱氢反应,反应后的脱氢产物离开反应器的温度为580~600℃,经与原料气热交换回收热量后,进入冷凝器进行冷却冷凝,冷凝液分去水后送粗苯乙烯储槽,不凝气体含有90%左右的 H_2,其余为 CO_2 和少量 C_1 及 C_2,可作为燃料气,也可以用作氢源。

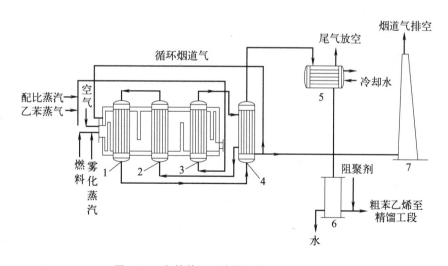

图5-24 多管等温反应器乙苯脱氢工艺流程

1—脱氢反应器;2—第二预热器;3—第一预热器;4—热交换器;
5—冷凝器;6—粗苯乙烯储槽;7—烟囱;8—加热炉

b. 绝热反应器脱氢部分的工艺流程。图5-25为单段绝热反应器脱氢的工艺流程。循环乙苯和新鲜的乙苯与部分蒸汽混合以后(这部分蒸汽约占总加入蒸汽量的10%左右),与高温脱氢产物进行热交换,温度升到520~550℃,再与过热到720℃的其余90%的过热蒸汽混合，混合后温度为650℃左右，进入脱氢反应器，脱氢产物离开反应器时的温度为585℃左右，经过热交换，降低温度后，再进一步冷凝冷却，凝液分出水后，进入粗苯乙烯储槽，尾气含氢气90%左右，可以作为燃料用，也可以用来制氢气。

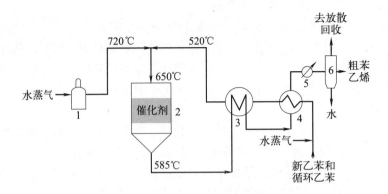

图 5-25 单段绝热反应器脱氢的工艺流程

1—蒸汽过热炉；2—脱氢反应器；3,4—热交换器；5—冷凝器；6—分离器

单段绝热反应脱氢的优点是反应器结构简单，设备造价低，工艺流程简单，生产能力大；缺点是反应器进出口温差大（可以达到65℃），转化率比较低（35%～40%），选择性也比较低（约90%），过热蒸汽用量大。为了克服这些缺点，降低原料乙苯的单耗和能耗，多年以来在反应器和脱氢工艺方面做了多方面的改进，取得了比较好的效果。例如：

ⅰ．采用多个单段绝热反应器串联，反应器之间设加热炉，进行中间加热，减小反应器进出口温差。

ⅱ．采用多段绝热反应器，反应开始时使用高选择性催化剂，如：Fe_2O_3 49%-CeO_2 1%-$K_4P_2O_7$ 26%-$Ca_3Al_2O_6$ 20%-Cr_2O_3 4%，以减少副反应，提高选择性；反应后期使用高活性催化剂，如：Fe_2O_3 90%-K_2O 5%-Cr_2O_3 3%，以克服温度下降带来反应速率下降的不利影响。该法可以使乙苯转化率提高到64.2%，选择性达到91.9%，蒸汽消耗量由单段的6.6t/t苯乙烯降低到4.5t/t苯乙烯，生产成本降低16%。

ⅲ．采用多段径向绝热反应器，可使用小颗粒催化剂，不仅提高选择性，也可提高反应速率。

② 苯乙烯分离与精制工艺流程。脱氢产物粗苯乙烯（也称为脱氢液），除含有产物苯乙烯以外，还含有没有反应的乙苯和副产物苯、甲苯及少量焦油。脱氢产物的组成，因为脱氢方法和操作工艺条件的不同而不同，见表5-18。

表 5-18 粗苯乙烯组成举例

组分	沸点/℃	组成(质量分数)/%		
		例1 (等温反应器脱氢)	例2 (两段绝热反应器脱氢)	例3 (三段绝热反应器脱氢)
苯乙烯	146.2	35～40	60～65	80.90
乙苯	136.2	55～60	30～35	14.66
苯	80.1	约1.5	约5	0.88
甲苯	110.6	约2.5		3.15
焦油		少量	少量	少量

各组分沸点相差较大，可以用精馏的方法分离，其中乙苯-苯乙烯的分离是最关键的部分。由于两者的沸点只差9℃，分离时要求的塔板数比较多，另外苯乙烯在温度高的时候容易自聚，它的聚合速率随着温度的升高而加快。为了减少聚合反应的发生，除了在精馏塔内加阻聚剂以外，塔底温度还应控制在90℃以内。综上分析，必须采用减压操作。

典型的粗苯乙烯分离和精制流程见图5-26。粗苯乙烯先进入乙苯蒸出塔，将没有反应的乙苯、副产物苯和甲苯与苯乙烯进行分离。塔顶蒸出的乙苯、苯和甲苯经过冷凝后，一部分回流，其余送入苯、甲苯回收塔，将乙苯与苯、甲苯分离，塔底分出的乙苯可循环作脱氢原料用。苯、甲苯回收塔顶物流送入苯、甲苯分离塔，进行苯与甲苯的分离。乙苯蒸出塔塔底液体主要是苯乙烯，还含有少量焦油，送入苯乙烯精馏塔，塔顶蒸出聚合级成品苯乙烯，纯度为99.6%（质量分数）。塔底液体为焦油，焦油里面含有苯乙烯，可进一步进行回收。上述流程中，乙苯蒸出塔和苯乙烯精馏塔均应当在减压下操作，同时为了防止苯乙烯的聚合，塔底需要加入阻聚剂，例如二硝基苯酚、叔丁基邻苯二酚等。

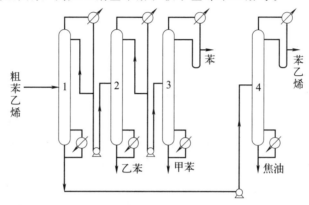

图5-26 粗苯乙烯的分离和精制流程

1—乙苯蒸出塔；2—苯、甲苯回收塔；3—苯、甲苯分离塔；4—苯乙烯精馏塔

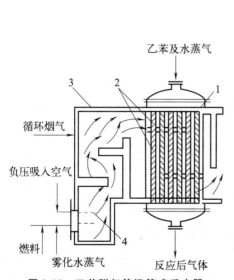

图5-27 乙苯脱氢等温管式反应器

1—多管反应器；2—圆缺挡板；3—耐火砖砌成的加热炉；4—燃烧喷嘴

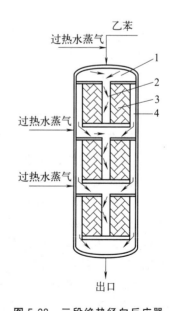

图5-28 三段绝热径向反应器

1—混合室；2—中心室；3—催化剂室；4—收集室

（6）脱氢反应器

① 等温管式反应器。图 5-27 为乙苯脱氢等温管式反应器。该类反应器由许多耐高温的镍铬不锈钢管组成，管径 100～185mm，管长 3m，管内装催化剂，管外用烟道气加热，所以蒸汽用量较绝热反应器低。其缺点是反应器结构复杂，需要大量的特殊合金钢材，反应器制造费用高。

② 绝热反应器。图 5-28 为三段绝热径向反应器结构示意图。反应器的每一段都由混合室、中心室、催化剂室和收集室组成。乙苯蒸气与一定量的过热蒸汽首先进入混合室，充分混合以后，由中心室通过钻有细孔的钢板制圆筒壁，喷入催化剂床层。脱氢产物经过钻有细孔的钢板制外圆筒，进入反应器的收集室（收集室是由反应器的环形空隙形成的）。然后进入第二混合室，再与过热蒸汽混合，经过同样的过程，直到反应器的出口。这种反应器制造费用比等温反应器便宜，蒸汽的用量比一段绝热反应器要少，温差也小，乙苯转化率可达到 60% 以上，选择性也较高。

5.3 氧化

5.3.1 概述

催化氧化反应在基本有机化学工业中占有重要的地位。随着有机化学工业的发展，烷烃、烯烃和芳烃等基础有机化工原料的产量稳步上升，而将这些基础有机化工原料转化为各种化工产品的主要手段之一就是通过催化氧化反应来实现，特别是各种新型氧化反应催化剂的不断研发、催化氧化技术和工艺的不断改进，使得氧化产品类型不断扩大，给基本有机化工的发展带来新的前景。

5.3.1.1 氧化反应的特点

① 反应放热量大。所有的氧化反应均是强放热反应，尤其是完全氧化反应，其释放的热量是部分氧化反应的 8～10 倍。因此在氧化反应过程中要将反应放出的热量及时移走，否则会使反应温度迅速上升，导致反应选择性显著下降，完全氧化反应加剧，还会使反应温度失控而引起"飞温"，甚至发生爆炸。

② 反应不可逆。对于烃类和其他有机化合物而言，氧化反应 $\Delta G^{\ominus} \ll 0$，因此氧化反应为热力学不可逆反应，不受化学平衡限制，理论上单程转化率可达 100%。但在实际生产过程中为了获得某一特定的目的产物，为了保证较高的选择性，转化率须控制在一定的范围内，否则会造成深度氧化而降低目的产物的收率。如丁烷氧化制顺酐，一般控制丁烷转化率在 85%～90% 之间，以保证目的产物顺酐不会继续深度氧化。

③ 反应过程易燃易爆。烃类与氧气或空气容易形成爆炸混合物，因此反应极易发生爆炸。工业生产中，为了保证氧化过程安全进行，需采取以下措施：一是原料配比一定要控制在爆炸极限之外；二是在设计氧化反应器时，除考虑设计足够的传热面积及时移走热量外，还要在氧化设备上加设防爆口、设置安全阀或防爆膜；三是反应温度最好采用自动控制，至少要有自动报警系统。另外，还可采用掺入惰性气体的办法稀释作用物，以减少反应的剧烈程度，防止发生爆炸。

④ 反应途径复杂多样。烃类及其绝大多数衍生物均可通过发生选择性氧化反应制备比

原料价值更高的化工产品，但氧化反应多为由串联、并联或两者组合形成的复杂网络反应体系，由于催化剂和反应条件的不同，氧化反应可经过不同的反应路径，转化为不同的反应产物。

5.3.1.2 氧化剂的选择

烃类选择性氧化可采用的氧化剂有多种，按照菲泽（Fieser）的分类方法分为以下8种。

① 空气或纯氧。空气或纯氧是最常用也是最廉价的氧化剂。早期以空气为主，目前用纯氧作氧化剂的工艺日益增多，这是因为虽然制氧需增加空分装置而增加动力消耗，但可使氧化反应器体积减小，放空的反应尾气量减少，避免或减少了随惰性气体一起排放出去的原料气的损失，综合平衡上述两方面的因素采用纯氧作氧化剂经济效益更好。

② 氧化物。金属氧化物有三氧化铬（CrO_3）、四氧化锇（OsO_4）、四氧化钌（RuO_4）、氧化银（Ag_2O）、氧化汞（HgO）等；非金属氧化物有二氧化硒（SeO_2）、三氧化硫（SO_3）、三氧化二氮（N_2O_3）等。

③ 过氧化物。过氧化物有过氧化铅（PbO_2）、过氧化锰（MnO_2）、过氧化氢（H_2O_2）、过氧化钠（Na_2O_2）等。其中，过氧化氢作氧化剂氧化反应条件温和，操作简单，反应选择性高，不易发生深度氧化反应，对环境友好，可实现清洁生产。

④ 过氧酸或烃类过氧化物。无机过氧酸有过氧硫酸（H_2SO_5）、过氧碘酸（HIO_4）等；有机过氧酸有过氧苯甲酸（C_6H_5COOOH）、三氟过醋酸（CF_3COOOH）、过氧乙酸（CH_3COOOH）和过氧甲酸（HCOOOH）等。另外，用空气或纯氧对某些烃类及其衍生物进行氧化，生成的烃类过氧化物或过氧酸也可用作氧化剂进行氧化反应。

⑤ 含氧盐。含氧盐有高锰酸盐（如高锰酸钾）、重铬酸钾、氯酸盐（如氯酸钾）、次氯酸盐、硫酸铜和四醋酸铅等。

⑥ 含氮化合物。常用的有硝酸、赤血盐$[K_3Fe(CN)_6]$和硝基苯。

⑦ 卤化物。金属卤化物有氯化铬酰（CrO_2Cl_2）和氯化铁；非金属卤化物有 N-溴代丁二酰亚胺。

⑧ 其他氧化剂。臭氧、发烟硫酸、熔融碱和叔丁醇铝等也可用作氧化反应的催化剂。

以上氧化剂在使用过程中往往需配用相应的催化剂来提高氧化反应速率和选择性。有些氧化剂亦可用作氧化催化剂，如四氧化锇可以用作过氧化氢的氧化催化剂、氧化银可以用作氧气（或空气）的氧化催化剂等。在实际生产过程中选用何种氧化剂，要根据所选用的原料、目的产物及工艺条件等因素进行分析而定。

5.3.1.3 催化氧化反应的主要类型

按反应相态，催化氧化反应可分为均相催化氧化和非均相催化氧化两大类。均相催化氧化体系中反应组分与催化剂的相态相同，非均相催化氧化体系中反应组分与催化剂以不同相态存在。目前，化学工业中采用的大多是非均相催化氧化反应，均相催化氧化反应的应用较少。

（1）均相催化氧化

均相催化氧化大多是气液相氧化反应，习惯上称为液相氧化反应。气相氧化反应因缺少合适的催化剂，而且反应控制也较困难，工业上应用较少。

目前，工业生产中应用较广泛的是催化自氧化和配位催化氧化两类反应。乙醛氧化制醋酸，高级烷烃氧化制脂肪酸等是工业上应用较早的均相催化氧化反应，这类氧化反应常用过渡金属离子作催化剂，具有自由基链式反应特点，是典型的催化自氧化反应。乙烯均相催化氧化制乙醛的 Wacker 法是均相配位催化氧化反应的典型实例。

（2）非均相催化氧化

非均相催化氧化主要是指气态有机原料在固体催化剂存在下，以气态氧作氧化剂，氧化为有机产品的过程，即气固相催化氧化。由于固体催化剂的特点，特别是近几十年来高效催化剂（高选择性、高转化率、高生产能力）的相继研制成功，非均相催化氧化剂在烃类选择性氧化过程中得以广泛应用。

目前工业上非均相催化氧化使用的原料主要有两类：一类是具有 π 电子结构的化合物，如烯烃和芳烃，其氧化产品占总氧化产品的 80% 以上；另一类是不具有 π 电子结构的化合物，如醇类和烷烃等。以前对低碳烷烃的利用较少，主要是因为其氧化选择性不够高。近年来，随着高选择性催化剂的开发成功以及烷烃价格低廉的优势和人们环保意识的提高，低碳烷烃的选择性氧化已逐渐受到重视，有的已用于工业生产，例如以丙烷为原料代替价格较高的丙烯氨氧化制丙烯腈。另外，一些特殊的氧化反应如氨氧化、氧酰化、氧氯化、氧化脱氢等也是常见的非均相催化氧化过程。

5.3.1.4 非均相催化氧化反应器

工业上常用的非均相催化氧化反应器主要有两种：列管式固定床反应器和流化床反应器。

扫码查看
鼓泡反应器

（1）列管式固定床反应器

如图 5-29 所示，在列管式固定床反应器中，列管一般采用 $\phi 38 \sim 42 \text{mm}$ 的无缝钢管，管数视生产能力而定，可以是数百根至数万根，列管长度为 $3 \sim 6 \text{m}$，每根列管均装有催化剂。列管长度增加，气体通过催化床层的阻力增加，动力消耗增大，因此对催化剂的粒径有一定要求，不宜采用粒径太小的催化剂。反应器的上部设置气体分布板，使气体分布均匀，底部设有催化剂支撑板。

反应温度由插在列管中的热电偶测量。一般在圆筒内不同半径上安装特制的数根热电偶套管，环隙内装填催化剂，每根热电偶套管中放置数根不同高度的热电偶，这样就可以测得不同界面和高度的反应温度，以便随时监测与控制。反应热由管间流动或汽化的载热体带走。反应温度不同，选用的载热体也不同，常用的载热体有加压热水、有机载热体和熔盐。

① 加压热水。加压热水适用于反应温度在 240℃ 以下的反应，借水的汽化移走反应热，同时产生高压蒸汽，因为水的汽化潜热远远大于它的显热，传热效率高，有利于催化剂床层温度的控制。加压热水的进出口温差一般只有 2℃ 左右。管内催化剂的装填不能高于汽水分离出口管，否则会因反应热不能及时移走，导致催化剂烧结甚至飞温等现象的发生。

② 有机载热体。有机载热体适用于反应温度在 250~300℃ 的反应，常用挥发性低的矿物油或联苯-联苯醚混合物。

③ 熔盐。熔盐适用于反应温度在 300℃ 以上的反应，熔盐的组成为 KNO_3 53%、NaOH 7%、$NaNO_2$ 40%（质量分数，熔点 142℃）。

对于强放热氧化反应，反应器轴向和径向都存在温差。轴向温度分布有一个峰值，称为热点，如图 5-30 所示。热点温度和位置取决于沿轴向各点的放热速率和管外载热体的移热速率。在热点前，放热速率大于移热速率，因此轴向床层温度逐渐升高；热点后，移热速率不变，放热速率降低，所以床层温度逐渐降低。热点出现的位置还与反应条件控制、催化剂的活性等有关。随着催化剂的老化，热点温度会逐渐下降，其高度也逐渐降低，此现象也可作为判断催化剂是否失活的依据之一。因而，热点温度的控制非常关键。

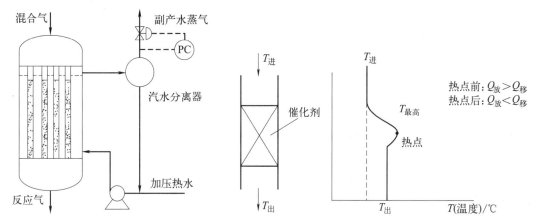

图 5-29　以加压热水作载热体的反应装置示意图　　图 5-30　放热反应时列管式反应器轴向温度分布

为了降低热点温度，减少轴向温差，使沿轴向大部分催化剂床层能在适宜温度范围内操作，工业生产上所采取的措施有：

① 在原料气中加入微量的抑制剂，使催化剂部分毒化，减缓反应程度。

② 在装入催化剂的列管上层装填惰性填料（铝粒或废旧催化剂），以降低入口处附近的反应速率，从而降低反应放热速率，使之与移热速率尽可能平衡。

③ 采用分段冷却法，改变移热速率，此法须改变反应器壳程结构。

④ 避开操作敏感区。对于强放热氧化反应，热点温度对过程参数，如原料气入口的温度、浓度、壁温等的少量变化非常敏感，稍有变化即会导致热点温度发生显著提高，甚至造成飞温。

综合分析，列管式固定床反应器有以下特点：

① 催化剂磨损少，流体在管内接近活塞流，推动力大，催化剂的生产能力高。

② 传热效果比较差，需要比流化床反应器约大 10 倍的换热面积。

③ 沿轴向温差较大，且有热点出现；反应热由管内催化剂中心向外传递，存在径向温差。因此，热稳定性较差，反应温度不易控制，容易发生飞温现象。

④ 制造反应器所需合金钢材耗量大。

⑤ 催化剂装卸不方便，要求每根管子的催化剂床层阻力相同，否则会造成各管间的气体流量分布不均匀，影响反应结果。

⑥ 原料气在进入反应器前必须充分混合，其配比必须严格控制，以避开爆炸极限。

（2）流化床反应器

流化床反应器是一种利用气体或液体通过颗粒状固体层而使固体颗粒处于悬浮运动状态，并进行气固相反应过程或液固相反应过程的反应器，在用于气固系统时又称沸腾床反应器。

流化床反应器的基本结构如图 5-31 所示，它主要由下、中、上三部分组成。下部为原料气和氧化剂空气的入口，两者分别进料比较安全。一般空气从底部进入，便于在开车时先将催化剂流化起来，加热到一定温度后，再通入原料气进行反应。中部为反应段，是关键部分。在催化剂支撑板上装填一定粒度的催化剂，并设置有一定传热面积的 U 形或直型盘管，通过管内加压热水汽化产生蒸汽而移走反应热量。反应器上部是扩大段，由于床径扩大，气体流速减慢，有利于沉降气体所夹带的催化剂。为了进一步回收催化剂，设有 2～3 级旋风分离器若干组，由旋风分离器捕集回收的催化剂，通过沉降管返回至反应器中下部。

综合分析，流化床反应器具备以下特点：

① 由于催化剂颗粒之间和催化剂与气体之间的摩擦，造成催化剂破损被气流带出反应器外，致使催化剂磨损大，消耗多。因此催化剂必须具有高强度和高耐磨性能，旋风分离器的效率也要高。

② 在流化床内气流易返混，反应推动力小，影响反应速率，使转化率下降，返混会导致连串副反应发生，选择性下降。

③ 传热效果好，床层温度分布均匀，反应温度易于控制，不会发生飞温现象，操作稳定性好。

④ 制造流化床反应器所需合金钢材量少。

⑤ 催化剂装卸方便，只需采用真空吸入方法即可。

⑥ 原料气和空气可分开进入反应器，操作比较安全。

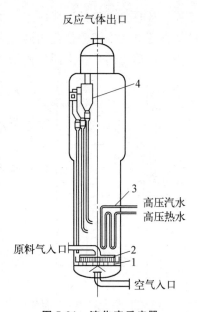

图 5-31 流化床反应器
1—空气分配管；2—原料气分配管；
3—U 形冷却管；4—旋风分离器

扫码查看
流化床单元
3D 虚拟仿真

5.3.2 乙烯环氧化制环氧乙烷

5.3.2.1 环氧乙烷的用途和生产方法

环氧乙烷是乙烯衍生物中仅次于聚乙烯和聚氯乙烯的第三大重要有机化工原料，20% 以上的乙烯用于生产环氧乙烷。环氧乙烷除部分用于制造非离子表面活性剂、氨基醇、乙二醇醚外，主要用来生产乙二醇，后者是制造聚酯树脂的主要原料，也大量用作抗冻剂。工业生产上几乎所有的环氧乙烷都与乙二醇生产相结合，大部或全部环氧乙烷用于生产乙二醇，少部分用于生产其他化工产品。

环氧乙烷的生产方法有氯醇法和乙烯环氧化法。1859 年法国化学家 Wurtz 首先发现 2-氯乙醇与 KOH 作用可制得环氧乙烷。1938 年，美国 UCC 公司首次建厂投产了乙烯与空气直接氧化生产环氧乙烷，1975 年美国 Shell 公司又以氧气代替空气与乙烯反应生产环氧乙烷。目前，世界上环氧乙烷工业化生产装置几乎全部采用乙烯直接氧化法。

5.3.2.2 乙烯环氧化反应原理

乙烯直接氧化法的主反应方程式为：

$$CH_2=CH_2 + 0.5O_2 \xrightarrow[220\sim260℃]{Ag/Al_2O_3} CH_2\underset{O}{-}CH_2 \quad \Delta H = -103.4 \text{kJ/mol} \tag{5-88}$$

平行副反应：

$$CH_2=CH_2 + 3O_2 \longrightarrow 2CO_2 + 2H_2O \quad \Delta H = -1324.6 kJ/mol \tag{5-89}$$

环氧乙烷继续氧化生成二氧化碳和水，以及生成少量甲醛和乙醛的连串副反应。

$$\underset{\diagdown O \diagup}{CH_2-CH_2} + 5/2O_2 \longrightarrow 2CO_2 + 2H_2O \quad \Delta H = -1221.2 kJ/mol \tag{5-90}$$

完全氧化副反应使主反应选择性下降，热效应则是主反应放热的十余倍，极易出现"飞温"现象。因此提高催化剂的选择性，减少乙烯完全氧化生成二氧化碳和水的反应至关重要。

5.3.2.3 乙烯环氧化反应催化剂

研究发现，大多数金属和金属氧化物催化剂对乙烯的环氧化反应选择性均很差，氧化结果主要是完全氧化产物二氧化碳和水。只有银催化剂例外，在银催化剂上乙烯能选择性地氧化为环氧乙烷，因此，乙烯直接氧化法生产环氧乙烷的工业催化剂为银催化剂。工业上使用的银催化剂由活性组分银、载体、助催化剂和抑制剂组成。

① 银含量。研究表明，增加银含量可提高催化剂的活性，但会降低选择性。一般工业催化剂的银含量控制在20%～30%（质量分数）。在合适的助催化剂存在时，可以适当提高银含量。比如，UCC公司采用锰和钾作助催化剂，银含量达33.2%时，仍可使催化剂选择性高达88.7%～89.6%。

② 载体。载体的主要作用是分散活性组分银和防止银的微小晶粒在高温下烧结，以保持催化剂活性稳定。银的熔点较低（961.93℃），银晶粒表面原子在约500℃时就具有流动性，所以银催化剂的一个显著特点是容易烧结。乙烯环氧化过程存在的副反应为强放热反应，因此载体的表面结构、孔结构及其导热性能对催化剂颗粒内部的温度分布、催化剂上银晶粒的大小及分布、反应原料气体及生成气体的扩散速率等有很大影响。载体比表面积大，有利于银晶粒的分散，催化剂活性高。但比表面积大的催化剂孔径较小，不利于反应产物环氧乙烷从催化剂中扩散出来，使环氧乙烷脱离催化剂表面的速率慢，从而造成深度氧化，选择性下降。因此，工业上选用比表面积小、无孔隙或粗孔隙型的惰性物质作载体，并要求有较好的导热性能和较高的热稳定性，使之在使用过程中不发生孔隙结构的变化。常用的载体有碳化硅、α-氧化铝和含有少量SiO_2的α-氧化铝等，一般比表面积为$1m^2/g$左右，孔隙率50%左右，平均孔径4.4μm左右。

载体的形状对催化剂的催化性能也有一定影响。早期的乙烯氧化制环氧乙烷负载型催化剂的载体为球形，尽管球形载体的流动性好，但催化剂微孔内的气体不易扩散出来，造成深度氧化，选择性较差。为了提高载体性能，尽量把载体制成传质传热性能良好的形状，如环形、马鞍形、阶梯形等。另外，载体形状的选择还应保证反应过程中气流在催化剂颗粒间有强烈搅动，不发生短路，床层阻力小。

③ 助催化剂。为使银催化剂具有更好的催化性能，早期人们添加碱金属盐（如钾盐）提高催化剂的选择性；添加碱土金属盐（如钡盐）增加催化剂的抗熔结能力，增强其热稳定性，同时可提高催化剂的活性（对催化剂选择性有少许不利影响）；添加稀土元素化合物增强热稳定性，提高抗毒性和催化活性等。

研究表明，两种或两种以上的助催化剂可以产生协同作用，效果优于只添加一种助催化剂。例如银催化剂中只添加钾助催化剂时环氧乙烷的选择性为76%，只添加适量铯助催化剂时环氧乙烷的选择性为77%，如同时添加钾和铯，则环氧乙烷的选择性可提高到81%。

④ 抑制剂。抑制剂的主要作用是抑制反应过程中二氧化碳的生成，提高环氧乙烷的选择性。它可以分为两类：一类是在银催化剂中加入少量硒、碲、氯、溴等物质；另一类是在原料气中直接添加。工业生产常用的是在原料气中添加微量的有机氯，如二氯乙烷，用量为$1\sim3\mu L/L$，用量过多会导致活性显著下降，此种为暂时性失活，停止通入氯化物后活性即可恢复。

5.3.2.4 乙烯环氧化工艺条件

（1）反应温度

乙烯环氧化过程中存在着完全氧化副反应的激烈竞争，因此反应温度不仅影响反应速率，而且是影响选择性的主要因素。环氧化反应的活化能小于完全氧化反应的活化能，且后者的热效应是前者的10倍。故反应温度升高，反应选择性降低。且若不能及时移走反应热，将导致温度难以控制，产生"飞温"，因此反应温度的控制是极为重要的。工业上一般选择反应温度在220～260℃之间。

（2）反应压力

由于乙烯直接氧化的主、副反应都可视作不可逆反应，因此加压对主、副反应的平衡和选择性无显著影响。但加压可提高乙烯和氧气的分压，加快反应速率，提高设备的生产能力，而且有利于采用加压吸收法回收环氧乙烷，也有利于从反应气中脱除二氧化碳，故工业上大都采用加压氧化法。但压力也不能太高，因为要兼顾设备耐压程度及所引起的投资费用增加等问题，同时催化剂在高压下也易损坏，高压还会促使环氧乙烷在催化剂表面聚合和积炭，从而影响催化剂寿命。综合考虑，工业上采用的操作压力一般在2MPa左右。

（3）空速

空速是影响转化率和选择性的因素之一，但与反应温度相比，空速的影响是次要的，这是因为在乙烯环氧化反应过程中主要副反应是平行副反应，产物环氧乙烷的深度氧化副反应是次要的。但空速减小，转化率增大，选择性却随之下降。例如以空气作氧化剂，当转化率控制在35%左右时，选择性为70%左右；若空速减小一半，转化率可提高至60%～75%，而选择性却降低到55%～60%。

空速还影响催化剂的时空收率和单位时间的放热量。空速提高，可增大反应器中气体流动的线速度，减小气膜厚度，有利于传热。工业上采用的空速不仅与选用的催化剂有关，还与反应器和传热速率有关，一般在4000～8000h^{-1}左右。

（4）原料气纯度

许多杂质对乙烯环氧化过程都有不利的影响，必须严格控制原料气纯度。主要有害物质及危害作用如下。

① 催化剂中毒。能使催化剂永久中毒的物质主要包括硫化物、砷化物、卤化物等。另外，乙炔也会使催化剂中毒，其能与银反应，生成有爆炸危险的乙炔银。

② 降低反应选择性。原料气、管道及反应器中带入的铁离子会使环氧乙烷重排生成乙醛，直至完全氧化生成二氧化碳和水，使反应选择性降低。

③ 反应热效应增大。氢气、乙炔、碳原子数大于3的烷烃和烯烃都可发生完全氧化反应，放出大量热，使过程难以控制。乙炔、高碳烯烃的存在还会加快催化剂表面的积炭，使催化剂失活。

④ 影响爆炸极限。氩气、氢气是由空气或氧气带入反应体系的主要杂质，氩虽然是惰

性气体，但会使氧的爆炸极限浓度降低而增加爆炸的危险性，氢也有同样效应，故这类杂质的存在会使氧的最大允许浓度降低。

综上分析，要求原料气乙烯中乙炔<5μg/L，C_3 以上烃<10μg/L，硫化物<1μg/L，氯化物<1μg/L，氢气<5μg/L。

另外，如果环氧乙烷在水吸收塔中吸收不充分，还会通过循环气带回反应器，不仅对环氧化起抑制作用，而且会导致深度氧化反应发生，使转化率明显降低。二氧化碳对环氧化反应也有抑制作用，但若含量适宜则有利于提高反应的选择性，而且可提高氧的爆炸极限浓度。循环气中二氧化碳允许含量<9%。

（5）原料配比及致稳气

对于具有循环的乙烯环氧化过程，进入反应器的混合气由循环气和新鲜原料气混合而成，它的组成不仅影响过程的经济性，也与安全生产息息相关。实际生产过程中，乙烯与氧气的配比一定要控制在爆炸极限以外，同时必须控制乙烯和氧气的浓度在合适的范围内，过低时催化剂的生产能力小，过高时反应放出的热量大，易造成反应器的热负荷过大，导致"飞温"事故。乙烯与空气混合物的爆炸极限为 2.7%～36%（体积分数），与氧气的爆炸极限为 2.7%～80%（体积分数），实际生产中因循环气带入二氧化碳等，爆炸极限也有所改变。工业生产为了提高乙烯和氧气的浓度，可以加入第三种气体来改变爆炸极限，这种气体通常称为致稳气。致稳气是惰性的，能减小混合气的爆炸极限，增加体系安全性。致稳气还应具有较高的比热容，能有效地移出部分反应热，增加体系稳定性。工业上曾广泛采用的致稳气是氮气。近年来采用甲烷作致稳气，在操作条件下甲烷的比热容是氮气的 1.35 倍，而且比氮气作致稳气时更能缩小氧气和乙烯的爆炸范围，使进口氧气的浓度提高，还可使选择性提高，延长催化剂的使用寿命。

（6）乙烯的单程转化率

乙烯环氧化单程转化率的控制与氧化剂的种类有关。单程转化率过高，放热量大，温度升高快，会加快深度氧化，使环氧乙烷的选择性明显降低。单程转化率过低，循环气量过大，能耗大。用纯氧作氧化剂时，单程转化率一般控制在 12%～15% 之间，选择性可达 83%～84%；用空气作氧化剂时，单程转化率一般控制在 30%～35% 之间，选择性达 70% 左右。

5.3.2.5 乙烯氧气环氧化的反应器与工艺流程

（1）反应器

乙烯环氧化反应是一强放热反应，而且伴随完全氧化副反应的发生，放热更为剧烈，故要求采用的氧化反应器能及时移走反应热。同时，为发挥催化剂最大效能和获得高的选择性，要求反应器内反应温度分布均匀，避免局部过热。对于这类要求的反应最好采用流化床反应器。但在 20 世纪 50～60 年代，世界各国均进行试验，终因银催化剂的耐磨性差、容易结块、流化质量不好等问题难以解决，直到现在还没有实现工业化。另外，催化剂被磨损不仅造成催化剂的损失，而且会造成"尾烧"，即出口尾气在催化剂粉末催化下继续进行催化氧化反应，由于反应器出口处没有冷却设施，反应温度自动迅速升至 460℃ 以上。流程中一般多用出口气体来加热进口气体，此时进口气体有可能被加热到自燃温度，有发生爆炸的危险。因此，目前全世界乙烯环氧化反应器全部采用列管式固定床反应器。

（2）工艺流程

由于采用的氧化剂不同，工艺流程的组织可分为空气氧化法和氧气氧化法。空气氧化法安全性较高,但选择性较低,尾气需要连续排放,乙烯单耗高,另外需增加副反应器,以便使乙烯反应更完全,投资费用高于氧气氧化法。因此,大型的装置多采用氧气氧化法,其流程图见图 5-32,工艺流程分为反应部分和环氧乙烷回收精制部分。

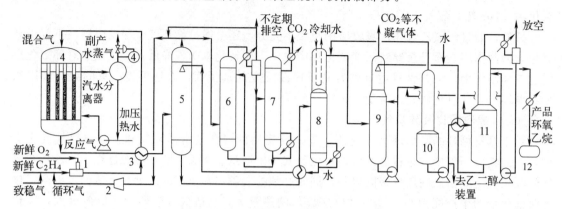

图 5-32 氧气氧化法生产环氧乙烷工艺流程

1—混合器;2—循环压缩机;3—热交换器;4—反应器;5—环氧乙烷吸收塔;6—CO_2吸收塔;7—CO_2解吸塔;
8—环氧乙烷解吸塔;9—环氧乙烷再吸收塔;10—脱气塔;11—精馏塔;12—环氧乙烷储槽

① 反应部分。如图 5-32 所示,原料氧气和乙烯、含抑制剂的致稳气以及循环气在混合器中混合后($\varphi_{氧}=7\%\sim8\%$,$\varphi_{乙烯}=20\%\sim30\%$),经热交换器与反应后的气体进行热交换,预热至一定温度,从列管式反应器上部进入催化剂床层。在配制混合气时,由于是纯氧加入到循环气和新鲜乙烯的混合气中去,必须使氧气和循环气迅速混合达到安全组成,避开爆炸极限,如果混合不好很可能形成氧气浓度局部超过极限浓度,进入热交换器时,由于反应出口气体温度较高易引起爆炸危险。为此,混合器的设计极为重要,工业上是采用多孔喷射器,将氧气高速喷射入循环气和乙烯混合气中,使它们迅速混合均匀,以减少混合气返混入混合器的可能性。为确保安全,需要装配自动分析仪监测各组成,并配制自动报警联锁切断系统,热交换器需安装有防爆措施,如放置在防爆墙内等。列管式反应器管内装填催化剂,管间走加压热水移出反应所放出的热量,通过调节副产蒸汽压力,达到控制反应器温度的目的。反应器内温度控制在 220~260℃,压力 2.0MPa,混合气空速一般为 7000h^{-1} 左右,单程转化率控制在 12%~15%,选择性可达 75%~80%或更高。

扫码查看
环氧乙烷装置

在反应器出口端,如果催化剂粉末随气体带出,也会有"尾烧"现象发生,从而导致爆炸事故的发生。为此工业上要求催化剂必须具备足够的强度,在长期运转中不易粉化;在反应器出口处采取冷却措施或改进下封头;采用自上向下的反应气流向,以减小气流对催化剂的冲刷;另外,还需严格控制反应器管间加压热水的液位,以保证处在反应管所装填的催化剂之上,防止催化剂烧结。

② 环氧乙烷回收精制部分。自反应器流出的反应气体中$\varphi_{环氧乙烷}<3\%$,经热交换器换热降温后进入环氧乙烷吸收塔,因为环氧乙烷能与水以任何比例互溶,故采用水作吸收剂。吸收塔顶排出的气体,含有未转化的乙烯、氧气、惰性气体以及产生的二氧化碳。虽然原料乙烯和氧气的纯度很高,带入反应系统的杂质很少,但反应过程中产生的 CO_2 如全部循环至反应器内,必然会造成循环气中 CO_2 的积累。因此,从吸收塔排出的气体约 90%循环至循环压缩机中,与新鲜乙烯混合进入混合器,另外约 10%送至 CO_2 吸收塔,与来自 CO_2 解

吸塔塔釜的热的贫碳酸氢钾-碳酸钾溶液接触，在系统压力下碳酸钾与 CO_2 和水作用生成碳酸氢钾。自 CO_2 吸收塔顶排出的气体经冷却器冷却、气液分离器分离出夹带的液体后，返回至循环气系统，并采用不定期放空的方法以避免惰性气体的积累。CO_2 吸收塔塔釜富碳酸氢钾-碳酸钾溶液经减压后入 CO_2 解吸塔，经加热，使 $KHCO_3$ 分解为 K_2CO_3 和 CO_2，CO_2 自塔顶排出，塔釜液贫 $KHCO_3$-K_2CO_3 循环回 CO_2 吸收塔作吸收剂。

环氧乙烷吸收塔塔釜排出的含 $w_{环氧乙烷}$＝3％、少量副产物甲醛、乙醛以及 CO_2 的吸收液，经热交换减压闪蒸后，进入环氧乙烷解吸塔顶部，在此环氧乙烷和其他组分被解吸。解吸塔顶部设有分凝器，其作用是冷凝与环氧乙烷一起蒸出的大部分水和重组分杂质。解吸出来的环氧乙烷进入再吸收塔，用水再吸收后，塔顶为 CO_2 和其他不凝气体，塔釜得到 $w_{环氧乙烷}$＝10％的水溶液，进入脱气塔。在脱气塔顶除了脱除 CO_2 外，还含有相当量环氧乙烷蒸气，这部分气体返回至环氧乙烷再吸收塔，塔釜排出的环氧乙烷水溶液一部分直接送至乙二醇装置，加入适量水后 [1：(15～20)] 在 190～200℃、1.4～2.0MPa 反应条件下水合制乙二醇，其余部分进入精馏塔。精馏塔具有 95 块塔板，在 87 块塔板处采出纯度大于 99.99％的产品环氧乙烷，塔顶蒸出甲醛（含环氧乙烷）部分回流，部分与塔下部取出的含乙醛的环氧乙烷一起返回脱气塔。环氧乙烷解吸塔塔釜排出的水经热交换利用其热量后，循环回环氧乙烷吸收塔作吸收水用；精馏塔塔釜排出的水则循环回环氧乙烷再吸收塔作吸收水用，这些吸收水是闭路循环，可以减少污水的排放量。

以空气作氧化剂的工艺流程与氧气法不同之处有两点：其一是空气中的氮气就是致稳气；其二是不用碳酸钾溶液脱除二氧化碳，因而没有二氧化碳吸收塔和再生塔。控制循环气中二氧化碳含量的方法是排放一部分循环气到系统外，故排放量比氧气法大得多，乙烯的损失要大得多，原料成本较氧气法高。

5.4 羰基化

5.4.1 概述

羰基化即羰基合成（OXO），泛指有 CO 参与的，在催化剂存在下，有机化合物分子中引入羰基的反应，主要分为不饱和化合物的羰基化反应和甲醇的羰基化反应两大类。

5.4.1.1 不饱和化合物的羰基化反应

① 不饱和化合物的氢甲酰化。1938 年德国鲁尔化学公司的 O.Roulen 首先将乙烯、一氧化碳和氢气在羰基钴催化剂存在下，于 150℃ 和加压条件下合成丙醛。

$$H_2C=CH_2+CO+H_2 \longrightarrow CH_3CH_2CHO \tag{5-91}$$

该反应的结果是在乙烯双键的两端碳原子上，分别加上了一个 H 原子和一个甲酰基，所以该类反应又称为氢甲酰化反应，产物是多一个碳原子的醛，继续加氢则可以得到醇。

丙烯氢甲酰化可生成丁醛，或再加氢得到丁醇：

$$CH_3CH=CH_2+CO+H_2 \longrightarrow CH_3CH_2CH_2CHO \xrightarrow{H_2} CH_3CH_2CH_2CH_2OH \tag{5-92}$$

丙烯醇氢甲酰化再加氢得到 1,4-丁二醇：

$$HOCH_2CH=CH_2+CO+H_2 \longrightarrow HOCH_2CH_2CH_2CHO \xrightarrow{H_2} HOCH_2CH_2CH_2CH_2OH \tag{5-93}$$

以上是一类非常重要的羰基化反应，工业化最早，应用也最广泛。用羰基化法生成醛，再经加氢反应生产醇（尤其是丁醇和辛醇），被认为是最经济的生产方法。羰基合成的初级产品是醛，而醛基是最活泼的基团之一，加氢可生成醇，氧化可生成酸，氨化可生成胺，还可进行歧化、缩合、缩醛等一系列反应，加之原料烯烃的种类繁多，由此构成以羰基合成为核心的化工产品网络，其应用领域非常广泛。

② 不饱和化合物的氢羧基化。不饱和化合物在 CO 和 H_2O 的作用下，在双键或三键两端碳原子上分别加上一个氢原子和一个羧基，制得多一个碳原子的饱和或不饱和羧酸的过程称为氢羧基化反应。乙烯的氢羧基化可制得丙酸，乙炔为原料可制得丙烯酸。

$$H_2C=CH_2+CO+H_2O \longrightarrow CH_3CH_2COOH \tag{5-94}$$

$$HC\equiv CH+CO+H_2O \longrightarrow CH_2=CHCOOH \tag{5-95}$$

③ 不饱和化合物的氢酯化。不饱和化合物在 CO 和醇的作用下，在双键或三键两端碳原子上分别加上一个 H 原子和一个—COOR，制得多一个碳原子的饱和或不饱和酯的过程称为氢酯化反应。

$$RCH=CH_2+CO+R'OH \longrightarrow RCH_2CH_2COOR' \tag{5-96}$$

$$HC\equiv CH+CO+ROH \longrightarrow CH_2=CHCOOR \tag{5-97}$$

5.4.1.2 甲醇的羰基化反应

甲醇的羰基化反应是在一定的温度、压力以及过渡金属络合物催化剂存在下，甲醇与 CO 反应生成多一个碳原子的羧酸、酯、醇的过程。主要有：

① 甲醇羰基化合成醋酸。

$$CH_3OH+CO \longrightarrow CH_3COOH \tag{5-98}$$

② 醋酸甲酯羰基化合成醋酸酐。

$$CH_3COOCH_3+CO \longrightarrow (CH_3CO)_2O \tag{5-99}$$

醋酸甲酯可由甲醇羰基化再酯化制得：

$$CH_3OH+CO \longrightarrow CH_3COOH \xrightarrow{CH_3OH} CH_3COOCH_3 \tag{5-100}$$

③ 甲醇羰基化合成甲酸。

$$CH_3OH+CO \longrightarrow HCOOCH_3 \tag{5-101}$$

$$HCOOCH_3+H_2O \longrightarrow HCOOH+CH_3OH \tag{5-102}$$

④ 甲醇羰基化氧化合成草酸或乙二醇、碳酸二甲酯。

$$2CH_3OH+2CO+0.5O_2 \longrightarrow \begin{array}{c} COOCH_3 \\ | \\ COOCH_3 \end{array} +H_2O \tag{5-103}$$

$$\begin{array}{c} COOCH_3 \\ | \\ COOCH_3 \end{array} +2H_2O \longrightarrow \begin{array}{c} COOH \\ | \\ COOH \end{array} +2CH_3OH \tag{5-104}$$

$$\begin{array}{c} COOCH_3 \\ | \\ COOCH_3 \end{array} +4H_2 \longrightarrow \begin{array}{c} CH_2OH \\ | \\ CH_2OH \end{array} +2CH_3OH \tag{5-105}$$

$$2CH_3OH + CO + 0.5O_2 \longrightarrow (CH_3O)_2CO + H_2O \tag{5-106}$$

以甲醇为原料经羰基化合成醋酸已经完全实现工业化生产,这是以煤为基础原料与石油化工相竞争并占有绝对优势的唯一大宗化工产品。而由甲醇羰基化氧化合成碳酸二甲酯、再加氢制乙二醇,也将成为极具竞争力的工艺。因此,发展碳一化工对今后的化学工业具有极其重要的意义。

5.4.2 甲醇低压羰基化制醋酸

醋酸是一种重要的有机化工原料,主要用于生产醋酸乙烯、对苯二甲酸、醋酸纤维和醋酸酯等,此外,醋酸还是一种重要的有机溶剂,广泛用于生物化工、医药、纺织、轻工、食品等行业。2020年,全世界醋酸的生产能力达到2052万t/a,我国醋酸的产能达1094万t/a,占全球产能的53.3%。

5.4.2.1 醋酸生产方法

工业上生产醋酸的方法主要有五种:乙醛法、丁烷(或轻油)液相氧化法、乙烯直接氧化法、乙烷催化氧化联产醋酸和乙烯法、甲醇羰基化法。

(1) 乙醛法

该法是比较古老的生产方法。以乙醛为原料生产醋酸的反应式为:

$$CH_3CHO + 1/2O_2 \xrightarrow[60\sim80℃]{醋酸锰} CH_3COOH \tag{5-107}$$

根据乙醛的来源不同,又有乙炔-乙醛法、乙烯-乙醛法、乙醇-乙醛法等。乙醛氧化工艺过程为:将含$w_{乙醛}=5\%\sim10\%$的醋酸溶液通入空气或氧气氧化,催化剂为醋酸锰或醋酸钴,反应温度50~80℃,反应压力0.1~1.0MPa。除主产物醋酸外,还有甲酸和醋酸甲酯等副产物生成。乙醛转化率90%以上,以乙醛计的醋酸选择性大于94%。

以乙炔为原料经乙醛合成醋酸的方法,由于制乙醛时要用$HgSO_4$作催化剂,会污染环境,生产装置基本上被关闭;乙烯和乙醇资源短缺,价格高,由乙烯或乙醇经乙醛制醋酸在经济上缺乏竞争力,因此生产能力正在逐渐萎缩。

(2) 丁烷(或轻油)液相氧化法

该法20世纪50年代初在美国首先实现工业化。丁烷或轻油在Co、Cr、V或Mn的醋酸盐催化下在醋酸溶液中被空气氧化,反应温度150~250℃,压力2~8MPa,虽然能用廉价的丁烷或轻油作原料,但反应产物众多,分离困难,而且对设备和管路腐蚀性强,只有美国、英国等少数国家还继续采用。

(3) 乙烯直接氧化法

该法由日本昭和电工株式会社于1997年开发成功。乙烯可不经乙醛直接氧化为醋酸。在固定床反应器中进行,反应温度150~160℃,压力0.9MPa,采用负载型钯催化剂,乙烯单程转化率为7.4%,醋酸、乙醛和CO_2的生成量占产物总量分别为$w_{醋酸}=86.4\%$,$w_{乙醛}=8.1\%$,$w_{CO_2}=5.1\%$。经工业生产装置验证,该法适合于50~100kt/a规模的生产装置,超过100kt/a则其经济效益比甲醇羰基化法差。

(4) 乙烷催化氧化联产醋酸和乙烯法

该法由SABIC公司开发成功,并于2005年在沙特阿拉伯Yanbu地区建成一套34kt/a工业化生产装置。以乙烷为原料,在经磷改性的钼-铌-钒酸盐催化剂作用下可联产醋酸和乙烯。反应温度150~450℃,压力0.103~5.2MPa,以乙烷计醋酸的选择性可达71%。该工艺与甲醇羰基化法相比具有以下优点：①更符合环保和安全标准；②竞争能力强；③醋酸质量好；④生产成本低。其技术经济性可与甲醇羰基化法相媲美。

（5）甲醇羰基化法

甲醇羰基化法由巴斯夫公司于1960年首先实现工业化，采用碘化钴为催化剂，反应活性不高，以甲醇计醋酸的选择性仅为90%，因需要很高的压力（63.7MPa）和较高的反应温度（250℃），被称为高压羰基化法。20世纪70年代，BP公司利用孟山都技术开发成功孟山都/BP工艺，采用以碘化物（主要是碘甲烷）为助催化剂的铑基均相络合催化剂，反应活性高，以甲醇计的醋酸选择性可达99%以上。由于使用的压力低（3.5MPa），故被称为低压羰基化法。该工艺是目前醋酸生产的主导工艺技术。高压羰基化法和低压羰基化法生产醋酸的消耗定额比较见表5-19。

表5-19　甲醇合成醋酸消耗定额的比较（以生产1t醋酸计）

名称	高压羰基合成	低压羰基合成
甲醇/kg	610	545
一氧化碳/m^3	630	454
冷却水/m^3	185	190
蒸汽/kg	2750	2200
电/kW·h	350	29

表5-20列出了几种醋酸生产方法技术经济的比较。由此表不难看出，甲醇羰基化法的技术经济指标要明显优于表中所列的其他生产方法。以甲醇为原料合成醋酸，不但原料价廉易得，而且以甲醇计醋酸的选择性可达99%以上，副产物很少。

表5-20　几种醋酸生产方法技术经济比较

项目	乙醛氧化法		低碳烷烃液相氧化法		甲醇低压羰基化法
	乙烯→乙醛	乙醛→醋酸	正丁烷液相氧化	轻油液相氧化	
催化剂	钯/铜盐	醋酸锰	醋酸钴	醋酸锰	铑碘配合物
温度/℃	125～130	66	150～225	200	175～245
压力/MPa	1.1	1.0	5.6	5.3	≤4.0
原料	乙烯	乙醛	正丁烷	石脑油	甲醇、CO
收率/%	95	95	57	40	99、90
原料消耗/(kg/t)	670	770	1076	1450	540、530
副产品	醋酸甲酯		甲酸、丙酮等	甲酸、丙酸等	甲酸、醋酸甲酯

5.4.2.2　甲醇羰基化制醋酸工艺原理

（1）化学反应

主反应：

$$CH_3OH + CO \longrightarrow CH_3COOH \quad \Delta H = -141.25 kJ/mol \quad (5\text{-}108)$$

副反应：

$$CH_3COOH + CH_3OH \Longleftrightarrow CH_3COOCH_3 + H_2O \quad (5\text{-}109)$$

$$2CH_3OH \Longleftrightarrow CH_3OCH_3 + H_2O \quad (5\text{-}110)$$

$$CO + H_2O \Longleftrightarrow CO_2 + H_2 \quad (5\text{-}111)$$

由于上述前两个副反应为可逆反应，在低压下如将生成的副产物乙酸甲酯和二甲醚循环回反应器，都能羰基化生成醋酸，故以甲醇计，生成醋酸选择性可高达99%。另外在羰基化条件下，尤其是在温度高、催化剂浓度高、甲醇浓度降低时，部分CO会与H_2O发生变换反应，所以，以CO计生成醋酸选择性仅为90%。

（2）催化剂与反应机理

甲醇低压羰基化制醋酸所用的催化剂是由可溶性的铑络合物和助催化剂碘化物两部分组成。铑络合物是$[Rh(CO)_2I_2]^-$负离子，在反应系统中可由Rh_2O_3和$RhCl_3$等铑化合物与CO和碘化物作用得到。已由红外光谱和元素分析证实$[Rh(CO)_2I_2]^-$存在于反应溶液中，是羰基化反应催化剂的活性物种。常用的碘化物是HI、CH_3I或I_2。

甲醇羰基化反应机理如图5-33所示。首先，$[Rh(CO)_2I_2]^-$与CH_3I发生氧化加成反应，生成不稳定的六配位中间体$[CH_3Rh(CO)_2I_3]^-$；然后，甲基向邻近的Rh—CO配位键转移，形成乙酰基中间体$[CH_3CORh(CO)I_3]^-$；之后再与CO反应，转化为六配位中间体$[CH_3CORh(CO)_2I_3]^-$；随后经还原消除反应，脱除乙酰基碘，完成催化剂的循环。脱下的乙酰基碘与水作用得到产物醋酸和助催化剂HI。HI与甲醇反应即得CH_3I。

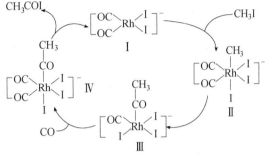

图5-33 甲醇羰基化反应机理

5.4.2.3 甲醇羰基化制醋酸工艺流程

甲醇低压羰基化合成醋酸的工艺流程主要包括反应和精制单元、轻组分回收单元和催化剂的制备及再生单元。

（1）反应和精制单元

如图5-34所示，甲醇羰基化是气液相反应，常采用鼓泡塔式反应器，催化剂溶液事先加入反应器中。甲醇预热到185℃后进入反应器底部，从压缩机来的CO从反应器下部的侧面进入，控制反应温度175～200℃，总压3.0MPa，CO分压1～1.5MPa。反应后的物料从反应器上部侧线进入闪蒸槽，含有催化剂的溶液从闪蒸槽底部流回反应器，含有醋酸、水、碘甲烷和碘化氢的蒸气从闪蒸槽顶部出来进入精制部分的轻组分塔。反应器顶部排出来的

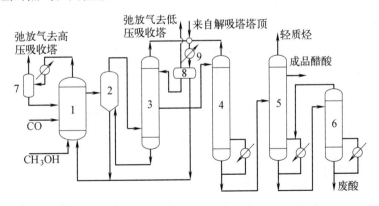

图5-34 甲醇低压羰基化合成醋酸的工艺流程
1—反应器；2—闪蒸槽；3—轻组分塔；4—脱水塔；5—脱重塔；
6—废酸汽提塔；7—气液分离器；8—轻组分冷凝器；9—轻组分冷凝器

CO_2、H_2、CO 和 CH_3I 进入冷凝器,凝液经气液分离器分离不凝气体后重新返回反应器,不凝气体作为弛放气送轻组分回收单元。

精制单元由四塔组成,即轻组分塔、脱水塔、脱重塔和废酸汽提塔。来自闪蒸槽顶部的 CH_3COOH、H_2O、CH_3I、HI 蒸气进入轻组分塔,塔顶蒸出物经冷凝器冷凝,凝液 CH_3I 返回反应器,不凝尾气送往轻组分回收单元,HI、H_2O、醋酸组合而成的高沸点混合物和少量铑催化剂从轻组分塔釜排出再返回至闪蒸槽。含水醋酸由侧线出料进入脱水塔上部,在脱水塔顶部蒸出的水还含有 CH_3I、轻质烃和少量醋酸,进入冷凝器,凝液经轻组分冷凝器返回反应器,不凝气送轻组分回收单元。

脱水塔塔底主要是含有重组分的醋酸,送往脱重塔,塔顶蒸出轻质烃,含有丙酸和重质烃的物料从塔底送入废酸汽提塔,塔上部侧线得到成品醋酸,其中丙酸少于 $50\mu L/L$,水分少于 $1500\mu L/L$,总碘少于 $40\mu L/L$。在废酸汽提塔顶进一步蒸出醋酸,返回脱重塔底部,汽提塔底部排出重质废酸送去废液处理单元。

为保证产品中碘含量合格,在脱水塔中要加少量甲醇使 HI 转化为 CH_3I,在脱重塔进口处添加少量 KOH,使碘离子以 KI 形式从塔釜排出。

(2)轻组分回收单元

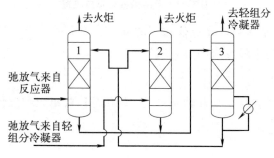

图 5-35 轻组分回收单元流程
1—高压吸收塔;2—低压吸收塔;3—解吸塔

轻组分回收单元流程如图 5-35 所示。从反应器顶部出来的弛放气进入高压吸收塔,从轻组分冷凝器出来的弛放气送入低压吸收塔,用醋酸吸收其中的 CH_3I。高压吸收塔的操作压力为 2.74MPa。未吸收的尾气主要含 CO、CO_2 和 H_2,送火炬焚烧。从高压和低压吸收塔塔釜排出的富含 CH_3I 的两股醋酸溶液合并进入解吸塔。解吸出来的 CH_3I 蒸气送到精制部分的轻组分冷凝器,冷凝后返回反应器,吸收液醋酸由塔底排出,循环返回高压和低压两个吸收塔中。

(3)催化剂的制备及再生单元

由于贵金属铑的稀缺及其络合物在溶液中的不稳定性,铑催化剂的制备与再生也是生产的重要部分。

三碘化铑在含 CH_3I 的醋酸水溶液中,在 80~150℃ 和 0.2~1MPa 条件下与 CO 反应生成二碘二羰基铑络合物,在溶液中以 $[Rh(CO)_2I_2]^-$ 形式存在。氧、光照或热会促使其分解为 RhI_3 而沉淀析出。

催化剂的再生方法是用离子交换树脂脱除其他离子,或使铑络合物分解沉淀而回收铑。铑的回收率极高,故可以保证生产成本和经济效益。

【锆材醋酸反应器】

醋酸是有机酸中腐蚀性最强的物质之一,反应所需催化剂也具有一定腐蚀性,在其工业生产过程中,对设备反应器要求较高,普通钢已无法满足,特别是高温高浓环境中,316 不锈钢也不适用。目前,工业生产中,不少重要设备和管件都选用耐腐蚀性极强的锆材。锆是活泼金属，在空气中能迅速产生一层致密的氧化附着层，形成一层钝化膜，使其具有良好的抗腐蚀性。在醋酸生产工业中，常用的锆材有锆702和锆705，广泛应用于设备、管道、反应器、容器、搅拌器、换热器、泵和阀门等，锆材适合氧化性、还原性、中性介质等各种复杂环境，如高温、高腐蚀、腐蚀介质，除各种浓度和温度的醋酸外，还有HI、CH_3I等高腐蚀介质。与常规反应器相比，锆材加工消耗量最大，且价格较高，所以其制作设备成本很高。在实际应用中，应因地制宜，要综合考虑质量、投资和实施的可行性等因素。在工况复杂、温度高、腐蚀介质多、腐蚀性强，并含有其他有机酸，且投资费用许可的条件下可选用锆材。

5.5 氯化

5.5.1 概述

氯化是指在有机化合物分子中引入氯原子以生成氯的衍生物的反应过程。通过氯化反应可以制得很多含氯衍生物，可以作为有机高分子聚合物的单体、有机合成中间体、有机溶剂等，广泛应用于医药、农药和精细化学品制造等领域。如图5-36所示，含氯化合物用途十分广泛。

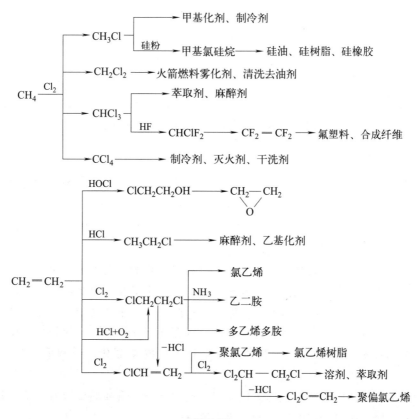

图 5-36

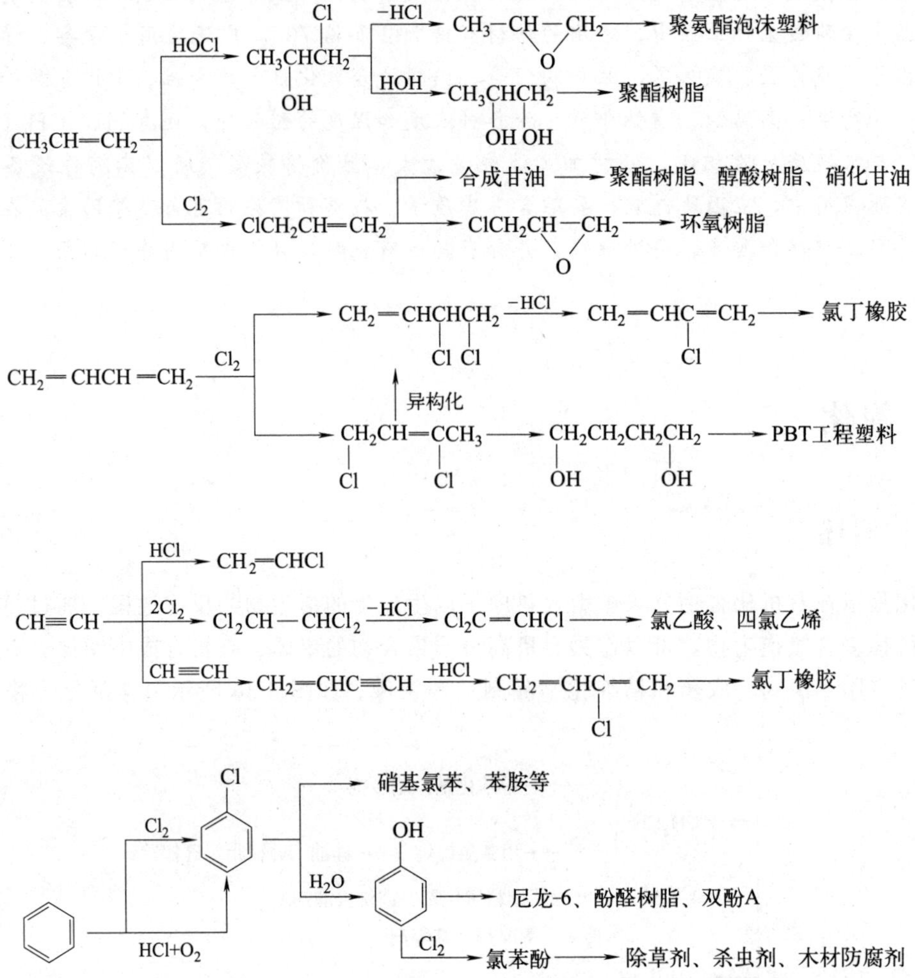

图 5-36 几种烃类的主要氯化产品及其用途

5.5.1.1 氯化剂的选择

向作用物输送氯的试剂称为氯化剂。氯化反应所采用的氯化剂有氯气、氯化氢、次氯酸和次氯酸盐。$COCl_2$（光气）、$SOCl_2$、$POCl_3$ 等也可作为氯化剂，但工业上较少使用。很多金属氯化物如 $SbCl_3$、$SbCl_5$、$CuCl_2$、$HgCl_2$ 等，本身既是氯化剂又可作为氯化反应的催化剂。

氯气在气相氯化中一般能直接参与反应，不需要催化剂，由于反应活性高，氯化产物比较复杂，目的产物的收率一般较低。在液相氯化中，由于受反应温度的限制，氯气需要光照或催化剂才能进行氯化反应，但目的产物的收率较高，反应条件缓和，容易控制。

氯化氢的反应活性比氯气差，一般要在催化剂存在下才能进行取代和加成反应。重要的反应有：乙炔加成氯化制氯乙烯，烷烃、烯烃和芳烃的氧氯化，甲醇取代氯化制一氯甲烷等。

次氯酸和次氯酸盐的反应活性比氯化氢强，比氯气弱，重要的反应有乙烯次氯酸化反应制氯乙醇，由乙醛与次氯酸钠反应合成三氯乙醛等。

氯化亚砜、三氯化磷、五氯化磷和三氯氧磷的反应活性很高，遇水或遇空气反应剧烈，甚至还会发生爆炸或燃烧，在储存和使用中要注意安全。

5.5.1.2 氯化反应的主要类型

烃类氯化反应的类型可以分为以下 4 类。

① 取代（置换）氯化。以氯取代烃分子中氢原子的过程称为烃类的取代氯化。

$$RH + Cl_2 \longrightarrow RCl + HCl \tag{5-112}$$

$$C_6H_5CH_3 \xrightarrow{Cl_2} C_6H_5CH_2Cl + HCl \tag{5-113}$$

脂肪烃和芳香烃取代氯化的共同特点是随着反应时间的延长、反应温度的升高或通氯量的增加，氯化深度会加深，产物中除一氯产物外，还会生成多氯化物。因此，氯化的结果往往得到的是多种氯化产物。对芳香烃侧链的取代反应，为提高侧链氯化物的收率，需抑制苯环上氢原子的取代氯化反应。为此，原料烃和氯气中不允许有铁和铝等杂质以及水分存在，因为它们会催化苯环上氢原子的取代氯化反应。

以氯取代有机物分子中其他基团的过程为置换氯化。例如：

$$ROH + HCl \longrightarrow RCl + H_2O \tag{5-114}$$

$$RCOOH + SOCl_2 \longrightarrow RCOCl + SO_2 + HCl \tag{5-115}$$

② 加成氯化。氯加成到脂肪烃和芳香烃的不饱和双键或三键上生成含氯化合物的反应。该反应可在 $FeCl_3$、$ZnCl_2$ 及 PCl_3 等非质子酸为催化剂下进行，并放出热量。

$$\diagdown C = C \diagup \xrightarrow{Cl_2} \diagdown CCl - ClC \diagup \tag{5-116}$$

$$-C \equiv C- \xrightarrow{2Cl_2} -CCl_2-CCl_2- \tag{5-117}$$

$$C_6H_6 \xrightarrow{3Cl_2} C_6H_6Cl_6 \tag{5-118}$$

由于不饱和烃的反应活性比饱和烃高，故反应条件比饱和烃的取代氯化要缓和得多。因此，一些比较弱的氯化剂也能参与加成氯化反应。

$$\diagdown C = C \diagup \xrightarrow{HCl} \diagdown CH - ClC \diagup \tag{5-119}$$

$$-C \equiv C- \xrightarrow{HCl} -CH = CCl- \tag{5-120}$$

$$H_2C = CH_2 \xrightarrow{Cl_2 + H_2O} CH_2ClCH_2OH + HCl \tag{5-121}$$

③ 氧氯化。以氯化氢为氯化剂，在氧存在下进行的氯化反应称为氧氯化反应。这是介于取代氯化和加成氯化之间的一种氯化方法。典型的工业生产过程有乙烯氧氯化制二氯乙烷，丙烯氧氯化制 1,2-二氯丙烷，甲烷氧氯化生产氯代甲烷化合物等。

④ 氯化物裂解。氯化物裂解即全氯化过程，以烃或氯代烃为原料，在高温非催化及氯过量的条件下发生碳-碳键断裂得到链较短的全氯代烃的过程。属于这种方法的有以下反应：

脱氯反应：
$$Cl_3C-CCl_3 \longrightarrow Cl_2C=CCl_2 + Cl_2 \tag{5-122}$$

脱氯化氢反应：
$$ClCH_2-CH_2Cl \longrightarrow H_2C=CHCl + HCl \tag{5-123}$$

在氯气作用下 C—C 断裂（氯解）：
$$Cl_3C-CCl_3 \xrightarrow{Cl_2} 2CCl_4 \tag{5-124}$$

高温热裂解：
$$CCl_3-CCl_2-CCl_3 \xrightarrow{高温} CCl_4 + Cl_2C=CCl_2 \tag{5-125}$$

氯化物裂解是获取氯代烯烃的重要手段。

5.5.1.3 氯化方法

烃类与氯化剂在某方法的促进下，发生氯化反应，常用的促进方法如下：

① 热氯化。以热能激发 Cl_2 解离成氯自由基，进而与烃类分子反应生成氯衍生物。热氯化反应常在气相中进行，活化能高，故一般需要较高的反应温度，使得热氯化反应副反应较多。典型的热氯化反应如甲烷氯化获得各种氯的衍生物。

② 光氯化。以光子激发 Cl_2，使其解离成氯自由基，与烃类分子反应生成氯衍生物。光氯化反应常在液相中进行，反应所需活化能较低，反应比较温和。例如二氯甲烷在紫外光照射下，生成三氯甲烷和四氯化碳。

③ 催化氯化。在催化剂作用下发生氯化反应，催化剂的作用是降低氯化反应的活化能。催化氯化可分为均相催化氯化和非均相催化氯化。均相催化氯化是将催化剂溶于溶剂中，然后进行氯化反应，如乙烯液相氯化制二氯乙烷。非均相催化氯化是将催化剂的活性成分负载于活性炭、硅胶等载体上，然后进行氯化反应，多为气固非均相反应，如乙炔与氯化氢加成氯化生成氯乙烯的反应。

5.5.1.4 氯化反应机理

氯化反应机理大体上可以分为自由基链反应机理和离子基反应机理两种。

① 自由基链反应机理。热氯化和光氯化属于自由基链反应机理，反应过程包括链引发、链增长（链传递）和链终止 3 个阶段，是一个连串反应过程。

脂肪烃的取代氯化反应机理可表达如下：

链引发：
$$Cl_2 \xrightarrow{\text{热、光或催化剂}} 2Cl \cdot \tag{5-126}$$

链传递：
$$Cl \cdot + RH \longrightarrow R \cdot + HCl \tag{5-127}$$

$$R \cdot + Cl_2 \longrightarrow RCl + Cl \cdot \tag{5-128}$$

链终止：
$$2R \cdot \longrightarrow R-R \tag{5-129}$$

$$R \cdot + Cl \cdot \longrightarrow RCl \tag{5-130}$$

$$2Cl \cdot \longrightarrow Cl_2 \tag{5-131}$$

$$R \cdot \text{器壁} \longrightarrow \text{非自由基产物} \tag{5-132}$$

脂肪烃的加成氯化反应机理可表达为：

链引发：
$$Cl_2 \longrightarrow 2Cl \cdot \tag{5-133}$$

链传递：
$$Cl \cdot + CH_2=CH_2 \longrightarrow ClCH_2CH_2 \cdot \tag{5-134}$$

$$ClCH_2CH_2 \cdot + Cl_2 \longrightarrow ClCH_2CH_2Cl + Cl \cdot \tag{5-135}$$

链终止：
$$2R \cdot \longrightarrow R-R \tag{5-136}$$

$$R \cdot + Cl \cdot \longrightarrow RCl \tag{5-137}$$

$$2Cl \cdot \longrightarrow Cl_2 \tag{5-138}$$

$$R \cdot \text{器壁} \longrightarrow \text{非自由基产物} \tag{5-139}$$

② 离子基反应机理。催化氯化大多属于离子基反应机理，常用的是非质子酸催化剂，如 $FeCl_3$、$AlCl_3$ 等。烃类双键和三键上的加成氯化、烯烃的氯醇化（次氯酸化）、氢氯化（以 HCl 为氯化剂的氯化反应）以及氯原子取代苯环上的氢的催化氯化都属于这类反应机理。现以苯的取代氯化反应为例说明这一反应机理。

苯的取代氯化反应历程有两种观点。第一种观点认为可能是催化剂使氯分子极化离解成亲电试剂氯正离子，它对芳核发生亲电进攻，生成 σ 中间络合物，再脱去质子，得到环上取代的氯化产物：

$$Cl_2 + FeCl_3 \rightleftharpoons [Cl^+ \ FeCl_4^-] \tag{5-140}$$

$$\text{C}_6\text{H}_6 + [\text{Cl}^+\text{FeCl}_4^-] \underset{\text{慢}}{\rightleftharpoons} [\text{C}_6\text{H}_6\text{HCl}]^+\text{FeCl}_4^- \xrightarrow{\text{快}} \text{C}_6\text{H}_5\text{Cl} + \text{HCl} + \text{FeCl}_3 \tag{5-141}$$

在这种机理中,催化剂和氯形成一种极性络合物,它起到向苯分子提供 Cl^+ 的作用。

第二种观点认为,首先由氯分子进攻苯环,形成中间络合物,催化剂的作用则是从中间络合物中除去氯离子:

$$\text{C}_6\text{H}_6 + \text{Cl}_2 \longrightarrow [\text{C}_6\text{H}_6\text{H}\cdot\text{Cl}^-\text{—Cl}] \tag{5-142}$$

$$[\text{C}_6\text{H}_6\text{H}\cdot\text{Cl}^-\text{—Cl}] + \text{FeCl}_3 \longrightarrow [\text{C}_6\text{H}_6\text{H}\cdot\text{Cl}]^+ + \text{FeCl}_4^- \tag{5-143}$$

$$[\text{C}_6\text{H}_6\text{H}\cdot\text{Cl}]^+ \xrightarrow{-\text{H}^+} \text{C}_6\text{H}_5\text{Cl} \tag{5-144}$$

$$\text{FeCl}_4^- + \text{H}^+ \longrightarrow \text{FeCl}_3 + \text{HCl} \tag{5-145}$$

5.5.2 氯乙烯的生产

5.5.2.1 氯乙烯的用途

氯乙烯主要用于生产聚氯乙烯树脂,并能与醋酸乙烯、丙烯腈、丙烯酸酯、偏二氯乙烯(1,1-二氯乙烯)等共聚,制得各种性能的树脂。氯乙烯的聚合物广泛用于工业、农业、建筑以及人们的日常生活中。例如,硬聚氯乙烯具有强度高、重量轻、耐磨性能好等特点,广泛用于工业给水、排水、排污、排气及排放腐蚀性流体等用管道、管件,以及农业灌溉系统、电线电缆管道等;软聚氯乙烯具有坚韧柔软、耐挠曲、耐寒性高等特点,广泛用于电线电缆的绝缘包皮、软管、垫片、人造革及日常生活用品;聚氯乙烯糊用于制造人造革、纸制粘胶制品,涂于织物、纸张、浸渍成型品、浇铸成型品等表面;泡沫聚氯乙烯抗压强度高,有弹性,不吸水,不氧化,常用作衣服衬里、防火壁、绝缘材料及隔音材料等。另外,少量氯乙烯用于制备氯化溶剂,主要是 1,1,1-三氯乙烷和 1,1,2-三氯乙烷。2024 年,全球氯乙烯产能达 5481 万 t/a,我国氯乙烯总产能达 2804 万 t/a,占到全球的 51% 左右。

5.5.2.2 氯乙烯生产方法

氯乙烯经历了较长时间的工业生产和工艺改造,产生了乙炔法、乙烯法、乙炔与乙烯联合法、烯炔法以及平衡氧氯化法等工艺。目前国外主要采用平衡氧氯化法,我国由于具有丰富的煤炭资源,主要采用乙炔法。

(1) 乙炔法

乙炔法是氯乙烯最早工业化的生产方法,其反应原理为:

$$\text{HC}\equiv\text{CH} + \text{HCl} \longrightarrow \text{CH}_2\!=\!\text{CHCl} \tag{5-146}$$

乙炔与氯化氢的反应在气相或液相中均可进行,但气相法是主要的工业方法。

乙炔法生产氯乙烯,乙炔转化率达 97%~98%,氯乙烯收率为 80%~95%,副产物是 1,1-二氯乙烷(约 1%),还有少量乙烯基乙炔、二氯乙烯、三氯乙烷等。乙炔法具有技术成熟、工艺设备简单、投资低、收率高等优点,但同时存在原料成本高、能耗大、催化剂含汞有毒等缺点。

2018 年,电石法生产的氯乙烯约占全球产能的 37%,在我国该占比为 87%。但随着

《水俣公约》的生效以及环保压力的加大,电石法面临严峻的挑战。为了保持电石乙炔法的强大生命力,今后必须致力于对传统生产工艺的改进、解决汞催化剂污染,精馏尾气的无害处理、降低能耗及节省资源等方面的研究开发,从而进一步提高生产技术水平,充分利用好资源优势。

(2) 乙烯法

乙烯法是 20 世纪 50 年代后发展起来的生产方法。该法经过两步反应,首先乙烯与氯气发生加成反应生成 1,2-二氯乙烷(EDC),然后 EDC 裂解脱氯化氢生成氯乙烯。

$$H_2C=CH_2 + Cl_2 \longrightarrow CH_2ClCH_2Cl \tag{5-147}$$

$$CH_2ClCH_2Cl \longrightarrow CH_2=CHCl + HCl \tag{5-148}$$

该法的主要原料乙烯是由石油烃热裂解制备的,价格比乙炔便宜,且使用的催化剂的毒害比氯化汞小得多。但从反应式可以看出,氯的利用率只有 50%,另一半氯以氯化氢的形式从热裂解气中分离出来后,由于含有有机杂质,色泽和纯度都达不到国家标准,它的销售和利用问题就成为工厂必须解决的技术经济问题。有些生产厂家用空气或氧把氯化氢氧化成氯气重新使用,但设备费和操作费均较高,导致氯乙烯生产成本提高。

(3) 乙炔与乙烯联合法

乙炔与乙烯联合法是用乙烯与氯气反应生成二氯乙烷,二氯乙烷裂解生成氯乙烯和氯化氢,氯化氢再与乙炔反应生成氯乙烯。该法是对乙炔法和乙烯法两种方法的改良,目的是用乙炔消耗乙烯法副产的氯化氢。本法等于在工厂中并行建立两套生产氯乙烯的装置,基建投资和操作费用会明显增加,有一半烃进料是价格较高的乙炔,致使生产总成本上升,而且乙炔法的引入仍会带来汞的污染问题。因此,本法也不甚理想,曾在欧美各国作为由电石法转向石油乙烯法的过渡措施采用过,现已被淘汰。

(4) 烯炔法

烯炔法是由石脑油裂解得到的含乙炔和乙烯的混合气(接近等摩尔比),经简单净化处理后与氯化氢混合,在氯化汞催化剂作用下乙炔与氯化氢反应生成氯乙烯,分离出氯乙烯后的混合气再与氯气反应生成二氯乙烷,经分离精制后的二氯乙烷热裂解成氯乙烯及氯化氢,氯化氢再循环用于混合气中乙炔的加成。该工艺虽不需分离、提浓,直接用裂解气中的乙烯和乙炔制备氯乙烯,但裂解石脑油需用纯氧,裂解时对乙烯和乙炔的比例要求非常严格,而且氯乙烯的浓度较低,精制费用高,故未广泛应用。

(5) 平衡氧氯化法

该法是用乙烯与氯气反应生成二氯乙烷,二氯乙烷裂解生成氯乙烯和氯化氢,氯化氢再与乙烯和氧气发生氧氯化反应生成二氯乙烷和水。生产中乙烯转化率约为 95%,二氯乙烷收率超过 90%。采用该法还可副产高压蒸汽供本工艺有关设备利用或用作发电。由于在设备设计和工厂生产中始终需考虑氯化氢的平衡问题,不使氯化氢多余或短缺,故称平衡氧氯化法。

平衡氧氯化法生产氯乙烯主要包括以下 3 步反应:

$$H_2C=CH_2 + Cl_2 \longrightarrow CH_2Cl-CH_2Cl \tag{5-149}$$

$$ClH_2C-CH_2Cl \longrightarrow H_2C=CHCl + HCl \tag{5-150}$$

$$2H_2C=CH_2 + 4HCl + O_2 \longrightarrow 2CH_2Cl-CH_2Cl + 2H_2O \tag{5-151}$$

总反应式

$$4H_2C=CH_2 + 2Cl_2 + O_2 \longrightarrow 4CH_2=CHCl + 2H_2O \tag{5-152}$$

平衡氧氯化法与其他方法相比，原料来源广泛且价格较低，生产工艺合理，生产成本较低。

5.5.2.3 乙炔法生产氯乙烯

（1）乙炔法生产氯乙烯的基本原理

乙炔加成氯化氢合成氯乙烯的反应方程式如下：

$$HC\equiv CH + HCl \longrightarrow CH_2=CHCl + 124.8 kJ/mol \tag{5-153}$$

该反应是在气相中进行的放热反应，可能生成的副产物有1,1-二氯乙烷及少量二氯乙烯。从热力学角度分析，乙炔加成氯化氢合成氯乙烯的反应很有利，但由于反应速率慢，必须在催化剂存在下进行。工业上使用的催化剂是氯化汞/活性炭，采用浸渍吸附法制备。催化剂的活性成分为$HgCl_2$，含量在10%～20%之间。

乙炔和氯化氢加成反应过程包括外扩散、内扩散、吸附、表面反应、脱附、内扩散、外扩散等步骤，其中表面反应为控制步骤。乙炔首先与氯化汞加成生产中间加成产物氯乙烯基氯化汞：

$$HC\equiv CH + HgCl_2 \longrightarrow CHCl=CH-HgCl \tag{5-154}$$

氯乙烯基氯化汞很不稳定，遇氯化氢分解，生成氯乙烯：

$$CHCl=CH-HgCl + HCl \longrightarrow CHCl=CH_2 + HgCl_2 \tag{5-155}$$

所生成的中间产物氯乙烯基氯化汞也可能再与氯化汞加成，加成物再分解出汞而生成二氯乙烯，但这种可能性较小。

当乙炔与氯化氢的摩尔比小时，所生成的氯乙烯能再与氯化氢加成生成1,1-二氯乙烷；反之，当乙炔与氯化氢的摩尔比大时，过量的乙炔使氯化汞还原成氯化亚汞或金属汞，使催化剂失活，同时生成副产物二氯乙烯。

（2）乙炔法生产氯乙烯工艺条件

乙炔法生产氯乙烯的主要工艺条件包括反应温度、反应压力、原料配比、原料气纯度等。

① 反应温度。乙炔与氯化氢的反应为放热反应，因而温度对反应有较大影响。从热力学角度分析，在25～200℃温度范围内该反应的热力学平衡常数均很高（表5-21），可以获得较高平衡分压的氯乙烯。另外，在25～200℃温度范围内随反应温度升高反应速率常数增加。因此，提高反应温度有利于加快反应速率，获得较高的转化率。但温度过高易使催化剂的活性成分氯化汞升华而被气流带走，降低催化剂的活性和使用寿命，同时还会使副产物增加。工业上适宜的反应温度一般控制在130～180℃之间。

表5-21 热力学平衡常数与温度的关系

温度/℃	25	100	130	150	180	200
K_p	1.318×10^{15}	5.623×10^{10}	2.754×10^9	4.677×10^8	4.266×10^7	1.289×10^7

② 反应压力。乙炔与氯化氢反应生成氯乙烯为气体分子数减少的反应，从热力学角度分析，加压操作对提高转化率有利；但反应压力高，对设备、材料的要求也相应提高；生产中常压下乙炔的转化率已经相当高，因此工业上采用常压操作，绝对压力为0.12～0.15MPa，以能克服流程阻力即可。

③ 原料配比。原料C_2H_2与HCl的摩尔比对催化剂的活性和反应选择性均有影响。当

配比过大时，过量的乙炔会使催化剂中的氯化汞还原成氯化亚汞，甚至析出金属汞，从而使催化剂失活，副产物大量增加。另外，乙炔比氯化氢昂贵，如采用乙炔过量，造成很大浪费，经济上不合理，同时还会增加产物氯乙烯分离的负担。若配比过小，过量的氯化氢会与氯乙烯进一步反应生成 1，1-二氯乙烷，降低反应选择性。综合考虑，工业上一般采用氯化氢稍过量，通常控制 C_2H_2∶HCl＝1∶(1.05～1.10)。

④ 原料气纯度。氯乙烯合成反应对原料气乙炔和氯化氢的纯度及杂质含量均有严格要求。

一般要求乙炔纯度≥98.5％，不含硫、磷、砷等的化合物（如 H_2S、PH_3、AsH_3 等）。这些杂质均可与催化剂发生不可逆的吸附作用，使催化剂中毒，降低催化剂寿命，另外还能与 $HgCl_2$ 分子反应生成无活性的汞盐，例如：

$$HgCl_2 + H_2S \longrightarrow HgS + 2HCl \tag{5-156}$$

氯化氢纯度≥93％，氯化氢中的游离氯与乙炔直接接触会生成氯乙炔。氯乙炔极不稳定，常在混合器、石墨冷却器处发生爆炸。另外，氯气的存在还会使二氯乙烷等副产物增多，导致产物分离困难，降低氯乙烯收率。因而游离氯含量控制在 0.002％以下。

原料气中含水量越低越好，因为水能溶解氯化氢生成盐酸，腐蚀管道和设备；水分还会使催化剂氯化汞结块，使反应器局部堵塞，造成反应气体分布不均匀，局部过热，导致局部反应剧烈，使催化剂活性下降，寿命缩短；水与乙炔还可发生反应生成乙醛，从而消耗原料，降低氯乙烯收率，增加产物分离的困难。因此氯乙烯合成反应中，一般控制 H_2O 含量在 0.03％以下。

原料气中还应严格控制氧含量，因为氧易与乙炔接触发生燃烧爆炸，影响安全生产；另外，氧气与载体活性炭反应生成一氧化碳和二氧化碳，增加了反应产物气体中惰性气体量，不仅造成产品分离困难，而且使氯乙烯放空损失增多。因此要求原料气中 O_2 含量在 0.5％以下。

（3）乙炔法生产氯乙烯工艺流程

乙炔法生产氯乙烯工艺流程如图 5-37 所示。净化的乙炔和氯化氢经混合后进入反应器（又称转化器）进行加成反应，乙炔转化率可达 99％左右。自反应器出来的气体产物中除含有主产物氯乙烯外，还含有 1％左右的 1，1-二氯乙烷、5％～10％的 HCl 及少量未反应的乙炔。经水洗除去大部分 HCl，再经碱洗和固体碱干燥除去微量的 HCl，其他反应产物再经冷

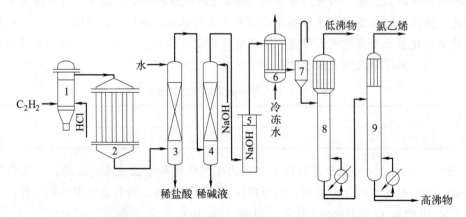

图 5-37　乙炔加成氯化氢生产氯乙烯工艺流程
1—混合器；2—反应器；3—水洗塔；4—碱洗塔；5—干燥器；
6—冷凝器；7—气液分离器；8—低沸塔；9—高沸塔

却冷凝得到粗氯乙烯凝液。粗氯乙烯送入低沸塔，塔顶蒸出乙炔等低沸物，塔釜液进入高沸塔。高沸塔塔底除去 1,1-二氯乙烷等高沸点产物，塔顶得到产品氯乙烯。

5.5.2.4 平衡氧氯化法生产氯乙烯

平衡氧氯化法生成氯乙烯包括乙烯直接氯化、乙烯与氯化氢的氧氯化、1,2-二氯乙烷的精制与裂解以及氯乙烯的精制 5 个工序。此法的原料只需乙烯、氯和空气（或氧），氯可以全部被利用，其关键是要计算好乙烯与氯加成和乙烯氧氯化两个反应的反应量，使 1,2-二氯乙烷裂解所生成的氯化氢恰好满足乙烯氧氯化所需的氯化氢，这样才能使氯化氢在整个生产过程中始终保持平衡。

平衡氧氯化法工艺过程可简单表示为图 5-38。

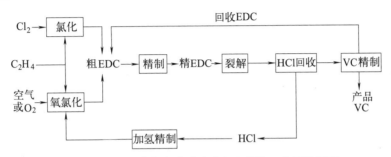

图 5-38　乙烯平衡氧氯化法生产氯乙烯的工艺流程框图

（1）乙烯直接氯化

① 乙烯直接氯化反应原理。乙烯与氯气液相加成生成 1,2-二氯乙烷，反应体系的主、副反应如下。

主反应：
$$H_2C=CH_2+Cl_2 \longrightarrow CH_2Cl-CH_2Cl \tag{5-157}$$

副反应：
$$H_2C=CH_2+Cl_2 \longrightarrow CH_2=CHCl+HCl \tag{5-158}$$

$$ClH_2C-CH_2Cl+Cl_2 \longrightarrow CH_2Cl-CHCl_2+HCl \tag{5-159}$$

$$H_2C=CH_2+HCl \longrightarrow CH_3-CH_2Cl \tag{5-160}$$

$$H_2C=CHCl+Cl_2 \longrightarrow CH_2=CCl_2+HCl \tag{5-161}$$

$$ClH_2C-CH_2Cl+2Cl_2 \longrightarrow CHCl_2-CHCl_2+2HCl \tag{5-162}$$

由主、副反应可知，除目的产物 1,2-二氯乙烷外，一般还含有氯乙烷、三氯乙烷、氯乙烯、二氯乙烯、四氯乙烷等多种副产物，这些副产物的含量随反应条件不同而有所不同。副产物的存在不但会降低二氯乙烷的收率，还会影响氯乙烯的质量和氯乙烯的聚合过程。按照氯化反应类型来分，生成 1,2-二氯乙烷的主反应是加成氯化反应，而副反应则主要为取代氯化反应，因此，应促进加成反应，抑制取代反应。

② 乙烯直接氯化工艺条件。乙烯直接氯化的工艺条件包括反应温度、反应压力和原料配比。

a. 反应温度。乙烯氯化反应无论在气相还是在液相，温度越高，越有利于取代氯化反应的发生，多氯化物也会随之增加。对乙烯而言，反应温度低于 250℃时主要进行加成氯化反应，反应温度为 250～350℃时取代氯化反应剧烈，反应温度高于 400℃时主要发生取代氯化反应。由此可知，乙烯由加成氯化反应转为取代氯化反应的温度范围应该在 250～350℃之间。但需要强调指出的是乙烯氯化为强放热反应，不仅要注意反应的总平均温度，还要注意反应器内的温度分布和波动情况，防止局部过热或瞬间过热，否则也会增加多氯化物的量。

b. 反应压力。乙烯与氯气液相加成是在常压下进行的气液相反应，氯化液中催化剂 $FeCl_3$ 的浓度维持在 $250\sim300mL/L$。

c. 原料配比。乙烯直接氯化反应是气液反应，乙烯和氯气需由气相扩散进入二氯乙烷液相，然后在液相中进行反应。乙烯直接氯化的反应速率和选择性取决于乙烯和氯气的扩散溶解特性，液相中乙烯浓度大于氯气的浓度有利于提高反应的选择性。在相同条件下乙烯较氯气难溶于二氯乙烷，因此工业生产一般控制乙烯过量 5%～25%。稍过量的乙烯可以保证氯气反应完全，使氯化液中游离氯含量降低，减轻对设备的腐蚀，并有利于后处理，同时可以避免氯气和原料气中的氢气直接接触而引起的爆炸危险。生产中控制尾气中氯含量不大于 0.5%（体积分数），乙烯含量小于 1.5%（体积分数）。

③ 乙烯直接氯化工艺流程。工业上依据氯化反应时的温度，乙烯直接氯化分为低温氯化（50℃）、中温氯化（90℃）和高温氯化（110～120℃）。其中，低温氯化的选择性最高，但反应热未得到有效利用，系统热负荷最高，此外，由于二氯乙烷液相出料，催化剂损失大；中温氯化和高温氯化由于反应温度升高，反应速率加快，副反应增加，二氯乙烷的选择性降低，但由于采取气相出料，催化剂损失减少，同时反应热被合理利用，系统热负荷较低温氯化也降低。尤其是采用高温氯化工艺时，气相二氯乙烷不需水洗、脱轻、脱重，可直接进入二氯乙烷精制单元的精馏塔，为精馏塔提供了部分热源，减少了精馏塔再沸器的热负荷，降低了装置的能耗。高温氯化工艺比低温和中温氯化工艺在能耗及物耗等方面具有明显竞争优势，是乙烯直接氯化工艺的发展方向。

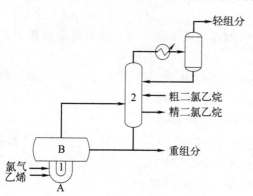

图 5-39　高温氯化法工艺流程
1—虹吸式反应器；2—精馏塔；
A—U 形循环管；B—分离器

图 5-39 为 EVC 公司高温氯化法制二氯乙烷工艺流程图。与传统氯化反应器不同，该工艺采用虹吸式反应釜，反应温度 110℃，压力 0.11MPa，摩尔比为 1∶1.25 的乙烯和氯气由 U 形循环管上升段进入反应器，随氯化液循环上升，边溶解边反应，至上升段 2/3 处，反应已基本完成。在此之前，由于氯化液内有足够的静压，阻止了反应液沸腾。随着氯化液上升，液压降低，液体开始沸腾，由此产生的 1,2-二氯乙烷蒸气进入精馏塔，1,2-二氯乙烷裂解后未反应的二氯乙烷也送到精馏塔提纯。精馏塔塔底重组分含有较多的二氯乙烷，循环回反应器，氯化反应热能直接用于精馏，不需在精馏塔塔底设计再沸器。精馏塔塔顶分出的 1,2-二氯乙烷质量分数可达 99.9%，不需进一步精制可直接用于裂解生产氯乙烯。

采用带 U 形循环管的反应器进行高温氯化，1,2-二氯乙烷收率高，反应热利用率高。但反应器循环速度过低时会使反应物分散不均，局部浓度过高，故应控制好循环速度。该工艺比低温氯化工艺的加热蒸汽用量和循环冷却水用量均少，且原料利用率可达 99%。

（2）乙烯氧氯化

① 乙烯氧氯化反应原理。乙烯氧氯化反应体系的主、副反应如下。
主反应：

$$2H_2C=CH_2+4HCl+O_2 \longrightarrow 2CH_2Cl-CH_2Cl+2H_2O \tag{5-163}$$

副反应：

$$H_2C=CH_2+2O_2 \longrightarrow 2CO+2H_2O \qquad (5-164)$$

$$H_2C=CH_2+3O_2 \longrightarrow 2CO_2+2H_2O \qquad (5-165)$$

$$H_2C=CH_2+HCl+1/2O_2 \longrightarrow CH_2=CHCl+H_2O \qquad (5-166)$$

由此可以看出，反应除生成主产物 1,2-二氯乙烷外，同时会生成氯乙烷、三氯乙烷、氯乙烯、四氯乙烷、四氯化碳等多种副产物，同时存在深度氧化产物二氧化碳及水等。通过热力学分析可知，乙烯氧氯化反应体系的主、副反应的平衡常数都很大，在热力学上都是有利的。要使主反应在动力学上占绝对优势，使反应向生成二氯乙烷的有利方向进行，关键在于使用合适的催化剂和控制适宜的反应条件。

② 乙烯氧氯化催化剂。根据氯化铜催化剂的组成不同，乙烯氧氯化催化剂分为以下 3 种类型。

a. 单组分催化剂。该催化剂也称为单铜催化剂，其活性组分为 $CuCl_2$，载体为 γ-Al_2O_3，其活性与 $CuCl_2$ 的含量有直接关系。活性组分铜含量增加，催化剂的活性明显提高，但副产物二氧化碳的收率也缓慢增加，即催化剂的选择性逐渐降低。在铜含量为 5%～6%（质量分数）时，氯化氢的转化率接近 100%，催化剂的活性达到最高值。继续增加铜含量，催化剂的活性维持不变。因此工业上控制 $CuCl_2/Al_2O_3$ 的铜含量在 5%（质量分数）左右。

$CuCl_2/\gamma$-Al_2O_3 催化剂的缺点是：在反应条件下活性组分 $CuCl_2$ 易升华流失，导致催化剂活性下降，而且反应温度越高，$CuCl_2$ 的升华速度越快，催化剂活性下降越迅速。

b. 双组分催化剂。为了改善单组分催化剂的热稳定性和使用寿命，在 $CuCl_2/\gamma$-Al_2O_3 催化剂中添加第二组分。常用的为碱金属或碱土金属氯化物，主要是 KCl。添加 KCl 的催化剂，在铜含量相同的条件下，达到最高活性的温度随催化剂中钾含量的增加而提高。实践证明，添加少量 KCl，既能维持 $CuCl_2/\gamma$-Al_2O_3 原有的低温高活性特点，又能抑制二氧化碳的生成。但 KCl 用量过大，不仅对选择性没有影响，还会使催化剂活性迅速下降。

c. 多组分催化剂。为进一步改进催化剂性能，特别是在较低操作温度下具有高活性的催化剂，乙烯氧氯化催化剂向多组分方向发展。较有希望的是在 $CuCl_2/\gamma$-Al_2O_3 催化剂基础上同时添加碱金属氯化物和稀土金属氯化物。这种催化剂具有较高的活性和较好的热稳定性，反应温度一般在 260℃ 左右，在此温度下 $CuCl_2$ 很少挥发，没有腐蚀性，而且反应选择性良好。

③ 乙烯氧氯化工艺条件。乙烯氧氯化工艺条件包括反应温度、反应压力、原料配比、原料纯度和停留时间。

a. 反应温度。乙烯氧氯化反应是强放热反应，反应热可达 251kJ/mol，温度对乙烯氧氯化反应的选择性有很大影响。实验表明，在温度上升的初始阶段，反应的选择性随温度升高而增大，在 250℃ 左右达到最大值。此后，随着反应温度的升高，乙烯深度氧化副反应速率快速增长，产物中一氧化碳和二氧化碳含量升高，同时副产物三氯乙烷的生成量也增加，致使反应选择性下降。图 5-40～图 5-42 为在铜的质量分数为 12% 的 $CuCl_2/\gamma$-Al_2O_3 催化剂上，温度对 1,2-二氯乙烷生成速率、选择性和乙烯燃烧副反应的影响。由图可以看出，当温度高于 250℃ 时，1,2-二氯乙烷的生

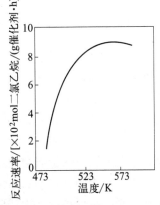

图 5-40 温度对反应速率的影响

成速率增加缓慢，而选择性显著下降，乙烯燃烧副反应明显增多。

过高的反应温度对催化剂也有不良影响。这是因为，随温度的升高，催化剂活性组分 $CuCl_2$ 的挥发损失量增加，从而导致催化剂失活速率加快，使用寿命缩短。当使用高活性的氯化铜催化剂时，最适宜的温度范围在 220~230℃ 左右。

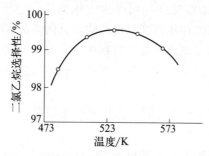
图 5-41　温度对选择性的影响

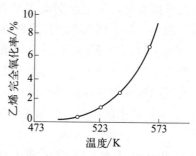
图 5-42　温度对乙烯完全氧化反应的影响

b. 反应压力。压力对乙烯氧氯化反应速率和选择性都有影响。提高压力可加快反应速率，但选择性却下降。图 5-43 和图 5-44 为压力对产物二氯乙烷和副产物氯乙烷的影响。由图可以看出，压力升高，生成 1,2-二氯乙烷的选择性降低，副产物氯乙烷的生成量增加。故反应压力不宜过高，一般在 0.1~1MPa 之间。流化床宜低压操作，固定床为克服流体阻力，操作压力宜高一些。当用空气进行氧氯化时，反应气体中含有大量的惰性气体，为了使反应气体保持一定的分压，常采用加压操作。

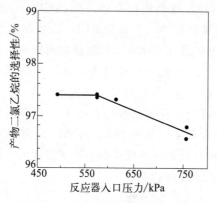
图 5-43　压力对二氯乙烷选择性的影响

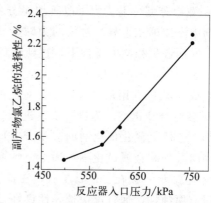
图 5-44　压力对副产物氯乙烷选择性的影响

c. 原料配比。由乙烯氧氯化反应的动力学研究可知，乙烯氧氯化反应速率随乙烯和氧浓度的增加而增加，与氯化氢的浓度无关，因此提高原料气中乙烯和氧的分压对反应有利。乙烯和氧过量，除可增大主反应速率外，还可使氯化氢接近完全转化。若氯化氢转化不完全，未反应的氯化氢一是和乙烯氧氯化反应生成的水结合形成盐酸，造成设备腐蚀；二是未反应的氯化氢会吸附在催化剂表面上，使催化剂颗粒膨胀，密度减小，如果采用流化床反应器，催化剂颗粒的膨胀会使床层迅速升高，甚至会产生"节涌"等不正常现象。但乙烯不可过量太多，否则会加剧乙烯深度氧化反应，使尾气中一氧化碳和二氧化碳含量增多，反应选择性下降。在原料配比中还要求原料气的组成在爆炸极限范围外，以保证安全生产。因此工业上采用乙烯稍过量，氧气过量大约 50%，氯化氢则为限制组分。工业上采用的原料配比为：乙烯：氯化氢：氧=1.05：2：0.75（体积比）。

d. 原料纯度。氧氯化反应可用浓度较稀的原料乙烯，CO、CO_2 和 N_2 等惰性气体的存在对反应并无太大影响。但原料乙烯中的不饱和烃如乙炔、丙烯和丁烯等的含量必须严格控制，因为这些烃类也会发生氧氯化反应，生成三氯乙烯、四氯乙烯等多氯物，使主产物二氯乙烷的纯度降低，而且会对二氯乙烷的裂解过程产生抑制作用，同时它们更容易发生深度氧化反应，释放出的热量会使反应温度上升，给反应带来不利影响。

e. 停留时间。图 5-45 为停留时间对氯化氢转化率的影响。由图可以看出，要使氯化氢接近全部转化，必须有较长的停留时间，但停留时间过长会出现转化率下降的现象。这可能是由于在较长的停留时间里发生了连串副反应，二氯乙烷裂解产生氯化氢和氯乙烯。在低空速下操作时，适宜的停留时间一般为 5~10s。

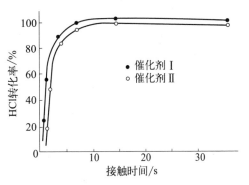

图 5-45　停留时间对氯化氢转化率的影响
（498K，C_2H_4：HCl：空气=1.1：2：3.6）

④ 乙烯氧氯化的工艺流程。乙烯氧氯化制备二氯乙烷是强放热的气固相催化氧化反应，最初采用空气作氧化剂。20 世纪 70 年代开发了以纯氧为氧化剂的生产工艺，由于其在技术经济方面的优势，越来越受到人们的重视。

以氧气作氧化剂的乙烯氧氯化生产二氯乙烷工艺流程如图 5-46 所示。新鲜乙烯与自循环压缩机加压后的循环气（主要含未反应的乙烯及惰性气体）混合，再与来自裂解单元的氯化氢气体混合进入流化床反应器，氧气从反应器底部进入，反应气体依次通过气体分配器和挡板，进入催化剂床层发生氧氯化反应。反应器内催化剂为双组分 $CuCl_2$-KCl/γ-Al_2O_3 催化剂，适宜的操作温度为 230℃，反应放出的热量借助反应器冷却管内水的汽化移走，反应温度通过调节气液分离器压力进行控制。操作压力为 0.2MPa，氯化氢的转化率为 99.5%，乙烯的燃烧率为 1.5%。自氧氯化反应器顶部出来的反应混合气（二氯乙烷、水、CO、CO_2、未转化的乙烯、氧、氯化氢及惰性气体等）进入急冷塔，用水逆流喷淋骤冷至 90℃并吸收其中的氯化氢，同时洗去夹带的催化剂粉末。急冷塔顶不凝气中含有二氯乙烷、水和

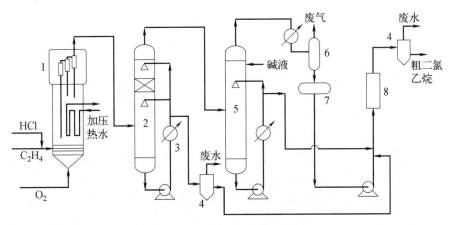

图 5-46　乙烯氧氯化生产 1,2-二氯乙烷工艺流程图
1—流化床反应器；2—急冷塔；3—急冷塔冷却器；4—倾析器；
5—洗涤塔；6—气液分离器；7—中间储槽；8—二氯乙烷混合器

其他氯的衍生物，送入洗涤塔除去其中的 CO_2 及少量 HCl，洗涤塔顶部逸出的气体经冷凝，大部分二氯乙烷和水冷凝下来，与急冷塔塔底物料混合后送入倾析器，经倾析器分层除去水，得到粗二氯乙烷，送入粗二氯乙烷储罐。不凝气体（主要含未反应的乙烯及惰性气体）经气液分离后去废气处理单元。

（3）二氯乙烷的精制

粗二氯乙烷含有一定数量的杂质，需精制才能达到二氯乙烷裂解生产氯乙烯的要求。工业上常用的二氯乙烷质量标准见表 5-22。

表 5-22 1,2-二氯乙烷质量标准

组分	二氯乙烷	水	铁	1,1,2-三氯乙烷	三氯乙烯	1,3-丁二烯	苯
$\varphi(\mu L/L)$	99.5%	<10	<0.3	<100	<100	<50	<2000

二氯乙烷常采用 4 塔精制流程，见图 5-47。来自氧氯化反应单元的粗二氯乙烷进入脱水塔，脱除水和轻组分，塔顶气经冷凝后流入倾析器，分去上层水，下层液作为回流，不凝气体放空；含水量小于 $20\mu g/g$ 的塔釜液和来自直接氯化单元、氯乙烯精制单元的粗二氯乙烷一起进入脱轻塔，脱轻塔塔顶馏出低沸点副产物，塔釜液送到脱重塔脱除高沸物。由脱重塔顶得到高纯度二氯乙烷，作为裂解反应的原料，塔釜液进入回收塔，回收塔顶出料经冷却后送往脱轻塔和脱重塔，塔釜液的高沸物送往废液处理系统。

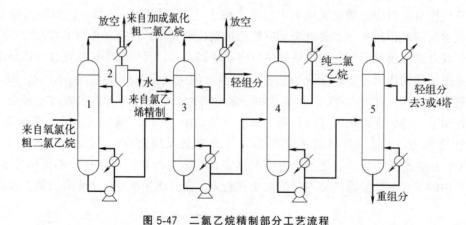

图 5-47 二氯乙烷精制部分工艺流程
1—脱水塔；2—倾析器；3—脱轻塔；4—脱重塔；5—回收塔

（4）二氯乙烷热裂解与氯乙烯精制

① 二氯乙烷热裂解反应原理。1,2-二氯乙烷热裂解的主、副反应如下。

主反应：1,2-二氯乙烷加热至高温脱去 1 分子氯化氢生成氯乙烯。

$$ClH_2C-CH_2Cl \rightleftharpoons H_2C=CHCl + HCl - 79.5 kJ/mol \quad (5-167)$$

副反应：高温裂解过程中还会发生若干连串和平行副反应，生成烃类、氯甲烷、氯丁二烯等。

$$H_2C=CHCl \rightleftharpoons HC\equiv CH + HCl \quad (5-168)$$

$$3HC\equiv CH \rightleftharpoons \bigcirc \quad (5-169)$$

$$2ClH_2C-CH_2Cl \rightleftharpoons CH_2=CH-CH=CH_2 + 2HCl + Cl_2 \quad (5-170)$$

$$2ClH_2C-CH_2Cl \rightleftharpoons CH_2=CCl-HC=CH_2 + 3HCl \quad (5-171)$$

$$ClH_2C-CH_2Cl+H_2 \Longleftrightarrow 2CH_3Cl \tag{5-172}$$

$$3ClH_2C-CH_2Cl \Longleftrightarrow 2CH_2=CHCH_3+3Cl_2 \tag{5-173}$$

② 1,2-二氯乙烷热裂解工艺条件。

a. 反应温度。二氯乙烷裂解反应是可逆吸热反应，提高反应温度可使反应向生成氯乙烯的方向移动，同时也有利于反应速率的加快。当温度低于450℃时，裂解反应速率很慢，转化率很低；当温度上升至500℃时，裂解反应速率显著加快，转化率明显提高；温度在500～550℃范围内，温度每升高10℃，反应转化率可增加3%～5%。但温度过高，二氯乙烷深度裂解、产物氯乙烯分解和聚合等副反应加速，裂解反应选择性下降。因此，综合考虑二氯乙烷转化率和氯乙烯收率两个因素，通常控制反应温度在500～550℃之间。

b. 反应压力。二氯乙烷裂解是体积增大的可逆反应，从热力学方面考虑，提高压力对反应过程不利。但从动力学方面考虑，加压可提高反应速率和设备的生产能力，同时提高压力还有利于抑制二氯乙烷分解析炭副反应发生，提高反应的选择性。从整个工艺流程考虑，加压操作可降低裂解反应产物分离的温度，节省冷量。因此，实际生产中均采用加压操作。

c. 原料的纯度。原料二氯乙烷含有杂质对裂解反应有不利的影响，其中最有害的杂质是裂解抑制剂，可减慢裂解反应速率和促进结焦。起强抑制作用的是1,2-二氯丙烷，当其含量达0.1%～0.25%时，可使1,2-二氯乙烷转化率下降4%～10%，如果提高裂解温度以弥补转化率的下降则副反应和生焦量会更多，而且1,2-二氯丙烷的裂解产物氯丙烯具有更强的抑制裂解作用，因此要求原料中二氯丙烷的含量小于0.3%。杂质1,1-二氯乙烷对裂解反应也有较弱的抑制作用。其他杂质如二氯甲烷、三氯甲烷等，对反应基本无影响。铁离子会加速深度裂解副反应，故原料中含铁量要求$\leqslant 10^4$。

d. 停留时间。停留时间与1,2-二氯乙烷转化率的关系见图5-48。从图中可看出，停留时间越长，二氯乙烷的转化率越高。但是，停留时间过长会使结焦积炭副反应迅速增加，导致氯乙烯的产量下降。所以，工业生产上常采用较短的停留时间，以获得高的选择性。通常控制停留时间为9s左右，此时转化率可达50%～60%，反应选择性为98%左右。

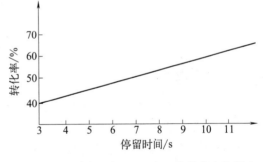

图5-48 停留时间对1,2-二氯乙烷转化率的影响
(1103K，0.5MPa)

③ 1,2-二氯乙烷裂解与氯乙烯的精制工艺流程。图5-49所示为1,2-二氯乙烷的裂解和氯乙烯的精制工艺流程。1,2-二氯乙烷裂解反应是在高温和高压下进行，不需催化剂，热裂解在管式炉内进行。精制二氯乙烷原料送入管式裂解炉的对流段，与烟道气热交换被预热，进入辐射段进行裂解。为了减少裂解副产物，一般控制裂解转化率为50%～60%，氯乙烯选择性为95%。主要副产物有乙烯、丁二烯、氯甲烷、丙烷、氯丙烯以及焦炭等。

裂解炉出来的高温裂解气（约500℃）进入急冷塔，该塔操作压力为2.0MPa，为了防止盐酸对设备的腐蚀，采用约40℃的二氯乙烷直接喷淋，使裂解气降温至70℃，阻止副反应继续进行。急冷塔顶出氯乙烯和HCl，其中含有少量二氯乙烷，经水冷和深冷将氯乙烯冷凝，未凝气体主要是HCl，然后分别以液相和气相进料方式送入HCl回收塔。急冷塔釜液主要是二氯乙烷，含有少量冷凝的氯乙烯和溶解的HCl，经冷却后，一部分进入HCl回收塔，其余用作急冷塔循环冷却液。

HCl 回收塔有 3 股进料，分别是急冷塔的冷凝液（富含氯乙烯）和未凝气体（富含氯化氢），以及急冷塔釜液（富含二氯乙烷），塔顶压力为 1.2MPa，塔顶温度为 −24℃，塔釜温度为 110℃。塔顶采出的气体经冷却冷凝后，得到 99.8% 的 HCl 用作氧氯化反应的原料。塔釜得到氯乙烯和二氯乙烷的混合物，送入氯乙烯精制 1 号塔，该塔操作压力为 0.55MPa，塔顶温度为 43℃，塔釜温度为 163℃，塔釜馏出液返回到二氯乙烷精制单元，塔顶的氯乙烯经冷凝后部分回流，其余进入氯乙烯精制 2 号塔中脱除微量的（约 10^{-4}）HCl，塔釜液经干燥得到高纯度产品氯乙烯。

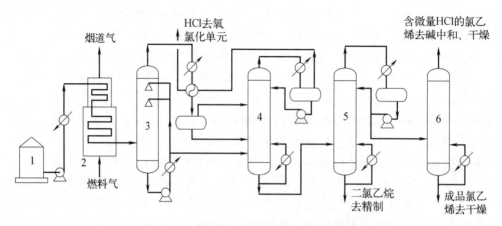

图 5-49　二氯乙烷裂解生产氯乙烯工艺流程
1—二氯乙烷储罐；2—裂解炉；3—急冷塔；4—HCl 回收塔；
5—氯乙烯精制 1 号塔；6—氯乙烯精制 2 号塔

　思考题

1. 什么是烃类热裂解的一次反应和二次反应？烃类热裂解的一次反应规律有哪些？二次反应对烃类热裂解有何影响？

2. 分析热裂解过程工艺参数对一次反应和二次反应的影响。

3. 烃类热裂解为什么要加入稀释剂？采用蒸汽作稀释剂有何优点？

4. Lummus 公司的 SRT 型裂解炉由 Ⅰ 型发展到 Ⅵ 型，它的主要改进方法是什么？遵循的原则是什么？

5. 裂解气中含有哪些杂质？有何危害？净化的方法是什么？

6. 为什么要对裂解气进行急冷？急冷方式有哪些？

7. 工业上裂解气分离的方法有哪些？三种典型分离流程有何不同？

8. 从热力学角度分析乙炔加氢生成乙烯、苯加氢合成环己烷、一氧化碳加氢合成甲醇三个典型加氢反应的特点。

9. 试从热力学角度分析影响催化加氢和催化脱氢化学平衡的因素。

10. 催化加氢和脱氢的催化剂种类有哪些？

11. 从热力学分析可知 CO 加氢合成甲醇应采用低温高压，为什么工业生产却采用高温高压或低温低压的工艺条件？

12. 简述甲醇合成反应器的分类和特点。

13. 影响乙苯脱氢的工艺条件有哪些？如何选择？

14. 在乙苯脱氢制苯乙烯的精馏工序，乙苯蒸出塔和苯乙烯精馏塔为什么要采用减压精馏？

15. 氧化反应有哪些特点？

16. 列管式固定床反应器与流化床反应器各有什么特点？乙烯环氧化反应制环氧乙烷选用何种类型的反应器？为什么选用该类型反应器？

17. 我国醋酸的工业化生产路线有哪些？甲醇羰基化法制醋酸有什么优势？

18. 平衡法生产氯乙烯主要包括哪些单元？涉及的主要反应有哪些？画出工艺流程框图，指出"平衡"的含义。

19. 简述平衡氧氯化法的工艺条件并说明原因。

第6章 精细化工单元反应及典型产品生产工艺

本章学习重点

1. 了解精细化工的特点以及国内外精细化工现状及发展方向。
2. 了解常用的磺化剂及磺化方法；掌握磺化反应的反应历程、反应特点、影响因素以及磺化产物的分离方法；掌握十二烷基苯磺酸钠的生产工艺。
3. 了解常用的硝化剂及硝化方法；理解硝化反应的反应历程、反应特点；掌握硝化反应的影响因素以及硝化产物的分离方法；掌握硝基苯的生产工艺。
4. 了解几种常用的酯化方法；掌握典型的酯化产品（DOP）生产工艺。
5. 掌握重氮化影响因素及重氮化方法；掌握偶合反应的特点及影响因素。

6.1 概述

精细化工是精细化学工业的简称，是生产精细化工产品工业的通称，是当今化学工业中最具活力的新兴领域之一。精细化工产品是化学工业中用来与通用化工产品或大宗化学品相区分的一个专用术语。前者指一些具有特定应用性能的、产量小、纯度高或附加值高的产品，例如医药、化学试剂等；后者指一些应用范围广泛，生产中化工技术要求高，产量大的产品，例如三酸、两碱、乙烯、丙烯以及三大合成材料等。

精细化学品直接服务于国民经济的诸多行业和高新技术产业的各个领域，在加工过程中所需的步骤较多，生产规模与市场情况密切关联。可以说，精细化工是国民经济发展中的一个非常重要的部门，大力发展精细化工已成为世界各国调整化学工业结构、提升化学工业产业能级和扩大经济效益的战略重点。精细化工率是指精细化工产值占化工总产值的比例，是衡量一个国家或地区化学工业发达程度和化工科技水平高低的重要指标。

6.1.1 精细化工的特点

6.1.1.1 多品种、小批量

每种精细化工产品都有其一定的应用范围，以满足社会的不同需要，所以决定了精细化工产品的用量十分有限。从精细化工的范畴和分类可以看到，精细化工产品必然具有多品种

的特点。由于产品应用面窄，针对性强，特别是专用品和特制配方的产品，往往是一种类型的产品可以有多种牌号，因而使新品种和新剂型不断出现，日新月异。所以，多品种是精细化工的一个重要特征。例如不同结构的染料品种达到5000多，对于某个具体的产品而言，最少的年产量可能只有几百公斤。这里的批量小主要是相对于大宗化工产品，也有一些用量较大的精细化工产品，比如水处理行业所应用的二氯异氰尿酸和三氯异氰尿酸钠，其年产量通常可达万吨。

6.1.1.2 技术密集度高

精细化工是综合性较强的技术密集型工业。这种技术密集性主要体现在分子设计技术、聚合技术、精密分离纯化技术以及对于新型结构功能化学物质进行开发和研究等方面。此外，还必须考虑如何使其商品化，这就要求多门学科知识的互相配合及综合运用。就合成而言，由于步骤多，工序长，影响收率及质量的因素很多，而每一生产步骤都涉及生产控制和质量鉴定。因此，要想获得高质量、高收率，且性能稳定的产品，就需要掌握先进的技术和进行科学管理。不仅如此，同类精细化工产品之间的相互竞争也是十分激烈的。为了提高竞争能力，必须坚持不懈地开展科学研究，注重采用新技术、新工艺和新设备，及时掌握国内外情报，搞好信息储存。

一个精细化学品的研究开发，要从市场调查、产品合成、应用研究、市场开发，甚至技术服务等各方面全面考虑和实施，需要解决一系列的技术课题，渗透多方面的技术、知识、经验和手段。一般而言，精细化工产品的技术开发成功率是比较低的，如在染料的专利开发中，成功率在$0.1\%\sim0.2\%$。在医药和生物用药方面，随着对药效和安全性要求越来越严格，新品种开发的时间长、费用高，其结果必然造成高度的技术垄断。据统计，开发一种新药约需$5\sim10$年，其耗资可达2000万美元。

技术密集还表现为情报密集，信息更新快。由于精细化工产品是根据具体应用对象而设计的，他们的要求经常会发生变化，一旦有新的要求提出，就必须按照新要求重新设计化合物结构，或对原有的结构进行改进，从而研发出新产品。此外，大量的基础研究产生的新化学品也需要寻求新的用途。为此，某些大型化学公司已经采用计算机信息处理技术对国际化学界研制的各种新化合物进行储存、分类以及功能检索，以达到快速设计和筛选的目的。

技术密集还反映在精细化工产品的生产过程中，体现在强的技术保密性和专利垄断性，这几乎是各精细化工公司的共同特点。他们通过自己的技术开发部拥有的技术进行生产，并以此为手段在国内及国际市场上进行激烈竞争。因此，一个具体品种的市场寿命往往很短，例如，新药的市场寿命通常只有$3\sim4$年，在这种激烈竞争而又不断改进的形势下，专利权的保护十分重要。

6.1.1.3 采用综合生产流程和多功能生产装置

多数精细化工产品需要由基本原料出发，经过深度加工才能制得，因而生产流程一般较长，工序较多。由于这些产品的需求量不大，故往往采用间歇式装置生产。虽然精细化工产品品种繁多，但从合成角度看，其合成单元反应不外乎十几种，尤其是一些同系列产品，其合成单元反应及所采用的生产过程和设备，有很多相似之处。近年来，许多生产工厂广泛采用多品种综合生产流程，设计和制作用途广、功能多的生产装置。即一套流程装置可以经常改变生产品种的牌号，使其适应精细化工产品多品种、小批量的特点。精细化工最合理的设计方案是按单元反应来组织反应设备，用若干个单元反应器组合起来生产不同的产品。单元反应器的生产能力可以很大,对一个具体品种来说,通过几批甚至于一批生产就可以满足年产量的要求。

6.1.1.4 大量采用复配技术和剂型加工技术

复配和剂型加工技术是精细化工生产技术的重要组成部分。为了满足各种专门用途的需要,许多由化学合成得到的产品,除了要求加工成多种剂型(粉剂、粒剂、可湿剂、乳剂、液剂等)外,常常必须加入多种其他试剂进行复配。由于应用对象的特殊性,很难采用单一的化合物来满足要求,于是配方的研究便成为决定性的因素。例如,在合成纤维纺织用的油剂中,要求合成纤维纺织油剂应具备平滑、抗静电、有集束或抱合等作用,热稳定性好,挥发性低,对金属无腐蚀,可洗性好等。由于合成纤维的形式及品种不同,如长丝或短丝,加工的方式不同,如高速纺或低速纺,则所用的油剂也不同。为了满足上述各种要求,合纤油剂都是多组分的复配产品,其成分以润滑油及表面活性剂为主,配以抗静电剂等助剂,有时配方中会涉及10多种组分。又如金属清洗剂组分中要求有溶剂、除锈剂等。其他如化妆品,常用的脂肪醇不过很少的几种,而由其复配衍生出来的商品则是五花八门,难以做确切的统计。农药、表面活性剂等门类的产品,情况也类似。有时为了使用户使用方便及安全,也可将单一产品加工成复合组分商品,如为了避免传统染料使用过程中的粉尘污染环境和便于自动化计量,新型液体染料用到了分散剂、防沉淀剂、防冻剂、防腐剂等。

经过剂型加工和复配技术所制成的商品数目,远远超过由合成而得到的单一产品数目。采用复配技术所推出的产品,具有增效、改性和扩大应用范围等功能,其性能往往超过结构单一的产品。因此,掌握复配和剂型加工技术是使精细化工产品具备市场竞争能力的一个极为重要的方面。

6.1.1.5 投资少、附加价值高、利润大

精细化学品一般产量都较少,装置规模也较小,很多是采用间歇生产方式,其通用性强,与连续化生产的大装置相比,具有投资少、见效快的特点。

在配制新品种、新剂型时,技术难度并不一定很大,但新品种的销售价格却比原品种有很大提高,其利润较高。

附加价值是指在产品的产值中扣去原材料、税金、设备和厂房的折旧费后,剩余部分的价值。这部分价值是指当产品从原材料开始经加工至产品的过程中实际增加的价值,包括利润、工人劳动、动力消耗以及技术开发等费用。精细化工产品附加价值高是因为有着较高的行业利润和加工深度,也包含了较高的技术开发费用和人工消耗。附加价值高可以反映出产品加工中所需的劳动、技术利用情况以及利润是否高等。同时也要指出,附加价值不等于利润,因为若某种产品加工深度大,则工人劳动及动力消耗也高,技术开发的费用也会增加,而利润则受各种因素的影响,例如是否属垄断技术,市场的需求量如何等。相比于化工行业的其他部门,精细化工产品的附加价值与销售额的比率是最高的,如果从工业部门的角度来看,附加价值最高的为医药。总体来说,精细化工产品有着非常快的更新速度,需要持续进行技术开发,花费较高的研发费用,形成技术垄断,从而带来更多利润。

6.1.2 国内外精细化工概况

由于精细化工技术密集、附加值高,因此工业发达国家均将精细化工视为发展重点,不断提高化学工业的精细化工率。美国、西欧和日本等化学工业发达国家和地区,其精细化工

也最为发达，代表了当今世界精细化工的发展水平。这些国家的精细化工率已达到60%～70%。近几年，美国精细化学品年销售额约为1250亿美元，居世界首位，欧洲约为1000亿美元，日本约为600亿美元，名列第三。三者合计约占世界总销售额的75%以上。我国在2021年精细化工率为41.2%，预计2025年提高至55%。

工业发达国家经过20世纪70年代两次石油危机，由于原料价格猛涨，经济受到很大的冲击。这促使其大型石化企业大量采用高新技术，在节能、技改、降低成本的同时，调整产品结构，向下游深度加工，向产品精细化、功能化的方向发展，走高附加值的生产路线，来发展精细化工产品。

我国精细化工行业在近30年间也有快速发展，精细化工率由1990年的25%、1994年的29.8%，提高到2016年约48%，2025年预期达到55%。在农药、染料、涂料、橡胶助剂等传统精细化工领域快速发展的同时，一些新领域精细化工产品的生产和应用也取得了巨大进步。目前，我国的染料产量已跃居世界首位，2022年，染料产量达到了81.2万吨，工业总产值764.82亿元，占世界染料产量的70%以上。我国不仅是世界第一染料生产大国，而且是世界第一染料出口大国，约占世界染料贸易量的25%，已成为世界染料生产、贸易的中心，在世界染料市场占有显著地位。2023年，我国涂料产能达到3577.2万吨，农药产能达到267.1万吨，二者均居产量和出口量世界第一。2019～2023年我国食品添加剂的年均复合增长率约为6.4%，2024年我国食品添加剂的年产量可达1759万吨。我国还是全球最大的柠檬酸产品生产国和出口国。据统计，我国柠檬酸行业产量由2012年的107万吨增长至2022年的172万吨，年均复合增长率为4.86%，2022年我国柠檬酸需求量约为49.4万吨，同比上升13.82%。

我国精细化工虽然取得了可观的成就，但在总体上与国外相比仍落后，与国民经济的发展和人民生活水平的提高不相适应。所存在的突出问题有：

（1）生产技术水平低、产品技术含量低

我国一些精细化工企业仍运用传统的生产模式，甚至使用手工操作的方式，自动化水平不高，导致很难提高其生产水准，这会给我国精细化工事业的发展带来阻碍。另外，我国的精细化工产品一般集中在档次相对较低、竞争激烈的低端化工产品之中，缺乏国际竞争力，一些性能好、质量高的产品主要依赖进口。

（2）企业规模小而散、研发能力弱

规模较大的精细化工生产企业屈指可数，精细化工的生产企业总体规模较小，布点分散，远远小于国外的生产企业。虽然我国大多企业都有自己的研发部门，但在产品研发和技术开发的环节，实际的自研能力相对较弱，很难将自研产品推向市场之中，一些新的发展领域，如功能高分子树脂和功能性材料、精密陶瓷、液晶材料、信息化学品等国内大多刚起步，有的还基本空白。在许多有相对优势的领域也未能形成经济优势，如某些高科技生物技术和新材料技术亟待产业化或迅速扩大生产。

我国的科技力量大部分集中在科研院所和大专院校，由于与生产相脱节，科技成果的转化率很低，一般只有10%左右。而企业自我开发能力又较弱，大部分精细化工企业还未建立科技开发、应用研究、市场开拓和技术服务机构。

（3）信息技术水平低、环境污染严重

我国大部分精细化工企业的信息技术发展非常落后，生产过程中的"三废"量较大，难以治理。由于建设"三废"治理装置需要较大的投入，会增加生产成本，多数企业的"三废"治理尚未达标，对环境造成很大的影响。随着国家对环境保护的法规和要求越来越严，企业如果对此处理不好，将影响到我国精细化工产业持续发展。

6.1.3 精细化工的发展方向

精细化工发展的方向首先是传统精细化学品的更新换代，如农药需适应农业生产绿色和环保的要求，重点发展高效、安全、经济的新产品，特别是大力开发生物农药。涂料产品要注重发展低污染、节能型新产品。化学试剂重点加强分离提纯技术研究，实现超净高纯试剂、生物工程用试剂、临床诊断试剂、有机合成试剂的产品系列化。

精细化学品新领域也是要重视的发展方向。精细化工有关的新科技领域包括：各类新型化工材料（功能高分子材料、复合材料、电子材料、精细陶瓷等）、新能源、电子信息技术、生物技术（发酵技术、生物酶技术、细胞融合技术、基因重组技术等）、航空航天技术和海洋开发技术等。

在我国精细化工发展规划中，要注重借鉴国外先进技术，结合我国科技实际，确立优先发展的关键技术，以此来推动整个精细化工行业的技术进步。

优先发展的关键技术主要有：

（1）绿色催化技术

催化反应是精细化工产品生产中非常重要的一项核心技术，是不可或缺的一项技术。在精细化工产品合成中，通过应用催化技术可以提高单位产出率，缩短生产时间，简化生产流程，提高经济效益。考虑到未来精细化工生产的发展方向，使用绿色催化技术进行精细化工生产是一个大的发展方向。绿色催化技术相比于传统的催化技术，能够更好地保护环境，减少污染问题。具体来说，精细化工的催化技术包括开发可用于工业生产的膜催化剂、稀土络合催化剂、固体超强酸催化剂等新型催化剂，发展与精细化工新产品开发密切相关的相转移催化技术、立体定向合成技术、固定化酶发酵技术等特种生产技术。

（2）新分离技术

在精细化工产品合成过程，通过应用分离技术提取出化学原材料中的一些元素，从而实现对新产品的制造。在分离技术中有着十分广泛应用的技术，如超临界萃取分离技术，能够从香料中制取高纯度的天然植物提取物（如天然色素、天然香油、中草药有效成分等）；再如无机膜分离技术在超纯气体、水、医药、石油化工等领域的应用开发，精细蒸馏、分子蒸馏等分离技术等。此外，通过分离技术，也能提取废弃物中的一些有效成分，实现回收利用，对于环境保护工作的开展和产品附加值的提升都有着重要的作用。

（3）复配增效技术

复配技术能够挖掘出一些物质中所包含的隐性化学特性，从而实现对产品结构的丰富，为后续的更新换代奠定基础。一般发达国家化工产品数量与商品数量之比为1:20，我国仅为1:1.5，不仅数量少，而且质量也不高，其原因之一就是复配增效技术落后。应该增强这方面的应用技术研究，如表面活性剂的分离、表面改性、微胶囊化、薄膜化及超微粒化技术等。由于应用对象的特殊性，很难采用单一的化合物满足用户的特殊要求，因而配方和复配技术的高低就成为产品好坏的决定因素。

（4）电化学合成技术

电化学是一项基本的化学技术，电化学合成技术由电解反应与电池反应两部分组成，从化学理论方面来说，电化学的反应效率更高，并且能做到清洁无污染。电化学合成方法可以分为自发型、间接型与配对型。自发型一方面可以提供产物，另一方面可以产生阴阳离子提供电能。间接型利用有机反应提供产物。配对型需要合适的电极配对，利用阴阳极反应提供产物。

（5）计算机分子模拟设计技术

计算机分子模拟设计技术主要是对精细化工产品的分子结构、性能、加工方法与内部构造等特点进行充分考虑，使用计算机的辅助设计功能，把绿色环保与创新作为考虑方向，模拟产品内在结构的合成、反应与精制过程，找到影响产品质量与绿色环保生产的主要因素，在之后的生产过程中优化这些因素，力求生产无"三废"的化工产品。

其他还有生物技术、聚合物改性技术、纳米粉体技术、综合治理技术等都与化学工业、精细化工的发展密切相关，也应给予足够的重视。在信息化、智能化技术迅速发展的今天，我们只有更加科学、合理地在精细化工生产中应用先进技术，才能使精细化工产品变得更加优质和绿色，从而使得精细化工行业得到更好的发展，同时顺应"双碳"的社会发展需求。

6.2 磺化

向有机分子中引入—SO_3H基团的反应称为磺化（sulfonation）反应，也称硫酸盐化反应。磺化分直接磺化和间接磺化。以磺酸基团取代化合物中的氢原子，称为直接磺化，几乎所有芳环和杂环化合物都可以进行直接磺化，少数脂肪族和脂环族化合物也可以进行直接磺化反应。间接磺化是以磺酸基取代苯环上的非氢原子，如硫基或重氮盐。

磺化物是一类重要精细化工产品，在化合物上引入磺酸基后，可以赋予其酸性、水溶性、表面活性及对纤维的亲和力等，例如，磺化被广泛用来合成表面活性剂、水溶性染料、食用香料、离子交换树脂等。引入磺酸基的另一目的是可以得到另一官能团化合物的中间产物，再将—SO_3H转化为其他基团，如—OH、—NH_2、—CN、—Cl等。此外，有时为了合成上的需要而暂时引入磺酸基，在完成特定的反应后再将磺酸基脱去。

利用混合物各组分磺化难易程度，可以进行分离或纯化。比如苯和甲苯的混合物在一定条件下进行磺化，甲苯容易被磺化成对甲苯磺酸，而苯则相对困难。由于对甲苯磺酸能溶于水，因而容易与苯分离，再将对甲苯磺酸高温水解恢复成甲苯。芳烃和烷烃的混合物，采用磺化法进行分离则更为常见。再有，利用磺酸基可以水解的特点，可用磺酸基作为有机合成中的保护基。

6.2.1 磺化剂

工业上常用的磺化剂主要有硫酸和发烟硫酸、三氧化硫、氯磺酸、二氧化硫加氯气、二氧化硫加氧气以及亚硫酸钠等。

（1）硫酸和发烟硫酸

纯硫酸是一种无色油状液体，凝固点为10℃，沸点为338℃（质量分数为98.3%的硫酸）。将过量的三氧化硫溶于浓硫酸中就得到组成为$H_2SO_4 \cdot xSO_3$的发烟硫酸。发烟硫酸通常有两种规格，即硫酸中含$\varphi_{游离SO_3} = 20\% \sim 25\%$和$\varphi_{游离SO_3} = 60\% \sim 65\%$，前者的凝固点为$-11\sim-4.4$℃，后者的凝固点为$1.6\sim7.7$℃，这两种规格的发烟硫酸常温下为液体，使用方便。

通常，易磺化的化合物采用稀硫酸磺化法，大多数芳香族化合物采用过量硫酸磺化，难磺化的用发烟硫酸。用硫酸或发烟硫酸进行的磺化也称液相磺化。硫酸在反应体系中起到磺化剂、溶剂和脱水剂三种作用。随着磺酸的生成，反应中逐步生成水，因此需要大量的硫酸，该法适用范围广，但生产能力较低。

对于挥发性较高的芳烃（如苯、甲苯）的磺化，可以在较高温度下向硫酸中通入芳烃蒸气进行磺化，反应生成的水可以与过量的芳烃一起蒸出，这样就可以保持硫酸的浓度不致下降太多，硫酸的利用率可以达到90%以上。因磺化时用芳烃蒸气，此法又称为"气相磺化法"。

（2）三氧化硫

采用三氧化硫磺化的优点是不生成水，三氧化硫的用量可接近理论量，反应速率快，设备容积小，不需要外加热量，"三废"少。但三氧化硫过于活泼，磺化时易形成砜类副产物，因此常用空气或溶剂（如氯仿、二氯乙烷等）稀释或将其与有机物形成络合物。三氧化硫的氯仿溶液与苯反应极快，在$0\sim10$℃时，苯磺酸的收率就可达到90%。

三氧化硫磺化有以下方法：

① 气体三氧化硫磺化法。以干燥空气、氮气或惰性气体等为稀释剂稀释三氧化硫气体，然后以一定体积比的三氧化硫混合气作为磺化剂进行磺化反应。三氧化硫气体可以通过硫黄燃烧、二氧化硫氧化、发烟硫酸蒸发以及液体三氧化硫蒸发等方法获取。气体三氧化硫磺化的优点是生产能力大、产品质量好，它已经代替发烟硫酸法在工业上得到广泛应用。

② 液体三氧化硫磺化法。这种方法主要用于不活泼的液态有机物的磺化，要求生成的磺酸在反应温度下是液体。反应时慢慢将液体三氧化硫加入反应物中，然后在一定的温度下保温。但由于三氧化硫液相区窄（熔点16.8℃，沸点44.8℃），而且液体三氧化硫的储存运输也不太方便，该法应用受到较大限制，在工业生产中很少应用这种方式进行磺化反应。

③ 用溶剂的磺化法。将被磺化物溶解在溶剂中再进行磺化，这样反应物浓度变小，有利于控制反应速率，抑制副产物。适用于被磺化物或磺化产物为固体的过程。所用的溶剂可以是无机溶剂，如液体二氧化硫和硫酸等，也可以是有机溶剂，如氯甲烷、二氯乙烷、石油醚、硝基甲烷等。使用有机溶剂进行磺化时，由于生成的磺酸一般都不溶于有机溶剂，所以产物黏度很大。

④ 有机络合物磺化法。三氧化硫可以和一些有机化合物作用形成活性不同的有机络合物。其中应用最广泛的是与叔胺类和醚类生成的络合物。有机络合物的反应活性比发烟硫酸要小，这在磺化活性高的有机物时，对抑制副反应的发生是有利的，可以得到较高质量的磺化产品。

（3）氯磺酸

氯磺酸（$ClSO_3H$）可以看作是$SO_3 \cdot HCl$的络合物，在-80℃时凝固，152℃沸腾，达到沸点时则离解成SO_3和HCl。用等摩尔比的氯磺酸使芳烃磺化可制得芳磺酸。用摩尔比为1:（4~5）或更多的氯磺酸，可制得芳磺酰氯。氯磺酸具有反应温度低，同时进行磺化和氯化的优点，但价格较高。

氯磺酸比硫酸和发烟硫酸的磺化能力强得多，其磺化能力仅次于SO_3。在适宜条件下与有机物几乎可以定量反应。采用氯磺酸的优点是：反应能力强，生成的氯化氢可以排出，有利于反应进行完全，缺点是氯磺酸价格高，分子量大，引入一个—SO_3H基团的磺化剂用量相对较多，反应中产生的氯化氢具有强腐蚀性。因此，工业上用氯磺酸作磺化剂相对较少，除了少数由于定位需要用氯磺酸来引入磺基以外（如从 2-萘酚制 2-萘酚-1-磺酸），氯磺酸的主要用途是制取芳磺酰氯、醇的硫酸盐及进行 N-磺化反应。

（4）其他磺化试剂

其他磺化试剂还有硫酰氯（SO_2Cl_2）、氨基磺酸（H_2NSO_3H）、二氧化硫及亚硫酸根离子等。表 6-1 列出了常用磺化剂的综合评价。

表 6-1 常用磺化剂的综合评价

试剂	分子式	物理状态	主要用途	应用范围	活泼性	备注
三氧化硫	SO_3	液态	芳香化合物的磺化	很窄	非常活泼	容易发生氧化、焦化，需加入容易调节活泼性的物质降低活性
		气态	广泛用于有机产品	日益增多	高度活泼,等物质的量瞬间反应	干空气稀释成 2%～8%的 SO_3
20%、30%、65%发烟硫酸	$H_2SO_4 \cdot SO_3$	液态	烷基芳烃磺化,用于洗涤剂和染料	很广	高度活泼	
氯磺酸	$ClSO_3H$	液态	醇类、染料与医药	中等	高度活泼	放出 HCl，必须设法回收
硫酰氯	SO_2Cl_2	液态	炔烃磺化,实验室方法	很窄	中等	生成 $SOCl_2$
96%～100% H_2SO_4	H_2SO_4	液态	芳香化合物的磺化	广泛	低	
二氧化硫与氯气	SO_2+Cl_2	气态	饱和烃的氯磺化	很窄	低	移除水,需要催化剂,生成 $SOCl_2$ 和 HCl
二氧化硫与氧气	SO_2+O_2	气态	饱和烃的磺化氧化	很窄	低	需要催化剂,生成磺酸
亚硫酸钠	Na_2SO_3	固态	卤烷的磺化	较多	低	需在水介质中加热
亚硫酸氢钠	$NaHSO_3$	固态	共轭烯烃的硫酸盐化,木质素的磺化	较多	低	需在水介质中加热

6.2.2 磺化反应特点及副反应

（1）磺化反应是一种平衡的可逆反应

磺化是典型的亲电取代反应，以硫酸为磺化剂，以最常见的芳环的磺化为例，反应过程为：

$$2H_2SO_4 \rightleftharpoons H_3SO_4^+ + HSO_4^- \tag{6-1}$$

$$H_3SO_4^+ \rightleftharpoons SO_3H^+ + H_2O \tag{6-2}$$

$$\text{C}_6\text{H}_5\text{-R} + SO_3H^+ \rightleftharpoons \text{HO}_3\text{S-C}_6\text{H}_4\text{-R} + H^+ \tag{6-3}$$

上式为磺酰正离子对芳环进行进攻，磺酰正离子的浓度和体系中的含水量有重要的关系，因为是平衡反应，水量越少，磺酰正离子越多。

（2）磺酸基容易被水解

芳磺酸在含水的酸性介质中，会发生水解使磺基脱落，是硫酸磺化历程的逆反应。

$$HO_3S-C_6H_5 + H_2O \longrightarrow H-C_6H_5 + H_2SO_4 \tag{6-4}$$

对于有吸电子基的芳磺酸，芳环上的电子云密度降低、磺基难水解。对于有供电子基的芳磺酸，芳环上的电子云密度较高，磺基容易水解。介质中酸离子浓度越高，水解速率越快，因此磺酸的水解采用中等浓度的硫酸。磺化和水解的反应速率都与温度有关，温度升高时，水解速度增加值比磺化速度快，因此一般水解的温度比磺化的温度高。

（3）磺酸基的异构化

磺化时发现，在一定条件下，磺基会从原来的位置转移到其他的位置，这种现象称为"磺酸的异构化"。在有水的体系中，磺酸的异构化是一个水解再磺化的过程，而在无水体系中则是分子内的重排过程。

温度的变化对磺酸的异构化也有一定的影响，例如，萘在磺化时有 α 和 β 两种异构体，低温有利于进入 α 位，高温有利于进入 β 位。

$$萘 + H_2SO_4 \xrightarrow[>160℃]{<60℃} \text{萘-1-SO}_3H \xrightarrow{160℃异构化} \text{萘-2-SO}_3H \tag{6-5}$$

$$\text{对甲苯磺酸} \xrightarrow[200℃]{H_2SO_4} \text{间甲苯磺酸} \tag{6-6}$$

（4）磺化副反应

磺化反应最主要的副反应是形成砜，特别是在芳环过剩和磺化剂活性强（如发烟硫酸、三氧化硫、氯磺酸）时。例如：

$$C_6H_6 + SO_3 \longrightarrow C_6H_5-SO_2-C_6H_5 \tag{6-7}$$

$$\text{联苯} \xrightarrow{ClSO_3H} \text{二苯并噻吩砜类-}SO_2Cl \tag{6-8}$$

用三氧化硫磺化时，极易形成砜，可以用卤代烷烃为溶剂，也可以用三氧化硫和二氧六环、吡啶等的复合物来调节三氧化硫的活性。发烟硫酸磺化时，可通过加入无水硫酸钠抑制砜的形成。无水硫酸钠在萘酚磺化时，可抑制硫酸的氧化作用。

6.2.3 磺化反应的影响因素

（1）被磺化物的结构

磺化反应是典型的亲电取代反应，当芳环上存在供电子基团（如—CH_3、—OH、—NH_2）时，使芳环上的电子云密度增加，有利于 σ 络合物的生成，磺化反应较易进行，磺酸基进入原有取代基的邻对位。当芳环上存在吸电子基团时,不利于σ络合物的生成,磺化反应较难进行。芳烃及其衍生物用三氧化硫磺化时的难易程度见表6-2。

表6-2 芳烃及其衍生物用三氧化硫磺化的速率常数和活化能

被磺化物	速率常数(40℃)$k/[L/(mol·s)]$	活化能 $E/(kJ/mol)$
苯	48.8	20.1
氯苯	2.4	32.3
溴苯	2.1	32.8
间二氯苯	4.36×10^{-2}	38.5
硝基苯	7.85×10^{-5}	47.6
对硝基甲苯	9.53×10^{-4}	46.1
对硝基苯甲醚	6.29	18.1

因为磺基的体积较大,所以磺化时的空间效应比硝化、卤化大得多,空间阻碍对σ络合物的质子转移有显著影响。一般磺基所占的空间较大,所以邻位的产品较少,特别是当芳环上原有的取代基所占空间较大时尤为明显。从表6-3可以看出,在烷基苯磺化时,邻位磺化产物的生成量随烷基的增大而减少。

表6-3 烷基苯磺化时的异构比例 $[w(H_2SO_4)(25℃)=89.1\%]$

烷基苯	异构产物比例/%			邻位/对位
	邻位	间位	对位	
甲苯	44.04	3.57	50	0.88
乙苯	26.67	4.17	68.33	0.39
异丙苯	4.85	10.12	84.84	0.057
叔丁苯	0	12.12	85.85	0

(2)磺化剂的种类、浓度和用量

磺化剂种类不同,磺化反应速率、磺化转化率、热效应、磺化物黏度均有很大区别。表6-4列出了几种常用磺化剂对反应的影响。

表6-4 几种常用磺化剂对反应影响的比较

比较项目	浓H_2SO_4	$ClSO_3H$	发烟H_2SO_4	SO_3
沸点/℃	290~317	150~151		
在卤代烃中的溶解度	极低	低	部分溶解	混溶
磺化反应速率	慢	较快	较快	瞬间完成
磺化转化率	达到平衡,不完全	较完全	较完全	定量转化
磺化热效应	反应时需加热	一般	一般	放热量大
磺化物黏度	低	一般	一般	高
副反应	少	少	少	多
产生废酸量	多	较少	较少	无
需要反应器容积	大	大	一般	小

磺化动力学研究指出,硫酸浓度稍有变化对磺化速率就有显著影响。在92%~99%浓硫酸中,磺化速率与硫酸中所含水分浓度平方成反比。采用硫酸作磺化剂时,生成的水会使进一步磺化的反应速率大为减慢。当硫酸浓度降至某一程度时,反应即自行停止。此时剩余的硫酸叫作废酸,习惯把这种废酸以三氧化硫的质量分数表示,称之为"π值"。显然,对于容易磺化的过程,π值要求较低。而对于难磺化的过程,π值要求较高。有时废酸的浓度高于100%硫酸,即π值大于81.6。各种芳烃化合物的π值见表6-5。

表 6-5　各种芳烃化合物的 π 值

化合物	π 值	$w(H_2SO_4)/\%$
苯单磺化	64	78.4
蒽单磺化	43	53
萘单磺化(60℃)	56	68.5
萘单磺化(160℃)	52	63.7
萘二磺化(90℃)	79.8	97.3
硝基苯单磺化	82	100.5

利用 π 值的概念可以定向地说明磺化剂的起始浓度对磺化反应的影响。假设在酸相中被磺化物和磺酸的浓度极小，可以忽略不计，则可以推导出每摩尔被磺化物在单磺化时所需要的硫酸或发烟硫酸的用量 x 的计算公式：

$$x = \frac{80n(100-\pi)}{(\alpha-\pi)} \tag{6-9}$$

式中　x——原料酸用量，kg；
　　　α——原料酸中 SO_3 质量分数；
　　　π——废酸中 SO_3 质量分数；
　　　n——引入磺基的个数。

由式（6-9）可以看出，当用 SO_3 作磺化剂（$\alpha=100$）时，它的用量是 80，即相当于理论量。当磺化剂的起始浓度 α 降低时，磺化剂的用量将增加。当 α 降低到废酸的浓度 π 时，磺化剂用量将增加到无限。如果只考虑磺化剂的用量，则应采用三氧化硫或 65% 发烟硫酸，但是浓度过高的磺化剂会引起许多副反应。所以，在实际工作中为保证效率，一般都采用浓硫酸，这样酸的用量少，同时采取下列两种方法脱水以降低水对酸的稀释作用：①物理法脱水，即用过量烃不断带走反应生成的水，如苯、甲苯均可采用本法磺化。②化学法脱水，即向磺化物中加入能与水作用的物质，如 BF_3、$SOCl_2$，以 $SOCl_2$ 为例，其可与水反应生成 HCl 和 SO_2。本法成本较高，一般用于实验室中。

（3）磺化反应的工艺条件

磺化温度和反应时间是影响较大的两个因素。反应温度高，磺化反应速率快，时间短。工业生产中，考虑到生产效率，需要缩短反应时间，同时又要保证产品质量和收率。磺化反应的温度每增加 10℃，反应时间缩短 1/3。但温度过高会加剧副反应，如加剧氧化、多磺化、焦化等副反应，从而使得产品质量和收率下降。因而，除个别情况必须采用高温的工艺外，大多数情况下均采用较低温度和较长的反应时间，以便及时移除反应热，确保反应过程的平稳，又能得到高质量和高收率的磺化产品。

（4）催化剂及添加剂

磺化过程中加入催化剂或少量添加剂，对反应有明显的影响。

① 改变定位。催化剂可以影响磺酸基进入的位置，也可以降低反应温度、提高收率和加快反应速率，如蒽醌的磺化反应。

$$\text{蒽醌-2-磺酸} \xleftarrow{\text{磺化}} \text{蒽醌} \xrightarrow[\text{HgSO}_4\text{催化}]{\text{磺化}} \text{蒽醌-1-磺酸} \tag{6-10}$$

② 使反应更易进行。催化剂加入有时可以降低反应温度，提高收率和加速反应。例如，

当吡啶用三氧化硫或发烟硫酸磺化时,加入少量汞可使收率由50%提高到71%;2-氯苯甲醛与亚硫酸钠的磺基置换反应,加入铜盐可使反应更易进行。

③ 抑制副反应。磺化时的主要副反应是多磺化、氧化及不希望有的异构体和砜的生成。生成砜的有利条件是磺化剂浓度、温度都比较高,此时芳磺酸能与硫酸作用生成芳砜阳离子,而后与芳烃反应生成砜。

$$ArSO_3H + 2H_2SO_4 \rightleftharpoons ArSO_2^+ + H_3O^+ + 2HSO_4^- \tag{6-11}$$

$$ArSO_2^+ + ArH \rightleftharpoons ArSO_2Ar + H^+ \tag{6-12}$$

在磺化液中加入无水硫酸钠可以抑制砜的生成。在萘酚磺化时,加入硫酸钠可以抑制硫酸的氧化作用。

6.2.4 磺化产物的分离

分离和纯化磺化产物时,要注意磺酸是一种强酸,它们和硫酸、盐酸等的酸性相仿。磺酸在水中的溶解性一般都很大,固体的磺酸吸水性极强,易于潮解,通常制得的磺酸含结晶水,大多无确切的熔点。有些磺酸是液体,和硫酸不同之处是磺酸的钙盐、钡盐等都易溶于水。

磺化完毕后,有时可以加入冰冻的冰盐水使磺酸析出,但大多数磺酸不能析出。一般都先用冰水稀释到一定程度后,用碱中和到弱酸性,再加过量的饱和食盐溶液,使磺酸钠析出。或用碳酸钡(钙)中和,滤去硫酸钡(钙)。滤液中加入等量的稀硫酸使钡离子沉淀,再滤去硫酸钡,得到纯磺酸的水溶液,减压下蒸发,就可得到粗产品。某些磺酸可用乙醇或氯仿重结晶。大多数的磺酸纯化比较困难,需要通过酰氯化进行分馏(减压),或是转化为磺酰胺,经重结晶来纯化,纯化后再水解成酸。磺酰氟比较稳定,不易水解。有些磺酰氟甚至可以用水汽蒸馏,或是从沸水中重结晶。除了这几种方法,近年来为了减少"三废",萃取分离法也有采用。例如将萘高温磺化、稀释水解除去1-萘磺酸后的溶液,用叔胺(例如N,N-二苄基十二胺)的甲苯溶液萃取,叔胺与2-萘磺酸形成络合物被萃取到甲苯层中,分出有机相,用碱液中和,磺酸钠转入水层,蒸发至干即得到2-萘磺酸钠,叔胺可回收再用。这种分离方法为芳磺酸的分离和废酸的回收开辟了新途径。

6.2.5 磺化物的分析

中间体磺化物的量,主要是通过分析磺化物中其他取代基的量来确定的。例如,硝基或氨基磺酸可用重氮化法测定,羟基磺酸可用偶合法测定。

在磺化过程控制中,通常需要分析磺化物中磺酸的总量,一般采用滴定法和色层法。滴定法是将磺化物试样用NaOH标准溶液滴定,可测定硫酸和磺酸的总量,将它完全按硫酸总量计算时,称为总酸度,向上述滴定液中加入过量的$BaCl_2$标准溶液,使硫酸根离子转变为硫酸钡沉淀,过量的钡离子用$K_2Cr_2O_7$标准溶液滴定,可测得硫酸的含量。总酸度和硫酸之差,即可计算出试样中磺酸的总量。

色层法主要用于多磺酸的定性和定量测定,纸色层法主要用于芳磺酸的定性测定,薄板色谱和柱色谱主要用于芳磺酸的定量测定。色谱展开剂多是弱碱溶剂系统,常用的弱碱有碳酸氢盐、氨水和吡啶,有时可加入乙醇、丙醇、丁醇等。酸性展开剂有时也使用,如丁醇-盐酸-水、丁醇-乙酸-水等。高压液相色谱仪配合紫外分光光度计可用于芳磺酸的快速分析。

大多数芳磺酸没有特定的熔点,芳磺酸的定性鉴定有时是将它们转变为具有固定熔点的磺酸盐或磺酸衍生物,可用于定性鉴定的磺酸衍生物主要有芳磺酰氯和芳磺酰胺。许多芳磺酸的结晶状 S-苄基硫脲盐也具有固定的熔点,使 S-苄基硫脲与磺酸在水溶液中生成沉淀,然后测定其熔点。

6.2.6 磺化反应器

磺化反应器有釜式、罐组式、泵式、喷射式和膜式等。膜式反应器适用于气体 SO_3 作磺化剂的场合,其又分为单膜、双膜和双管(又称列管)三种,其中双膜式磺化器是目前使用最多的一种膜式磺化器。

膜式反应器的原理如下:反应物料在圆管表面形成薄膜,自上而下流动,三氧化硫-空气混合物则沿薄膜表面顺流而下,在并流中,两者进行接触反应,反应热由管壁外的冷却水带走。为控制磺化速率,有些反应器在被磺化物液膜表面吹入二次风(又称保护风),增大气流厚度,减缓 SO_3 向反应物料表面扩散的速度,作用机理见图6-1。图6-2 示出的是双膜隙缝式磺化反应器,它由两个同心的不锈钢圆筒构成,并有内、外冷却夹套。两圆筒环隙的所有表面均为流动着的反应物所覆盖。反应段高度一般在 5m 以上,空气-三氧化硫通过环形空间的气速为 12~90m/s,SO_3 浓度为 4% 左右。整个反应器分为三部分:顶部为分配部分,用以分配物料形成液膜;中间为反应部分,物料在环形空间完成反应;底部为尾气分离部分,反应产物磺酸与尾气在此分离。

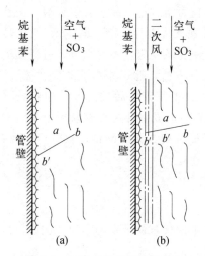

图 6-1 二次风作用机理示意图

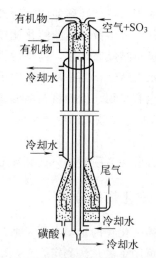

图 6-2 双膜隙缝式磺化反应器示意图

将物料分配成均匀液膜的分配装置,无论在单膜或双膜反应器中均十分重要。上述隙缝式磺化反应器是采用环形隙缝作为进料分配器,其缝隙极小,约为 0.12~0.38mm。加工精度及光洁度对物料能否得到均匀分配影响很大,因此对加工的要求很高。另一种转盘式分配器主要是依靠高速转子来分配有机物料,这在加工安装和调试时很困难。目前,认为由日本研制的 TO 反应器(也称等温反应器)的分配系统最先进。它是一种环状的多孔材料或是覆盖有多孔网的简单装置,其孔径为 5~90μm。它不但加工、制造、安装简单,而且穿过这些微孔挤出来的有机物料能更加均匀地分布于反应面上,形成均匀的液膜。此外,该反应器还采用了二次保护风新技术,减缓了磺化反应速率,使整个反应段内的温度分布都比较均匀,接近于等温过程,显著改善了产品的色泽,减少了副反应,提高了产品质量。

6.2.7 十二烷基苯磺酸钠的生产

烷基苯经磺化制得的烷基苯磺酸钠是目前合成洗涤剂中最重要的一种，占阴离子表面活性剂生产总量的90%，由12个碳原子的烷基生成的十二烷基苯磺酸钠具有很好的发泡性能和较强的去污能力，在硬水、酸性水、碱性水中都很稳定，具有良好的洗涤性能，但是生物降解性差，污染较严重。

烷基苯的磺化可在30～60℃的范围内用硫酸、发烟硫酸、SO_3来实现，所得产品是含有三种异构体的混合物，它们都具有良好的洗涤性能，因此不必分离。

（1）发烟硫酸磺化工艺

该方法工艺成熟、产品质量稳定、易于控制、投资少，多为中小型生产厂家采用。不足之处是磺化剂利用率仅为33.2%，产生大量废酸。主浴式连续磺化是当前以发烟硫酸作磺化剂的洗涤剂制造厂普遍采用的一种工艺，其工艺流程见图6-3。

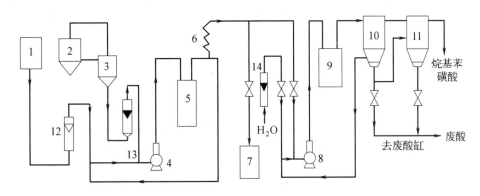

图6-3 主浴式连续磺化工艺流程图
1—烷基苯高位槽；2—发烟硫酸高位槽；3—过滤器；4—磺化泵；5—冷却器；6—老化器；7—混酸槽；8—分酸泵；9—冷却器；10—第一分离器；11—第二分离器；12—烷基苯流量计；13—发烟硫酸流量计；14—水流量计

烷基苯从烷基苯高位槽1经烷基苯流量计进入磺化泵4的入口处；发烟硫酸从发烟硫酸高位槽2，经过滤器3滤除机械杂质，再经发烟硫酸流量计13计量，送入磺化泵4，发烟硫酸从泵的叶轮中心注入，立即被磺化泵高速旋转的叶轮所分散，在泵体中烷基苯与发烟硫酸充分接触，并进行反应。反应热由冷却器5导出，再回到磺化泵4进行循环；循环量1/30～1/20的物料进入老化器6，进行补充磺化。物料在老化器中停留4～5min，转化率提高2%～3%，混酸的酸值降低5%～10%。磺化后的硫酸浓度为98%左右，需进行分酸。

从老化器6出来的混酸可以进入混酸槽7，亦可连续进入分酸泵前的循环管路中，水通过流量计计量，进入分酸泵8，与在磺化泵中的情况相似，在泵中心由于叶轮的高速旋转，水与混酸剧烈混合。为带走溶解热，稀释后的酸进入冷却器9，再进入第一分离器10，进行初步分离，废酸在下层。由第一分离器10的下层出来的废酸大部分进入循环管路，小部分进入第二分离器11，由第二分离器11的上部出去的是烷基苯磺酸，可送到中和工段。第二分离器11的下部出去的是废酸，可送到硫酸厂加工成浓硫酸。这一分酸过程，即将混酸用水稀释，使残余硫酸的浓度由95%降至76%～78%，使硫酸与磺酸的互溶度最小，稀释后的硫酸与磺酸由于密度不同，磺酸在上层，废硫酸在下层，达到分离效果。这一工艺的两段过程——反应和分离分别采用了主浴式连续磺化和主浴式连续分酸工艺。

(2) 三氧化硫磺化工艺

烷基苯与气体三氧化硫在薄膜反应器中反应,气体在反应器中的停留时间一般不超过0.2s,磺化反应速率受气体扩散速率控制。用干燥空气稀释三氧化硫至浓度不超过10%,工艺图见图6-4。

由于三氧化硫十分活泼,所以必须用干燥空气将三氧化硫气体稀释到最大含量不超过10%,以免反应过于激烈。原料配比1mol 十二烷基苯与1.03mol 含量为10%的三氧化硫进行反应,亦相当于每1单位体积有机原料通入800体积含三氧化硫的反应气,可得到满意的产品。具体操作如下:由十二烷基苯储槽用比例泵将十二烷基苯打到薄膜反应器顶部的分配区,使薄膜形成并沿着反应器壁向下流动。另一台比例泵将所需比例的液体SO_3送入汽化器,出来的SO_3气体经来自鼓风机的干空气稀释到规定浓度后,进入薄膜反应器中。当有机原料薄膜与含SO_3气体接触后,反应立即发生,然后边反应边流向反应器底部的气液分离器,分出磺酸产物后的废气经过滤和碱洗后放空。

分离得到的磺酸在用泵送往老化罐以前,须先经过一个能够控制SO_3进气量的自控装置。制得的磺酸需在老化罐中老化5~10min,以降低其中游离硫酸和未反应原料的含量。然后送往水解罐,加入约0.5%的水以破坏少量残存的酸酐。

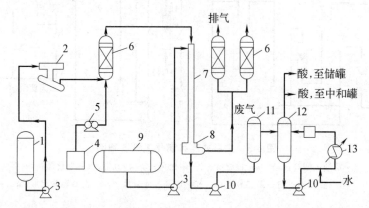

图 6-4 用气体 SO_3 薄膜磺化连续生产十二烷基苯磺酸的工艺流程图
1—液体 SO_3 储槽;2—汽化器;3—比例泵;4—干空气储罐;5—鼓风机;6—除沫器;7—薄膜反应器
8—气液分离器;9—十二烷基苯储槽;10—泵;11—老化罐;12—水解罐;13—热交换器

该工艺产品含盐量低,产品质量好,生产成本较低,无废酸产生,适合于大规模生产。但磺化反应需采用特殊设计的高精确度加工反应器。

6.3 硝化

硝化(nitration)系指有机化合物分子中的氢原子或基团被硝基取代的反应,广义的硝化包括O-硝化、N-硝化、C-硝化等。C-硝化是其中最主要的硝化反应,包括脂肪族硝化和芳香族硝化,又以芳香族硝化的应用最广,是有机合成中最重要的反应之一。硝基的引入在有机合成中很重要,主要是因为硝基可还原成氨基,而氨基经由重氮盐可引入羟基、卤素等基团;利用硝基的极性,使芳环上的其他取代基活化,促进亲核取代反应的进行;在染料合成中，利用硝基的极性，加深染料的颜色；有些硝基化合物可作为炸药；某些硝基化合物还具有药理作用，从而成为具有医疗价值的药物，如呋喃西林、呋喃丙胺、呋喃唑酮均是含有硝基的著名药物。

$$\begin{array}{c} H_2C-OH \\ HC-OH \\ H_2C-OH \end{array} + 3HNO_3 \xrightarrow{H_2SO_4} \begin{array}{c} H_2C-O-NO_2 \\ HC-O-NO_2 \\ H_2C-O-NO_2 \end{array} + 3H_2O \qquad (6\text{-}13)$$

$$\bigcirc + HNO_3 \longrightarrow \bigcirc -NO_2 + H_2O \qquad (6\text{-}14)$$

$$\bigcirc + HNO_3 \xrightarrow{H_2SO_4} \bigcirc -NO_2 + H_2O \qquad (6\text{-}15)$$

$$O\begin{pmatrix} CH_2-CH_2 \\ CH_2-CH_2 \end{pmatrix}NH + (CH_3)_2-C-O-NO_2 \longrightarrow O\begin{pmatrix} CH_2-CH_2 \\ CH_2-CH_2 \end{pmatrix}N-NO_2 + (CH_3)_2-C-OH \qquad (6\text{-}16)$$

6.3.1 硝化剂

硝化剂主要是硝酸，从无水硝酸到稀硝酸都可作为硝化剂。由于被硝化物性质和活泼性不同，硝化剂常常不是单独的硝酸，而是硝酸和各种质子酸（如硫酸）、有机酸、酸酐及各种路易斯酸的混合物。此外还可使用氮的氧化物、有机硝酸酯等作为硝化剂。

① 硝酸。最主要的硝化剂是浓硝酸，硝化反应是 NO_2^+ 对芳环的亲电进攻，浓硝酸通过下列过程产生 NO_2^+：

$$HNO_3 \rightleftharpoons H^+ + NO_3^- \qquad (6\text{-}17)$$

$$H^+ + HNO_3 \rightleftharpoons H_2NO_3^+ \qquad (6\text{-}18)$$

$$H_2NO_3^+ \rightleftharpoons H_2O + NO_2^+ \qquad (6\text{-}19)$$

这三步反应都是平衡反应，要有高浓度的 NO_2^+，水量必须减少。常用的浓硝酸质量分数 68%，沸点 120.5℃，硝化能力不强。

硝酸的水溶液，如果其中的 HNO_3 质量分数高于 68% 就会发烟，也称为发烟硝酸，为微黄色液体，沸点 83℃。在实验室里可将过量的浓硫酸加入浓硝酸，减压下蒸馏，冰盐浴冷却得到发烟硝酸。

② 混合酸。混合酸是硝酸和硫酸的混合物，穆斯普拉特早在 1846 年首先使用混酸作为硝化剂。硫酸和硝酸相混合时，硫酸起酸的作用，硝酸起碱的作用，其平衡反应式为：

$$H_2SO_4 + HNO_3 \rightleftharpoons HSO_4^- + H_2NO_3^+ \qquad (6\text{-}20)$$

$$H_2NO_3^+ \rightleftharpoons H_2O + NO_2^+ \qquad (6\text{-}21)$$

$$H_2O + H_2SO_4 \rightleftharpoons H_3O^+ + HSO_4^- \qquad (6\text{-}22)$$

总的反应式为：

$$2H_2SO_4 + HNO_3 \rightleftharpoons NO_2^+ + H_3O^+ + 2HSO_4^- \qquad (6\text{-}23)$$

硝化反应介质中 NO_2^+ 浓度的大小是硝化能力强弱的一个重要标志。在硝酸中加入强质子酸（例如硫酸）可以生成更多的 NO_2^+，从而大大提高其硝化能力，混酸是应用最广泛的硝化剂，最常用的混酸浓硝酸与浓硫酸的比例为 1:3（质量比）。

在硝酸与硫酸的无水混合物中，如果增加硝酸在混酸中的含量，则硝酸转变为 NO_2^+ 的量将减少。表 6-6 为混酸中硝酸含量与硝酸转变为 NO_2^+ 的转化率。

表 6-6 硝酸所占质量分数与硝酸转变为 NO_2^+ 的转化率

混酸中 HNO_3 质量分数/%	5	10	15	20	40	60	80	90	100
硝酸转变为 NO_2^+ 的转化率/%	100	100	80	62.5	28.8	16.7	9.8	5.9	1

从实验来看，硫酸浓度从 90% 降到 85%，硝化反应速率的下降和硝化介质中 NO_2^+ 浓度下降相平衡。在硫酸浓度下降的情况下，在硝化介质中尚未离解为 NO_2^+ 的硝酸或多或少都要起氧化作用，因此硫酸含量高，而硝酸和水的含量较低时，硝化混酸中硝酸转变为 NO_2^+ 就完全，这样既增加了硝化能力，又减少了氧化作用。

③ 硝酸与乙酸酐的混合硝化剂。奥顿（Orton）于 1902 年首先使用硝酸和乙酸酐的混合物作硝化剂。这是仅次于硝酸和混酸的常用重要硝化剂，其特点是反应较缓和，适用于易被氧化和易为混酸所分解的硝化反应。它广泛地用于芳烃、杂环化合物、不饱和烃化合物、胺、醇等的硝化。

乙酸酐在此作为脱水剂很有效，它对有机物有较好的溶解性，对于硝化反应较为有利。

硝酸与乙酸酐混合物放置时间太久，可能会生成四硝基甲烷，它是一种催泪物质，为了避免它的产生，硝酸与乙酸酐要现混现用。

④ 有机硝酸酯。乙酰硝酸酯（$CH_3CO—O—NO_2$）是硝酸与醋酸的混合酐，也是很好的硝化剂，缺点是不稳定，易爆炸。苯甲酰硝酸酯（$PhCO—O—NO_2$）也有应用。

有机硝酸酯可以和被硝化的有机物一同溶解在有机溶剂如乙腈、硝基甲烷等中，形成均相反应液，这样反应就可以在无水介质中进行。

有机硝酸酯可分别在碱性介质或酸性介质中进行硝化反应，近期以来，在碱性介质中用硝酸酯对活性亚甲基化合物进行硝化的研究工作还是引人注意的，因为它可以用来硝化那些通常不能在酸性条件下进行硝化的化合物，如一些酮、腈、酰胺、甲酸酯、磺酸酯以及杂环化合物。

⑤ 氮的氧化物。氮的氧化物除了 N_2O 以外，都可以作为硝化剂，如三氧化二氮、四氧化二氮及五氧化二氮，这些氮的氧化物在一定条件下都可以和烯烃进行加成反应。

三氧化二氮是由一氧化氮和氧反应制得，或由一氧化氮与四氧化二氮反应制得。在浓硫酸中，三氧化二氮的蓝色很快消失，其反应式如下：

$$N_2O_3 \longrightarrow NO^+ + NO_2^- \tag{6-24}$$

$$NO_2^- + 2H_2SO_4 \longrightarrow NO^+ + 2HSO_4^- + H_2O \tag{6-25}$$

三氧化二氮在硫酸中对芳烃无硝化能力，对苯也不能进行亚硝化，但三氧化二氮在路易斯酸的催化下，不仅是良好的亚硝化剂，而且在一定的条件下也具有硝化能力，能将硝基引入芳核。

四氧化二氮在硫酸中离解生成 NO_2^+：

$$N_2O_4 + 3H_2SO_4 \longrightarrow NO_2^+ + NO^+ + H_3O^+ + 3HSO_4^- \tag{6-26}$$

硝化反应类似于混酸，在 45% 的发烟硫酸中，四氧化二氮能将苯硝化为二硝基苯。

五氧化二氮可以用 100% 硝酸加入过量的五氧化磷蒸馏，冰盐浴冷却制得，为无色晶体，在 10℃ 以下比较稳定。五氧化二氮按照下列方式产生 NO_2^+：

$$N_2O_5 \rightleftharpoons NO_2^+ + NO_3^- \tag{6-27}$$

由于没有水存在，所以是比较强的硝化剂。

⑥ 硝酸盐与硫酸。硝酸盐和硫酸作用产生硝酸和硫酸盐，实际上它是无水硝酸与硫酸

的混酸：

$$MNO_3 + H_2SO_4 \rightleftharpoons HNO_3 + MHSO_4 \quad (6-28)$$

M为金属，常用的硝酸盐是硝酸钠（易潮解）、硝酸钾，硝酸盐与硫酸的配比通常是0.1~0.4（质量比），此时硝酸盐几乎全部生成NO_2^+，所以适用于难硝化芳烃（如苯甲酸、对氯苯甲酸等）的硝化。

⑦ 其他硝化剂。除上述硝化剂之外，硝酸加三氟化硼、硝酸加氟化氢、硝酸加硝酸汞都可以作为硝化剂。三氟化硼可以和水络合，是很好的脱水剂，同时三氟化硼对多数亲电取代反应都有催化作用。液态氟化氢是强的给氢质子剂，它的存在可以使NO_2^+增加，液态氟化氢也是有机物的优良溶剂，所以硝酸加氟化氢是优良的硝化剂。

硝酸加硝酸汞一类化合物作为硝化剂，对于芳环，不仅能进行硝化作用，而且能进行氧化作用，称为氧化硝化剂，如下式：

$$C_6H_5-NO_2 + HNO_3 + Hg(NO_3)_2 \longrightarrow \text{（三硝基间苯二酚）} \quad (6-29)$$

⑧ 不同硝化剂的比较。不同的硝化对象，往往要采用不同的硝化剂，相同的硝化对象，如果采用不同的硝化剂，常常得到不同的产物组成。例如，乙酰苯胺在采用不同的硝化剂时，得到的硝化产物各不相同，见表6-7。

表6-7 乙酰苯胺与不同硝化剂的硝化产物

硝化剂	T/℃	$w_{邻位}$/%	$w_{间位}$/%	$w_{对位}$/%
$HNO_3 + H_2SO_4$	20	19.4	2.1	78.5
$w_{HNO_3}=90\%$	−20	23.5	—	76.5
$w_{HNO_3}=80\%$	−20	40.7	—	59.3
$HNO_3 +$ 醋酸酐	20	67.8	2.5	29.7

不同结构的化合物发生硝化反应的难易程度不同，芳烃易于硝化，有活化基团的芳烃如苯酚、苯胺更易硝化；脂肪烃颇难硝化；杂环化合物的硝化略难于芳烃。一般来说，易于硝化的物质可选用活性较低的硝化剂，以避免过度硝化，而难以硝化的物质则选用活性较高的硝化剂。

6.3.2 硝化方法

硝化方法很多，主要分为直接硝化法和间接硝化法。

（1）直接硝化法

直接硝化法是指化合物中的氢原子被硝基直接取代的方法。这里主要介绍稀硝酸硝化法、浓硝酸硝化法、混酸硝化法和乙酰硝酸酯法。

稀硝酸硝化法是指用稀硝酸作为硝化剂的硝化反应，稀硝酸是较弱的硝化剂，硝化过程因生成水而被稀释，使其硝化能力不断降低，因而采用稀硝酸作硝化剂必须过量。稀硝酸只适用于易被硝化的芳香族化合物的硝化，例如含—OH、—NH_2的化合物可用20%的稀硝酸硝化，易被氧化的氨基化合物往往于硝化前预先加以保护，即将其与羧酸、酸酐或酰氯作用使氨基转化为酰氨基，然后再行硝化。低级烷基苯也可用稀硝酸进行侧链硝化，即使浓度相当稀时，亦可导致侧链氧化。

用稀硝酸硝化时的溶剂为水，芳烃与稀硝酸的摩尔比为 1:(1.4~1.7)，硝酸浓度约为 30%左右。例如 2,5-二乙氧基-4-硝基-N-苯甲酰苯胺（蓝色剂 BB）的制备包括对二乙氧基苯的硝化和 2,5-二乙氧基-N-苯甲酰苯胺的硝化两个工序，均采用稀硝酸作硝化剂。

$$\text{对二乙氧基苯} + HNO_3 \longrightarrow \text{硝化产物} + H_2O \qquad (6\text{-}30)$$

$$\text{2,5-二乙氧基-N-苯甲酰苯胺} + HNO_3 \longrightarrow \text{硝化产物} + H_2O \qquad (6\text{-}31)$$

对二乙氧基苯的硝化是采用 34%HNO_3 在 70℃下反应，硝酸与对二乙氧基苯的摩尔比为 1.5:1。2,5-二乙氧基-N-苯甲酰苯胺的硝化是采用 17%HNO_3 在沸腾状况下反应，硝酸与酰化物的摩尔比为 1.9:1。烷烃较难硝化，在加热加压条件下亦可用稀硝酸进行液相硝化，但较为重要的是烷烃的气相硝化，即将烷烃与硝酸的混合蒸气，在 400~500℃下进行反应。气相硝化伴有碳链的断裂及氧化反应，因而除一系列异构物外，还生成含碳原子较少的硝基烷烃及一些含氧化合物（醇、醛、酮、羧酸、一氧化碳、二氧化碳等）。简单的烷烃只生成单硝基化合物，分子量高的烷烃亦生成多硝基化合物。

浓硝酸硝化法主要适用于芳香族化合物的硝化。1-硝基蒽醌就是采用浓硝酸硝化法制备的。蒽醌与 98%硝酸的摩尔比为 1:15，在 25℃以下反应，控制残留未反应蒽醌为 2%作硝化终点。浓硝酸硝化法应用并不是很广泛，主要是由于它有以下缺点：反应中生成的水使硝酸浓度降低，以致硝化速率不断下降或反应终止；硝酸浓度降低，不仅减缓硝化反应速率，而且使氧化反应显著增加，有时会发生侧链氧化反应，这主要是因为硝酸兼具硝化剂与氧化剂的双重功能，其氧化能力随着硝酸浓度的降低而增强（直至某一极限），而硝化能力随其浓度的降低而减弱，由此可见，硝酸浓度降低到一定程度时，则无硝化能力，加之浓硝酸生成的 NO_2^+ 少，硝酸的利用率低。

混酸硝化法是最常用的有效硝化法，在工业上应用广泛，它克服了浓硝酸硝化的缺点。混酸会比硝酸产生更多的 NO_2^+，所以混酸的硝化能力强、反应速率快、收率高，硝酸被硫酸稀释后，氧化能力降低，不易产生氧化副反应；混酸中的硝酸接近理论量，硝酸几乎可得到全部利用；硫酸比热容大，可吸收硝化反应中放出的热量，可以避免硝化的局部过热现象，使反应温度易于控制；浓硫酸能溶解多数有机物（尤其是芳香族化合物），增加了有机物与硝酸的混合程度，使硝化易于进行；混酸对铸铁的腐蚀性很小，因而可使用铸铁设备作硝化反应釜。

乙酰硝酸酯法即采用浓硝酸或发烟硝酸与醋酸酐反应生成的乙酰硝酸酯作为硝化剂。乙酰硝酸酯是强硝化剂，反应快且无水生成（硝化反应中生成的水与醋酸酐结合成醋酸），反应条件缓和，可在较低温度下进行反应。芳烃硝化时，硝化产物一般进入邻、对位取代基的邻位，其硝化产物几乎全为一硝基化合物，多硝基化合物甚少。因为这种硝化剂具有酸性小、没有氧化性的特点，很适合易被强酸破坏（如呋喃类）或易与强酸成盐而难硝化的化合物（如吡啶类）的硝化。醋酸酐对有机物有良好的溶解性，能使硝化反应在均相中进行。硝酸在醋酸酐中可任意溶解，一般含硝酸 10%~30%，但这种溶液久置会生成爆炸性的四硝基甲烷。

另外，以硝酸为硝化剂、醋酸为溶剂的硝化法，硝基亦主要进入邻、对位取代基的邻位。

（2）间接硝化法

间接硝化法是指化合物中的原子或基团（如—Cl、—R、—SO_3H、—COOH、—N=N—）被硝基取代的方法。这里主要介绍磺酸基的取代硝化和重氮基的取代硝化。

芳香族化合物或杂环化合物上的磺酸基，用硝酸处理，可被硝基置换生成硝基化合物：

$$\text{萘酚} \xrightarrow[\Delta]{H_2SO_4} \text{磺化萘酚} \xrightarrow[\Delta]{HNO_3} \text{硝基萘酚} \tag{6-32}$$

酚或酚醚类是易于氧化的物质，当引入磺酸基后，由于苯环上的电子云密度下降，硝化时的副反应减少，因此对合成酚类硝基化合物有一定的实用价值，如由苯酚合成苦味酸：

$$\text{苯酚} \xrightarrow[\Delta]{H_2SO_4} \text{磺化苯酚} \xrightarrow{HNO_3} \text{苦味酸} \tag{6-33}$$

当苯环上同时存在羟基（或烷氧基）和醛基时，若采用先磺化后硝化的方法，则醛基不受影响：

$$\xrightarrow{H_2SO_4} \xrightarrow{HNO_3} \tag{6-34}$$

重氮基的取代硝化是指芳香族重氮盐用亚硝酸钠处理后，生成芳香族硝基化合物：

$$ArN_2Cl + NaNO_2 \longrightarrow ArNO_2 + N_2\uparrow + NaCl \tag{6-35}$$

本法适用于合成具有特殊取代位置的硝基化合物。例如邻二硝基苯和对二硝基苯均不能由直接硝化法制得，因硝基是间位定位基，但它们都可由邻（或对）硝基苯胺形成的重氮盐硝化后制得。

$$\text{对硝基苯胺} + HBF_4 \xrightarrow{NaNO_3} \text{重氮盐} \xrightarrow[Cu]{NaNO_3} \text{对二硝基苯} \tag{6-36}$$

6.3.3 硝化过程

（1）硝化反应操作过程

硝化过程有间歇与连续两种方式。连续法利用带搅拌器的釜式反应器、管式反应器、泵式循环反应器，具有设备体积小、生产能力大、效率高及便于自动控制等优点；间歇法则具有灵活性和适应性强的优点，适用于小批量、多品种的硝化，精细化工中大多采用此法。由于生产方式和被硝化物的性质不同，一般有三种加料顺序：正加法、反加法、并加法。

正加法是将硝化剂逐渐加入被硝化物中，反应温和，可避免多硝化，用于易被硝化的物质，缺点是反应速率较慢。反加法是将被硝化物逐渐滴加到硝化剂中，优点是在硝化过程始终保持有过量的硝化剂和不足量的被硝化物，反应速率快，适用于制备多硝基化合物，或硝化产物进一步硝化的过程。并加法是指将硝化剂和硝化物按一定比例混合同时加入反应釜，这种加料方式常用在连续硝化过程中。

正加法和反加法的选择并非仅取决于硝化反应的难易，同时还决定于芳烃原料的物理性质和硝化产物的结构等。生产上常常采用多釜串联的办法来实现连续化，大部分硝化反应是在第一台反应釜中完成的，通常称为"主釜"，小部分没有转化的被硝化物，则在其余的釜内反应。多釜串联的优点是可以提高反应温度，减少物料短路，以及在不同的反应釜中控制不同的反应温度，从而提高生产能力和产品质量。表 6-8 为氯苯采用三釜串联连续一硝化时的技术数据。

表 6-8 氯苯采用三釜串联连续一硝化时的技术数据

名称	第一硝化釜	第二硝化釜	第三硝化釜
酸相中 $w_{HNO_3}/\%$	13.4	4.0	2.1
有机相中 $w_{氯苯}/\%$	14.4	2.8	0.7
氯苯转化率/%	80	16	3
反应速率比	26.7	5.3	1

（2）硝化产物的分析

硝化产物的分析有化学法、色层分析法、气液相色谱法和红外光谱法等。化学法的用途最广，主要用于以下两个方面：

① 硝化过程的控制分析。

$$2HNO_3 + 6Hg + 3H_2SO_4 \longrightarrow 2NO\uparrow + 3Hg_2SO_4 + 4H_2O \tag{6-37}$$

用混酸硝化时主要是控制酸层中硝酸的含量。目前生产中应用较多的方法是先取一定量酸，以酚酞为指示剂，用 NaOH 标准溶液滴定，测出混酸及废酸的总酸度。然后将混酸在水浴上重复加热使硝酸分解，再用 NaOH 标准溶液滴定，从两者的差值计算混酸中硝酸的含量。废酸中硝酸的含量常用定氮仪测定，硝酸在硫酸的存在下与汞定量地作用生成氧化氮气体，从生成氧化氮的体积可以测定硝酸的含量。

此外也可以根据硝化产物的密度或熔点是否达到预定的数值来确定硝化是否达到终点。硝基化合物大都是黄色的，而且具有特殊的气味（大多数都有杏仁气味），可以根据这些外表性质来初步判断一种物质是否引入硝基。

② 硝化产物的分析。硝基化合物一般用氯化亚锡或三氯化钛为还原剂，利用还原滴定法测定其含量。

$$ArNO_2 + 3SnCl_2 + 6HCl \longrightarrow ArNH_2 + 3SnCl_4 + 2H_2O \tag{6-38}$$

$$ArNO_2 + 6TiCl_3 + 6HCl \longrightarrow ArNH_2 + 6TiCl_4 + 2H_2O \tag{6-39}$$

另一种常用的定量分析方法是使用过量的锌粉，在酸性介质中将硝基还原为氨基，然后用重氮化法测定氨基的含量，从而计算出硝基的含量。

色层分析可用来鉴定硝化产物，例如，混合硝基甲苯经还原后可用纸色层进行鉴定，有些硝基化合物不需进行还原，如苯、萘、蒽醌系的二硝基化合物在纸色层分离后可利用化合物的荧光特征在紫外光下鉴定斑点的位置。气、液相色谱由于分析速度快，准确度高，目前已用于硝化过程的控制，例如用气相色谱来测定甲苯硝化后异构体的组成。红外光谱也可用于分析及控制硝化过程。

（3）硝化产物的分离

硝化反应完成后，首先要将硝化产物与废酸分离。在常温下硝化物为液体或低熔点的固体的情况下，可在带有蒸汽夹套的分离器中利用硝化产物与废酸有较大密度差而实现分离。大多数硝化物在浓硫酸中有一定的溶解度，而且硫酸浓度越高，溶解度越大。为了减少溶解，有时在静止分层前可先加入少量水稀释，如间二硝基苯生产中，当加水稀释使硫酸浓度从硝化终点的88％降至65％～70％，温度从90℃降至70℃时，间二硝基苯的溶解度从16％降至2％～4％。废酸中的硝基化合物有时用有机溶剂萃取，如用二氯丙烷或N-503萃取含有机物的废酸，萃取效率较高。

在连续分离器中，加入用量为硝化产物质量0.0015～0.0025的叔辛胺，可以加速硝化物与废酸的分层。硝化物的异构物需通过化学法和物理法分离。

（4）废酸处理

硝化废酸的回收主要采用浓缩的方法。废酸的组成大致是73％～75％硫酸，0.2％硝酸，0.3％亚硝基硫酸（$HNOSO_4$），硝化物0.2％以下。在用蒸浓的方法回收废酸前需脱硝。当硫酸浓度低于75％时，只要当温度达到一定值，硝酸及亚硝基硫酸很易分解，逸出的氧化氮需用氢氧化钠水溶液或其他方法进行吸收处理。废酸的处理主要有以下几种：

① 如果硝化后的废酸用于下一批的硝化生产，则采用闭路循环。

② 在用芳烃对废酸进行萃取以后，再脱硝，然后用釜式或塔式设备蒸发浓缩，使硫酸浓度达到92.5％～95％，此酸可用于配制混酸。

③ 若废酸浓度只有30％～50％，则先提浓至60％～70％，再进行浓缩。

④ 通过萃取、吸附或过热蒸汽吹扫等手段，除去废酸中所含的有机杂质，然后用氨水制成化肥。

6.3.4 芳烃的硝化

芳烃的硝化较易进行，应用也比较广泛，芳烃的硝化有诸多影响因素。

6.3.4.1 芳烃硝化的影响因素

（1）被硝化物的结构

芳烃硝化是典型的亲电取代反应，芳烃上如含有给电子基团，例如羟基、氨基、烷基等，就较容易被硝化，此时可选用较温和的硝化剂和较温和的硝化条件，硝基的位置主要位于取代基的邻位或对位。如含有吸电子基团，例如硝基、磺酰基、羰基、羧基等，就难以硝化，要用比较强的硝化条件和较强的硝化剂，硝基的位置主要位于取代基的间位。

① 苯环上取代基的影响。在已存在供电子基团的苯环上，硝化的产物往往是邻位异构体多于对位：

$$\text{PhCH}_3 \longrightarrow o\text{-}NO_2\text{-}C_6H_4\text{-}CH_3 + p\text{-}O_2N\text{-}C_6H_4\text{-}CH_3 \tag{6-40}$$

$$\text{PhOH} \xrightarrow{\text{硝化}} o\text{-}NO_2\text{-}C_6H_4\text{-}OH + p\text{-}O_2N\text{-}C_6H_4\text{-}OH \tag{6-41}$$

这可能是由于羟基或甲基中的氢原子，可以同NO_2^+形成氢键，或是把NO_2^+吸引到它们的附近，因而容易在邻位反应。

② 苯胺的硝化。芳胺容易被硝酸氧化，需要将氨基保护起来。一种保护方法是在大量强酸中进行硝化，这时形成—NH_3^+，它是吸电子基团，使芳环难以取代，即使取代也是间位取代的：

$$R-C_6H_4-NH_2 + H^+ \longrightarrow R-C_6H_4-NH_3^+ \quad (6-42)$$

另一种保护方法是先进行乙酰化，或对甲苯磺酰化，然后进行硝化。由于酰胺在强酸中仍然易水解成胺，继续发生如上的反应。因此，必须在温和的条件（如较低温度）进行，以避免间位异构体的产生。

③ 苯环上的多硝化。由于硝基是吸电子基团，所以在苯环上多硝化比较困难。用直接硝化法，不论硝化剂和反应条件如何强烈，一个苯环上最多只能引入三个硝基，第四个硝基的引入，可以用间接方法。但是要在一个苯环上引入五六个硝基还是非常困难的。

（2）温度

温度对硝化反应是非常重要的，它不仅影响反应速率和产物组成，而且直接关系到生产安全。硝化反应是强烈的放热反应，混酸中硫酸被反应生成的水稀释时，还将产生稀释热，这部分热量相当于反应热的 7.5%～10%。以苯为例，在硝化时的热效应可达 134kJ/mol。这样大的热量若不及时移除，势必会使反应温度迅速升高，引起多硝化及氧化等副反应；同时还将造成硝酸的大量分解，产生大量红棕色的二氧化氮气体，甚至发生事故。

$$2HNO_3 \longrightarrow H_2O + 2NO_2 \uparrow + [O] \quad (6-43)$$

温度的安全限度取决于被硝化物的化学结构，例如 DNT 硝化为 TNT，或将酚硝化为苦味酸时，温度接近或超过 120℃则有危险；在将二甲基苯胺硝化为特屈儿时，超过 80℃就有危险。

有机物硝化时的最佳温度条件，对于芳胺、N-酰基芳胺、酚类、醚类等易硝化和易被氧化的活泼芳烃可在低温硝化（−10～90℃）；而对于含有硝基或磺酸基的芳香族化合物，由于其稳定性较好，较难硝化，所以硝化温度比较高（30～120℃）。

（3）搅拌

芳烃如苯、甲苯及其一硝基衍生物在硫酸及混酸中的溶解度很低，使得硝化过程中芳烃与混酸形成液-液两相。对于这类多相的硝化反应，其反应速率和传质也有一定的关系，因此良好的搅拌对反应是有利的，特别是反应的初期由于酸相与有机相的密度相差悬殊，加上反应开始阶段反应较为剧烈，放热量较大，特别需要剧烈搅拌。

在硝化过程中，尤其在间歇硝化反应的加料阶段，因故中断搅拌会使两相很快分层，大量硝化剂在酸相积累，一旦启动搅拌就会突然发生剧烈反应，造成瞬间放热量大而使温度失控引起事故。因此一旦终止搅拌，加料必须停止。

6.3.4.2 芳烃硝化时的副反应

芳烃硝化的副反应主要有氧化、脱烷基、迁移和置换。

氧化是最主要的副反应，它常常表现为生成一定量的酚，例如在甲苯硝化时可检出副产物硝基苯酚；氯原子和甲氧基有时会被氧化成醌；氧化反应有时也会发生在侧链上，如乙苯硝化时会副产苯乙酮、苯甲醛、苯甲醇等。

硝化时酚类的副产物一般不可避免，如果让其随同硝化物进入蒸馏设备很易引起爆炸危险，一般在洗涤过程中将其除去。

$$\text{(6-44)}$$

脱烷基也是经常发生的副反应，如：

$$\text{(6-45)}$$

除了烷基可以被脱去以外，一些吸电子取代基也可被脱去，如羧基：

$$\text{(6-46)}$$

迁移有时也会发生，主要是发生在卤素原子和甲基上：

$$\text{(6-47)}$$

硝基苯在硝化时，硝化液体常常会发黑变暗，特别是接近硝化终点时，更容易出现这种情况。这是烷基苯与亚硝基硫酸及硫酸形成的络合物造成的，硝化过程中硝酸的用量不足有利于这种有色络合物的形成。在 45~55℃ 及时补加硝酸很容易将络合物破坏，但当温度大于 65℃ 时，络合物会自动沸腾，使温度上升到 85~90℃，此时再补加硝酸，也难以挽救，而生成深褐色的树脂状物。

许多副反应的发生，常常与反应体系中存在氮氧化物有关，因此设法减少硝化剂内的氮氧化物含量，并且严格控制反应条件以防止硝酸分解，常常是减少副反应的重要措施之一。

6.3.5 硝化反应器

硝化反应器可分为间歇式和连续式两种，间歇式硝化反应器一般由铸铁或钢制成，近年来采用中碳钢，但当废酸内水分超过 26%，或硝酸浓度低于 2.5% 时，发现腐蚀现象严重，此时需采用耐腐蚀合金钢。为保持反应温度，一般都需要加夹套通冷却液冷却，有时还需在反应器内装置蛇管等内冷却构件。反应器装有搅拌装置，使反应物与酸液充分接触，以保证反应完全。由于反应物（烃、醇等）多系易挥发液体或气体，硝化剂也有气体释放出来，反应过程中还会产生一部分有毒、有害气体（如 CO、NO 等），故反应器应密闭操作，且能承受一定的压力。此外，为保证安全生产，反应器上还需设置放空管和防爆口。

间歇式硝化反应器只用于液相硝化，优点是生产灵活，更改硝化产品品种和增减投料量都很方便，缺点是在大容器中储存大量易爆炸物料，使得安全性变差，生产能力也没有连续法大。连续式硝化反应器若为气相硝化，则多为管状。此时可用较高的反应温度以提高反应速率，减少接触时间。例如丙烷硝化制硝基丙烷，反应温度高达 423℃，接触时间仅需

1.5s，所需反应管不会很长。

图 6-5 是立罐式硝化反应器的结构图。该反应器由机体、传热装置、搅拌装置、提升器、分离器等部件构成，是一个完成硝化、传热、提升、分离等过程的组合体。立罐式硝化反应器属于混流型反应器，在连续硝化工艺中常串联使用，比如甲苯的三硝化制备三硝基甲苯（TNT）。还有一种环形硝化反应器，结构如图 6-6 所示。该反应器通过一环路使物料循环，环路包括一个用以混合和搅拌物料的泵、一个用以进行大部分硝化反应及传递硝化热的热交换器以及一个用以使大部分乳化液循环的回路。环路硝化具有传热好、产品质量高等优点，已用于苯和甲苯的一硝化，但不适用于凝固点比较高的反应物系。

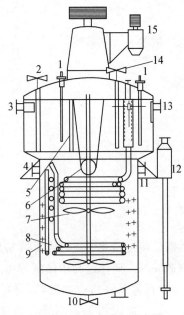

图 6-5 立罐式硝化反应器

1—温度计；2—废酸回流阀；3—硝化物出料管；4—进料管；
5—重力分离器；6—提升器；7—搅拌器；8—蛇管；
9—硝化机体；10—安全阀；11—进料管；12—手轮；
13—废酸出料管；14—硝化物回流阀；15—电动机

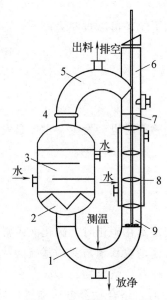

图 6-6 环形硝化反应器

1—下弯管；2—匀流折板；3—换热器；
4—伸缩节；5—上弯管；6—搅拌轴；
7—弹性支承；8—搅拌器；9—底支承

6.3.6 硝基苯的生产

（1）传统硝化法

传统硝化法是将苯用硫酸和硝酸配制的混酸在釜式硝化反应器中进行硝化，由于反应系统中存在两相，因此硝化速率由相间传质和化学动力学控制。所用硝化器一般为带有强力搅拌的耐酸铸铁或碳钢釜。硝化器内装有冷却蛇管，以导出硝化的反应热。

① 间歇生产。典型间歇硝化是将混酸慢慢加至苯液面下，所用混酸组成为硫酸 56%～60%（质量分数，下同），硝酸 27%～32%，水 8%～17%，硝化温度控制在 50～55℃，反应后期可升至 90℃。反应产物进入分离器，上层粗硝基苯经水洗、碱洗再水洗，必要时进行精馏。下层废酸送去浓缩，硝化时加料通常保持苯稍过量，以保持废酸中无硝酸或最低硝酸含量。间歇硝化需 2～4h，硝基苯收率 95%～98%（按苯计）。

② 连续硝化。苯连续硝化的工艺流程见图 6-7。连续硝化时苯和混酸同时进料，所用混

酸的浓度低于间歇硝化，组成为硫酸56%～65%，硝酸20%～26%，水15%～18%。硝化器串联操作，通常1#釜容积比2#～4#釜小，主釜转化率降低1%，二硝基苯生成率则下降约4/5。苯稍微过量，以尽量消耗混酸中的硝酸，同时减少二硝基物的生成量。硝化温度控制在50～100℃。反应产物由硝化器连续进入分离器或离心机，分为有机相和酸相。有机相经水洗除酸、碱洗脱硝基酚，再经水洗和蒸馏脱水脱苯后，必要时再进行真空蒸馏。废酸去浓缩或部分去配酸工序循环使用。连续硝化一般需要10～30min，理论收率为96%～99%。废水中所含硝基苯一般用进料苯萃取，溶于水中的残留苯经汽提脱除，然后进污水处理装置。

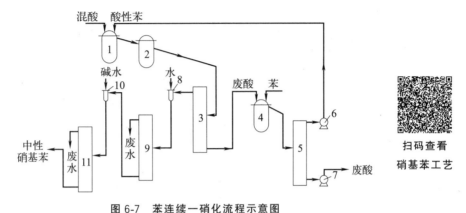

图6-7 苯连续一硝化流程示意图

1,2—硝化釜；3,5,9,11—分离器；4—萃取釜；6,7—泵；8,10—文丘里管混合器

③ "三废"治理。从各设备排出的废气，集中到废气洗涤塔，经洗涤后排放，以减少对操作环境的污染。排气洗涤水和硝化废水可送至污水处理塔，以回收有机物，或用高分子吸附剂吸附。然后将废水送处理装置处理，或闭路循环。生产中排放的高沸物，可进行焚烧处理。

④ 废酸回收。废酸浓缩装置有SM式、鼓式和浸没燃烧式。废酸中有机物在浓缩时会形成泡沫或炭化，需用萃取、吸附或过热蒸汽吹出等方法，除去有机杂质，然后再浓缩至规定浓度。

（2）绝热硝化法

美国氰胺公司和加拿大工业公司（CIL）联合开发的绝热硝化法，于1979年投产。典型的工艺流程见图6-8。

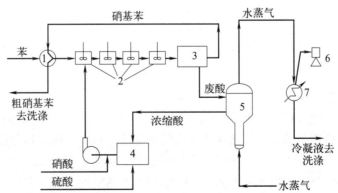

图6-8 绝热硝化工艺流程示意图

1—换热器；2—硝化器；3—分离器；4—硫酸储槽；5—浓缩器；6—真空喷射泵；7—表面冷凝器

第6章 精细化工单元反应及典型产品生产工艺

其工艺过程：从硫酸储槽用泵输送循环的硫酸和补加的硫酸，并与加料硝酸混合成混酸（硝酸3%～7.5%，硫酸58.5%～66.5%，水28%～37%）进入反应器。反应器为串联式硝化釜，材质为钢壳内衬微晶玻璃，并装有推进式搅拌器。苯通过换热器进入硝化釜进行反应，反应温度由90℃上升到135℃。生成的硝基苯经分离洗涤和汽提得产品硝基苯，未反应的苯回收再用。

从分离器出来的废酸进入一带玻璃衬里的真空蒸发器（附有一台钽制加热器）进行真空浓缩。浓缩过的硫酸浓度为70%，返回到硫酸储槽，供配制混酸使用。绝热硝化在190℃有发生二次反应的危险，因此在分离器上装防爆膜。由于系统封闭，苯和氧化氮气体排放均经洗涤，污染物排放很少。

6.3.7 奥克托今的生产

奥克托今由"octogen"一词音译而来，代号HMX（high melting point explosive），化学名称为环四亚甲基四硝胺或1,3,5,7-四硝基-1,3,5,7-四氮杂环辛烷，结构式如下：

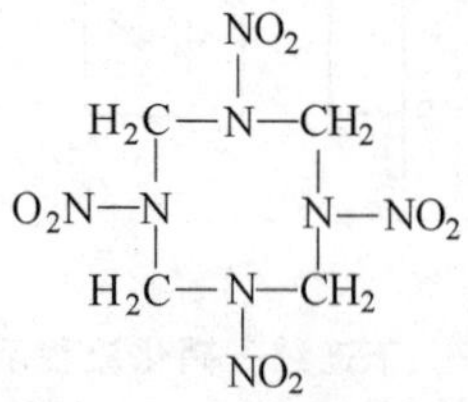

HMX外观为白色结晶，熔点280～281℃，在室温和熔点之间有四种晶型：α、β、γ和δ型，其中β-HMX在室温最稳定，工业生产的为β晶型。HMX的晶体密度大，爆速高，机械感度小，耐热性好，是综合性能较好的炸药。在民用方面，主要用作石油、天然气开采所需的耐热炸药。HMX的生产方法主要采用乌洛托品硝解法。

（1）反应原理

HMX是由乌洛托品在醋酸酐-硝酸中发生硝解反应（巴克曼反应）生成，方程式为：

$$(CH_2)_6N_4 + 4HNO_3 + 2NH_4NO_3 + 6(CH_3CO)_2O \longrightarrow 1.5(CH_2NNO_2)_4 + 12CH_3COOH \quad (6-48)$$

（2）反应特征

反应第一阶段主要是乌洛托品成盐反应，生成乌洛托品一硝酸盐和少量二硝酸盐；反应中的主要中间产物是二硝基五亚甲基四胺（DPT），是制备HMX的前驱体。

DPT的结构式如下：

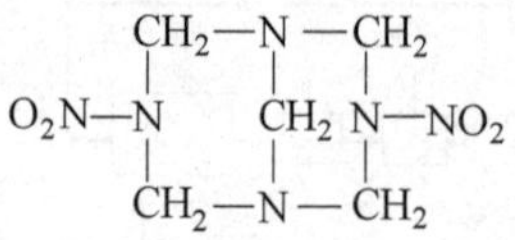

（3）生产工艺

醋酸酐硝解法制备HMX的反应过程分为两步：先由乌洛托品制备出DPT，再由DPT进一步硝解得到HMX。最早的工艺这两步反应是分开进行的，即先用醋酸酐和硝酸硝解乌洛托品制得DPT，将DPT离析出来后，再用醋酸酐、硝酸、硝酸铵硝解DPT得到HMX，这种方法得率只有28%。后来，在反应过程中不分离中间产物DPT，而是一次制备出HMX，此时得率可提高至70%，经工艺改进还可提高至72%～82%。因而，一步法成为生产HMX的主要方法。

一步法包括间歇法和连续法,间歇法生产灵活,连续法适用于大规模生产。

① 间歇法生产。生产 HMX 所需的五种原料分别为乌洛托品(HA)、硝酸(NA)、硝酸铵(AN)、醋酸酐(Ac_2O)和醋酸(HOAc)。质量配比为 HA:NA:AN:Ac_2O:HOAc=1:(5~5.5):(3.7~4.5):(11~12):(16~23)。五种原料配成三种料液:将乌洛托品溶于冰醋酸,配成乌洛托品-醋酸溶液(HA-HOAc 液),HA 含量为 10%~30%(质量分数);硝酸铵溶解于 98% 以上的浓硝酸中,配成硝酸铵-硝酸溶液(AN-NA 液),二者的质量比为(0.9~1.0):1.0;第三种料液是醋酸酐(Ac_2O)。

第一段加入全部 HA-HOAc,35%AN-NA 和 45%醋酸酐,三种料液加入前,反应器先加入部分醋酸作为底液,用量为醋酸总用量减去配制 HA-HOAc 液的用量。

操作步骤为:加底液;一段加料(30min),保温(30min);二段加料(30min),保温(60min);升温至 110℃ 左右,热解副产物 30~60min;降温,过滤驱酸;水洗、干燥得 HMX 粗品。

间歇法工艺流程图见图 6-9。

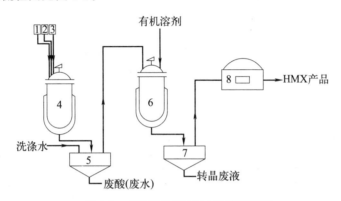

图 6-9 间歇法生产 HMX 工艺流程图

1——一段硝化机;2——一段成熟机;3——二段硝化机;4——硝化机;5——过滤器;6——转晶机;7——过滤器;8——烘箱

② 连续法生产。连续法的原料配比为:HA:NA:AN:Ac_2O:HOAc =1:(5~5.6):(4~4.5):(12~14):(20~24)。HA-HOAc 液体在第一段硝化全部投入,其他两种料液分两段加入,第一段加入 40%,第二段加入 60%。连续法生产 HMX 硝化工段工艺流程见图 6-10。

连续投料前,在 1~4 号装置内加入一定量的冰醋酸底液,使之能覆盖住下层搅拌桨叶,底液中还需加入冰醋酸量 4% 左右的醋酸酐。

连续硝化时,在一段硝化反应器连续、按比例地投入 HA-HOAc、AN-NA、Ac_2O 三种料液,硝化反应器应具有有效的机械搅拌和冷却面积,以控制反应正常进行。一段硝化反应物连续溢流至一段熟化器,进行熟化反应,然后再溢流至二段硝化反应器,在二段硝化反应器补加 AN-NA 溶液和 Ac_2O,完成进一步的硝化反应后溢流入二段熟化器,二段熟化器溢流出的硝化液依次进入热解器 5、6,在热解器 5 内加入一定量的水,并升温以热解副产物。热解后的反应液溢流入冷却器进行冷却,然后经过滤、洗涤得到 HMX 粗品。硝化温度控制在(44±2)℃,热解温度控制在 100~110℃,冷却器内温度控制在 40℃ 以下。

(4)工艺条件的影响

① 原料浓度及配比。制备 HMX 时温度较低,原料硝酸的浓度要求大于 98%;冰醋酸

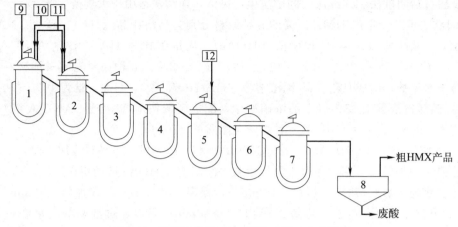

图 6-10　连续法生产 HMX 硝化工段工艺流程图

1——段硝化反应器；2——段熟化器；3—二段硝化反应器；4—二段熟化器；5,6—热解器；7—冷却器；8—过滤器；9—HA-AcOH 高位槽；10—NH_4NO_3-HNO_3 高位槽；11—Ac_2O 高位槽；12—水高位槽

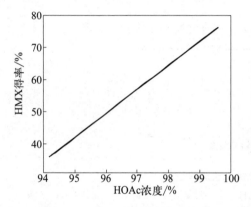

图 6-11　醋酸浓度与 HMX 得率的关系

的浓度对产物得率有较大的影响，其浓度降低 1%，HMX 得率降低 7%，图 6-11 是投料比 HA：NA：AN：HOAc：Ac_2O = 1：2.45：2.67：9.5：8.7 时，醋酸浓度对 HMX 得率的影响。

生产 HMX 时，副产物直链硝铵等的生成使得反应液黏稠，传热受到影响，因而醋酸酐和醋酸的加入量较大。当 HOAc/HA（质量比）小于 10 时，因为料液黏稠影响反应的正常进行，但 HOAc/HA 过大会降低反应速率，从而降低 HMX 的得率。醋酸酐加入量的增大具有以下优势：NH_4NO_3 的加入量比较大，与醋酸酐反应生成乙酰胺而消耗部分醋酸酐；制备 HMX 条件下酯化反应较多，要消耗部分醋酸酐；醋酸酐作为溶剂，可防止物料的黏稠。

② 反应温度和反应时间。在第一段反应时，反应温度在 25~44℃ 均能得到较高的得率，温度高于 44℃ 时，随着温度的升高得率会逐步下降。在第二阶段反应时，温度从 35℃ 升高至 50℃，HMX 的得率从 55.8% 升至 59.1%，反应温度以 44℃ 为最佳值。整个硝解时间约为 2~3h，一段加料时间一般控制为 30min，之后边生成 DPT，边进行第二段的进一步硝解，此时产物的得率较高。

③ 加料过程控制。在醋酸酐法制备 HMX 的过程中，要经过从乌洛托品、乌洛托品硝酸盐、DPT 到最终产物 HMX 的连串反应，另外还有其他很多副反应。在反应进程中，乌洛托品既可发生硝解反应，亦可发生水解反应；N 原子上既可生成硝基取代物，又可生成酰基取代物；DPT 可由乌洛托品硝解降解产生，也不能排除由小分子碎片缩合生成；参与反应的原料之间也会发生相互反应。因此，反应体系内存在复杂的多种反应，加料过程的控制对反应的转化率和选择性至关重要。较优的方案是对加料过程采用程序控制，以控制每一步加料的精准性。

（5） HMX 的精制

HMX 的精制有三个目的，包括产物的提纯、转晶得到稳定的 β 晶型、制备不同粒度要求的产品。

① 提纯。HMX 粗品中含有约 10% 的黑索金（RDX），其生成原理如式（6-49）。

$$(CH_2)_6N_4 + 4HNO_3 + 2NH_4NO_3 + 6(CH_3CO)_2O \longrightarrow 2(CH_2NNO_2)_3 + 12CH_3COOH \quad (6-49)$$

由于 HMX 和 RDX 化学结构和物理性质比较接近，因而分离回收具有一定难度。一般采用单一溶剂和混合溶剂法，如二甲亚砜溶剂法、二甲基甲酰胺复合法、环戊酮复合法等。精制原理是利用二者在溶剂中溶解度的差异，经溶解、冷却、结晶、升温、过滤等得到 β-HMX。

② 转晶和重结晶。HMX 的 α、γ、δ 三种晶型常温下在一定溶剂内经过一定时间都可以转化为 β 晶型。HMX 不同晶型的转变，除了晶格改变外，还有分子结构的改变。所以，转晶不但与系统的能量变化有关，而且和所接触溶剂的极性也有关。转晶方法一般采用丙酮或含丙酮的混合溶剂法、硝酸法、二甲亚砜法等。

【诺贝尔】

阿尔弗雷德·贝恩哈德·诺贝尔 1833 年出生于瑞典斯德哥尔摩，是著名化学家、工程师、发明家、军工装备制造商和炸药的发明者。1863 年，诺贝尔开始制造液体炸药硝化甘油，在这种炸药投产不久后，工厂发生爆炸，诺贝尔最小的弟弟埃米尔和另外 4 人被炸死。由于危险太大，瑞典政府禁止重建这座工厂。被认为是"科学疯子"的诺贝尔，只好在湖面的一艘船上进行实验，为了防止发生意外，诺贝尔将硝化甘油吸收在惰性物质中，诺贝尔称它为达纳炸药，于 1867 年获得专利。1875 年诺贝尔将火棉（纤维素六硝酸酯）与硝化甘油混合起来，得到胶状物质，称为炸胶，比达纳炸药有更强的爆炸力，于 1876 年获得专利。1887 年，诺贝尔用硝化甘油代替乙醚和乙醇，也制成了类似的无烟火药。他还将硝酸铵加入达纳炸药，代替部分硝化甘油，制成更加安全而廉价的"特种达纳炸药"，又称"特强黄色火药"。诺贝尔一生拥有 355 项专利发明，在 20 多个国家开设了约 100 家公司和工厂。诺贝尔的众多发明，使他无愧于"现代炸药之父"的赞誉。1895 年，诺贝尔立嘱将其遗产大部分作为基金，将每年利息分为 5 份，设立诺贝尔奖，分为物理学奖、化学奖、生理学或医学奖、文学奖、和平奖，后又增设经济学奖，授予在这些领域对人类做出重大贡献的人。

6.4 酯化

酯化反应通常指醇或酚和含氧的酸类（包括无机和有机酸）作用生成酯和水的过程，即在醇或酚羟基的氧原子上引入酰基的过程，亦可称为 O-酰化反应。

工业上常用的酯化是将羧酸与醇在催化剂存在下进行反应。也可采用一些其他方法制得羧酸酯。例如，用酸酐、酰氯、酰胺、腈、醛、酮等为原料与醇反应，或采用酯交换反应，其通式如下：

$$R'OH + R''COZ \rightleftharpoons R''COOR' + HZ \quad (6-50)$$

式中，R′可以是脂肪烃基或芳香烃基。R″COZ 是酰化剂，其中 Z 可以是—OH、—X、—OR、—OCOR、—NHR 等基团。生成羧酸酯分子中的 R′和 R″可以相同，也可以不同。

羧酸酯在精细化工中有广泛的应用，其中最重要的是溶剂及增塑剂，其他的用途还包括树脂、涂料、合成润滑油、香料、化妆品、表面活性剂、医药等。

常见的酯化反应包括：羧酸法、酸酐法、酰氯法、酯交换法等。

酯化反应常见的酰化剂如表 6-9 所示。

表 6-9　酯化反应常用酰化剂

酰化剂	化合物
羧酸	甲酸、乙酸、乙二酸等
酸酐	乙酐、甲乙酐、顺丁烯二酸酐、邻苯二甲酸酐、萘二甲酸酐以及二氧化碳（碳酸酐）、一氧化碳（甲酸酐）
酰氯[①]	碳酸二酰氯（光气）、乙酰氯、苯甲酰氯、三氯氰酰氯、苯磺酰氯、三氯氧磷（磷酸三酰氯）和三氯化磷（亚磷酸三酰氯）
羧酸酯	乙酰乙酸乙酯、氯酰乙酸乙酯、氯甲酸三氯甲酯（双光气）、二(三氯甲基)碳酸酯（三光气）
酰胺	尿素和 N,N-二甲基甲酰胺
其他	乙烯酮、双乙烯酮

① 某些酰氯不易制成工业品，也可用羧酸和三氯化磷、亚硫酰氯和无水三氯化铝作酰化剂。

6.4.1　羧酸酯化法

所用的羧酸可以是各种脂肪酸和芳香酸。由于羧酸的种类很多，所以羧酸是最常用的酯化剂。用羧酸的酯化一般是在质子酸的催化作用下，按双分子反应历程进行的，羧酸是亲电试剂，醇是亲核试剂。

用羧酸的酯化是一个可逆反应：

$$\text{RCOOH} + \text{R}'\text{OH} \rightleftharpoons \text{RCOOR}' + \text{H}_2\text{O} \tag{6-51}$$

所生成的酯在质子的催化作用下又可以和水发生水解反应而转变为原来的羧酸和醇。因此，在原料和产物之间存在着动态平衡。

羧酸与醇发生酯化的平衡常数可用下式表示：

$$K_c = \frac{[\text{RCOOR}'][\text{H}_2\text{O}]}{[\text{RCOOH}][\text{R}'\text{OH}]} \tag{6-52}$$

K_c 值的大小除了与反应温度有关外，主要取决于羧酸和醇或酚的性质。

采用二元羧酸为反应剂，则生成二元酯，单酯为酸性酯，双酯为中性酯，其收率取决于反应剂间的物质的量之比。

$$\text{HOOC}-\text{R}'-\text{COOH} \xrightleftharpoons[-\text{H}_2\text{O}]{+\text{ROH}} \text{HOOC}-\text{R}'-\text{COOR} \xrightleftharpoons[-\text{H}_2\text{O}]{+\text{ROH}} \text{ROOC}-\text{R}'-\text{COOR} \tag{6-53}$$

另一方面，若采用多元醇（如丙三醇）与一元羧酸反应，则可制得部分酯化及全部酯化的产物，组成也与反应物的物质的量之比有关。

$$\begin{array}{c}\text{CH}_2\text{OH}\\|\\\text{CHOH}\\|\\\text{CH}_2\text{OH}\end{array} \xrightarrow{+\text{RCOOH}} \begin{array}{c}\text{CH}_2\text{OCOR}\\|\\\text{CHOH}\\|\\\text{CH}_2\text{OH}\end{array} \xrightarrow{+\text{RCOOH}} \begin{array}{c}\text{CH}_2\text{OCOR}\\|\\\text{CHOH}\\|\\\text{CH}_2\text{OCOR}\end{array} \xrightarrow{+\text{RCOOH}} \begin{array}{c}\text{CH}_2\text{OCOR}\\|\\\text{CHOCOR}\\|\\\text{CH}_2\text{OCOR}\end{array} \tag{6-54}$$

若用多元羧酸与多元醇进行酯化，生成物是高分子聚酯：

$$n\text{HOOC—R'—COOH} + n\text{HO—R—OH} \longrightarrow \underset{}{\text{—[C—R'—C—O—R—O]}_n\text{—}} \quad (6\text{-}55)$$

（式中酯键两端为 C=O）

羧酸酯化法的影响因素如下：

（1）醇或酚结构的影响

从表 6-10 可以看出，伯醇的酯化速率最快，平衡常数也较大。丙烯醇虽然也是伯醇，但是羟基氧原子上的未共用电子对与分子中的双键存在共轭效应，减弱了氧原子的亲核性，所以它的酯化速率比饱和伯醇慢一些，平衡常数也小一些。苯甲醇由于苯基的影响，其酯化速率和平衡常数也比相应的脂肪族饱和伯醇低。一般醇分子中有空间阻碍时，酯化速率和平衡常数降低，因此仲醇的酯化速率和平衡常数低于伯醇。对于叔醇，如果支链靠近羟基，则酯化速率和平衡常数都相当低。酚羟基由于芳环共轭效应的影响，其酯化速率和平衡常数也都相当低。所以叔醇和酚的酯化一般不用羧酸，而要用酸酐、酰氯或羧酸加三氯化磷等酯化法。另外，叔醇容易与质子作用发生脱水消除反应而生成烯烃，这也使它不宜用羧酸酯化法。

表 6-10　乙酸和各种醇或酚的酯化反应转化率和平衡常数 K（等物质的量配比，155℃）

醇或酚	转化率/%		平衡常数 K
	1h 后[①]	极限	
甲醇	55.59	69.59	5.24
乙醇	46.95	66.57	3.96
丙醇	46.92	66.85	4.07
烯丙醇	35.72	59.41	2.18
苯甲醇	38.64	60.75	2.39
二甲基甲醇	26.53	60.52	2.35
二烯丙基甲醇	10.31	50.12	1.01
三甲基甲醇	1.43	6.59	0.0049
苯酚	1.45	8.64	0.0089

① 1h 后的转化率可表示相对酯化速率。

（2）羧酸结构的影响

如表 6-11 所示，甲酸比其他直链羧酸的酯化速率快得多。例如，醇在过量甲酸中的酯化速率比在乙酸中快几千倍，随羧酸碳链的增长酯化速率明显下降。靠近羧基有支链时，对酯化有减速作用。在碳链上的苯基，例如苯基乙酸和苯基丙酸，则并无减速作用。但是肉桂酸（苯基丙烯酸）与苯基丙酸不同，前者的双键与苯环共轭，对酯化有较大的减速作用。芳羧酸，例如苯甲酸，其酯化速率很慢。在苯甲酸的邻位有取代基时，其空间阻碍对酯化有很大减速作用。高位阻的 2,6-二取代苯甲酸，用通常方法酯化时，速率非常慢。但是，将高位阻的苯甲酸取代衍生物先溶于浓硫酸中，然后倒入醇中，则酯化速率很快。

应该指出，许多酸虽然酯化速率很慢，但是平衡常数却相当高，它们一旦酯化就较难水解。

表 6-11　异丁醇与各种羧酸的酯化相对速率、转化率和平衡常数 K（等物质的量配比，155℃）

羧酸	转化率/%		平衡常数 K
	1h 后[①]	平衡极限	
甲酸	61.69	64.23	3.22
乙酸	44.36	67.38	4.27

羧酸	转化率/%		平衡常数 K
	1h 后[①]	平衡极限	
丙酸	41.18	68.70	4.82
丁酸	33.25	68.52	5.20
异丁酸(2-甲基丙酸)	29.03	69.51	5.20
苯基丁酸	48.82	73.87	7.99
苯基丙酸	40.26	72.02	7.60
肉桂酸	11.55	74.61	8.63
苯甲酸	6.62	72.57	7.00
对甲基苯甲酸	6.64	76.52	10.62

① 1h 后的转化率可表示相对酯化速率。

（3）酯化转化率

由于酯化与水解是可逆的化学平衡，为了能制取更多的酯化产物，根据化工热力学原理，可以采用两种方法：其一是原料配比中，对于便宜原料可以过量，以提高酯的平衡转化率；其二是通过不断蒸发反应生成的酯和水，破坏反应的平衡，使酯化进行完全，这种方法比前者更为有效。从工业生产角度来看，采用一些简单的措施就可使转化率接近100%，主要的方法是蒸出水和酯，根据酯化产物的性质不同，将酯化过程大致分为三种类型。

① 产品酯的挥发度很高。甲酸甲酯、乙酸乙酯等的沸点均比原料醇的沸点低，可直接从反应体系中蒸出。

② 产品酯具有中等挥发度。对这些酯可采用蒸出水的方案。属于这种工艺的酯有：甲酸的丙酯、丁酯、戊酯；乙酸的乙酯、丙酯、丁酯、戊酯；丙酸、丁酸、戊酸的甲酯或乙酯。有时也会形成醇、酯及生成水的三元共沸混合物，这需要视具体产品的性能来确定。例如乙酸乙酯可全部蒸出，但混有原料醇及少量的水。而达到平衡的生成水却聚积在反应器中。乙酸丁酯则相反，所有生成的水均可蒸出，但带有少量的酯和醇，而达到平衡的酯则留在反应器中。

③ 产品酯的挥发度很低。对这种情况有几种不同的方法，包括物理法和化学法。

物理法采用恒沸蒸馏法，即在反应系统中加入与水不相混溶的溶剂，如苯、甲苯、二甲苯、氯仿、四氯化碳等，再进行蒸馏。例如，有乙醇参与的酯化反应，苯、乙醇和水可形成三组分最低共沸液，沸点为 64.8℃，$w_{苯}:w_{乙醇}:w_{水}=74.1\%:18.5\%:7.4\%$。馏出液分为两层，上层为苯-乙醇层，可将其返回到反应器中；下层为水-乙醇层，可不断除去。直到不再有水生成，酯化反应结束。

化学法可以用无水盐类，如硫酸铜，它能同水生成水合晶体将水除去，但效果不太好。硫酸和无水氯化氢是催化剂，同时也是脱水剂。有效的脱水剂还有乙酰氯、亚硫酰氯、氯磺酸等，这些脱水剂的效果较好。另外碳二酰亚胺（R—N═C═N—R）是极好的脱水剂，可在室温下进行酯化脱水。三氟化硼和它的乙醚络合物则既是催化剂也是脱水剂。

（4）酯化催化剂

选用合适的酯化催化剂在保证酯化反应进行方面有决定性的作用。目前在工业生产中采用的催化剂有三种类型。

① 无机酸、有机酸或酸式盐。传统的无机酸催化剂是硫酸或盐酸。磷酸虽也可作催化剂，但反应速率显著变慢。盐酸则容易发生氯置换醇中的羟基而生成卤烷。此外，无机酸的

腐蚀性较强，也容易使产品的色泽变深。有机磺酸，如甲磺酸、苯磺酸、对甲苯磺酸等也可作催化剂，它们比无机酸的腐蚀性小一些。

② 强酸性离子交换树脂。这类离子交换树脂均含有可被阳离子交换的氢质子，属强酸性。其中，最常用的有酚磺酸树脂以及磺化聚苯乙烯树脂。尽管离子交换树脂的价格远较硫酸为高，但具有酸性强、易分离、无碳化现象、脱水性强及可循环利用等优点，可用于固定床反应装置，有利于实现生产连续化。

③ 非酸性催化剂。这类催化剂为近年发展起来的一个新方向，已在邻苯二甲酸酯增塑剂生产中应用。这类催化剂的主要优点是没有腐蚀性，产品的质量好，色泽浅，副反应少。最常用的是铝、钛和锡的化合物，它们可单独使用，也可制成复合催化剂，由于它们的活性稍低，反应温度一般较硫酸高，在180～250℃下进行。

6.4.2 羧酸酐酯化法

羧酸酐是比羧酸更强的酰化剂，适用于较难反应的酚类化合物及空间阻碍较大的叔羟基衍生物的直接酯化，此法也是酯类的重要合成方法之一，其反应式为：

$$(RCO)_2O + R'OH \longrightarrow RCOOR' + RCOOH \tag{6-56}$$

反应中生成的羧酸不会使酯发生水解，所以这种酯化反应可以进行完全。羧酸酐可与叔醇、酚类、多元醇、糖类、纤维素及长碳链不饱和醇等进行酯化反应，例如乙酸纤维素酯及乙酰基水杨酸（阿司匹林）就是用乙酸酐进行酯化大量生产的。常用的酸酐有乙酸酐、丙酸酐、邻苯二甲酸酐、顺丁烯二酸酐等。

在用酸酐进行酯化时可用酸性或碱性催化剂加速反应，如硫酸、高氯酸、氯化锌、三氯化铁、吡啶等。酸性催化剂的作用比碱性催化剂强。现在工业上使用的催化剂主要是浓硫酸。

在用酸酐对醇进行酯化时，反应分为两个阶段，第一步生成物为1mol酯及1mol酸，此步反应是不可逆的；第二步则由1mol酸再与醇脱水生成酯，此步为可逆反应，反应条件需较前一步苛刻，才能保证两个酰基均得到利用。

酸酐的成本高于羧酸，但不少二元羧酸的酸酐工业上已大量生产，如邻苯二甲酸酐、顺丁烯二酸酐等，所以用酸酐制取相应的酯有广泛的工业生产基础。最常用的苯酐与各类醇反应后生成的邻苯二甲酸酯，是生产量最大的工业用聚氯乙烯塑料增塑剂。其中产量最大的是邻苯二甲酸二辛酯（DOP）。

6.4.3 酰氯酯化法

用酰氯的酯化反应是一个不可逆反应。酰氯的反应活性比相应的酸酐强，比相应的羧酸更要强得多，因此用酰氯的酯化反应极易进行，可以用来制备某些羧酸或酸酐难以生成的酯。

用酰氯酯化时可不用酸催化，由于氯原子的吸电性明显地增加了中心原子的正电荷，对醇来说就很容易发生亲核进攻，为一典型的双分子反应历程。

最常用的有机酰氯是长碳链脂肪酰氯、芳羧酰氯、芳磺酰氯、光气、氨基甲酰氯和三聚氯氰等。用这些酰化剂可制得一系列有用的酯。此外，还用到一系列无机酸的酰氯。例如，三氯化磷用于制亚磷酸酯；三氯氧磷、五氯化磷和三氯化磷加氯气用于制备磷酸酯；三氯硫磷用于制备硫代磷酸酯。其中许多酯是重要的增塑剂、农药中间体和溶剂。

6.4.4 酯交换法

在反应过程中,原料酯与另一种反应物之间发生烷氧基或烷基的交换,从而生成新的酯。当用酸对醇进行直接酯化而不易取得良好结果时,常常需用到酯交换。因此,酯交换反应中一种原料是酯,另一种反应物可能是醇、酸或其他酯。酯交换反应包括以下 3 种类型。

① 酯醇交换法,即醇解法或醇交换法:

$$\text{R—}\underset{\underset{O}{\parallel}}{\text{C}}\text{—OR}' + \text{R}''\text{OH} \rightleftharpoons \text{RCOOR}'' + \text{R}'\text{OH} \tag{6-57}$$

② 酯酸交换法,即酸解法或酸交换法:

$$\text{R—}\underset{\underset{O}{\parallel}}{\text{C}}\text{—OR}' + \text{R}''\text{—}\underset{\underset{O}{\parallel}}{\text{C}}\text{—OH} \rightleftharpoons \text{R—}\underset{\underset{O}{\parallel}}{\text{C}}\text{—OH} + \text{R}''\text{—}\underset{\underset{O}{\parallel}}{\text{C}}\text{—OR}' \tag{6-58}$$

③ 酯酯交换法,即醇酸互换:

$$\text{R—}\underset{\underset{O}{\parallel}}{\text{C}}\text{—OR}' + \text{R}''\text{—}\underset{\underset{O}{\parallel}}{\text{C}}\text{—OR}''' \rightleftharpoons \text{R—}\underset{\underset{O}{\parallel}}{\text{C}}\text{—OR}''' + \text{R}''\text{—}\underset{\underset{O}{\parallel}}{\text{C}}\text{—OR}' \tag{6-59}$$

上述这些酯交换反应均是可逆的,通常不涉及很大的能量变化。酯交换中最常用的醇解,由于反应处于可逆平衡中,除非将产物中的某一组分从反应区通过汽化或沉淀的方式除去,否则反应就不会进行完全。至于反应达到平衡时各组分间的浓度则与参与反应的醇或酯的性质有关。可采用使某一反应试剂大量过量,或移去某一生成物的方法改变平衡。

酯交换法影响因素如下:

① 反应温度。在采用碱性催化剂时,醇解反应可在室温或稍高的温度下进行。采用酸性催化剂时,反应温度需提高到 100℃左右。若不用催化剂,则反应必须在 250℃以上时才有足够的反应速率。

② 催化剂。在碱性催化剂中,烷氧基碱金属化合物,如甲醇钠、乙醇钠是最常用的催化剂。在某些特殊的情况下,也用碱性较弱的催化剂,例如甲酸钠可用于将聚醋酸乙烯酯转化成聚乙烯醇,并可改善产品的色泽。对某些不饱和酯的醇解,可采用烷氧基铝,其他对反应十分敏感的酯类,也有用有机镁作催化剂的例子。有机锌对氯代脂肪酸乙酯与烯丙醇或甲基烯丙醇进行醇解时有明显的催化作用,并可避免副反应的发生,有机钛也可作为催化剂。

在酸性催化剂中,最常用的有硫酸及盐酸。当用多元醇进行醇解时,硫酸比盐酸更有效,因为后者会生成氯乙醇等副产物。

③ 平衡常数。在发生醇解时,伯醇的反应活性一般均较仲醇为高。这也意味着伯醇可以取代已结合在酯中的仲烷氧基。同样仲醇也可取代叔醇。但必须指出,烷基的碳原子数不同,结构不同,则影响也不同。

提高醇解转化率的方法与酯化基本相似,可采用把生成的低沸点醇从反应体系中移除的方法。这种方法也适用于用高沸点醇来醇解沸点较低的醇与羧酸生成的酯。

6.4.5 其他酯化法

除了上述这些常用的酯化方法,还有烯酮与醇的加成酯化法。该法适用于反应活性较差的叔醇及酚类的酯的合成,应用较广泛的烯酮是乙烯酮和双乙烯酮。

乙烯酮是由乙酸在高温下热裂解脱水而成，由于其活性极高，与醇类反应可顺利制得乙酸酯。此外，乙烯酮的二聚体，即双乙烯酮，也有很高的反应活性，在酸或碱的催化下，双乙烯酮与醇能反应生成 β-酮酸酯。此法不仅收率较高，而且还可以合成用其他方法难以制取的 β-酮酸叔丁酯。还有如工业上大批量制备的乙酰乙酸乙酯，就是由双乙烯酮与乙醇反应而成，合成路线较其他方法简便得多。

6.4.6 邻苯二甲酸酯的生产

(1) 酯化反应的基本原理

邻苯二甲酸酯是由醇和苯酐经酯化反应合成的，其反应式如下。

主反应：

$$\text{邻苯二甲酸酐} + ROH \longrightarrow \text{邻苯二甲酸单酯} \tag{6-60}$$

$$\text{邻苯二甲酸单酯} + ROH \xrightarrow{H_2SO_4} \text{邻苯二甲酸双酯} \tag{6-61}$$

副反应：

$$ROH + H_2SO_4 \longrightarrow RHSO_4 + H_2O \tag{6-62}$$

$$RHSO_4 + ROH \longrightarrow R_2SO_4 + H_2O \tag{6-63}$$

$$2ROH \longrightarrow ROR + H_2O \tag{6-64}$$

此外，还有微量的醛及不饱和化合物（烯）生成。

酯化完全后的反应混合物用碳酸钠溶液中和，中和时将发生如下反应：

$$RHSO_4 + Na_2CO_3 \longrightarrow RNaSO_4 + NaHCO_3 \tag{6-65}$$

$$RNaSO_4 + Na_2CO_3 + H_2O \longrightarrow ROH + Na_2SO_4 + NaHCO_3 \tag{6-66}$$

$$\text{邻-COOR/COOH} + Na_2CO_3 \longrightarrow \text{邻-COOR/COONa} + NaHCO_3 \tag{6-67}$$

酯化反应是一个比较典型的可逆反应，邻苯二甲酸酯的生产主要是依靠优化酯化反应而提高生产效率的。因此，应注意以下几点：

① 将原料中的任意一种过量（一般为醇），使反应平衡右移。

② 将反应生成的酯或水及时从反应系统中除去，促使酯化完全。生产中，常以过量醇作溶剂与水起共沸作用，且这种共沸溶剂可以在生产过程中循环使用。

③ 酯化反应一般分两步进行，第一步生成单酯，这步反应速率很快，但由单酯反应生成双酯的过程却很缓慢，工业上一般采用催化剂和提高反应温度促进。最常用的催化剂是硫酸和对甲苯磺酸等，氢离子（H^+）对酯化反应也有很好的催化作用。此外也有用磷酸、高氯酸、萘磺酸、甲基磺酸以及铝、铁、镁、钙等氧化物与金属盐等。

(2) 生产过程

在生产过程中，酯化工序是关键，其他工序只是为了将产品从反应混合物中分离、脱色。

① 酯化反应器。反应器的选用关键在于反应是采取间歇操作还是连续操作，首先取决

于生产规模,对于液相反应且生产量不大时,采用间歇操作比较有利。通常采用的间歇式反应器为带有搅拌和换热(夹套和蛇管热交换)的釜式设备,为了防腐和保证产物纯度,可采用衬搪玻璃的反应釜。

连续操作的反应器有不同的形式,其中一种是管式反应器,反应物的流动形式可看作平推流,返混较少。另一种是搅拌釜,流动形式接近返混。在多釜串联反应后,可使停留时间分布的特性向平推流转化。还有一种形式的反应器是分级的塔式反应器,实质上也是变相的多釜串联,这种塔式反应器犹如精馏塔,但其主要是满足反应的要求,因而并不需要太高的分离效率,故一般采用泡罩塔即可。

② 中和。反应结束时,反应混合物中因有残留的苯酐和未反应的单酯而呈酸性。如用酸催化剂,则反应液的酸值更高,必须用碱加以中和。常用的碱液为 3%～4% 的碳酸钠,碱浓度太稀则中和不完全,且酯的损失和废水量都会增加,碱液太浓则会引起酯的皂化反应。

中和过程也会发生一些副反应,如碱和酸催化剂反应、纯碱与酯反应等,为避免副反应,一般控制中和温度不超过 85℃。

另外,中和时碱与单酯生成的单酯钠盐是表面活性剂,有很强的乳化作用,特别是当温度低、搅拌剧烈或反应混合物的相对密度与碱液相近的情况下更易发生乳化。此时可采用加热、静置或加盐来破乳。中和法一般采用连续过程,属于放热反应。

③ 水洗。中和后需进行水洗以除去粗酯中夹带的碱液、钠盐等杂质,常采用去离子水进行水洗。一般情况下,水洗两次后反应液即呈中性。当不采用催化剂或采用非酸性催化剂时,可以免去中和与水洗两道工序。

④ 醇的分离回收。通常采用蒸汽蒸馏法使醇与酯分开,有时醇作为与水共沸的溶剂一起蒸出,然后用蒸馏法分开,脱醇是采用过热蒸汽,因此可以除去中和水洗后反应物中含有的 0.5%～3% 水。

回收醇中要求含酯量越低越好,否则循环使用中会使产品色泽加深。醇和酯虽然沸点相差不少,但要完全彻底地分开是不容易的。工业上采取减压下蒸汽蒸馏的办法,并且严格控制过程的参数,如温度、压力、流量等。国内厂家的脱醇装置通常选用 1～2 台预热器和 1 台脱醇塔。预热器通常为列管式,脱醇塔可采用填料塔。近年来,国外也有采用液膜式蒸发器,此类蒸发器中液体呈薄膜状沿传热面流动,单位加热面积大,停留时间很短(仅数秒),因而比较适用于蒸发热敏性大和易起泡沫的液体,进入的料液一次通过就被浓缩。

⑤ 精制。比较成熟的方法是采用真空蒸馏。其优点是温度低,保持反应物的热稳定性,产品质量高,几乎 100% 达到绝缘级质量要求。这种塔式设备要考虑高沸点、高黏度、高热敏性的化合物,因而投资较大。实际上,对于某些沸点差较小的混合物,可以通过改变相对挥发度,以改变其共沸组成来提高分离效果,对有些使用上要求不高的产物,通常只要加入适量的脱色剂(如活性炭、活性白土)吸附微量杂质,再经压滤将吸附剂分离出去,也能符合要求,这样就可以在很大程度上降低生产成本。

(3) 间歇法生产邻苯二甲酸二辛酯(DOP)

对间歇法生产 DOP 的工艺过程的研究,在相当程度上也可以反映出许多产量不大的精细化学品的生产工艺特点。间歇式的通用生产装置如图 6-12 所示。本装置除能生产一般邻苯二甲酯以外,还能生产脂肪族二元酸酯等其他种类的增塑剂,工艺过程如下。

苯酐与 2-乙基己醇以 1:2(质量比)的比例在 0.25%～0.3% 硫酸(以总物料量计)的

催化作用下,于150℃左右进行减压酯化。系统压力维持80kPa,酯化时间一般为2～3h,酯化时加入总物料量0.1%～0.3%的活性炭,反应混合物用5%纯碱液中和,再经80～85℃热水洗涤,分离后的粗酯在130～140℃减压(相当于酯化时采用的压力)进行脱醇,直到闪点为190℃以上为止。脱醇后再以直接蒸汽脱去低沸物,必要时在脱醇前可以补加一定量的活性炭。最后经压滤而得成品。如果要获得更好质量的产品,脱醇后可先进行高真空精馏而后再压滤。

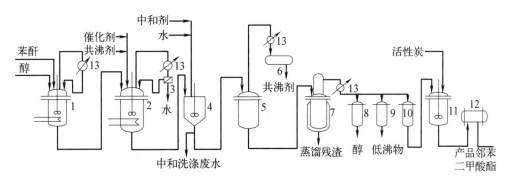

图 6-12 间歇式邻苯二甲酸酯通用生产工艺流程图

1—单酯化反应器；2—酯化反应器；3—分层器；4—中和洗涤器；5—蒸馏器；6—共沸剂回收储槽；7—真空蒸馏器；
8—回收醇储槽；9—初馏分和后馏分储槽；10—正馏分储槽；11—活性炭脱色器；12—过滤器；13—冷却器

间歇式生产的优点是设备简单,改变生产品种容易。其缺点是原料消耗高,能量消耗大,劳动生产率低,产品质量不稳定。间歇式生产方式适用于多品种、小批量的生产。

(4) 连续法生产 DOP

连续法生产能力大,适合于大吨位 DOP 的生产,且产品质量稳定,原料及能量消耗低,劳动生产率高。酯化反应设备分塔式反应器和多釜串联反应器两类。前者结构复杂,但紧凑,投资较低,操作控制要求高,动力消耗少。

日本窒素公司五井工场的 48kt/a 的 DOP 连续化生产工艺如图 6-13 所示。该工艺路线是在 BASF 工艺基础上改进的,主要改进在于使用了新型非酸性催化剂,该催化剂不仅提高了从邻苯二甲酸单酯到双酯的转化率,减少了副反应,简化了中和、水洗工序,而且产生的废水量也较少。

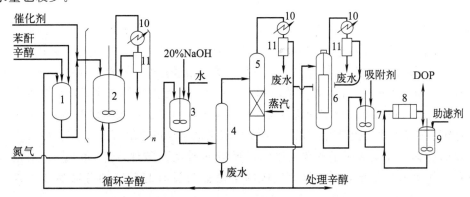

图 6-13 窒素公司 DOP 连续化生产工艺过程示意图

1—单酯反应器；2—阶梯式串联酯化器($n=4$)；3—中和器；4—分离器；5—脱醇塔；
6—干燥器(薄膜蒸发器)；7—吸附剂槽；8—叶片式过滤器；9—助滤剂槽；10—冷凝器；11—分离器

熔融苯酐和辛醇以一定的摩尔比[1：(2.2～2.5)]在130～150℃下先反应成单酯，再经预热后进入四个串联的阶梯式酯化器的第一级。非酸性催化剂也在此加入。第二级酯化器温度控制不低于180℃，最后一级酯化器温度为220～230℃，酯化部分用3.9MPa的蒸汽加热。邻苯二甲酸单酯到双酯的转化率为99.8%～99.9%。为了防止反应混合物在高温下长期停留而着色，并强化酯化过程，在各级酯化器的底部都通入高纯度的氮气（氧含量＜10mg/kg）。

中和、水洗是在一个带搅拌的容器中同时进行，碱用量为反应混合物酸值的3～5倍。用20%的NaOH水溶液，当加入去离子水后碱液浓度仅为0.3%左右，因此不需再进行一次单独的水洗。非酸性催化剂也在中和、水洗工序被洗去。

之后物料在1.32～2.67kPa、50～80℃条件下脱醇，1.32kPa、50～80℃条件下干燥，送至过滤工序。过滤工序用特殊的吸附剂和助滤剂。吸附剂成分为SiO_2、Al_2O_3、Fe_2O_3、MgO等，助滤剂（硅藻土）成分为SiO_2、Al_2O_3、Fe_2O_3、CaO、MgO等。该工序的主要目的是通过吸附剂和助滤剂的吸附和脱色作用，保证产品DOP的色泽和体积电阻率两项指标，同时除去DOP中残存的微量催化剂和其他机械杂质，以得到高质量的DOP。DOP的收率以苯酐计或以辛醇计约为99.3%。

回收的辛醇一部分直接循环至酯化部分使用，另一部分需进行分馏和催化加氢处理。生产废水（COD值700～1500mg氧/L）用活性污泥进行生化处理后再排放。

6.5 重氮化和偶合

6.5.1 重氮化反应

6.5.1.1 重氮化反应定义和特点

芳香伯胺和亚硝酸作用生成重氮盐的反应，称为重氮化反应。由于亚硝酸易分解，所以反应中通常用亚硝酸钠与无机酸作用生成亚硝酸，立即与芳香伯胺反应，其反应式为：

$$ArNH_2 + 2HX + NaNO_2 \longrightarrow ArN_2^+ X^- + NaX + 2H_2O \tag{6-68}$$

式中，—X可以是—Cl、—Br、—NO_3、—HSO_4等。芳胺的碱性较弱，因此重氮化反应要在较强的酸中进行。有些芳胺碱性非常弱，要用特殊的方法才能进行重氮化。

重氮化所用的酸，从反应速率来说，以盐酸和氢溴酸最快，硫酸和硝酸较次。工业上常采用盐酸，其理论用量为1mol芳香伯胺用2mol盐酸。无机酸的作用是溶解芳胺，和亚硝酸钠生成亚硝酸，最后生成稳定的重氮盐。反应生成的重氮盐一般来讲是容易分解的，只有在过量的酸性溶液中才比较稳定。实际上，无机酸用量与芳胺的摩尔比通常为(2.25～4)：1。在重氮化的过程中和反应终了，要始终保持反应介质呈强酸性，pH值为3，对刚果红试纸呈蓝色。如果酸量不足，可能导致生成的重氮盐与没有起反应的芳胺生成重氮氨基化合物：

$$ArN_2^+ X^- + ArNH_2 \longrightarrow ArN=NNH-Ar + HX \tag{6-69}$$

这是一种自偶合反应，是不可逆的。一旦重氮氨基化合物生成，即使再补加酸液，也无法使重氮氨基化合物转变为重氮盐，从而使重氮盐的质量变差，收率降低。在酸不足的情况下，重氮盐还易分解，温度越高，分解越快。

在重氮化反应过程中，亚硝酸要过量或加入亚硝酸钠溶液的速度要适当，不宜太慢，否则也会生成重氮氨基化合物。反应过程中可用碘化钾淀粉试纸检验亚硝酸是否过量。微过量的亚硝酸可以将试纸中的碘化钾氧化，游离出碘而使试纸变为蓝色。

重氮化反应是放热反应，重氮盐对热不稳定，因此必须及时移除反应热。一般在0～10℃进行，温度过高会使亚硝酸分解，同时加速重氮化合物的分解。

重氮化反应结束时，过量的亚硝酸通常加入尿素或氨基磺酸使其分解，或加入少量芳胺，使之与过量的亚硝酸作用。

6.5.1.2 重氮化反应影响因素

芳香伯胺的重氮化反应是亲电反应，反应进行的难易与多种因素有关。

（1）无机酸性质

使用不同性质的无机酸时，在重氮化反应中向芳胺进攻的亲电子质点也不同。在稀硫酸中反应质点为亚硝酸酐；在浓硫酸中则为亚硝基阳离子 NO^+。在盐酸中，除亚硝酸酐外还有亚硝酰氯。它们的亲电性大小顺序为：

$$NO^+ > NOCl > N_2O_3$$

对于碱性很弱的芳胺，不能用一般方法进行重氮化，只有采用浓硫酸作介质，一方面可溶解芳胺，另一方面与亚硝酸钠可生成亲电性最强的亚硝基阳离子作为重氮剂。在盐酸介质中，加入适量溴化钾，生成高活性亚硝酰溴（NOBr），可提高重氮化反应速度。

$$HO-NO + H_3O^+ + Br^- \longrightarrow NOBr + 2H_2O \tag{6-70}$$

（2）无机酸浓度

加入无机酸可使原来不溶性芳胺变成季铵盐而溶解，但铵盐是由弱碱性的芳胺和强酸生成的盐类，它在溶液中水解生成游离的胺类。

$$\text{C}_6\text{H}_5-NH_2 + H_3O^+ \rightleftharpoons \text{C}_6\text{H}_5-N^+H_3 + H_2O \tag{6-71}$$

当无机酸浓度增加时，平衡向铵盐方向移动，游离胺的浓度降低，因而重氮化速率变慢。另外，反应中还存在着亚硝酸的电离平衡。

$$HNO_2 + H_2O \rightleftharpoons NO_2^- + H_3O^+ \tag{6-72}$$

无机酸浓度增加可抑制亚硝酸的电离而加速重氮化，若无机酸为盐酸，增加酸浓度则有利于亚硝酰氯的生成。

通常，当无机酸浓度较低时，前一影响是次要的，因此随着酸浓度的增加，重氮化速率加快；随着酸浓度的继续增加，前一影响逐渐显著，这时继续增加酸的浓度，便降低了游离胺的浓度，使反应速率下降。

（3）芳胺碱性的影响

芳胺碱性越大越有利于 N-亚硝化反应，并加速重氮化反应速率。但强碱性的芳胺易与无机酸生成盐，而且又不易水解，从而使参加反应的游离胺浓度降低，抑制了重氮化反应速率。因此，当酸的浓度低时，芳胺碱性的强弱是主要影响因素，碱性越强的芳胺，重氮化反应速率越快；在酸的浓度较高时，铵盐水解的难易程度成为主要影响因素，碱性弱的芳胺重氮化速率快。

6.5.1.3 重氮化方法

由于芳胺结构的不同和所生成重氮盐性质的不同,采用的重氮化方法也不同。

(1) 碱性较强的芳胺重氮化

此类芳胺分子中不含有吸电性基团,例如苯胺、联苯胺以及带—CH_3、—OCH_3等基团的芳胺衍生物。它们与无机酸生成易溶于水而难以水解的稳定铵盐。重氮化时通常先将芳胺溶于稀的无机酸水溶液,冷却并于搅拌下慢慢加入亚硝酸钠的水溶液,称为正法重氮化法。

(2) 碱性较弱的硝基芳胺和多氯基芳胺的重氮化

此类芳胺包括邻位、间位和对位硝基苯胺、硝基甲苯胺、2,5-二氯苯胺等。由于碱性弱,与无机酸成盐较难。如果生成铵盐也难溶于水,但容易水解释放出游离胺,形成的重氮盐极易与未重氮化的游离胺生成重氮氨基化合物。因此,重氮化时把芳胺溶于浓度高的热无机酸中,然后加冰冷却析出极细的芳胺沉淀,迅速一次加入亚硝酸钠溶液。为使重氮化完全,避免副反应发生,要有过量的亚硝酸和足够量的无机酸。

(3) 弱碱性芳胺的重氮化

此类芳胺是指碱性很弱的 2,4-二硝基苯胺、2-氰基-4-硝基苯胺、1-氨基蒽醌及 1,5-二氨基蒽醌等。它们不溶于稀酸而溶于浓酸(硫酸、硝酸和磷酸)或有机溶剂(乙酸和吡啶)中。重氮化时常以浓硫酸或醋酸为介质,以亚硝基硫酸($NOHSO_4$)为重氮化剂。

(4) 氨基磺酸和氨基羧酸的重氮化

此类芳胺有氨基苯磺酸、氨基苯甲酸、1-氨基萘-4-磺酸等。它们本身在酸性溶液中生成两性离子的内盐沉淀,故不溶于酸,因而很难重氮化。

如果先制成钠盐则易增加溶解度,使之很容易溶解于水。所以在重氮化时先将其溶于碳酸钠或氢氧化钠水溶液中,然后加入无机酸析出很细的沉淀,再加入亚硝酸钠溶液进行重氮化。

(5) 容易被氧化的氨基酚类的重氮化

此类芳胺有邻位、对位氨基苯酚和氨基萘酚及其衍生物。若直接重氮化,这种氨类容易被氧化成醌,无法进行重氮化。所以,要用弱酸(醋酸、草酸)或易于水解的无机盐($ZnCl_2$),在硫酸铜存在下,和亚硝酸钠作用,慢慢分解放出亚硝酸进行重氮化。例如,1-氨基-2-萘酚-4-磺酸的重氮化:

$$\text{[1-氨基-2-萘酚-4-磺酸]} + NaNO_2 + CH_3COOH \xrightarrow{CuSO_4} \text{[重氮化产物]} \tag{6-73}$$

6.5.2 偶合反应

6.5.2.1 偶合反应的定义

偶合反应是制备偶氮染料最常用、最重要的方法,将芳胺的重氮盐作为亲电试剂,对酚类或胺类的芳环进行亲电取代可制得偶氮化合物:

$$ArN_2^+ X^- + Ar'OH \longrightarrow Ar-N=N-Ar'OH \tag{6-74}$$

$$ArN_2^+ X^- + Ar'NH_2 \longrightarrow Ar-N=N-Ar'NH_2 \tag{6-75}$$

参与反应的重氮盐被称为重氮组分，与重氮盐相作用的酚类和胺类被称为偶合组分。
常用的偶合组分有：
① 酚类，例如苯酚、萘酚及其衍生物。
② 芳胺类，例如苯胺、萘胺及其衍生物。
③ 氨基萘酚磺酸类，例如 H 酸、J 酸及 γ 酸等。
④ 含有活泼亚甲基的化合物，例如乙酰乙酰基芳胺、吡唑啉酮及吡唑酮衍生物等。

6.5.2.2 偶合反应的影响因素

（1）重氮盐

重氮盐芳环上有吸电子取代基存在时，加强了重氮盐的亲电子性，偶合活泼性高；当芳环上有给电子取代基存在时，减弱了重氮盐的亲电子性，偶合活泼性低。

（2）偶合组分的性质

偶合组分上有吸电子取代基存在时反应不易进行；相反，若有给电子取代基存在，增加芳环的电子密度，可使偶合反应容易进行。

偶合位置通常在偶合组分中羟基或氨基的对位，当对位被占据时，则进入邻位或重氮基将原来对位上的取代基置换掉。萘酚的衍生物以 1-萘酚活性最高，偶合时重氮基优先进入羟基的对位，有的发生在邻位；2-萘酚衍生物只能在 1-位偶合。萘胺衍生物以 1-萘胺偶合能力最强，主要生成对位偶合产物。

（3）介质的 pH 值

根据偶合组分性质不同，偶合反应必须在一定的 pH 值范围内进行。

以酚为偶合组分，随着介质 pH 值增加，偶合速率增大，pH 值增加到 9 左右时，偶合速率达到最大值，继续增加 pH 值，偶合速率反而降低。与酚类的偶合反应通常在弱碱性介质中（碳酸钠溶液中）进行，碳酸钠水溶液的 pH 值约在 9～10。

以芳胺为偶合组分，随着介质 pH 值增加，偶合速率增大，pH 值增至 5 左右，偶合速率和 pH 值之间出现一平坦区域，pH 值增加到 9 以上，偶合速率降低。因而，芳胺偶合反应在 pH 值 4～9 的范围内进行。

以氨基萘酚磺酸为偶合组分，介质的 pH 值对偶合位置有决定性影响。在碱性介质中偶合主要在羟基的邻位发生，在酸性介质中偶合主要在氨基的邻位发生，在羟基邻位的偶合反应速率比在氨基邻位快得多。利用这一性质可将 H 酸先在酸性介质中偶合生成单偶氮化合物，再在碱性介质中进行第二次偶合，生成双偶氮化合物。但若 H 酸先在碱性介质中偶合，就不能进行第二次偶合。

并不是所有的氨基磺酸都可以偶合两次，γ 酸和 M 酸只能在酸性或碱性介质中偶合一次。

（4）反应温度

偶合反应须在低温下进行，因为偶合反应进行时，伴随有重氮盐分解的副反应，生成焦油状物质。偶合反应的活化能为 59.36～71.89kJ/mol，重氮盐分解反应的活化能为 95.30～138.78kJ/mol。反应温度每增加 10℃，偶合反应速率增加 2～2.4 倍，重氮盐分解速率则增加 3.1～5.3 倍，显然，提高反应温度对偶合反应不利。

（5）盐效应

反应介质中电解质对反应速率的影响称为盐效应。由 Bronsted 盐效应方程式知，盐效应可能有3种情况：零效应、正效应和负效应。何种情况取决于$Z_A Z_B$，正号表明加盐使这个偶合反应速率增加；负号表明加盐使这个偶合反应速率降低；零则表明加盐没有影响。

Bronsted 盐效应方程式为：

$$\lg k_1 = \lg k_0 + 1.02 Z_A Z_B \sqrt{I} \tag{6-76}$$

式中 k_0——电解质浓度为零时的反应速率常数；

k_1——电解质浓度为 C 时的反应速率常数；

I——电解质离子强度；

Z_A、Z_B——分别为离子 A、B 所带电荷。

一般重氮盐及偶合组分所带电荷相同则能加速偶合反应。食盐对重氮盐分解速率影响不大，可缩短偶合时间，对工业生产有利。

（6）催化剂

偶合反应的催化剂一般为碱性物质（如吡啶），有时溶剂水分子也具有催化作用。对于因空间阻碍使偶合反应不易进行的情况，加入催化剂常常有加速反应的效果。

6.5.2.3 偶合反应终点控制

偶合反应进行时，要不断地检查反应液中重氮盐和偶合组分存在的情况（图6-14），一般要求在反应终点重氮盐消失，剩余的偶合组分仅有微量。例如，苯胺重氮盐和G盐的偶合，用玻璃棒蘸反应液一滴于滤纸上，染料沉淀的周围生成无色润圈，其中溶有重氮盐或偶合组分，以对硝基苯胺重氮盐溶液在润圈旁点一滴，也生成润圈，若有G盐存在，则两润圈相交处形成橙色；同样以H酸试液检查，若生成红色，则表示有苯胺重氮盐存在。

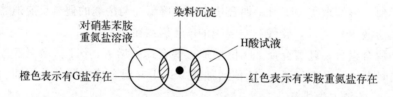

图 6-14 检查反应液中重氮盐和偶合组分存在情况

如此每隔数分钟检查一次，直至重氮盐完全消失，反应中仅余微量偶合组分为止。

有时重氮盐本身颜色较深，溶解度不大，偶合速率很慢，在这种情况下，如果用一般指示剂效果不明显，需要采用更活泼的偶合组分如间苯二酚、间苯二胺作指示剂。

偶合反应生成的染料溶解度如果太小，滴在滤纸上不能得到无色润圈，在这种情况下可在滤纸上先放一小堆食盐，将反应液滴在食盐上，染料就会沉淀生成无色润圈；也可以取出少量反应液置于小烧杯中，加入食盐或醋酸钠盐析，然后点滴试验，就可得到明确指示。

6.5.3 永固黄的生产

6.5.3.1 永固黄性质和用途

永固黄是黄色粉末，色泽鲜艳，在塑料中有荧光，不溶于水和亚麻仁油，能溶于丁醇和二甲苯等有机溶剂中，耐晒性和耐热性较好，但耐迁移性较差，主要用于高级透明油墨、玻璃纤维和塑料制品的着色。

6.5.3.2 反应原理

① 双重氮化：

$$\text{H}_2\text{N}-\underset{\text{Cl}}{\text{C}_6\text{H}_3}-\underset{\text{Cl}}{\text{C}_6\text{H}_3}-\text{NH}_2 + 4\text{HCl} + 2\text{NaNO}_2 \xrightarrow{0\sim2\text{℃}}$$

$$\text{ClN}_2-\underset{\text{Cl}}{\text{C}_6\text{H}_3}-\underset{\text{Cl}}{\text{C}_6\text{H}_3}-\text{N}_2\text{Cl} + 2\text{NaCl} + 4\text{H}_2\text{O} \tag{6-77}$$

② 偶合：

$$\text{ClN}_2-\underset{\text{Cl}}{\text{C}_6\text{H}_3}-\underset{\text{Cl}}{\text{C}_6\text{H}_3}-\text{N}_2\text{Cl} + 2\underset{\text{COCH}_3}{\text{CH}_2\text{CONH}}-\underset{\text{OCH}_3}{\text{C}_6\text{H}_4} \longrightarrow$$

$$\underset{\text{OCH}_3}{\text{C}_6\text{H}_4}-\text{NHCOCH}-\text{N=N}-\underset{\text{Cl}}{\text{C}_6\text{H}_3}-\underset{\text{Cl}}{\text{C}_6\text{H}_3}-\text{N=N}-\text{CHCONH}-\underset{\text{OCH}_3}{\text{C}_6\text{H}_4} + 2\text{HCl} \tag{6-78}$$

6.5.3.3 生产工艺

永固黄生产工艺流程简图见图 6-15。在重氮化釜内加水，加 $w=100\%$ 的 3,3'-二氯联苯胺，加 $w_{盐酸}=30\%$ 的盐酸、拉开粉、亚氨基三乙酸，升温至沸腾，搅拌半小时，用冰降温至 40℃ 加 30% 的盐酸，然后加冰降温至 −2℃，快速加入亚硝酸钠（配成 $w=30\%$ 的溶液），反应约 1~2min，进行双重氮化反应，终点保持碘化钾淀粉试纸呈微蓝，刚果红试纸呈蓝色，保持 1h 后，加活性炭，加太古油，过滤，温度保持 2℃ 以下。

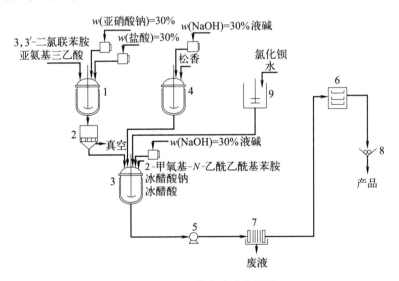

图 6-15　永固黄生产流程简图
1—重氮化釜；2—吸滤器；3—偶合釜；4—溶解釜；5—泵；
6—干燥箱；7—压滤机；8—粉碎机；9—溶解槽

在偶合釜中加清水，加 $w_{碱}=30\%$ 的液碱，搅拌下加入，使其完全溶解，加冰降温至 5℃，用 $w_{醋酸}\approx 97\%$ 的冰醋酸（用 5 倍的水冲淡）进行酸析，终点 pH 值为 6.5~7。再加 $w_{醋酸钠}=58\%\sim 60\%$ 的醋酸钠，搅拌 15min，温度为 5℃，备偶合用。

重氮盐于1.5~2h内均匀加入偶合釜中，pH终点值为4，温度为8℃。重氮盐不过量，搅拌1h后，升温至80℃，加入升温溶解透明的松香皂溶液（松香）与$w_{碱}=30\%$的液碱。继续搅拌0.5h，于1h内加入$w_{氯化钡}=20\%$的氯化钡溶液后，继续搅拌0.5h，升温至90℃，再搅拌0.5h。过滤，自来水漂洗，漂洗液用$w_{硝酸银}=1\%$的硝酸银测定，与自来水相比近似即可，产品在80℃进行烘干、粉碎。

思考题

1. 简述气相三氧化硫作为磺化剂的特点。工业生产中为了降低SO_3的反应活性，一般采取哪些措施？
2. 简述降膜式磺化反应器的特点。降膜式磺化反应器用于气相三氧化硫磺化十二烷基苯时，为什么不采用逆流操作？
3. 芳烃磺化时，芳环上取代基对磺化反应有何影响？
4. 使用混酸硝化的优点有哪些？混酸硝化时，混酸中硫酸的作用有哪些？
5. 苯的一磺化制苯磺酸与苯的一硝化制硝基苯有哪些异同点？列表做简要说明。
6. 分析羧酸酯化法的影响因素。
7. 分析重氮化反应和偶合反应的影响因素。

第7章 聚合物典型产品生产工艺

本章学习重点

1. 掌握聚合物典型生产过程。
2. 了解自由基聚合生产工艺、逐步聚合生产工艺、离子聚合与配位聚合生产工艺的工艺特点。
3. 掌握乙烯高压、中压、低压三种聚合法原理、工艺特点及产物特点。
4. 了解聚氯乙烯的三种生产方法;掌握悬浮法聚氯乙烯生产工艺,重点掌握悬浮法聚氯乙烯生产工艺中温度、压力控制及自动加速现象等。
5. 了解丁二烯-苯乙烯共聚物的生产方法;掌握乳液法生产丁二烯-苯乙烯共聚物的生产工艺,特别是配方要求、工艺条件控制等。
6. 了解聚氨酯的性能和应用,掌握聚氨酯合成原理;掌握常见聚氨酯涂料的生产方法。
7. 了解 PET 的结构和性能;掌握 PET 的三种合成路线;掌握直缩法、酯交换法工艺流程、工艺条件控制及主要设备的结构特点。

合成高分子材料最基本的原料是石油、天然气和煤,由这些最基本的原料制造高分子材料的主要过程如图 7-1。从图中可知,以天然气和石油为原料到制成高分子合成材料制品,需要经过石油开采、石油炼制、基本有机合成、高分子合成、高分子合成材料成型加工等工业部门。高分子合成工业的任务是将基本有机合成工业生产的单体(小分子化合物),经过聚合反应(包括缩聚反应等)合成高分子化合物,从而为高分子合成材料成型工业提供基本原料。高分子合成材料的主要特点是原料来源丰富;用化学合成方法进行生产;品种繁多;性能多样化,某些性能远优于天然材料,可适应现代科学技术、工农业生产以及国防工业的特殊要求;加工成型方便,可制成各种形状的材料与制品。因此,合成材料已成为近代各技术部门中不可缺少的材料。

7.1 聚合物的生产过程

合成高分子化合物的聚合反应按聚合机理主要包括连锁聚合、逐步聚合、开环聚合和聚合物的化学反应。从生产工艺考虑,连锁聚合较复杂、品种多、规模大,因此,以连锁聚合的生产过程为例讨论高分子化合物的生产过程。

大型的高分子合成工业主要包括六个过程:原料准备和精制过程,引发剂配制过程,聚合过程,分离过程,聚合物后处理过程,回收过程。

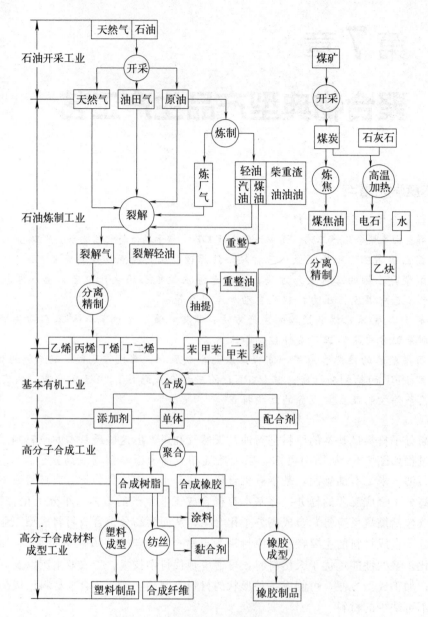

图 7-1 制造高分子合成材料的主要过程

(1) 原料准备和精制过程

单体、引发剂、溶剂和介质水中都有可能含有杂质，另外，为了防止单体在储存过程中自聚，还要在单体中加入少量阻聚剂，这些杂质和阻聚剂对聚合反应起阻聚作用或链转移作用，影响反应速率，降低聚合物分子量，或使聚合反应的引发剂产生毒害与分解，从而降低引发剂的引发效率或有损于聚合物的色泽，因此，聚合前必须对单体、引发剂、溶剂进行精制，使纯度达到要求。一般单体的纯度要求＞99％。

(2) 引发剂配制过程

引发剂的种类、性质和储存见表 7-1。

表 7-1 引发剂的种类、性质和储存

聚合类型	引发剂种类	引发剂性质	储存条件
自由基聚合	过氧化物	易分解	小包装,阴暗、低温条件,防火、防撞击
	偶氮化合物		
	过硫酸盐		
离子聚合	Lewis 酸		
	烷基金属化合物（烷基铝）	遇水易爆炸	加入惰性溶剂(浓度15%~25%),氮气保护
	金属卤化物	接触潮湿空气易水解,产生腐蚀性烟雾	接触的空气要干燥,有的还要防止接触空气

在聚合之前，按聚合配方在引发剂中加入适当的溶剂，配制为适当浓度的溶液，配制过程要注意安全。

（3）聚合过程

① 聚合反应产物的特点。聚合反应产物一般具备如下特点：聚合物的分子量具有多分散性；聚合物的形态有坚硬的固体物、高黏度熔体、高黏度溶液；聚合物不能用一般的产品精制方法如蒸馏、结晶、萃取等方法进行精制提纯。

② 对聚合反应工艺条件和设备的要求。生产高分子量的合成树脂与合成橡胶时，对聚合反应设备和聚合反应工艺条件要求很严。这表现在以下几个方面：

a. 对原料纯度要求高。对原料包括单体、助剂和分散介质等的纯度都有严格要求，各种助剂的规格应当严格一致，否则将影响聚合产品的质量，需要尽量采用高度自动化控制。

b. 反应条件控制严格。聚合反应条件应当稳定不变或控制在所允许的最小范围内波动。否则，将影响聚合物的分子量和分子量分布。

c. 聚合反应设备不能污染产品。为了避免聚合产物被污染，反应设备和管道在多数情况下应当采用不锈钢、搪玻璃或不锈钢/碳钢复合材料制成。

③ 生产不同牌号产品的方法。高分子合成工业中不仅要求生产出某一种具有一定分子量和分子量分布的产品，而且要求通过使用分子量调节剂、改变反应条件或其他手段获得不同牌号的产品。

使用分子量调节剂：通过改变其种类或用量，获得不同牌号的产品。改变反应条件：通过改变温度和压力，获得不同牌号的产品。工业上最明显的例子是PVC树脂的生产。控制其反应温度，依赖温度的改变，生产不同牌号的PVC。改变稳定剂、防老剂等添加剂的种类：根据用途不同加入不同种类的稳定剂或防老剂，即得到不同牌号的产品。

④ 聚合方法的选择。聚合方法的选择原则是根据单体形态、单体与聚合物之间的相容性、聚合产物的形态、用途和产品成本选择适当的聚合方法。根据单体的形态，在单体沸点以上聚合可以采用气相聚合，在单体熔点以下聚合可以采用固相聚合。根据单体和生成聚合物之间的相容性，若聚合物和单体互溶可采取均相聚合，聚合物与单体不溶可采取沉淀聚合。根据聚合产物的性质和形态以及用途，欲得有机玻璃板材、管材和棒材，选择本体聚合；聚合物为粉状或珠粒状用于注塑成型，可采取悬浮聚合；欲得聚合物溶液直接用于纺丝、油漆等，选择均相溶液聚合；欲得聚合物乳状液直接用于黏合剂、涂料等，选择乳液聚合；欲得固体产品用于生产合成橡胶，则要加入电解质进行凝聚破乳。

⑤ 操作方式。间歇操作是聚合物在聚合釜中分批生产；连续操作是指单体和引发剂等连续进入聚合反应器，反应后得到的产品也连续不断地流出聚合反应釜。聚合反应条件是稳定的，容易实现操作过程的全部自动化。目前，除悬浮聚合采用间歇法生产外，高分子合成工业中的大品种生产都已实现了连续聚合操作。

⑥ 聚合反应器。

a. 聚合反应器的类别。聚合反应器按形状分主要有管式反应器、塔式反应器、釜式反应器、螺旋挤出机式反应器和板框式反应器。其中釜式反应器最为重要，应用最普遍，又称为聚合反应釜。釜式反应器应有良好的热交换能力和优良的反应参数控制系统，如温度和压力的控制系统和安全联锁装置，还应有适当的转速和适当形式的搅拌装置。

b. 聚合反应釜的排热方式。聚合反应釜的排热很重要，否则，自动加速现象严重，易造成局部过热，引起爆聚，使聚合失败。排热方式有多种，见图 7-2，包括夹套冷却、夹套附加内冷管冷却、内冷管冷却、夹套附加反应物料釜外循环冷却、夹套附加回流冷凝器冷却、夹套附加反应物料部分闪蒸冷却等。最好是夹套冷却和回流冷凝管冷却兼有之。

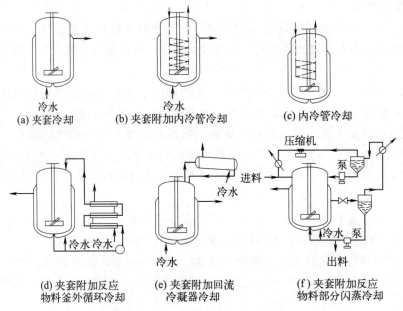

图 7-2　聚合反应釜的排热方式

用泵使反应物料通过冷凝器进行循环的方法对许多聚合物的生产不适用，因为黏稠的聚合物可能附着于冷却器器壁，降低传热效率，甚至堵塞管道。

c. 搅拌装置。为了使聚合反应中的传热和传质正常进行，聚合反应釜中必须安装搅拌器。搅拌器有多种形式，见图 7-3，包括螺轴式、螺带式、平桨式、推进器式、透平式、锚式、涡轮式和旋桨式等。

在均相体系中，随着单体转化率的提高，物料的黏度明显增加。此时，搅拌器的作用非常重要，搅拌使反应物料强烈流动，使各部分物料温度均匀，避免产生局部过热现象。

在悬浮聚合体系中，搅拌不仅有热交换使物料温度均匀的作用，而且还有使反应物料分散，避免发生结块现象的作用。

在熔融缩聚和溶液缩聚体系中搅拌可以不断更新液面，使反应生成的小分子化合物及时从反应区域排出，以加速反应的进行，使聚合物的分子量增加。

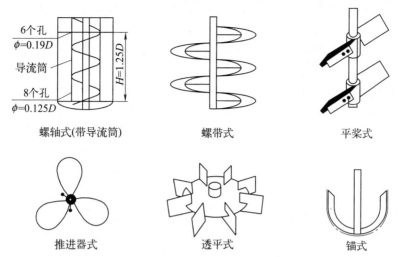

图 7-3　搅拌器的几种主要桨叶形状

因此,搅拌在均相体系中有加速传热的作用,而在非均相体系中则有加速传热和传质的双重作用。

（4）分离过程

经聚合反应得到的物料,含有聚合物、未反应的单体、引发剂或催化剂残渣、反应介质（水或有机溶剂）等。因此必须将聚合物与未反应单体、反应介质等进行分离。分离方法与聚合反应所得到物料的形态和产品用途有关。聚合方法及对应的聚合物分离过程见表 7-2。

表 7-2　聚合方法及对应的聚合物分离过程

聚合方法	聚合得到的物料组分	用途	分离方法
本体聚合 熔融聚合	聚合物、少量未反应单体	需得聚合物	低于聚合温度减压脱去单体
乳液聚合	聚合物、未反应单体、乳化剂等	用于涂料、黏合剂	不需分离
		需得固体聚合物	加电解质破乳,在离心机中过滤、水洗以除去乳化剂等。
溶液聚合	聚合物、溶剂、未反应单体	用于涂料、黏合剂	不需分离
		需得固体聚合物	减压蒸馏脱去溶剂和未反应单体
悬浮聚合	聚合物、单体、悬浮剂等	需得固体聚合物	闪蒸法、水析凝聚法除去单体;离心机除去悬浮剂等
离子聚合	聚合物、单体、溶剂、引发剂残渣	需得固体聚合物	闪蒸法除去单体;水析凝聚法除去引发剂残渣

本体聚合与熔融缩聚得到的高黏度熔体不含有反应介质,单体几乎全部转化为聚合物,这种情况通常不需要经过分离过程,可直接进行聚合物后处理;如果要求生产高纯度聚合物,可采用真空脱除未反应单体。

乳液聚合得到的胶乳液或溶液聚合得到的聚合物溶液如果直接用作涂料、黏合剂时,同样不需要经过分离过程。但是如果要求产品是粉状固体,则需要进行分离。

自由基悬浮聚合得到固体珠状树脂在水中的分散体系，可能含有少量未反应单体和分散剂。首先应脱除未反应单体，其方法是对于一定压力下液化的单体进行闪蒸，对于沸点较高的单体则进行蒸汽蒸馏，即汽提法，使单体与水共沸将其脱除。然后用离心机过滤使水与固体粉状聚合物进行分离。

经离子聚合与配位聚合反应得到的如果是固体聚合物在有机溶剂中的淤浆液，虽与悬浮聚合产品相似，也是固-液分散体系，但是通常含有较多的未反应单体和催化剂残渣。因此要首先进行闪蒸以脱除未反应单体。当催化剂的效率达到数万倍或几十万倍以上的高效时，聚合物中含有的催化剂残渣浓度很低，对聚合物的颜色和性能不会产生影响。此情况下，不需要脱除催化剂残渣，将聚合物直接与溶剂进行分离。如果催化剂是低效的，则应当进行脱除催化剂的操作，以提高聚合物产品性能。

自由基溶液聚合或离子聚合和配位聚合得到的聚合物高黏度溶液，其分离方法因所含聚合物是合成树脂还是合成橡胶而不同。如果是合成树脂，通常是将合成树脂溶液逐渐加入第二种非溶剂中，而此溶剂和原来的溶剂是可以混溶的，在沉淀釜中搅拌则合成树脂呈粉状固体析出，如果通过细孔（喷丝孔）进入沉降用溶剂中，则生成纤维状产品。对于合成橡胶的高黏度溶液，不能用第二种溶剂分离，因为沉淀出来的固体合成橡胶会黏结为含有有机溶剂的大块，而不能进行出料和后处理。其分离方法是将高黏度橡胶溶液喷入沸腾的热水中，同时进行强烈搅拌，未反应的单体和溶剂与一部分蒸汽被蒸出，合成橡胶则以直径10~20mm左右的胶粒析出，悬浮于水中，经过滤、洗涤得到胶粒。

（5）聚合物后处理过程

聚合物的后处理一般包括聚合物的输送、干燥、造粒、均匀化、储存、包装等过程。

经分离过程得到的聚合物中通常含有少量水分或有机溶剂，一般通过干燥的方法得到聚合产品。工业上采用的干燥方法主要有气流干燥及沸腾干燥。为了提高干燥效果，可以采用两个气流干燥器串联，或一个气流干燥器与一个沸腾干燥器串联的方式，干燥后的树脂含水量约在0.1%。

当合成树脂含有机溶剂时，或粉状树脂对空气的热氧化作用灵敏时，则用加热的氮气作为载热体进行气流干燥。用氮气作为载体时，氮气须回收循环使用，因此气流干燥装置应附加氮气脱除和回收溶剂的装置，整个系统应闭路循环。

（6）回收过程

回收过程主要是未反应单体和溶剂的回收与精制过程。溶剂回收过程是对回收溶剂进行精制，以便进行循环使用。溶剂中主要的杂质是水分、分解引发剂时加入的甲醇或乙醇和少量未反应的单体；在丙烯淤浆法聚合时，溶液中含有少量的溶于溶剂中的无规聚丙烯，其精制的方法是将溶剂与水在油水分离器中利用密度不同将水层定时从下面放出，再用精馏方法将单体与溶剂分开。而对于溶在溶剂的无规聚丙烯则加入高沸点的溶剂，在高温下无规聚丙烯溶于高沸点的溶剂中最后排出。

7.2 聚合物生产工艺

聚合物生产工艺是指将单体原料通过聚合反应制得聚合物产品的生产过程。

7.2.1 自由基聚合生产工艺

自由基聚合是当前高分子合成工业中应用最为广泛的聚合方法。它主要适用于乙烯基单体和二烯烃单体的聚合和共聚，所得的均聚物或共聚物都是碳-碳主链的线型高分子聚合物。自由基聚合反应的实施方法有四种，即本体聚合、悬浮聚合、溶液聚合以及乳液聚合。四种聚合方法的比较见表 7-3。

表 7-3 自由基聚合四种方法的比较

聚合方法	本体聚合	溶液聚合	悬浮聚合	乳液聚合
配方主要成分	单体、引发剂	单体、引发剂、溶剂	单体、水、油溶性引发剂、悬浮剂	单体、水、水溶性引发剂、水溶性乳化剂
聚合机理	遵循自由基聚合一般规律，提高聚合速率的因素往往使分子量下降			可同时提高聚合速率和分子量
生产特征	不易散热，自加速显著；连续聚合时要确保传热混合；间歇法生产板材的设备简单	散热容易，可连续化，不易制成干燥粉状或粒状树脂	散热容易，间歇生产，需有分离、洗涤、干燥等工序	散热容易，可连续化，制粉状树脂时，需经凝聚、洗涤、干燥
产物特征	纯度高，宜生产透明浅色制品，分子量分布较宽	纯度较低，分子量较低，一般聚合物溶液直接使用	纯度高，可能留有少量分散剂	留有部分乳化剂和其他助剂
主要生产方式	间歇、连续	连续	间歇	连续
工序复杂程度	简单	复杂	简单	溶液不处理则简单
动力消耗	小	稍大	稍大	溶液不处理则小
废水废气	很少	溶剂废水	废水	乳液废水

聚合方法的选择主要取决于单体形态、单体与聚合物之间的相容性、聚合产物的形态、用途和产品成本。需要板材、棒材、管材等要采用本体聚合，如甲基丙烯酸甲酯的浇铸本体聚合可以生产有机玻璃板等；需要用聚氯乙烯糊进行塑料制品成型加工时，采用乳液聚合；而采用均相悬浮聚合可得到透明的粒状树脂，如苯乙烯的均相悬浮聚合。

7.2.1.1 本体聚合生产工艺

本体聚合是指单体在少量引发剂（甚至不加引发剂而是在光、热或辐射能）的作用下聚合为聚合物的过程。

本体聚合的主要优点是聚合体系中无其他反应介质，组分简单，工艺过程也较简单，当单体转化率很高时可以省去分离工序和聚合物后处理工序，可直接造粒得粒状树脂；同时，设备利用率高，产品纯度高。

本体聚合的缺点是体系黏度大，聚合热不易排出，自动加速现象严重，易产生爆聚，轻者影响产品质量，重者使聚合失败。

（1）本体聚合工艺

鉴于本体聚合的特点，为了使本体聚合能够正常进行，本体聚合工艺分"预聚"和"聚合"两段进行。

① 预聚。在聚合初期，采用较高的温度进行聚合反应，利用搅拌加速反应的进行，在

较短的时间内达到一定的转化率,使自动加速现象提前到来。这一阶段的转化率不高,体系的黏度不大,聚合热容易排出。采用较高的温度进行聚合反应,缩短了聚合周期,提高了生产效率。

② 聚合。一旦自动加速现象到来就要降低聚合温度,以降低正常聚合的速率,充分利用自动加速现象,使聚合反应基本上在平稳的条件下进行,避免了自动加速现象而造成的局部过热,既保证了安全生产,又保证了产品质量。

本体聚合具有代表性的是甲基丙烯酸甲酯(MMA)、苯乙烯(ST)、氯乙烯(VC)和乙烯四种单体的本体聚合生产工艺,流程框图见图7-4。MMA反应是在液态下进行的,氯乙烯和乙烯两种单体室温下为气体,但氯乙烯的自由基聚合反应是在液态下进行的,氯乙烯气体须压缩为液态后进行本体聚合,所以在工业生产中前三种单体都是液态。为了脱除一部分反应热,三者都经过预聚合步骤,但其后的聚合工序和后处理不相同,MMA要在模型中聚合生产PMMA的板、棒、管等制品。ST经预聚合后送入塔式聚合反应器进行连续聚合,然后挤出造粒得商品粒状PS树脂。这两种聚合物生产中要求单体尽可能转化完全,而无单体回收工序。

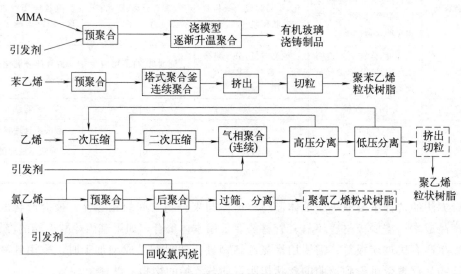

图 7-4 几种单体的本体聚合流程框图

(2) 聚合反应器

自由基本体聚合所用反应器一般有形状一定的模型、聚合釜、管式反应器和塔式反应器。

① 形状一定的模型。将预聚合产物浇入模具中进行后聚合,反应完成后即可获得产品,适用于本体浇铸聚合,如有机玻璃板、管、棒材的生产。模型的形状与尺寸根据制品要求而定,浇铸用模型反应器厚度一般不超过2.5cm,因为过厚时,反应热不易散发,内部单体可能过热而沸腾,造成浇铸制品内部产生气泡而影响产品质量。

② 聚合釜。本体聚合法生产聚醋酸乙烯、聚氯乙烯以及聚苯乙烯等合成树脂,采用附有搅拌装置的聚合釜。由于后期物料是高黏度流体,多采用旋桨式或大直径的斜桨式搅拌器,操作方式可为间歇操作也可为连续操作。

③ 管式反应器。一般的管式反应器为空管,也有的管内加有固定式混合器。在大口径管式反应器中,自轴心到管壁的轴向间会产生温度梯度,因此使反应热传递发生困难,当单

体转化率很高时，可能难以控制温度，产生爆聚。因此，单管式反应器的生产能力较低，为了提高生产能力常采取多管并联的方式组成列管式反应器。

④ 塔式反应器。塔式反应器相当于放大的管式反应器，其特点是无搅拌装置。进入反应塔的物料是转化率已达50%左右的预聚液，物料在塔式反应器中呈柱塞状流动。反应塔自上而下分数层加热区，逐渐提高温度，以增加物料的流动性并提高单体转化率。

7.2.1.2 悬浮聚合生产工艺

悬浮聚合是指溶有引发剂的单体，借助于悬浮剂的悬浮作用和机械搅拌，使单体以小液滴的形式分散在介质水中的聚合过程。溶有引发剂的一个单体小液滴，就相当于本体聚合的一个小单元，因此，悬浮聚合也称为小本体聚合。将水溶性单体的水溶液作为分散相悬浮于油类连续相中，在引发剂作用下进行聚合的方法称为反相悬浮聚合法，其应用范围较小。

悬浮聚合可根据单体对聚合物溶解与否，分为均相悬浮聚合和非均相悬浮聚合。如果聚合物溶于其单体中，则聚合物是透明的小珠，该种悬浮聚合称为均相悬浮聚合或珠状聚合。如果聚合物不溶于其单体中，聚合物将以不透明的小颗粒沉淀下来，该悬浮聚合称为非均相悬浮聚合或沉淀聚合，如氯乙烯、偏二氯乙烯、三氟氯乙烯和四氟乙烯的悬浮聚合。

悬浮聚合法生产的聚合物颗粒直径一般在0.05~0.2mm，有些产品可达0.4mm，甚至超过1mm，因产品种类和用途的不同而有变化。

悬浮聚合的优点：聚合反应热容易除去；生产操作安全；反应过程中物料黏度变化不大，温度易控制；生成的聚合物颗粒自动沉降，可用离心法或过滤法使之与水分离，再经过干燥而得商品树脂。

悬浮聚合过程工业上采用间歇法生产，虽有进行连续法生产的研究，但至今尚未成功。悬浮聚合流程框图见图7-5。

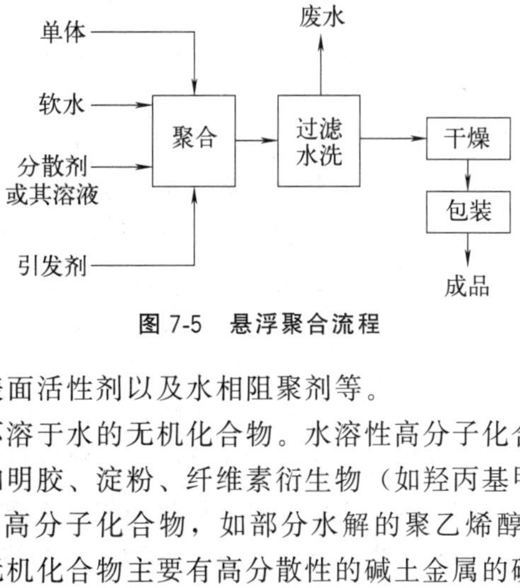

典型的悬浮聚合过程是将单体、水、引发剂、分散剂等加入聚合釜中加热使之发生聚合反应，之后冷却保持一定温度，反应结束后回收未反应单体，离心脱水、干燥而得产品。

（1）悬浮聚合的组分

悬浮聚合的组分主要是单体、介质（水）、悬浮剂和引发剂。有时为了改进产品质量和工艺操作还需加入一些辅助物料，如分子量调节剂、表面活性剂以及水相阻聚剂等。

图7-5 悬浮聚合流程

常用的悬浮剂主要有水溶性高分子化合物和不溶于水的无机化合物。水溶性高分子化合物主要有两类：天然高分子化合物及其衍生物，如明胶、淀粉、纤维素衍生物（如羟丙基甲基纤维素、甲基纤维素、羟乙基纤维素等）；合成高分子化合物，如部分水解的聚乙烯醇、聚丙烯酸及其盐、磺化聚苯乙烯等。不溶于水的无机化合物主要有高分散性的碱土金属的磷酸盐、碳酸盐以及硅酸盐等。

（2）悬浮剂

单体液滴在连续相水中稳定分散应具备以下条件：在有机分散相与水连续相的界面之间应当存在保护膜或粉状保护层以防止液滴凝结；反应器的搅拌装置应具备足够的剪切速率以使凝结的液滴重新分散，因此应根据反应器大小、形状和物料的特性设计反应的搅拌装置，规定搅拌速度；搅拌装置的剪切力应当能够防止两相由于密度的不同而分层。

a. 水溶性高分子化合物。作为分散剂的水溶性高分子化合物应具备两性特性，即其分子的一部分可溶于有机相，而另一部分可溶于水相，是具有适当亲水亲油平衡值（HLB）的高分子化合物，与表面活性剂的主要区别在于表面活性剂都是小分子化合物，溶于水后明显降低水的表面张力；而作为保护胶的都是高分子化合物，溶于水后表面张力降低很少。

水溶性高分子化合物作为分散剂的作用在于当两液滴相互接近到可能产生凝结的距离时，两液滴之间的水分子被排出而形成了高分子薄膜层，从而阻断了两液滴凝结，或两个相互靠近的液滴之间的液体薄层移动缓慢，以致在临界凝结的瞬间两液滴不能发生凝结。

对水溶性高分子化合物分散稳定作用的进一步理论解释认为，作为保护胶的高分子化合物被液滴表面吸附而产生定向排列，大分子中亲油链段与单体液滴表面结合，而亲水链段则伸展在水中，因而产生空间位阻作用。所以保护胶分子既应与液滴表面有良好的亲和力，又与水相有良好的作用力。因此均聚物作为分散剂时其空间位阻作用不如嵌段共聚物和接枝共聚物优良。所以部分水解的聚乙烯醇是氯乙烯悬浮聚合的优良分散剂。

b. 无机粉状分散剂。作为分散剂的无机盐应具备以下条件：为高分散性粉状物或胶体；能够被互不混溶的单体和水两种液体所湿润，并且相互之间存在一定的附着力。

无机粉状分散剂的优点是可适用于聚合温度超过 100℃ 的条件，此时水溶性高分子的分散稳定作用明显降低。此外，悬浮聚合反应结束以后，无机粉状分散剂易用稀酸洗脱，因而所得聚合物含杂质减少。

无机粉状分散剂在悬浮聚合过程产生分散稳定作用，使存在于水相中粉状物的两液滴相互靠近时，水分子被挤出，粉末在单体液滴表面形成隔离层从而防止了液滴的凝结。

（3）悬浮聚合工艺

① 水油比。水的用量与单体用量之比称为水油比。水油比是生产控制的一个重要因素，水油比大时，传热效果好，聚合物粒子的粒度较均一，聚合物的分子量分布较窄，生产控制较容易，但是设备利用率降低。当水油比小时，则不利于传热，生产控制较困难。一般悬浮聚合体系的水油比为 (1~2.5):1。

② 聚合温度。当聚合配方确定后，聚合温度是反应过程中最主要的参数。聚合温度不仅是影响聚合速率的主要因素，也是影响聚合物分子量的主要因素。

③ 聚合时间。连锁聚合的特点之一是生成一个聚合物大分子的时间很短，只需要 0.01s 至几秒的时间，也就是瞬间完成的，但是要把所有的单体都转化为大分子则需要几小时，甚至长达十几小时。这是因为温度、压力、引发剂的用量和引发剂的性质以及单体的纯度都对聚合时间产生影响，所以聚合时间不是一个孤立的因素。

从生产效率来考虑，当转化率达 90% 以后，此时聚合物粒子中单体含量已经很少，聚合速率已经大大降低，如果用延长聚合时间的办法来提高转化率将使设备利用率降低，是不经济的。在工业生产中常用提高聚合温度的办法使剩余单体加速聚合，以达到较高的转化率。通常，当转化率达到 90% 以上时即终止反应，回收未反应的单体。

④ 聚合过程。各种单体的悬浮聚合过程都采用间歇法操作。产量最大的品种是聚氯乙烯和聚苯乙烯。目前用于聚氯乙烯生产的最大的聚合反应釜容积为 $200m^3$，我国最大的反应釜为 $143m^3$，由于聚合反应釜容积大，处理的单体量多，此时，反应釜的夹套传热面积不足，需安装回流冷凝器。

⑤ 后处理。聚合反应结束后首先回收未反应单体。压力下操作时逐渐降低压力即可达到回收单体的目的。脱除单体后的聚合物应直接送往脱水工序。经回收单体的聚合物悬浮浆料送往离心分离工段，经离心机脱水、洗涤后得到含水量约 25% 的湿树脂颗粒。

悬浮聚合过程的最后工序是干燥，对于表面光洁易于干燥的聚苯乙烯、聚甲基丙烯酸甲酯等产品采用气流式干燥塔即可达到干燥目的。由于聚氯乙烯树脂表面粗糙有空隙，气流干燥仅可脱除表面吸附的水分，内部水分则应进行较长时间干燥，所以经气流干燥后的聚氯乙烯树脂立即进入沸腾床干燥器或转筒式干燥器进一步干燥。

7.2.1.3 溶液聚合生产工艺

溶液聚合是单体和引发剂溶解于适当溶剂中进行的聚合反应。根据聚合物是否溶于溶剂中，可将溶液聚合分为均相溶液聚合和非均相溶液聚合（沉淀聚合）。生成的聚合物溶于溶剂中形成的聚合物溶液称为均相溶液聚合，如：醋酸乙烯酯以甲醇为溶剂的溶液聚合。生成的聚合物如不溶于所用溶剂中，而是形成固体聚合物沉淀出来，这种体系称为非均相溶液聚合，如：丙烯腈以水为溶剂的溶液聚合。

溶液聚合的优点：由于有传热介质溶剂的存在，聚合热容易移出，聚合温度容易控制，同时降低了体系黏度，基本消除了自动加速现象，使聚合反应接近匀速反应，聚合反应容易控制，聚合物的分子量分布较窄，反应后的产物可以直接使用。

溶液聚合的缺点：由于单体浓度低，所以聚合速率慢，设备利用率低，溶剂的回收和提纯使工艺过程复杂化，从而使生产成本增加，链自由基向溶剂的转移反应使聚合物的分子量降低。

（1）溶剂的选择与使用

溶液聚合所用溶剂主要是有机溶剂或水。根据单体的溶解性质以及所生产的聚合物的溶液用途选择适当的溶剂。因此，选择一种适当的溶剂是很重要的。溶剂的选择原则遵循以下四点：①溶剂对自由基聚合不能有缓聚和阻聚作用等不良影响。②溶剂的链转移作用几乎是不可避免的，溶液聚合选择溶剂时应考虑向溶剂的链转移常数（C_s）值。如果要求获得高分子量产品则应选择 C_s 值小的溶剂，反之则应选择 C_s 值大的溶剂。如果所选溶剂仍达不到降低分子量的要求，则应添加链转移剂。③如果要得到聚合物溶液，则选择聚合物的良溶剂，而要得到固体聚合物，则应选择聚合物的非溶剂。④还要考虑溶剂的毒性和成本等问题。

（2）聚合工艺

由于聚合反应是放热反应，为了便于导出反应热，应使用低沸点溶剂，使聚合反应在回流温度下进行。如果使用的溶剂沸点高或反应温度要求低时，则应在加料方式上采取半连续操作。

单体的脱除：聚合完成后可补加适量引发剂以尽量减少残存单体含量，或用化学方法将未反应单体除去；如果单体沸点低于溶剂也可采用蒸馏的办法脱除残存单体，或减压蒸出残存单体。

后处理：所得聚合物如直接用作黏合剂、涂料、分散剂、增稠剂等时，通常需经浓缩或稀释达到商品所要求的浓度后包装，必要时需经过滤去除不溶物后包装。如果要求得到固体聚合物，则可于溶液中加入与溶剂互溶而与聚合物不溶的第二种溶剂使聚合物沉淀析出，再经分离、干燥而得固体聚合物。

如果要从聚合物水溶液中分离聚合物时，可直接进行干燥，由于聚合物提浓后非常黏稠，所以必须用挤出机、捏合机或转鼓干燥器等专用设备进行干燥。

溶液聚合生产过程见图7-6。

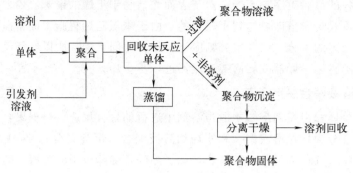

图 7-6　溶液聚合流程框图

7.2.1.4　乳液聚合生产工艺

乳液聚合是指单体在乳化剂的作用下分散在介质水中形成乳状液,在水溶性引发剂的作用下进行聚合,形成聚合物胶乳的过程。固态的聚合物微粒直径在 $1\mu m$ 以下,静止时不会沉降,因此,聚合物胶乳是一种非常稳定的聚合物乳液。

乳液聚合的优点:在乳液聚合过程中以水为分散介质,它具有较高的比热容,对于聚合反应热的去除十分有利;聚合反应生成的聚合物呈高度分散状态,反应体系的黏度始终很低;分散体系的稳定性优良,可以进行连续操作;乳液聚合体系中基本上消除了自动加速现象;乳液聚合的聚合速率可以很高,聚合物的分子量也很高;聚合物胶乳可作为黏合剂、涂料或表面处理剂等直接利用。

乳液聚合的缺点:要得到固体聚合物时,需要加电解质破乳、水洗和干燥等工序,工艺过程较复杂,并且产生大量的废水;如果直接进行喷雾干燥以生产固体合成树脂,则需要大量热能,并且所得聚合物的杂质含量较高。

乳液聚合法不仅用于合成树脂的生产,也可以用于合成橡胶的生产。合成树脂生产中采用乳液聚合方法的有聚氯乙烯以及共聚物、聚醋酸乙烯以及共聚物、聚丙烯酸酯类共聚物等。合成橡胶生产中采用乳液聚合方法的有丁苯橡胶、丁腈橡胶、氯丁橡胶等。因此,乳液聚合方法在高分子合成工业中具有重要意义。

(1) 乳化剂

某些物质能降低水的表面张力,对单体有增溶作用,对单体液滴有保护作用,能使单体和水组成的分散体系成为稳定的难以分层的似牛乳状的乳液,这种作用称为乳化作用。具有乳化作用的物质称为乳化剂。

① 乳化剂的种类。乳化剂分子中都含有亲水基团和亲油基团,种类很多,按亲水基团的性质可分为阴离子型、阳离子型、两性和非离子型四类。

阴离子表面活性剂是乳液聚合工业中应用最为广泛的乳化剂,通常是在 $pH>7$ 的条件下使用,例如肥皂、歧化松香酸钠、十六烷基磺酸钠等。

阳离子表面活性剂主要是胺类化合物的盐,如季铵盐、脂肪胺盐等,通常要在 $pH<7$ 的条件下使用,最好低于 5.5。

用离子型表面活性剂生产的胶乳粒子具有静电荷,能够阻止粒子聚集,所以胶乳的机械稳定性高;但遇到酸、碱、盐等电解质则产生破乳现象,因此胶乳的化学稳定性较差。

非离子型表面活性剂可分为两类:聚氧化乙烯的烷基或芳基酯或醚;环氧乙烷和环氧丙烷的共聚物。用非离子型表面活性剂所得胶乳粒子较大。要求降低胶乳微粒粒径时,聚合过程中可加少量阴离子表面活性剂。

② 乳化剂的选择原则。

a. 临界胶束浓度（CMC）。临界胶束浓度是指在一定温度下，乳化剂能够形成胶束的最低浓度（一般用 mol/L 表示）。应该选择 CMC 值较小的乳化剂，这样可以节省乳化剂用量。

b. 亲水亲油平衡值（HLB）。乳化剂分子中都含有亲水和亲油基团，这些基团的大小和性质影响其乳化效果，一般用亲水亲油平衡值（HLB）来衡量乳化剂的乳化效率，HLB 越大，表示亲水性越强。某些表面活性剂的 HLB 见表 7-4。

表 7-4 某些表面活性剂的 HLB

表面活性剂	类型	HLB	表面活性剂	类型	HLB
脂肪酸乙二醇酯	非离子型	2.7	烷基芳基磺酸钠	阴离子型	11.7
单硬脂酸甘油酯	非离子型	3.8	油酸钾	阴离子型	2.0
月桂酸单甘油酯	非离子型	8.6	十二烷基硫酸钠	阴离子型	约 40

c. 三相平衡点。阴离子型乳化剂在某一温度下，可能以三种形态（单个分子状态、胶束状态、凝胶状态）存在于水中，使三态共存的温度叫三相平衡点。体系的温度大于三相平衡点，凝胶状态消失，乳化剂以单个分子和胶束两种形态存在，这时乳化剂才具有乳化能力。反之，如果体系的温度低于三相平衡点，乳化剂将以凝胶状态析出，失去乳化能力。因此，选择乳化剂时，应选择三相平衡点低于聚合温度的乳化剂。

③ 乳状液的破乳。经乳液聚合过程生产的合成橡胶胶乳或合成树脂胶乳是固/水体系乳状液。如果直接用作涂料、黏合剂、表面处理剂或进一步化学加工的原料时，要求胶乳具有良好的稳定性。如果要求由胶乳获得固体的合成树脂或合成橡胶，则应当采取适当的处理方法。例如生产丁苯橡胶、丁腈橡胶等产品则采用"破乳"的方法，使胶乳中的固体微粒聚集凝结成团粒而沉降析出，然后进行分离、洗涤，以脱除乳化剂等杂质。

工业生产中采用的破乳方法主要是向胶乳中加入电解质并且改变 pH 值，其他破乳的方法还有机械破乳、低温冷冻破乳以及稀释破乳等。

（2）聚合工艺

乳液聚合方法是高分子合成工业重要的生产方法之一，主要用来生产丁苯橡胶、丁腈橡胶、氯丁橡胶等合成橡胶及其胶乳，高分散性聚氯乙烯糊树脂，某些黏合剂、表面处理剂和涂料用胶剂等。其中，聚氯乙烯胶乳是用种子乳液聚合方法生产，其微粒粒径为 1μm 左右，其他胶乳液的固体微粒粒径都在 0.2μm 以下。

工业上用乳液聚合方法生产的产品大致分为固体块状物、固体粉状物和流体态胶乳。典型代表为丁苯橡胶、聚氯乙烯糊树脂和丙烯酸酯类胶乳。以丁苯橡胶为例，其生产工艺流程见图 7-7。

（3）乳液聚合过程

乳液聚合除主要组分单体、乳化剂和反应介质水以外，还需要引发剂、分子量调节剂、电解质、终止剂等。在合成橡胶生产中还需要加入防老剂、填充油等。

在所有组分中，乳化剂用量对聚合反应速率产生重要影响，对于水溶性差的单体（如苯乙烯），主要是在胶束中成核，因此如乳化剂用量超过 CMC 后随乳化剂用量的增加，聚合反应速率可能提高 100 倍左右。

阴离子型乳化剂对电解质的化学稳定性较差，生成的胶乳微粒较小，胶乳机械稳定性

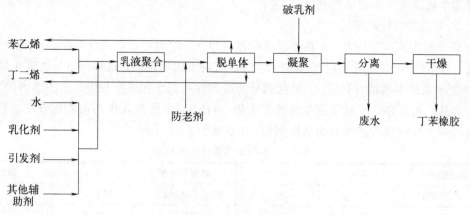

图 7-7　典型乳液聚合流程框图

好，聚合过程中不太容易产生凝聚块。因此使用阴离子型表面活性剂时易得到含固量高而稳定的胶乳。非离子型表面活性剂对电解质的化学稳定性良好，但聚合反应速率较慢，所得微粒粒径较大，聚合过程中易产生凝聚块。由于以上特点，工业生产中乳液聚合主要使用阴离子型乳化剂或阴离子型乳化剂和非离子型乳化剂的混合乳化剂，很少单独使用非离子型乳化剂。

在一般聚合过程中，乳化剂的用量应超过CMC，与其分子量、单体用量、要求生产的胶乳粒子的粒径大小等因素有关，一般为单体量的2%～10%。增加乳化剂用量，反应速率加快，但回收未反应单体时，容易产生大量泡沫，操作困难。因此，乳化剂用量通常在单体量的5%以下，甚至少于1/100。

① 操作方式。乳液聚合根据配方中物料向聚合反应器加料的方式，分为间歇操作、半连续操作和连续操作。不论何种操作方式所用聚合反应器几乎都是附有搅拌装置的釜式聚合反应器。间歇操作和半连续操作在单釜中进行，而连续操作则采用多釜串联的方式进行，一般由4～12个聚合釜组成一条生产线。

连续操作是将配方中的所有物料定量地连续加入聚合釜中，同时反应物料自最后一个聚合釜中流出。目前，合成橡胶的工业生产都采用多釜串联的连续乳液聚合方式进行。其操作方法是将全部物料用泵连续打入第一个聚合釜，反应到要求的转化率，物料自最后一个聚合釜流出，进入后处理阶段。采用多釜串联连续操作具有以下特点：聚合全过程中各釜放热量稳定不变，单位体积反应釜的生产能力高于间歇法或半连续法。连续法生产的产品性能均一，不像间歇操作那样每釜都有反应开始阶段和反应结束阶段，因而使产品分子量分布变宽。

② 聚合反应条件。

a. 反应温度。反应温度除对聚合反应速率产生影响外，有些品种的产品性能还受到重要影响。例如，氯乙烯聚合过程中向单体进行链转移是决定产品分子量的主要因素，而链转移速度又决定于温度，所以氯乙烯乳液聚合的反应温度决定所得聚氯乙烯产品的分子量。丁苯橡胶分子中含有可聚合的双键，如参加反应则生成支链或交链。当聚合温度升高和转化率提高后更易发生这一类反应，所以苯乙烯-丁二烯乳液聚合在5℃低温条件下进行，引发体系必须采用氧化-还原引发剂。低温聚合必须用冷冻系统脱除反应热，因而工艺较复杂。

b. 反应压力。反应器内的压力取决于单体种类和温度，含有丁二烯产品以及氯乙烯产品须在密闭系统内，于正压条件下反应。当反应物料中游离的单体相消失时，反应系统的压力会自动降低，但此时易产生温度控制问题，因为胶乳粒子中聚合转化率提高后终止速度降低，聚合速率增加因而放出热量增加，温度升高。

③ 后处理。

a. 脱除未反应单体。乳液聚合过程结束后，首先要回收未反应的单体，工业生产中大致有两种情况。第一种是高转化率条件下少量单体的脱除：对于常压下为气体的单体（如氯乙烯），减压至常压即可脱除；对于沸点较高的单体（如丙烯酸酯类），采用加热乳液同时吹入热空气或氮气以驱除残存单体。第二种是转化率较低的未反应单体的脱除，例如丁苯橡胶生产过程中单体聚合转化率仅为60%左右，胶乳中含有较多的丁二烯和苯乙烯，因此处理过程比较复杂，需在专用设备中进行。首先将热至40℃的胶乳送入卧式压力闪蒸槽，使压力由0.25MPa降为0.02MPa，蒸出丁二烯回收使用。然后将胶乳送入真空闪蒸槽（操作压力为26.6kPa）再次脱除残存的丁二烯回收使用。脱除了丁二烯的胶乳送往脱苯乙烯塔，用蒸汽带出苯乙烯。

b. 聚合物后处理。脱除了单体的聚合物胶乳根据用途的不同，大致可分为三种处理方法：

用作涂料、黏合剂、表面处理剂等的胶乳通常不进行后处理，必要时调整固含量。方法是浓缩或稀释至商品要求的固含量。

用来生产高分散粉状合成树脂的胶乳，采用喷雾干燥的方式进行后处理。

用凝聚法进行后处理。自聚合物胶乳中分离聚合物的简便方法是破乳凝聚法。所得的聚合物还可进行清洗，因此大部分乳化剂被去除，纯度高于喷雾干燥所得产品，但不能得到高分散性产品，仅可得到粗粒或胶块（合成橡胶）产品。

（4）其他乳液聚合

① 种子乳液聚合。一般乳液聚合得到的聚合物微粒粒径在0.2μm以下，改变乳化剂种类和用量或者改变工艺条件，虽可使微粒粒径有所增加，但是要求微粒粒径接近1μm甚至超过1μm，采用典型的乳液聚合则无法实现，因而发展了种子乳液聚合法。

在乳液聚合体系中，如果已经有胶乳粒子存在，当物料配比和反应条件控制适当时，新加入的单体原则上仅在已生成的微粒上聚合，而不生成新的胶乳粒子，即仅增大原来微粒的体积，而不增加胶乳粒子的数目，这种乳液聚合称作种子乳液聚合。

种子乳液聚合产品是均聚物，目的在于增大微粒粒径，所以种子的用量特别少。

② 核-壳乳液聚合。两种单体共聚，如果一种单体（M_1）首先进行乳液聚合，形成了胶乳粒子，然后加入第二种单体（M_2）继续聚合，则第一种单体的聚合物成为胶乳粒子的核心，第二种单体的聚合物形成胶乳粒子的外壳，这种乳液共聚称为核-壳乳液共聚。

核-壳乳液共聚的目的在于合成具有适当性能的共聚物，核、壳两种组分的用量相差不大甚至相等。核-壳结构的共聚物玻璃化转变温度降低，成膜温度低，其耐水性、耐溶剂性、冲击强度、韧性都有提高。复合乳液作为外墙涂料其优点在于可以克服一般涂料夏季因气温高回粘的缺点，并且可以延长施工期限。

③ 反相乳液聚合。将水溶性单体制备成水溶液，在油溶性乳化剂作用下，与有机相介质形成油包水（W/O）型乳状液，再经油溶性（或水溶性、复合）引发剂引发聚合，形成油包水型聚合物胶乳的过程称为反相乳液聚合。

采用反相乳液聚合的目的有二：一是利用乳液聚合反应的特点，以较高的聚合速率生产高分子量水溶性聚合物；二是利用胶乳微粒小的特点，使反相胶乳生产的含水聚合物微粒迅速溶于水中以制备聚合物水溶液。反相乳液聚合物主要用于各种水溶液聚合物的工业生产，其中以聚丙烯酰胺的生产最重要。

反相乳液聚合所用的乳化剂主要是HLB为4～8的水/油表面活性剂，如硬脂酸单山梨醇酯（Span-60）、油酸单山梨醇酯（Span-80）等。

7.2.2 逐步聚合生产工艺

7.2.2.1 线型缩聚

线型缩聚是指含有两个官能团的低分子化合物，在官能团之间发生反应，在缩去小分子的同时生成线型聚合物的可逆平衡反应。线型聚合物主要用作热塑性塑料、合成纤维、涂料与黏合剂等。工业生产中利用缩聚生产的线型高分子量缩聚物主要包括聚酯类、聚酰胺类、聚砜类、芳香族聚酰亚胺类、芳香族聚杂环类等。

线型缩聚生产工艺具有以下特点：

① 线型缩聚反应为逐步进行的平衡反应。随着反应的深入，缩聚物由二聚物、三聚物等逐步缩聚为聚合物。因此工业生产中为了获得高分子量线型缩聚物，必须使缩聚反应的单体转化率接近100%。但随着单体转化率的提高，反应速率明显变慢，完成最后几个百分数所需的反应时间甚至与转化率达到97%～98%时相接近。因而增加了聚合反应过程的难度，为了加快缩聚反应速率，常需加入催化剂。

② 原料配比明显影响产物分子量。两种参与缩聚反应各为2官能团的单体形成的反应体系，当两者的物质的量配比完全相同时，如果缩聚反应充分进行，理论上可以得到分子量无限大的产品。事实上，由于微量杂质和其他因素影响，都会使两者配比发生变化，所以工业生产中所得产品分子量有限，需要人为地在生产技术上予以控制。

③ 反应析出的小分子化合物必须及时脱除。为了使缩聚反应向生成聚合物的方向顺利进行，在生产过程中必须将反应生成的小分子化合物及时移除，工业生产中多采用薄膜蒸发、溶剂共沸高温加热、真空脱除或通惰性气体带出等措施。

在高分子合成工业中，线型缩聚的实施方法主要有熔融缩聚、溶液缩聚、界面缩聚和固相缩聚，前三种缩聚方法应用较多，固相缩聚是前三种方法的补充。

（1）熔融缩聚

将单体、催化剂和分子量调节剂等一起加入反应釜中，加热熔融逐步形成聚合物的过程，称为熔融缩聚。熔融缩聚法是工业生产线型缩聚物的最主要方法。反应温度须高于单体和所得缩聚物的熔融温度，因此一般在150～350℃范围。聚酯、聚酰胺、聚碳酸酯等均采用熔融缩聚法进行工业生产。

① 原料配方。熔融缩聚原料配方中除单体外，尚需加入催化剂、分子量调节剂、稳定剂等，用作合成纤维时还需要添加消光剂和着色剂等。由于线型缩聚物的熔融黏度很高，所以通常不再进行熔融混炼以添加其他组分，而是将生产合成纤维或热塑性塑料制品所需的各种物料全部在原料配制过程中加入聚合系统中。

② 缩聚工艺。缩聚反应开始前以及结束后反应物料的状态发生明显变化，反应开始前反应物料受热熔化为黏度很低的液体，反应结束时则转变为高黏度流体。反应前期有较多小分子化合物逸出，而反应后期小分子化合物脱除困难，特别是聚酯生产过程平衡常数小，必

须采用高真空。接近结束时的转化率对产品分子量产生重要影响。因此缩聚反应生产工艺应当采取以下措施：

a. 为了充分利用聚合设备，稳定操作条件，用数个缩聚釜，主要是 2～3 个缩聚釜进行串联，这样还可减少对真空条件要求严格的最后一个聚合釜的体积，从而降低其投资。

b. 用于连续操作生产线的最后一个缩聚釜，不仅要求能够保持高真空，而且高黏度物料必须在缩聚釜中呈活塞式流动避免返混，也不能局部造成死角，所以对此缩聚釜的结构形式要求严格。一般多使用卧式分室缩聚釜，内装多个圆环式搅拌器，以保证不断地形成新鲜薄膜表面并与下半部的流体混合。

c. 缩聚物的平均分子量可用一元单体的加入量予以调节。产品平均分子量高低与缩聚物的用途有关，通常用于生产合成纤维时缩聚树脂的分子量最低，用来生产薄膜时则较高，生产注塑、吹塑制品时要求分子量更高些。

熔融缩聚过程虽然不加入任何溶剂，但由于大规模生产线采用连续法生产工艺，须多釜串联缩聚，所以实际生产流程比较复杂。反应条件随串联釜的顺序而逐渐提高，例如温度升高、压力降低。

③ 后处理。由缩聚釜生产的线型高分子量缩聚树脂，根据树脂种类和用途的不同而有不同的后处理方法。熔融缩聚后接纺丝制成合成纤维；造粒生产粒料；大规模生产合成纤维用树脂的生产线，生产薄膜用或注塑用的缩聚树脂生产线，则须经过挤出切粒。

（2）溶液缩聚

溶液缩聚是将单体溶于适当的溶剂中进行缩聚合成聚合物的方法。溶液缩聚适用于熔点过高、易分解单体的缩聚过程，在溶液缩聚过程中单体与缩聚产物均呈现溶解状态时称为均相溶液缩聚，如产生的缩聚物沉淀析出则称为非均相缩聚。溶液缩聚在原料配方上与熔融缩聚基本相同，不同的是增加了溶剂。

溶剂的主要作用有：

① 降低反应温度，稳定反应条件。由于有大量溶剂存在，所以缩聚过程反应温度最高为溶剂的沸点温度。因此可根据溶剂的沸点确定反应温度，使反应条件稳定，易于控制。

② 使难熔的单体原料溶解为溶液以促进化学反应。有些原料单体熔点过高或受高温加热后易分解，因此不能进行熔融缩聚。选择适当溶剂使单体溶解后反应，既可避免单体分解，又可促进化学反应，还可使生成的缩聚物溶解或溶胀便于继续增长。

③ 降低反应物料体系的黏度，吸收反应热量，有利于热交换。

④ 可与反应生成的小分子副产物形成共沸物带出反应体系，或与小分子化合物发生化学反应以消除小分子副产物。所选用的有机溶剂通常可与缩聚反应生成的水形成共沸物而及时将水蒸出，有利于缩聚平衡反应向生成缩聚物的方向进行。

⑤ 溶剂可兼起缩合剂的作用，某些化合物如多聚磷酸、浓硫酸等用作芳杂环聚合物或梯形结构的聚合物等的合成用溶剂时，既可用作溶剂，又可起缩合剂的作用。

⑥ 溶剂还可产生催化剂的作用。如在二元酰氯与二元胺溶液缩聚过程中产生的副产物 HCl，如不及时排除，则将与二元胺反应生成稳定的盐，导致生成低分子量聚合物，如加有机碱（主要是叔胺），它可与 HCl 作用，并可起到催化剂的作用，从而在较低温度缩聚生成高分子量聚合物。

⑦ 直接合成缩聚物溶液用作黏合剂或涂料。

(3) 界面缩聚

界面缩聚是将两种单体分别溶于两种互不相溶的溶剂中,制成两种单体的溶液,在两种溶液的界面处发生缩聚反应而形成聚合物的过程。界面缩聚方法主要适用于分别存在于两相中的两种反应活性高的单体之间的缩聚反应,例如二元酰氯与二元胺合成聚酰胺、光气与二元酚盐合成聚碳酸酯等。

界面缩聚反应可发生在气-液、液-液、液-固相界面之间,工业上以液-液相界面反应为主。光气与双酚A钠盐反应合成聚碳酸酯的方法为典型的气-液相界面缩聚法。

界面缩聚反应的主要特点是反应条件缓和、平稳,不需要高真空系统,反应不可逆,而且即使一种原料过量也可生产高分子量缩聚物。其缺点是要消耗大量的溶剂,操作体积庞大,溶剂的回收、精制使工艺过程复杂化,设备利用率降低,生产成本增加,大部分溶剂有毒、易燃,污染环境。

熔融缩聚、溶液缩聚和界面缩聚的比较见表7-5。

表7-5 三种逐步聚合方法的比较

条件	熔融缩聚	溶液缩聚	界面缩聚
温度	高	低于溶剂的熔点和沸点	一般为室温
对热的稳定性	要求稳定	无要求	无要求
动力学	逐步、平衡	逐步、平衡	不可逆,类似链式
反应时间	1h至几天	几分钟至1h	几分钟至1h
收率	高	低到高	低到高
等基团数比	要求严格	要求严格	要求稍不严格
单体纯度	要求高	要求稍低	要求较低
设备	特殊要求,气密性好	简单、敞开	简单、敞开
压力	先高后低	常压	常压

(4) 固相缩聚

在玻璃化转变温度(T_g)以上、熔点(T_m)以下的固态所进行的缩聚反应称为固相缩聚。如纤维用涤纶树脂($T_g=69℃$,$T_m=265℃$)用作工程塑料时,分子量较低,强度不够,可在220℃继续固相缩聚,进一步提高分子量。在减压或惰性气流条件下排除副产物乙二醇也是必要条件。

在聚合物合成工业中,固相缩聚方法主要应用于两种情况:由结晶性单体进行固相缩聚或由某些预聚物进行固相缩聚。

7.2.2.2 体型缩聚

在缩聚体系中,参加反应的单体中只要有一种单体具有两个以上官能团(平均官能度$f>2$),缩聚反应则向着三个方向发展,生成体型缩聚物。生成体型缩聚物的缩聚反应称为体型缩聚。由体型结构聚合物构成的高分子材料,包括热固性塑料制品、固化后的涂层以及固化后的黏合剂等,受热后不再熔化。

在高分子合成工业中,体型结构的高分子材料分两阶段生产:

第一阶段:各种原料先在反应器中反应至一定程度,生成线型或略带支链的具有反应活性的低聚物(预聚物)。外观一般为黏稠流体或脆性固体,生成的预聚物其分子量可达数百至数千,具有可溶可熔性,可制成压塑粉、涂料、黏合剂等。该阶段是在合成树脂生产工厂进行。

第二阶段:应用与成型阶段。上述具有反应活性的低聚物在外界条件,如加热、加压、加入固化剂等作用下发生化学交联反应转变为不溶不熔的体型缩聚物。该阶段通常是在高分子材料应用与塑料制品生产工厂中进行。

在体型缩聚过程中，应严格控制两点：

① 严格控制反应程度。在生产中应严格控制反应配比、反应温度、反应时间，使反应在未达到凝胶化以前结束，防止在缩聚釜中转变为不溶不熔的体型缩聚物，造成生产事故。

② 在应用中控制固化时间（活性期）。根据不同用途，所需固化时间不同，因而应根据加入固化剂的种类、数量，成型温度、压力等条件调节固化时间，以适合不同用途的要求。

7.2.2.3 逐步加成聚合

单体分子官能团之间通过相互加成形成聚合物，但不析出小分子副产物，聚合物的分子量随聚合时间的延长逐步增加，聚合物的结构酷似缩聚物，这种反应称为逐步加成聚合反应。

逐步加成聚合物中，以聚氨酯发展得最快，产量也最大。至今还没有一种聚合物能如聚氨酯那样可在塑料、橡胶、合成纤维、涂料及黏合剂等各方面得到如此广泛的用途。因为聚氨酯大分子中具有异氰酸酯基、酯基或醚键、氨基甲酸酯基、取代脲基、脲基甲酸酯基、缩二脲基等强极性基团，还存在氢键，所以聚合物具有高强度、耐磨、耐溶剂等特点。而且，可以通过改变端基化合物的结构和分子量，在很大范围内调节聚氨酯的性能，使之在塑料（特别是泡沫塑料方面）、橡胶、涂料、黏合剂和合成纤维等领域中有着广泛的用途，且其应用还在不断发展中。

7.2.3 离子聚合与配位聚合生产工艺

7.2.3.1 离子聚合与配位聚合工艺特点

离子聚合是指增长活性中心为离子的连锁聚合。离子聚合包括阴离子聚合、阳离子聚合和配位阴离子聚合。离子聚合所用的引发剂对水极为敏感，因此离子聚合的实施方法中不能用水作为介质，即不能采用悬浮聚合和乳液聚合。离子聚合只能采用本体聚合和非水溶液聚合，并且单体和其他原料中含水量应严格控制，其含水量$<10^{-6}$，所以要求溶剂为高纯度，反应器及其辅助设备和溶剂要经过充分干燥。

与自由基聚合相比，离子聚合的温度较低。许多阳离子聚合反应的活化能为负值，聚合反应速率随反应温度的降低而升高。因此应用阳离子聚合反应制备高分子量产品时应在低温下反应。如工业生产丁基橡胶选择反应温度为-100℃左右。阴离子活性中心较阳离子活性中心稳定，而且当不存在极性溶剂和杂质时，阴离子活性中心可长时间保持活性。由于对温度不敏感，所以阴离子聚合反应可在室温或稍高的温度下进行。

离子聚合所得产物分子量分布狭窄，阴离子聚合反应更为突出，甚至可以合成分散指数为1.01的单分散产品。

配位离子型聚合反应与前述的阳离子、阴离子聚合不同，它是指烯类单体的碳-碳双键首先在过渡金属引发剂活性中心上进行配位，形成络合物，随后单体分子相继插入过渡金属-碳键中进行链增长的过程。配位聚合催化剂广泛应用于乙烯、α-烯烃以及二烯烃的配位聚合生产过程中。配位聚合所得聚合物分子量分布宽，分布指数通常大于10。共聚反应所得共聚物的非均一性也很大。

目前工业应用的配位聚合催化剂都是过渡元素的配位络合物，大致可分为Ziegler-Natta催化剂、氧化铬-载体催化剂（又称为Phillips催化剂）和过渡金属有机化合物-载体催化剂三大系列。其中以 Ziegler-Natta 催化剂系列应用最为广泛。

通过 Ziegler-Natta 催化剂使不能用于自由基聚合或离子型聚合的丙烯得以聚合，并具有高收率、高分子量、高规整度的特点，也使得必须在高温高压下才能进行自由基聚合的乙烯，实现了常温或较低温度条件下的聚合。

7.2.3.2 离子聚合与配位聚合生产过程

离子聚合与配位聚合生产工艺过程一般包括原料准备、催化剂制备、聚合、分离，有的生产过程中还有溶剂回收和后处理等工序。

（1）原料准备

① 单体纯度。离子聚合与配位聚合所用单体纯度要求很高，要求≥99%，有的要求≥99.95%。为了保证单体的纯度，原料单体必须进行精制。工业上一般采用精馏的方法提纯后，再经过净化剂，如活性炭、硅胶、活性氧化铝或分子筛等脱除微量杂质及水分。

② 溶剂选择及精制。离子聚合与配位聚合多数在适当溶剂存在下进行反应，离子聚合所用溶剂种类范围较宽，可以是弱极性溶剂和非极性溶剂，如仲胺、芳烃、卤代烃等。配位聚合所用溶剂则主要是脂肪烃。选择溶剂时应考虑以下因素：溶剂对聚合增长链活性中心不发生反应；不含有使催化剂中毒的杂质；适当的熔点和沸点，在聚合温度下应保持流动状态；对单体和聚合物有良好的溶解能力；成本、毒性等因素。

（2）催化剂制备

催化剂组分的种类、用量和配制条件包括加料次序、温度以及放置温度与时间等对催化剂体系的活性都有影响。因此，在配制过程中应严格控制。每批催化剂的配制条件应严格一致以保证其活性均一。

（3）聚合工艺过程

工业上应用离子聚合生产的合成树脂品种有聚甲醛、氯化聚醚等；生产的合成橡胶品种有丁苯橡胶、丁基橡胶等。应用配位聚合生产的合成树脂品种有高密度聚乙烯、聚丙烯以及乙烯与 α-烯烃的共聚物等；生产的合成橡胶品种有顺丁橡胶、异戊二烯橡胶、乙丙橡胶等。

实现离子聚合和配位聚合生产实施方法有反应介质存在的淤浆法和溶液法；无反应介质存在的本体气相法和本体液相法。

① 淤浆法工艺。该法主要应用于高密度聚乙烯和聚丙烯的生产。反应温度低于聚乙烯（或聚丙烯）在反应介质中的溶解温度。反应生成的聚乙烯呈粉状悬浮于溶剂中，浓度达20%～40%，物料呈浆状。生产聚丙烯时由于反应温度必须控制在80℃以下，以免影响等规度，所以反应物料同样呈浆状。

第一代催化剂生产聚乙烯和聚丙烯时由于催化剂活性低，生产过程结束时必须加入甲醇以破坏催化剂活性，因此须增加用水萃取甲醇和催化剂残留物的工序。以上两工序工业上称之为"脱灰"工序，因为实际上脱除了聚合物中含有的一部分灰分。此时，聚丙烯生产装置中生成的无规聚丙烯含量较高，回收溶剂工序中有无规聚丙烯分离出来。

第二代催化剂生产聚乙烯和聚丙烯时催化效率明显提高，由第一代 1g 钛生产聚丙烯1000～5000g 提高到生产 20kg；等规指数由第一代 88% 提高到 95%。但残存的金属残渣仍较高，所以工业生产中仍需增加脱灰工序和脱无规物工序。

第三代高效催化剂出现后，催化效率提高到 1g 钛生产聚丙烯达 3×10^5g；超高活性催化剂 1g 钛可得聚丙烯达 $(6\times10^5)\sim(2\times10^6)$g；等规指数达 98%。因此使用第三代高效催化剂可革除脱灰工序和脱无规物工序。

② 溶液法工艺。某些工厂生产聚乙烯反应温度为130~150℃，此情况下反应生成的聚乙烯溶于所用烃类溶剂中，呈溶液状态，因此称为溶液法。但反应结束后，工艺流程与上述淤浆法相似，是否有脱灰工序，取决于催化剂效率。

③ 本体法工艺。本体法仅适用于聚乙烯或聚丙烯以及这些单体的共聚物的生产。乙烯、丙烯、丁二烯等单体常压下是气体，但丙烯与丁二烯的临界压力和临界温度都较低，易液化，如丙烯临界温度为92℃，临界压力为4.65MPa，所以在聚合反应条件下，乙烯可为气体形式进料，而丙烯、异丁烯和异戊二烯则在压力下以液体形式进料，所以又有本体气相法和本体液相法之分。前者适用于乙烯、丙烯及其共聚物的生产；后者仅用于丙烯均聚或共聚。

本体气相法聚合近来采用高效催化剂，革除了早期必需的脱灰工序，所以工艺流程简单，固相催化剂用惰性气体送入沸腾床反应器，反应生成的聚合物自反应器下部排出，喷少量异丙醇使催化剂脱活，所得粉状聚合物添加助剂后进行造粒。

（4）聚合装置与反应热的去除

配位聚合所用反应器有用于淤浆法和溶液法的环式反应器、附搅拌装置的釜式反应器、用于气相法的沸腾床反应器、装有搅拌装置的流动床反应器和装有搅拌装置和隔板的卧式反应器等。环式反应器由于长径比很大，冷却套管的冷却面积可充分移出聚合反应热。釜式反应器用于配位聚合时多采用多釜串联方式连续操作，通常为3~4釜串联，聚合热主要靠夹套冷却，釜式反应器连续操作各釜应满釜操作。立式沸腾床反应器、釜式流动床反应器以及隔板卧式反应器适用于丙烯或乙烯的气相聚合。

（5）后处理

① 脱单体。配位聚合反应生成的反应物中含有未反应的单体，这些单体是气态或压力下易液化的气体，可采用闪蒸法脱除。

② 脱灰。配位聚合催化剂都含有金属化合物，当催化剂效率低于1g钛生成聚合物2×10^4g时，须经脱灰处理，以免聚合物中含灰分量过高，而影响其电性能、耐老化性、染色性等。近年来发展的高效催化剂由于效率高，可革除脱灰工序，使用少量极性物质如异丙醇使之脱活后进入下道工序。

③ 分离干燥。经脱灰处理的浆液首先用离心机进行液-固分离。分离出来的溶剂送往溶剂回收工段进行精馏回收。离心分离所得聚合物滤饼尚含有30%~50%有机溶剂，必须进行干燥，干燥装置通常采用沸腾床干燥器、气流干燥器和回转式圆筒干燥器。

④ 溶剂回收。聚乙烯和合成橡胶生产经分离后得到的溶剂含有醇、水及催化剂残渣。液体物须经精馏分离，回收溶剂。

⑤ 造粒。干燥后的聚合物进入造粒装置得成品。

7.3 典型聚合物生产工艺

7.3.1 聚乙烯

聚乙烯是由乙烯单体经自由基聚合或配位聚合而获得的聚合物，简称PE，产量自1965年一直高居聚合物第一。2020年，世界聚乙烯产能达1.269亿吨，我国聚乙烯产能为2284.5万吨，占世界总产能的18.0%，美国是聚乙烯生产能力最大的国家，约占世界总能力的23.0%。

7.3.1.1 聚乙烯的结构、性能及用途

(1) 聚乙烯的结构

聚乙烯是主链为碳原子的线型聚合物，重复结构单元为—CH_2—CH_2—。依据聚合方法的不同，产物结构不同。高压法合成的聚乙烯平均每1000个碳原子中含15~20个支链，其中短支链为甲基，长支链为较长烷基（如正丁基等），而中压法和低压法合成的聚乙烯基本上无支链。由于结构不同，造成结晶度与密度不同：高压聚乙烯的结晶度为55%~65%，密度为0.91~0.93g/cm^3，一般称为低密度聚乙烯；中压法合成的聚乙烯结晶度为50%~70%；低压法合成的聚乙烯结晶度为80%~95%，密度为0.92~0.97g/cm^3，一般称为高密度聚乙烯；分子量超过1000000的为超高分子量聚乙烯。

聚乙烯按其结构性能可分为高密度聚乙烯（HDPE）、低密度聚乙烯（LDPE）、超高分子量聚乙烯（UHMWPE）、线型低密度聚乙烯（LLDPE）和茂金属聚乙烯，此外，还有改性品种如乙烯-醋酸乙烯酯（EVA）和氯化聚乙烯（CPE）等。

(2) 聚乙烯的性能

聚乙烯树脂为无毒、无味的白色粉末或颗粒，外观呈乳白色，有似蜡的手感，吸水率低，小于0.01%。聚乙烯膜透明，透明度随结晶度的提高而降低。聚乙烯的耐水性较好。制品表面无极性，难以黏合和印刷，经表面处理有所改善。其支链多，耐光降解和耐氧化能力差。

PE的力学性能：PE的拉伸强度较低，抗蠕变性不好，耐冲击性好。抗冲击强度LDPE＞LLDPE＞HDPE，其他力学性能主要受密度、结晶度和分子量的影响，随着这几项指标的提高，其力学性能增强。

PE的热学性能：PE的耐热性不高，但随分子量和结晶度的提高有所改善。耐低温性能好，脆性温度一般可达-50℃以下。PE的线胀系数大，最高可达$(20~24)\times 10^{-5}K^{-1}$，热导率较高。

PE的电性能：PE无极性，具有介电损耗低、介电强度大等优点，可作调频绝缘材料、耐电晕性塑料，亦可作高压绝缘材料。

PE的环境性能：PE属于烷烃惰性聚合物，具有良好的化学稳定性。在常温下耐酸、碱、盐类水溶液的腐蚀，但不耐强氧化剂如发烟硫酸、浓硝酸和铬酸等。聚乙烯在60℃以下不溶于一般溶剂，但与脂肪烃、芳香烃、卤代烃等长期接触会溶胀或龟裂。温度超过60℃后，可少量溶于甲苯、乙酸戊酯、三氯乙烯、松节油、矿物油及石蜡中；温度高于100℃，可溶于四氢化萘。

由于聚乙烯分子中含有少量双键和醚键，其耐候性不好，日晒、雨淋都会引起老化，需要加入抗氧剂和光稳定剂加以改善。

PE的加工特性：因LDPE、HDPE的流动性好，加工温度低，黏度适中，分解温度高，在惰性气体中高于300℃不分解，所以是一种加工性能很好的塑料。但LLDPE的黏度稍高，加工温度为200~215℃。PE的吸水率低，加工前不需干燥。

PE熔体属于非牛顿流体，黏度随温度的变化波动较小，但随剪切速率的增加下降快，并呈线性关系，其中以LLDPE下降最慢。

PE制品在冷却过程中容易结晶，因此，在加工过程中应注意模型，以控制制品的结晶度，使之具有不同的性能。

(3) 聚乙烯的用途

聚乙烯的用途见表 7-6。

表 7-6 聚乙烯的用途

用途	所占树脂的比例	制品
薄膜类制品	LDPE 的 50%	用于食品、日用品、蔬菜保鲜膜、包装袋、垃圾袋等轻质包装膜,地膜、棚膜保鲜膜等
	HDPE 的 10%	重包装膜、撕裂膜、背心袋等
	LLDPE 的 70%	包装膜、垃圾袋、保鲜膜、超薄地膜等
注塑制品	LDPE 的 10%	盆、筒、篓、盒等日用品,周转箱、瓦楞箱、暖瓶壳、杯、玩具等
	HDPE 的 30%	
	LLDPE 的 10%	
中空制品	以 HDPE 为主	用于装食品油、酒类、汽油及化学试剂等液体的包装筒,中空玩具
管材类制品	以 HDPE 为主	给水、输气、灌溉、穿线、吸管、笔芯用的管材,化妆品、药品、鞋油、牙膏等用的管材
丝类制品	圆丝用 HDPE	渔网、缆绳、工业滤网、民用纱窗等,编织袋、布、撕裂膜
	扁丝用 HDPE 和 LLDPE	
电缆制品	以 LDPE 为主	电缆绝缘和保护材料
其他制品	HDPE、LLDPE	打包带
	LDPE	型材

7.3.1.2 聚乙烯生产工艺

(1) 乙烯高压聚合工艺

乙烯高压聚合是以微量氧或有机过氧化物为引发剂,将乙烯压缩到 147～300MPa 的高压,在 150～290℃的条件下经自由基聚合反应生成密度为 0.910～0.930g/cm³ 的低密度聚乙烯的聚合方法。

高压低密度聚乙烯聚合工艺流程见图 7-8。来自低压分离器的循环乙烯(压力<0.1MPa),加入分子量调节剂,与来自乙烯精制车间的压力为 3.0～3.3MPa 新鲜乙烯一并进入一次压缩机,压缩至 25MPa,再与来自高压分离器的乙烯一起进入二次压缩机。二次压缩机的最高压力因聚合设备的要求而不同。管式反应器要求最高压力达 300MPa 或更高些;釜式反应器要求最高压力为 250MPa。经二次压缩达到反应压力的乙烯进入釜式聚合反应器或管式聚合反应器,引发剂则用高压泵送入乙烯进料口,或直接注入聚合设备。反应物料经适当冷却后进入高压分离器,减压至 25MPa。未反应的乙烯与聚乙烯分离并经冷却脱去蜡状低聚物以后,回到二次压缩机吸入口,经加压后循环使用。聚乙烯则进入低压分离器,减压到 0.1MPa 以下,使残存的乙烯进一步分离,分离的乙烯可循环使用。聚乙烯树脂在低压分离器中与抗氧化剂等添加剂混合后经挤出切粒,得到粒状聚乙烯,被水流送往脱水振动筛,与大部分水分离后,进入离心干燥器,以脱除表面附着的水分,然后经振动筛分去不合格的粒料后,成品用气流输送至计量设备计量,混合后为一次成品。然后再次进行挤出、切粒、离心干燥,得到二次成品,二次成品经包装出厂为商品聚乙烯。

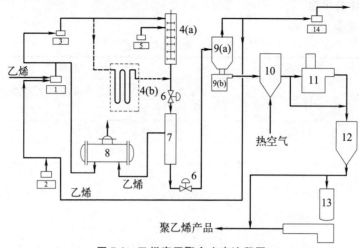

图 7-8 乙烯高压聚合生产流程图

1—一次压缩机；2—分子量调节剂泵；3—二次高压压缩机；4（a）—釜式聚合反应器；4（b）—管式聚合反应器；
5—催化剂泵；6—减压阀；7—高压分离器；8—废热锅炉；9（a）—低压分离器；9（b）—挤出切粒机；
10—干燥器；11—密炼机；12—混合机；13—混合物造粒机；14—压缩机

① 原料准备。

a. 乙烯。乙烯高压聚合过程中单程转化率仅为15%~30%，所以大量的单体乙烯（70%~85%）要循环使用。因此所用原料乙烯一部分是新鲜乙烯，另一部分是循环回收的乙烯。对于乙烯的纯度要求应超过99.95%。

b. 分子量调节剂。工业生产中可用的分子量调节剂有烷烃（乙烷、丙烷、丁烷、己烷、环己烷）、烯烃（丙烯、异丁烯）、氢气、丙酮和丙醛等。而以丙烯、丙烷、乙烷等最常应用。用于乙烯聚合的分子量调节剂的链转移常数见表 7-7。

表 7-7 乙烯聚合用分子量调节剂的链转移常数（130℃）

分子量调节剂	丙烯	丙烷	乙烷	氢气	丙酮	丙醛
链转移常数(C_s)×10^4	150	27	6	160	165	3300

分子量调节剂在一次压缩机的进口进入反应系统。调节剂的种类和用量根据 PE 牌号的不同而不同，一般为乙烯体积的 1%~6.5%。

c. 添加剂。工业上应用的 PE 添加剂主要有防老剂（抗氧化剂）、防紫外线剂、润滑剂、开口剂和抗静电剂等。这些添加剂的种类和用量根据 PE 牌号和用途加于 PE 树脂低压分离器中或于二次选粒时加入，为了便于计量和易与 PE 充分混合，一般将添加剂配制成浓度约为 10% 的白油溶液或分散液。

② 催化剂配制。乙烯高压聚合所用的引发剂主要是氧和过氧化物，早期工业生产中主要用氧作引发剂，优点是价格低，可直接在乙烯进料中加入，且氧在低于 200℃ 时是乙烯聚合的阻聚剂，不会在压缩机系统中或乙烯回收系统中引发聚合。缺点是氧的引发温度在 230℃ 以上，因此反应温度必须高于 200℃。由于氧的反应活性受温度的影响很大，因此，目前除管式反应器中还可以用氧作引发剂以外，釜式反应器已全部改为过氧化物引发剂。

乙烯高压聚合引发剂，应配制成白油溶液或直接用计量泵注入聚合釜的乙烯进料管中，或注入聚合釜中，在釜式聚合反应器操作中依靠引发剂的注入量控制反应温度。

③ 聚合过程。乙烯在高压条件下虽仍是气体状态,但其密度达 0.5g/cm³,已接近液态烃的密度,近似于不能再被压缩的液体,称气密相状态。此时乙烯分子间的距离显著缩短,从而增加了自由基与乙烯分子的碰撞概率,故易于发生聚合反应。由于每千克乙烯聚合时可产生 3350~3765kJ 热量,而在 140MPa 压力下,150~300℃ 范围,乙烯的比热容为 2.51~2.85J/g,所以乙烯聚合转化率升高 1%,反应物料温度将升高 12~13℃,如果热量不能及时移去,温度上升到 350℃ 以上则发生爆炸性分解。因此在乙烯高压聚合过程中应防止局部过热,防止聚合反应器内产生过热点。

a. 聚合反应条件。反应温度主要取决于引发剂种类,以氧为引发剂时,温度控制在 230℃ 以上;以有机过氧化物为引发剂时,温度控制在 150℃ 左右。

聚合压力具体根据 PE 牌号确定。压力越大,产物分子量越大。当反应压力提高时,聚合反应速率加大,但聚乙烯的分子量降低,而且支链较多,所以其密度稍有降低。

乙烯单程转化率为 15%~30%,未转化的乙烯经冷却器冷却后循环使用,总收率可达 95%。

b. 聚合反应设备。目前工业生产采用的乙烯高压聚合反应器主要有管式反应器和釜式反应器两种类型。管式反应器的主要特点:物料流动呈柱塞状,无返混现象;反应温度随管长而变化,因此反应温度有最高峰,所得聚乙烯分子量分布较宽。釜式反应器的主要特点:物料可以充分混合,所以反应温度均匀,还可以分区操作,以使各反应区具有不同的温度,从而获得分子量分布较宽的聚乙烯。釜式法与管式法的主要区别见表 7-8。

表 7-8 釜式法与管式法比较

项目	釜式法	管式法
压力	约为 110~253MPa,可保持稳定	约为 333MPa,管内产生压力降
温度	可以控制在 130~280℃ 某一范围	可高达 330℃,管内温度差较大
反应器冷却带走的热量/%	<10	<30
平均停留时间	10~120s 之内	与反应管的尺寸有关,约 60~300s
生产能力	可在较大范围内变化	取决于反应管的参数
物料流动状况	在每一反应区充分混合	接近柱塞流动,中心至管壁表面为层流
反应器表面的清洗方法	不需要特别清洗	用压力脉冲法清洗管壁表面
共聚条件	可能在广泛范围内共聚	只可与少量第二单体共聚
能否防止乙烯分解	反应易于控制,从而可防止乙烯分解	难以防止偶然的分解
产品聚乙烯分子量分布	窄	宽
长支链	多	少
颗粒凝胶	少	多

目前全世界高压法聚乙烯生产中使用釜式反应器者日益增加,其产量已超过管式反应器。

④ 单体回收及后处理。自聚合反应器中流出的物料经减压装置进入高压分离器,高压分离器内的压力为 20~25MPa,大部分未反应的乙烯与聚乙烯分离,经冷却,脱除蜡状的低聚物后回收循环使用。聚乙烯则进入内压小于 0.1MPa(表压)的低压分离器,使残存的乙烯分离回收循环使用。同时将防老剂等添加剂,根据生产牌号的要求注入低压分离器,与熔融的聚乙烯树脂充分混合后进行造粒。

高压法生产的聚乙烯流程较简单,但对设备、自动控制要求较高。此法产品密度较低的原因是聚合反应中发生分子内链转移,从而产生支链。

(2) 乙烯中压聚合工艺

中压法生产聚乙烯主要采用溶液聚合法,即乙烯在烃类溶剂中于高于聚乙烯的熔融温度下绝热聚合，由溶剂蒸发带走聚合热，由于温度高而采用较高压力，以保持液相状态。

中压法流程见图 7-9。乙烯（或乙烯和共聚单体）经精制后溶解于溶剂中，加压、加热到反应温度送入第一级反应器，乙烯在压力为 10MPa 和约 200℃ 条件下聚合。催化剂溶液则加热到与进料相等温度送入聚合釜，聚乙烯溶液由第一级反应器进入管式反应器，进一步聚合达到聚合物浓度约为 10%。出口处注入螯合剂以络合未反应的催化剂，并进一步加热使催化剂脱活。残存的催化剂经吸附脱除。

热的聚乙烯溶液减压到 0.655MPa 进行闪蒸，以脱除未反应单体和 90% 的溶剂。含有约 65% 聚乙烯的浓溶液进一步到 0.207MPa 再次闪蒸。熔融的聚合物送入挤出机进行造粒使溶剂含量低于 5×10^{-4}。

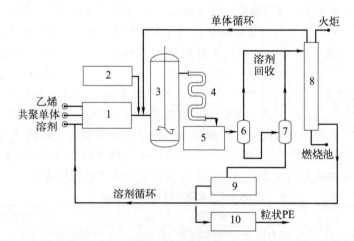

图 7-9　中压溶液法流程图

1—精制器；2—催化剂储槽；3——级反应器；4—管式反应器；5—脱催化剂器；
6——级分离器；7—闪蒸器；8—蒸馏塔（3个）；9—挤出机；10—造粒机

（3）乙烯低压聚合工艺

乙烯的低压聚合所用催化剂体系主要有两类：Phillips 催化剂和 Ziegler-Natta 催化剂。聚合产品密度为 $0.941\sim0.970\text{g/cm}^3$，称为低压高密度聚乙烯。

Phillips 催化剂的主要有效成分是六价铬的氧化物，主要载体是硅胶或含铝量较少的硅酸铝。乙烯用 Phillips 催化剂进行聚合的典型条件是：温度为 100℃，压力为 4MPa，用烃类化合物作为反应介质。

Ziegler-Natta 催化剂自 1950 年问世以来，在催化效率和种类方面得到很大发展，所研究的以及得到工业应用的种类很多，当前主要应用载体非均相体系催化剂进行乙烯聚合，以生产高密度聚乙烯。用非均相 Ziegler-Natta 催化剂进行乙烯聚合的典型条件为：反应温度 70～110℃，反应压力 0～2MPa，聚合反应在惰性溶剂如庚烷、异丁烷中进行或在气相状态下进行。乙烯的低压聚合主要采用淤浆法、溶液法和气相聚合法。其中气相本体聚合法是较有前途的方法。乙烯的气相本体聚合法首先由美国的 UCC 公司开发，其工艺流程如图 7-10。

引发剂从引发剂转移器进入引发剂加料器，从反应器的中下部加入，经精制并经压缩至所需压力的单体乙烯（或乙烯和共聚单体）以及分子量调节剂 H_2 从反应器的底部加入。操作压力为 2MPa，聚合温度为 85～100℃，乙烯单程转化率只有 2%，大量的冷惰性循环气体从反应器底部进入,使反应器底部的固体产物 PE 流态化,并把反应热带走。

循环气体和未反应的单体乙烯经反应器上部的膨胀段使流动速率降低,循环气体和未反应的单体中夹带的聚乙烯粒子沉降,气体从反应器顶部离开,通过多级旋风分离器除净其中的聚合物粒子。循环气体和未反应的单体经气体冷却器冷却,再经压缩机压缩返回至反应器以循环利用。

从多级旋风分离器分离出的聚乙烯进入产品净化器净化,惰性气体从产品净化器底部进入,除去聚乙烯空隙中的乙烯,经过滤器排出,作为尾气点燃。聚乙烯则经气流输送系统送至储仓。

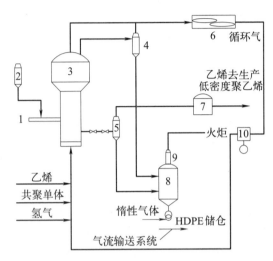

图 7-10　美国 UCC 公司低压法乙烯气相本体聚合工艺流程

1—引发剂加料器;2—引发剂转移器;3—反应器;4—多级旋风分离器;5—产品排出器;
6—空气冷凝器;7—缓冲罐;8—产品净化器;9—过滤器;10—压缩机

乙烯气相本体聚合优缺点如下:

① 乙烯气相本体聚合所用的引发剂活性很高,收率高达 $60 \times 10^4 \mathrm{gPE/gCr}$,产品密度为 $0.94 \sim 0.96 \mathrm{g/cm^3}$。

② 乙烯气相本体聚合温度控制在 $85 \sim 100 \mathrm{℃}$,在此温度下 PE 粉末不会黏结,也不会黏附在聚合反应器壁上。

③ 气相本体聚合存在的主要问题是反应热的导出较为困难。乙烯的单程转化率很低,只有 2%,98% 的单体需循环,于是增加了乙烯循环、压缩的费用。

7.3.2　聚丙烯

7.3.2.1　聚丙烯概述

聚丙烯分子结构通式中,由于单体链段中含有不对称碳原子,所以根据甲基在空间结构的排列不同有等规聚丙烯、间规聚丙烯和无规聚丙烯三种立体异构体。工业生产的聚丙烯产品中要求等规聚丙烯含量在 95% 以上。

(1) 聚丙烯的性能

聚丙烯是非极性聚合物,具有优良的耐酸、碱以及极性化学物质腐蚀的性质;高温下可溶于高沸点脂肪烃和芳烃;可与浓硫酸和硝酸等氧化剂作用。聚丙烯分子所含的叔碳原子和与之相结合的氢原子易被氧气氧化导致链断裂而变脆。温度、光线和机械应力可促进氧化过程，因此必须加入稳定剂。

（2）聚丙烯的用途

聚丙烯塑料主要用途为经注塑成型生产汽车配件、电器设备配件、空气过滤机外壳、仪表外壳、盛水器皿等；经挤塑成型生产管道、薄板、薄膜等；经熔融纺丝生产单丝和丙纶纤维；经吹塑成型生产吹塑薄膜、中空容器等。为了利用聚丙烯的耐腐蚀性和耐热温度高于聚乙烯的特点，工业上发展了玻璃钢为外层、聚丙烯管为内层的复合管道，用于腐蚀介质的输送。挤塑法生产的薄膜经拉伸取向提高强度后与吹塑薄膜经切割为扁丝后，可用来生产编织袋等；挤塑生产的薄板可用热成型法生成淋水板、盖板、外壳等制品。聚丙烯纤维主要用来生产丙纶地毯。由于聚丙烯无毒，用它生产的薄膜、容器可用作食品包装材料以及日用化学品的包装材料。

（3）聚丙烯的生产方法

等规聚丙烯是单体丙烯在 Ziegler-Natta 催化剂作用下经配位离子聚合而得。Ziegler-Natta 催化剂经过第一代、第二代的发展，现在工业生产中使用的为第三代高效催化剂，使用第三代高效催化剂的优点是免去了脱除催化剂和脱除无规聚丙烯的工序，大幅度简化聚合工艺过程。

目前我国工业生产聚丙烯的方法主要有液相本体法、气相本体法和淤浆法（溶剂聚合法）三种。第一种工业生产方法为国内自行研制开发，后两种为引进的技术。淤浆法引进时间较早，所采用的催化剂当时达不到"高效"，所以生产工艺较落后，须经过催化剂分解脱活、脱灰以及分离无规聚丙烯等工序。采用高效催化剂，可革除脱灰与脱无规物两工序。气相本体法因工艺流程简单、单线生产能力大、投资省而备受青睐，在目前聚丙烯生产工艺中用得较多、发展最快。

近年来，聚丙烯工艺和新建装置向经济性、大型化、产品高性能化方向发展，依靠催化剂技术的进步和设备制造能力的提高，大部分新建装置的单线产能都在 30 万～50 万 t/a，大大提高了装置的经济性。

7.3.2.2 聚丙烯生产工艺

（1）淤浆法聚合工艺

① 原料准备。

原料中杂质的影响：极性杂质会破坏引发剂的活性，尤其是水的影响最大；丙二烯、丁二烯、甲基乙炔等杂质对聚合反应和聚合物的立构规整性都是有害的；饱和烃，如乙烷和丙烷含量高时，会降低单体的分压，影响聚合速率，如有积累需定期排除。因此，聚合用原料和助剂中杂质的含量必须减少到允许的范围以下。

单体精制：丙烯的纯度>99.6%。精制方法采用精馏截取一定范围的馏分。必要时可通过净化剂，如活性炭、硅胶等吸附。

引发剂的配制：丙烯聚合引发剂采用的 Ziegler-Natta 络合引发剂，由四组分组成，即 $TiCl_3$、$AlC_2H_5Cl_2$、K_2TiF_6、$CH_2=CH-CH_2OC_4H_9$。

② 聚合过程。经精制的单体丙烯、溶剂以及浆状的络合物引发剂分别送至聚合反应器，聚合釜两釜串联，连续操作。饱和烃如己烷为反应介质，催化剂悬浮于反应介质中，丙烯聚合生成的聚丙烯颗粒分散在反应介质中呈淤浆状；反应釜为附搅拌装置的釜式压力反应器，

容积 $10\sim30m^3$，最大者 $100m^3$。催化剂在反应釜内的停留时间约 $1.3\sim3h$，反应温度 $50\sim75℃$，压力 $0.5\sim1.0MPa$，反应后浆液浓度一般低于 42%（质量分数）。

③ 分离过程。丙烯聚合后产物的分离工序包括清除未反应的单体、溶剂、引发剂和无规 PP。

a. 清除未反应的单体。反应物料呈淤浆状，聚合物淤浆进入脱气器（闪蒸器）除去未反应的单体丙烯。单体经压缩后循环利用。

b. 清除引发剂。引发剂的存在影响 PP 的色泽、电性能和染色性能。

用泵将物料输送至分解槽。去除引发剂的方法是加水、醇或酸等极性物质破坏引发剂，使淤浆中的引发剂变为可溶性的物质。

$$Cl_3Ti{-}AlR_2 + CH_3OH \longrightarrow TiCl_2OCH_3 + CH_3OAlR_2 + RH + HCl \tag{7-1}$$

已分解的淤浆液进入分解闪蒸槽，蒸出甲醇和溶剂己烷，淤浆再经水洗后至离心机分离。

c. 无规 PP 的清除。用己烷作溶剂，反应体系中无规 PP 被溶解，聚合物与溶剂分离时，无规 PP 即与有规 PP 分离，溶解有无规 PP 的溶剂经精馏，无规 PP 从塔底流出。

丙烯立构规整度=（沸腾的正庚烷中溶解聚合物的质量/样品质量）×100%。

④ 聚合物的后处理。PP 的干燥可采用滚筒真空干燥机、气流干燥和沸腾干燥。但要防止聚合物氧化着色。为此，可使用惰性气体，注意控制温度及物料在干燥器内的停留时间。

PP 经干燥器干燥后送至料仓，与稳定剂混合经混炼、造粒、过筛即得成品。

⑤ 回收。回收工艺包括对未反应的丙烯、溶剂、分解剂以及洗涤剂的回收。溶剂的回收是比较复杂的工艺过程，也是影响 PP 生产成本的主要因素。

第三代高效催化剂使得催化效率提高到 1g 钛生产聚丙烯达到 $3×10^5 g$；第四代催化剂 1g 钛生产聚丙烯达到 $(6×10^5)\sim(2×10^6)$ g，等规指数达 98%。因此，使用高效催化剂可省去脱灰工序和脱无规物工序。图 7-11 虚线内为使用第三代催化剂后省去的工序。

淤浆法方块流程简图见图 7-11。

（2）液相气相组合式连续本体聚合工艺

气相本体聚合生产工艺的特点在于采用高效载体催化剂，革除了脱灰和脱无规聚丙烯工序，用液相本体法生产均聚物。如要求生产抗冲聚丙烯，则将液相本体法生产的聚丙烯直接送往乙烯-丙烯气相共聚装置，与已生成的聚丙烯进行嵌段共聚，然后送往后处理工段。因此，本装置既可生产均聚物又可生产共聚物。

Himont 公司开发的 Spheripol 工艺流程见图 7-12。为了提高催化剂的活性和效能，进入反应系统的催化剂须经过预聚合处理。其方法是将催化剂各组分在预聚合反应器中，在较低温度下与较低浓度的单体进行反应，使催化剂生成少量聚丙烯（<100g/g 催化剂）。此过程可间歇操作也可连续操作。经过预聚合处理的催化剂再连续送入环式聚合反应器与液态的丙烯和调节剂氢气进行反应。在每一个环式聚合反应器中的平均停留时间为 $1\sim2h$，两反应器串联操作可缩短反应时间，提高产量。反应温度为 70℃ 左右，反应压力为 4MPa。生成的聚丙烯浓度约为 40%。每一个反应器底部装有轴流搅拌装置，使物料高速流动以加强向夹套中的冷却水的传热效率，并防止聚丙烯颗粒沉降。

连续流出的聚丙烯浆液经加热器加热后送入第一闪蒸器 2，如生产均聚物则物料再直接进入第二闪蒸器 4，以脱除未反应的丙烯。由第一闪蒸器逸出的丙烯经冷水冷却后返回反应

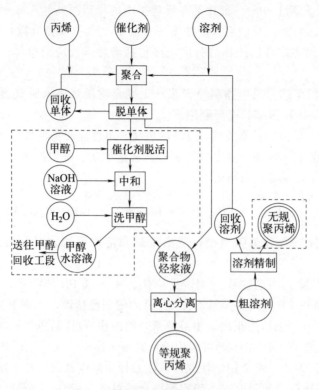

图 7-11 聚丙烯淤浆法生产流程框图

系统，第二闪蒸器逸出的丙烯气体，则经压缩机压缩液化后返回反应系统。聚丙烯粉末从第二闪蒸器进入脱活器 5，用少量蒸汽和其他添加剂使催化剂脱活，在剥离器 6 中用热的氮气脱除残存的湿气和易挥发物，经干燥的聚丙烯粉末送往储仓或添加必要的助剂后进行挤出造粒。

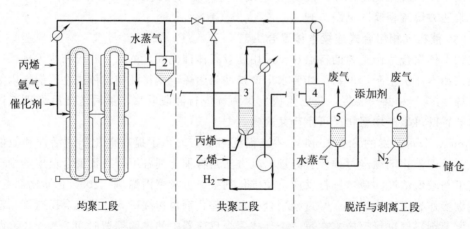

图 7-12 Spheripol 聚丙烯生产工艺流程图

1—环状反应器；2—第一闪蒸器；3—流动床共聚反应器；4—第二闪蒸器；5—脱活器；6—剥离器

Spheripol 生产装置的投资可比淤浆法节约 40%～52%，比采用高效催化剂的溶剂法节约 20%。由于原料和公用工程的消耗低，人工费用和"三废"处理费用少，所以生产成本较低。

7.3.3 聚氯乙烯

7.3.3.1 聚氯乙烯概述

聚氯乙烯（PVC）是乙烯基聚合物中最主要的品种，其产量仅次于各种聚乙烯（PE）的总产量而居第二位。

(1) PVC 的结构

PVC 大分子中除了有 C、H 两种元素外，还有 Cl 元素，Cl 原子的存在使分子间引力增加，因此，通常认为 PVC 是中等极性无定形聚合物。

(2) PVC 的性能

PVC 的玻璃化转变温度 T_g 通常认为是 80～85℃，软化点为 75～80℃；脆化温度为 -50～-60℃。分解温度为 140℃，加工温度为 145～170℃，加工温度高于分解温度，说明 PVC 热稳定性差，难以加工；同时分子间作用力较大，PVC 树脂发脆，因此不能直接作为材料使用。作为材料使用时必须加入热稳定剂、润滑剂、增塑剂等助剂以提高分解温度，降低黏流温度，以便进行成型加工。PVC 可采用压延成型、挤出成型和注射成型。

PVC 树脂中常用的稳定剂是三盐基硫酸铅（$3PbO \cdot PbSO_4 \cdot H_2O$），其用量为树脂量的 2%～5%。常用的润滑剂是硬脂酸。常用的增塑剂是邻苯二甲酸二丁酯（DBP）和邻苯二甲酸二辛酯（DOP）。

PVC 有良好的化学稳定性，常温时能耐任何浓度的盐酸、90% 以下的硫酸、50%～60% 的硝酸、70% 的氢氧化钠，对盐类也相当稳定；常温下难溶于一般有机溶剂。但溶于氯化烃及酮类，其化学稳定性随使用温度的升高而降低。

PVC 的电性能随温度、频率的升高而变坏，所以只能在低频下使用。特别是乳液聚合产品，由于其中混有乳化剂、电解质等，吸水率较大，电性能较差，不能用于绝缘材料。

PVC 属于中等极性的聚合物，其大分子中由于含有 Cl 元素，分子间吸引力增加，密度大，密集程度比 PE、PP 大。因此，PVC 具有较大的抗压强度和表面硬度及较小的伸长率；PVC 的力学性能与分子量和分子量分布有关，当 PVC 中分子量低的级分超过 30% 时，不能用于制造牢固的有弹性的耐寒塑料。

(3) PVC 的用途

纯的 PVC 受热超过 100℃ 则逐渐分解释出 HCl，光线作用下会逐渐老化降解变黄，软化点较低，力学性能较差。但由于它与许多添加剂，特别是增塑剂、稳定剂以及某些聚合物的混溶性良好，可加工为硬质或软质的各种塑料制品，用途甚为广泛。PVC 树脂的合成方法多，种类多，因种类不同，用途也不同。

硬质 PVC 塑料：耐化学腐蚀、有自熄性、强度较高、电绝缘性能好，可作耐酸管道、化工设备、楼梯扶手和塑料门窗等。

软 PVC 塑料：耐水、柔软、有良好的电绝缘性能，可作水管、水桶、电线电缆包皮和防雨材料等。

PVC 糊用塑料：耐水、耐磨，可作人造革、金属和纸张涂层、空心软制品等。

PVC 泡沫塑料：耐磨、隔音、隔热、自熄，可作建筑材料、防火壁和日常生活用品，如塑料拖鞋等。

PVC 纤维：耐磨、耐酸碱，可作工业滤布、耐酸工作服等。

（4）PVC 的生产方法

聚氯乙烯的生产工艺有悬浮法、本体法、溶液法和乳液法，其中悬浮工艺应用最多，在世界 PVC 生产装置中占比达 90%。

7.3.3.2 氯乙烯悬浮聚合工艺

我国早期生产聚氯乙烯树脂采用明胶为分散剂，所得 PVC 树脂为规整的圆球状，工业上称之为"乒乓球"树脂或"紧密型"树脂，随着生产技术的改进，和分散剂改为适当水解度的聚乙烯醇和水溶性纤维素醚，所得 PVC 树脂为多孔性不规整颗粒，称为"疏松性"树脂，其吸附增塑剂的速度明显高于紧密型树脂。

（1）原料

① 单体。氯乙烯单体储存与运输过程中为压缩后液化的液体，所以管道与容器必须耐压。万一稍有泄漏则汽化为氯乙烯蒸气，其蒸气与空气混合后的爆炸极限为 4%～22%，因此必须注意防火防爆。氯乙烯单体浓度为 8%～12%（体积分数），表现出麻醉作用，高浓度下会致人死亡，且氯乙烯具有致癌作用，因而在生产现场必须加强劳动保护。

纯度要求：一般要求 >99.8%，先进的厂家则要求 >99.99%，杂质含量因生产方法不同而有差别。例如：乙炔法生产路线要求单体中乙炔的含量 $<10^{-5}$；而平衡氧氯化法生产路线则要求单体中乙炔的含量 $\leqslant 10^{-6}$，二氯乙烷的含量 $<2\times 10^{-6}$，Fe 含量 $\leqslant 5\times 10^{-7}$。

单体精制的方法是碱洗、水洗、干燥和精馏；碱洗以除去酸性物质；水洗以除去碱性物质；干燥以除去水；精馏以除去高沸点和低沸点物质。

② 引发剂。由于氯乙烯悬浮聚合的温度为 50～60℃，应根据反应温度选择半衰期（$t_{1/2}$）适当的引发剂。选择原则是在反应温度下 $t_{1/2}=2h$。工业生产中多采用复合引发剂，两种引发剂的配比因生产树脂的牌号不同而异。例如生产分子量较低的 PVC 时可使用一种引发剂。常温下为固体的引发剂，在使用时应配成溶液。常用的引发剂有偶氮类、过氧化二酰类和过氧化二碳酸酯类等为油溶性引发剂。目前多采用高活性引发剂和低活性引发剂复合体系，如偶氮二异丁腈和偶氮二异庚腈复合，如复合得当，可使 PVC 的悬浮聚合接近匀速反应。

③ 悬浮剂。悬浮剂又称分散剂，其种类和用量对 PVC 的颗粒大小和形态至关重要，选用明胶作悬浮剂，将形成紧密型树脂或称乒乓球树脂，表面有很多鱼眼。选用聚乙烯醇作悬浮剂时，则形成疏松型树脂或称棉花球状树脂。PVC 生产中悬浮剂分为主悬浮剂和辅助悬浮剂两类。

主悬浮剂作用是控制所得颗粒的大小，常用物有纤维素醚类（包括甲基纤维素、羟乙基纤维素、羟丙基纤维素、羟丙基甲基纤维素等），目前主要应用羟丙基甲基纤维素，部分水解的聚乙烯醇［要求聚合度为 1750±50，醇解度为 (80±1.5)%］。辅助悬浮剂作用是提高颗粒中的空隙率，改进氯乙烯树脂吸收增塑剂的能力。常用物有小分子表面活性剂（目前主要应用非离子型的脱水山梨醇单月桂酸酯），低分子量、低水解度聚乙烯醇。

④ 介质水。介质水应为经过离子交换树脂处理后的去离子水。

⑤ 其他助剂。链终止剂：为了保证 PVC 树脂的质量，使聚合反应在设定的转化率终止或防止发生意外停电事故，必须临时终止反应时使用。常用的链终止剂是聚合级的双酚 A、对叔丁基邻苯二酚（TBC）等。

链转移剂：为了控制 PVC 的平均分子量，除严格控制反应温度外，必要时添加链转移剂。常用的有硫醇、巯基乙醇等。

抗鱼眼剂：为了减少 PVC 树脂中所含结实的圆球状树脂数量，可加入抗鱼眼剂，主要是苯甲醚的叔丁基、羟基衍生物。

防粘釜剂：树脂的粘釜是悬浮聚合法急待解决的工艺问题。防粘釜剂主要是苯胺染料、蒽醌染料等的混合溶液。

（2）聚合配方及工艺条件

① 氯乙烯悬浮聚合配方见表 7-9。

表 7-9 氯乙烯悬浮聚合配方

物质	氯乙烯	悬浮剂	引发剂	去离子水
质量份	100	0.05～0.15	0.03～0.08	90～150

注：表中数据为质量份，具体投料则因生产的树脂牌号不同而不同。

② 氯乙烯悬浮聚合工艺条件的控制。氯乙烯悬浮聚合工艺条件如表 7-10。

表 7-10 氯乙烯悬浮聚合工艺条件

型号	XJ-1/XS-1	XJ-2/XS-2	XJ-3/XS-3	XJ-4/XS-4
平均聚合度	1300～1500	1100～1300	980～1100	800～900
树脂的 K 值	>74.2	70.3～74.2	68～70.3	65.2
气密压力/MPa	0.5	0.5	0.5	0.5
聚合温度/℃	47～48	50～52	54～55	57～58
升温时间/min	<30	<30	<30	<30
温度波动/℃	±(0.2～0.5)	±(0.2～0.5)	±(0.2～0.5)	±(0.2～0.5)
聚合压力/MPa	0.65～0.70	0.70～0.75	0.75～0.80	0.80～0.85
出料压力/MPa	0.45	0.45	0.50	0.55
搅拌速度/(r/min)	200～220	200～220	200～220	200～220

注：K 值是表示聚氯乙烯树脂分子量大小的一个数值。

（3）氯乙烯悬浮聚合工艺流程

氯乙烯悬浮聚合生产流程见图 7-13。首先将去离子水、分散剂以及除引发剂以外的各种助剂，经计量后加入聚合釜中，开动搅拌。加热升温至规定的温度，加入溶有引发剂的单体溶液，聚合反应即开始。夹套通低温（9～12℃）水进行冷却，在聚合反应剧烈阶段应通 5℃ 以下的低温水，严格控制反应温度，使其波动不超过 ±0.2℃。达到规定的转化率即终止反应。终止反应的方法是加入链终止剂。反应结束后，迅速减压脱除未反应的单体，进入单体回收系统。但此时 PVC 浆料中仍含有 2%～3% 的 VC，由于 VC 是致癌物质，产品 PVC 中单体含量要求低于 $(1～10)\times 10^{-6}$。所以，反应物料应送入氯乙烯剥离塔进行"单体剥离"或称为"汽提"。PVC 树脂浆料自单体剥离塔塔顶送入塔内与塔底通入的蒸汽逆向流动，VC 与蒸汽自塔顶逸出，送往氯乙烯回收装置。剥离单体后的浆料经热交换器冷却后送至离心分离工段，脱除水分后的滤饼中含水量约为 20%～30%，再经气流干燥器送入卧式沸腾床干燥器进行干燥。干燥后的 PVC 树脂含水量为 0.3%～0.4%。经筛分除去大颗粒树脂后进行包装，即可出售。

（4）PVC 生产工艺条件控制

① 反应釜釜材和传热。PVC 树脂的生产采用的反应釜，小型釜容积为 7～13.5m³，主要为搪玻璃压力釜，内壁光洁，不易产生釜垢，容易清釜。但因玻璃的传热系数低，仅用于小型反应釜。大型釜采用不锈钢制作，但缺点是粘釜现象严重，随着生产配方和生产技术的进步，粘釜问题基本解决。

VC 聚合时必须严格控制聚合温度，温度波动要求不超过 ±0.2℃，所以如何及时导出

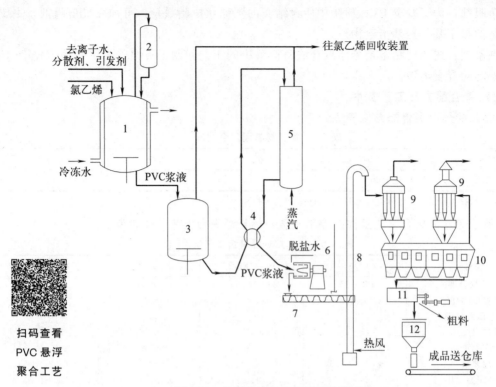

图 7-13 悬浮法聚氯乙烯生产流程图

1—聚合釜；2—冷凝器；3—减压储液罐；4—热交换器；5—氯乙烯剥离塔；6—离心机；7—螺旋输送机；
8—气流干燥器；9—旋风分离器；10—沸腾床干燥器；11—滚筒筛；12—料斗

聚合热成为反应釜设计过程中必须考虑的重要问题。解决问题的方法是将反应釜设计为瘦高型，提高夹套冷却面积，大型反应釜设有可水冷的挡板，反应釜上安装回流冷凝装置，为了提高传热效率工业上采用经冷冻剂冷却的低温水（9～12℃或更低）进行冷却。

反应的搅拌装置不仅对传热效果具有重要作用，而且对 PVC 颗粒形态、大小及其分布具有重要影响。因此，搅拌器桨叶的形状、叶片层数、转速等的设计甚为重要。

② 意外事故的处理。由于聚合热量大，如遇突然停电，搅拌器停止搅拌或冷却水产生故障都将使釜中物料温度上升，导致釜内压力升高甚至引起爆炸，为杜绝此类事故的发生采取两项措施：一是在反应釜盖上安装有与大口径排气管连接的爆破板，万一发生爆炸时爆破板首先爆破；二是反应釜设置自动注射阻聚剂的装置，当温度急剧升高时自动装置向釜内注射阻聚剂。

③ 粘釜及其防止方法。氯乙烯悬浮聚合过程中的反应釜内壁和搅拌器表面经常沉淀 PVC 树脂形成的锅垢即粘釜现象。粘釜物存在将降低传热效率，增加搅拌器负荷，更重要的是粘釜物跌落在釜内则形成鱼眼，影响产品质量。为了保证产品质量，生产一釜或数釜后必须进行清釜，清釜采用人工清釜法或加入防粘釜剂法。

（5）PVC 悬浮聚合的特点

① 聚合温度和链转移反应对 PVC 的分子量的影响。氯乙烯自由基聚合时，氯乙烯链自由基向氯乙烯单体的转移常数很大，其转移速率远远超过了正常的终止速率，以致氯乙烯链自由基向单体的转移反应成为 PVC 大分子的主要生成方法。因而其平均聚合度可用下式

表示：

$$\overline{X}_n = \frac{R_p}{R_t + \sum R_{tr,M}} = \frac{R_p}{R_{tr,M}} = \frac{k_p c(M\cdot)c(M)}{k_{tr,M}c(M\cdot)c(M)} = \frac{k_p}{k_{tr,M}} = \frac{1}{c_M} \tag{7-2}$$

式中　R_p——聚合反应速率，mol/(L·s)；
　　　R_t——终止反应速率，mol/(L·s)；
　$\sum R_{tr,M}$——链转移反应速率，mol/(L·s)；
　　　k_p——链增长速率常数，L/(mol·s)；
　　$k_{tr,M}$——向单体转移速率常数，L/(mol·s)；
　　$c(M\cdot)$——单体自由基的浓度，mol/L；
　　　$c(M)$——单体的浓度，mol/L；
　　　c_M——向单体的链转移常数。

由上式说明，PVC 的平均聚合度只与温度有关。在常用的温度（40~70℃）下，PVC 的平均聚合度由温度来控制。

工业生产中，利用控制不同温度来生产各种牌号的 PVC 树脂。反过来说，为了生产不同牌号的 PVC 树脂，必须严格控制聚合反应的温度，温度波动不能超过 ±0.2℃。同时聚合温度不能太高，一般在 50~60℃，温度太高会引起 PVC 链自由基向 PVC 大分子的链转移反应，引起支化大分子的形成，影响产品的性能。

氯乙烯的悬浮聚合体系中，聚合物的分子量用聚合温度来控制，聚合反应的速率用引发剂的种类和用量来调节。

② 自动加速现象。氯乙烯的悬浮聚合属沉淀聚合。聚合一开始不久就出现自动加速现象，但不明显。如选用低活性引发剂，直至转化率达 70% 才表现得比较明显。这是因为 PVC 虽不能溶于 VC 中，但能被单体所溶胀，聚合物微粒表面吸收一部分单体形成单体聚合物微珠，这种微珠的黏度比单体的黏度大，但单体在其中运动扩散并无困难，所以，链自由基与单体的链增长反应仍能进行，加上 VC 进行自由基聚合时终止方式是链自由基向单体转移为主，因而 VC 的聚合体系既不同于均相悬浮聚合，又不同于典型的非均相悬浮聚合。

③ 安全问题。氯乙烯是一种致癌物质，长期接触氯乙烯单体有可能患肝癌。因此，降低空气中氯乙烯的浓度非常重要。美国规定，PVC 生产环境中在 8h 内平均质量分数不超过 1×10^{-6}，在任意 15min 内平均质量分数不得超过 5×10^{-6}。降低 VC 在空气中浓度的关键是防止生产过程中的泄漏，泄漏较多的是聚合部分，另外是在清釜时打开釜盖。所以，防护技术特别重要。

（6）聚氯乙烯树脂的颗粒形态和粒度分布

PVC 树脂的颗粒形态和粒度分布是影响树脂性能的重要因素。

① 颗粒形态。PVC 树脂有紧密型和疏松型两种。前者表面光滑，表面有很多鱼眼，吸收增塑剂的能力较差，不易塑化，加工性能较差；后者表面疏松，吸收增塑剂的能力强，容易塑化，加工性能好。

② 粒度分布。粒度分布通常用通过 200 目筛孔的百分数来表示。PVC 树脂的粒度分布为 30%~43.5%（50~150μm）较适宜。一般树脂颗粒较大，其软化温度和冲击强度较高，但成型加工困难，而树脂粒度太小，加工时容易飞扬，污染环境。

（7）影响聚氯乙烯树脂颗粒形态和粒度分布的因素

影响 PVC 树脂颗粒形态和粒度分布的因素主要是悬浮剂的种类和机械搅拌；其次是单体的纯度、聚合用水和聚合物后处理。

① 悬浮剂种类。用明胶作悬浮剂时，其对单体的保护作用太强，对树脂的压迫力太大，容易形成紧密型树脂（乒乓球树脂）。

聚乙烯醇（PVA）作悬浮剂时，其对单体的保护作用适中，往往形成类似疏松型树脂，但 PVA 是合成高分子化合物，其分子量大小和分子量分布对 PVC 树脂的粒度分布有影响，因此，对 PVA 的聚合度、分子量分布及醇解度要求较严格。

② 机械搅拌。当悬浮剂的种类和用量一定时，机械搅拌就成了影响 PVC 树脂颗粒形态和粒度分布的重要因素。一般讲，搅拌速度越快，树脂颗粒越小，搅拌速度均匀，树脂颗粒分布较窄。搅拌速度应低于"临界搅拌速度"。

③ 其他因素。单体的纯度、聚合用水及聚合物后处理对 PVC 树脂颗粒形态和粒度分布也有一定的影响。若其中含有氯离子、氯化物，它们对 PVC 树脂有一定的溶解能力，会导致形成紧密型树脂。

7.3.4 丁二烯-苯乙烯共聚物

7.3.4.1 概述

丁苯橡胶（styrene-butadiene rubber，SBR）是由丁二烯与苯乙烯两种单体共聚而成的弹性体，结构式为 $\mathrm{+CH_2-CH=CH-CH_2\,\frac{1}{m}+CH_2-CH\frac{1}{n}}$ 。

丁苯橡胶是最早工业化的合成橡胶之一，是一种综合性能较好的通用型合成橡胶，也是合成橡胶中产量最大的一个品种，约占整个合成橡胶产量的 60%。

丁苯橡胶（生胶）的外观为浅黄褐色弹性体，分子量为 15 万～20 万，其密度与 T_g 则随橡胶中苯乙烯含量而改变。丁苯橡胶的介电性能、对氧及热的稳定性均比天然橡胶好。但其黏结性较差，可塑性低，所以不易加工。若用硫黄硫化时，硫化速度比天然橡胶慢，故需加入较多的硫化促进剂。丁苯橡胶硫化后的硫化胶中，若加有炭黑补强剂，其强度可大幅增加，弹性、耐磨性、耐老化性能均可超过天然橡胶；耐酸性、耐碱性、介电性及气密性与天然橡胶相似。在多数场合丁苯橡胶可代替天然橡胶使用，作为制造轮胎和其他橡胶制品的原料。丁苯橡胶按其发展史可分为高温丁苯橡胶和低温丁苯橡胶两种。

① 高温丁苯橡胶。早期丁苯橡胶的生产采用过硫酸钾（$K_2S_2O_8$）作为引发剂，因其分解活化能高，所以聚合温度较高，且引发剂在 50℃时 $t_{1/2}=30h$，采用 50℃高温乳液聚合，生产周期长，生产的丁苯橡胶性能差，较硬，称为硬丁苯或热丁苯。

② 低温丁苯橡胶。后来发现了氧化-还原引发体系，采用反应温度 5℃的低温乳液聚合，此法生产的丁苯橡胶软，称为软丁苯或冷丁苯，产品性能优于热丁苯。低温聚合逐渐代替了高温聚合，目前，我国丁苯橡胶的生产全部采用低温聚合生产工艺。

7.3.4.2 低温乳液聚合工艺

（1）配方和工艺条件

低温乳液聚合典型配方和工艺条件见表 7-11 和表 7-12。

表7-11 冷法丁苯乳液聚合典型配方

原料及辅助材料		质量分数/%
单体	丁二烯	72
	苯乙烯	28
分子量调节剂	叔十二烷基硫醇或正十二烷基硫醇	0.16
反应介质	水	105
脱氧剂	保险粉	0.025~0.04
乳化剂	歧化松香酸钠	4.62
引发体系 过氧化物	过氧化氢异丙苯、过硫酸钾等	0.06~0.12
引发体系 还原剂	硫酸亚铁	0.01
引发体系 还原剂	吊白块	0.04~0.10
引发体系 螯合剂	EDTA钠盐	0.01~0.025
引发体系 电解质	磷酸钠	0.24~0.45
终止剂	控制聚合转化率之用,常用二甲基二硫代氨基甲酸钠,并添加多硫化钠,以消除残余氧化剂	0.02~0.1

表7-12 冷法丁苯乳液聚合工艺条件

工艺条件	数值
聚合温度/℃	5
转化率×100	60~80
聚合时间/h	7~10

单体含量与转化率的关系见表7-13。

表7-13 共聚物中苯乙烯单体的含量与单体转化率的关系

转化率×100	20	40	60	80	90	100
共聚物中苯乙烯单体的含量×100	22.3	22.5	22.8	23.6	24.3	28.0

(2) 低温乳液聚合生产工艺

丁苯橡胶低温乳液聚合工艺流程如图7-14所示,工艺过程包括原料准备、聚合、回收未反应单体和聚合物后处理等。

① 原料准备。单体精制:单体丁二烯和苯乙烯分别用10%~15%的NaOH水溶液于30℃进行淋洗,以除去其中所含的阻聚剂对叔丁基邻苯二酚(TBC),使丁二烯纯度>99%,苯乙烯纯度>99.6%。

水溶液配制:分子量调节剂、乳化剂、电解质、脱氧剂等水溶性的物质按规定的数量用去离子水分别配成水溶液。

乳液配制:填充油和防老剂等非水溶性的物质配成乳液。

② 聚合。把单体、分子量调节剂和乳化剂混合液、去离子水用泵抽出,在管路中混合后进入冷却器1,使之冷却至30℃;然后与脱氧剂(包括螯合剂和还原剂)进行混合,从连续聚合釜2的底部进入聚合系统。氧化剂则直接从釜的底部进入连续聚合釜。聚合系统由8~12聚合釜组成,串联操作。聚合时间以转化率和门尼黏度达到要求为准,当反应物料达到规定的转化率时加终止剂终止聚合反应。一般在聚合釜后装有小型的终止釜(数个串联),

根据测定的转化率数值，在不同位置添加终止剂（二甲基二硫代氨基甲酸钠）。

③ 回收未反应单体。从聚合釜卸出的胶乳进入缓冲罐8，然后经两个不同真空度的闪蒸器回收未反应的单体丁二烯，丁二烯经压缩机9压缩液化再经冷凝器4冷凝，除去惰性气体后，循环使用。脱除了丁二烯的胶乳进入苯乙烯汽提塔11，汽提塔用过热蒸汽加热。苯乙烯蒸气从塔顶馏出，经气体分离器12分离，将其中含有的少量乳液返回闪蒸器再次闪蒸以除去丁二烯。苯乙烯蒸气进入冷凝器4，再经升压器14升压，经喷射泵13喷射至冷凝器4冷凝液化，进入苯乙烯倾析器15，除去水后继续循环使用。经脱除单体丁二烯和苯乙烯的胶乳进入混合槽16，在此与规定的防老剂乳液进行混合，必要时添加填充油乳液，经搅拌混合均匀，达到要求浓度后送至后处理工段。

④ 聚合物后处理。将混有防老剂的胶乳用泵送至絮凝槽17，在此与质量分数为24%～26%的氯化钠溶液相遇而破乳变成胶状物，之后进入胶粒化槽18与0.5%的稀硫酸混合后，在剧烈搅拌下生成胶粒，再溢流到转化槽19以完成乳化剂转化为游离酸的过程。从转化槽19溢流出的胶粒和清液经过振动筛进行过滤分离，湿胶粒进入再胶化槽20，用清浆液和洗涤水洗涤。物料再经真空回转过滤器21脱除一部分水，使含水量低于20%；然后湿胶粒进入粉碎机22粉碎成5～50mm的胶粒，用空气输送带24送至干燥机25干燥至含水量<0.1%。经输送器26送至成型机压块，称重，经金属检测后包装入库。

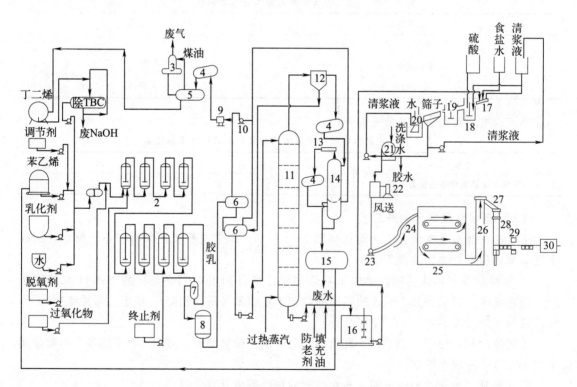

图7-14 乳液聚合生产丁苯橡胶工艺流程

1—冷却器；2—连续聚合釜；3—洗气罐；4—冷凝器；5—丁二烯储罐；6—闪蒸器；7—终止釜；8—缓冲罐；9—压缩机；10—真空泵；11—苯乙烯汽提塔；12—气体分离器；13—喷射泵；14—升压器；15—苯乙烯倾析器；16—混合槽；17—絮凝槽；18—胶粒化槽；19—转化槽；20—再胶化槽；21—真空回转过滤器；22—粉碎机；23—鼓风机；24—空气输送带；25—干燥机；26—输送器；27—自动计量器；28—成型机；29—金属检测器；30—包装机

(3) 聚合过程中主要影响因素、工艺控制及装置

① 共聚单体的配比。丁二烯（M_1）与苯乙烯（M_2）在5℃进行聚合时，相应的竞聚率 $r_1=1.38$，$r_2=0.64$，可知丁二烯的活性比苯乙烯大，随着反应的进行，共聚物的组成会随转化率的提高而不断改变，所以共聚时两种单体的配比必须设法控制和调节，以制取具有恒定组成的共聚物。经研究可知，丁苯橡胶中苯乙烯含量为23.5%时其综合性能最佳，而当共聚进料中丁二烯/苯乙烯（质量比）为72/28时，转化率达到60%以前，共聚物中苯乙烯含量几乎不受转化率的影响，所得丁苯橡胶中苯乙烯含量在23.5%左右。

② 聚合过程中工艺控制。聚合反应温度控制在5～7℃，操作压力（表压）为0.25MPa，反应时间为7～10h，转化率为（60±2）%。

③ 聚合装置。乳液聚合生产丁苯橡胶聚合釜一般由8～12台釜式反应器串联组成一条生产线。多釜串联进行连续操作时，物料在釜内的停留时间是平均值，在乳液聚合中，胶乳粒子的粒径分布与停留时间有关，采用8～12台釜式反应器串联，可使胶乳粒子粒径分布较窄，又可提高产品的质量。因低温聚合的温度为5℃，所以对聚合釜的冷却效率要求甚高。目前，工业上主要采用在聚合釜内部安装垂直管式氨蒸发器，即用液氨汽化的方法进行冷却。

④ 聚合终点的控制。聚合反应的终点取决于转化率和门尼黏度。工业上控制转化率为60%，门尼黏度则因产品牌号不同而异。测定转化率的方法是测定物料的固含量，此法所需时间较长。工业生产利用胶乳的密度随转化率上升而增加的性质，用安装在生产线上的γ射线密度计快速测定密度。为了精确控制反应终点，终止剂应及时加入。每个终止釜中都有终止剂加料口，根据需要于适当位置加终止剂，以保证转化率为（60±2）%。

⑤ 生产中注意的问题

a. 粘釜问题。单体回收过程中，胶乳中含有的乳化剂受热和减压时容易产生大量泡沫，胶乳粒子可能凝聚成团，或黏附于反应器壁上形成粘釜物。因此，乳液聚合中也存在清釜壁问题。

b. 防止爆聚。未反应的丁二烯和苯乙烯在残存的过氧化物作用下或氧的作用下受热而迅速聚合生成爆聚物种，这种爆聚物种会逐渐长大为爆聚物，而这种爆聚物活性期很长，即使加热到260℃，20h后再接触单体仍可以增长，并且伴有体积的增大，易堵塞管道，甚至会撑破钢铁容器，而且很难清理，是丁苯橡胶生产中最棘手的问题。为了防止生成爆聚物，或者消灭生成的爆聚物种子，需要将抑制爆聚物种生长的抑制剂$NaNO_2$、I_2、HNO_3等连续不断地加到单体回收系统中。

7.3.5 环氧树脂

7.3.5.1 环氧树脂概述

分子中含有两个以上环氧基团的合成树脂称为环氧树脂。环氧树脂于1947年首先在美国进行了工业化生产。在20世纪80年代以前，主要研究树脂的合成，80年代以后，对于它的改性、固化机理和产物结构、性能的研究显得更为活跃，成就更大。我国对环氧树脂的开发始于1956年，1958年开始工业化生产。经过几十年的发展，我国环氧树脂的生产和应用已经取得了很大成就，环氧树脂的品种、产量和质量得到不断提高。

环氧树脂的种类很多，并且不断有新品种出现，其中以双酚A型环氧树脂最为重要。

环氧基是环氧树脂的特性基团，它的含量多少是这种树脂最为重要的指标，描述环氧基含量有 3 种不同的表示法。

环氧当量：含有 1mol 环氧树脂的质量，其单位为 g/mol。这一表示方法常被美国、欧洲国家、日本采用。

环氧值：每 100g 树脂中含有环氧基的物质的量，其单位为 mol/100g。我国采用这一表示方法。

环氧质量分数：每 100g 树脂中含有环氧基的质量，其单位为 g/100g。这一表示方法常被俄罗斯、东欧国家等采用。

（1）双酚 A 型环氧树脂结构特性

双酚 A 型环氧树脂的大分子结构特征如下：①大分子两端是反应能力很强的环氧基，主链上是反应能力很强的羟基。环氧基和羟基赋予树脂反应性，使树脂固化物具有很强的内聚力和黏结力。②大分子中有极性基团醚键和羟基，有助于提高浸润性和黏附力。③醚键使大分子具有柔顺性，增加了树脂的韧性和耐腐蚀性。④苯环赋予树脂耐热性和刚性。

（2）环氧树脂的应用特性

环氧树脂的结构决定了其应用特性：①黏结强度高，黏结面广。②收缩率低。环氧树脂的固化主要是依靠环氧基的开环加成聚合，固化过程中不产生低分子物。环氧树脂本身具有仲羟基，再加上环氧基固化时派生的部分残留羟基，它们的氢键缔合作用使分子排列紧密，因此环氧树脂的固化收缩率较低。③稳定性好。其性能优于酚醛树脂和聚酯树脂。④优良的电绝缘性。固化后的环氧树脂吸水率低，不再具有活性基团和游离的离子，具有优异的电绝缘性能。⑤机械强度高。⑥良好的加工性。

鉴于以上特性，环氧树脂在很多领域都具有广泛用途，如用于涂料、浇铸料、纤维增强塑料、胶黏剂、泡沫材料等。

7.3.5.2 双酚 A 型环氧树脂的合成

双酚 A 型环氧树脂低聚体是由双酚 A 和环氧氯丙烷经缩聚反应而得。其合成反应简式为：

$$(n+2)H_2C-CH-CH_2Cl + (n+1)HO-\!\!\!\!\bigcirc\!\!\!\!-C(CH_3)_2-\!\!\!\!\bigcirc\!\!\!\!-OH \xrightarrow{(n+2)NaOH}$$

$$H_2C-CH-CH_2-[O-\!\!\!\!\bigcirc\!\!\!\!-C(CH_3)_2-\!\!\!\!\bigcirc\!\!\!\!-OCH_2CHCH_2]_n-O-\!\!\!\!\bigcirc\!\!\!\!-C(CH_3)_2-\!\!\!\!\bigcirc\!\!\!\!-OCH_2-CH_2 \quad (7-3)$$

$$+ (n+2)NaCl + (n+2)H_2O$$

（1）双酚 A 型环氧树脂的分类

工业上生产的环氧树脂牌号很多，其平均分子量一般为 340～7000，分为 3 类：

$n=0$～2，低分子量，室温下为液体，如 E-31（$n=0$ 时，分子量为 340）；

$n=2$～5，中等分子量，室温下为固体，软化点为 50～90℃，如 E-20；

$n>5$，高分子量，室温下为固体，软化点>100℃，如 E-03。

（2）双酚 A 型环氧树脂的生产工艺

三种不同分子量的环氧树脂，其生产配方、工艺控制见表 7-14。

表 7-14　不同分子量环氧树脂的工艺控制对比

工艺控制		低分子量（以 $n=0$ 为例）	中等分子量	高分子量
配比（摩尔比）双酚A：环氧氯丙烷：氢氧化钠	理论 $(n+1):(n+2):(n+2)$	1:2:2	二者之间	1:1.2:1.2
	实际	1:2.75:2.42	二者之间	1:1.218:1.185
加料方式（前提条件：同样的原料配比）		先将双酚A溶于环氧氯丙烷中，然后滴加氢氧化钠溶液	先将双酚A溶于氢氧化钠溶液，然后将其滴加到环氧氯丙烷中	先将双酚A溶于氢氧化钠溶液，然后将环氧氯丙烷一次加入其中
氢氧化钠	用量	过量		与理论配比相当
	浓度/%	30		10
	加入方式	分两批滴加		一次性加入
反应温度/℃		50~60	55~85	85~95
反应时间/h		10~12		3~5

（3）低分子量环氧树脂的生产工艺

低分子量环氧树脂生产流程见图 7-15。依次将双酚 A 和环氧氯丙烷加入溶解釜中，加热搅拌使双酚 A 溶解，然后用齿轮泵送入聚合釜中，将碱液经由计量泵滴加到聚合釜中。升温至 50~55℃，保温反应 4~6h，减压回收未反应的环氧氯丙烷。将反应物料冷却至 55℃以下，加入苯，同时滴加第二批氢氧化钠溶液，于 65~70℃维持反应 3~4h。

反应结束后，冷却、静置使物料分层，再将树脂-苯溶液抽吸至回流脱水釜中，下层盐水用苯萃取抽吸一次后放掉。利用苯-水共沸原理脱出物料中的水分，再冷却、静置、过滤，然后送至沉降槽中沉降，最后抽入脱苯釜中，先常压后减压脱苯，脱苯后从釜中放出产物环氧树脂。

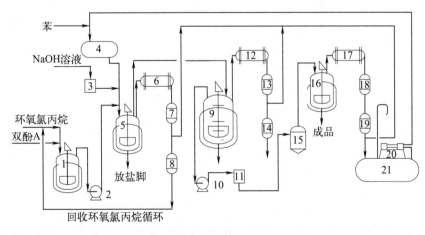

图 7-15　低分子量环氧树脂工艺流程

1—溶解釜；2,10—输送泵；3—计量泵；4—苯高位槽；5—聚合釜；6,12,17—冷凝器；7,13,18—接收槽；8,14,19—中间储槽；9—回流脱水釜；11—过滤器；15—沉降槽；16—脱苯釜；20—蒸汽泵；21—苯储槽

(4) 双酚 A 型环氧树脂的生产工艺分析

① 原料配比对分子量的影响。由环氧树脂的合成反应方程式可知，理论上环氧氯丙烷与双酚 A 的摩尔比为 $(n+2):(n+1)$。但在实际生产时，树脂的分子量越低，环氧氯丙烷过量于双酚 A 越多，随着分子量的增大，两种单体的摩尔比逐渐接近于理论值。

从理论上来看，欲制得 $n=0$ 的理想中的最小分子量树脂只要用 2mol 的环氧氯丙烷和 1mol 的双酚 A 以及 2mol 的氢氧化钠就可以了。但事实并非如此，直到今天，人们用尽各种办法也不能制得这一分子量为 340 的树脂。这说明环氧氯丙烷和双酚 A 两种单体的反应是十分复杂的，对于它的反应机理至今还属研究中的课题。各种理论众说纷纭，目前较为统一的看法可用如下的反应机理来说明。

a. 单体与单体的反应（开环反应）。

$$\text{(结构式)} \tag{7-4}$$

b. 分子链与单体的反应（开环反应）。

$$\text{(结构式)} \tag{7-5}$$

以上两个反应是放热反应，同时伴有闭环反应。

c. 闭环反应。

$$\text{(结构式)} \tag{7-6}$$

d. 分子链与分子链之间的反应。

$$\text{(结构式)} \tag{7-7}$$

分子链之间的反应是造成环氧树脂分子量增大、环氧值下降、黏度增大的原因。因此，工业化生产时环氧氯丙烷用量大大过量就是为了使反应有利于双酚 A 很快转化为前两步开环反应，尽可能地抑制分子链与分子链之间的反应是制造高质量、低分子量环氧树脂的关键。

除了以上的主反应之外，还有副反应发生，即环氧氯丙烷的水解反应。

环氧氯丙烷在碱性介质和一定的温度下很容易发生水解反应：

$$H_2C-CH-CH_2Cl \xrightarrow{OH^-} H_2C-CH-CH_2Cl \xrightarrow{NaOH} H_2C-CH-CH_2OH + NaCl \quad (7\text{-}8)$$

环氧丙醇在碱性介质中更容易水解，最终生成丙三醇：

$$H_2C-CH-CH_2OH + H_2O \xrightarrow{OH^-} H_2C-CH-CH_2 \quad (7\text{-}9)$$

环氧氯丙烷的水解使环氧氯丙烷无谓地消耗，增加了生产成本，丙三醇溶解于废水增加了水处理的难度。因此，要制备低分子量的环氧树脂，就要采用环氧氯丙烷大量过量的方法。如要制备分子量为 370 的环氧树脂，通常采取环氧氯丙烷：双酚 A＝(6～12)：1。

② 加料方式对分子量的影响。在同样原料配比下，不同的加料方式，所得的环氧树脂分子量不同。

a. 先将双酚 A 溶于环氧氯丙烷中，然后滴加氢氧化钠溶液，这样制成的环氧树脂分子量最小。

b. 先将双酚 A 溶于氢氧化钠溶液，然后将其滴加到环氧氯丙烷中，这样制成的环氧树脂分子量居中。

c. 先将双酚 A 溶于氢氧化钠溶液，然后将环氧氯丙烷一次加入其中，这样制成的环氧树脂分子量较大。

③ 氢氧化钠的用量、溶液浓度和加料方式对分子量的影响。在浓碱介质中，环氧氯丙烷的活性增大，脱氯化氢的作用较迅速、完全，所形成的树脂的分子量也较低：一般生产低分子量树脂用 30%的碱液；合成高分子量树脂用 10%的碱液。

在碱性条件下，环氧氯丙烷易发生水解反应，如前所述，为了提高环氧氯丙烷的回收率，生产低分子量环氧树脂时常分两次投碱。第一次投碱主要是发生开环反应以及中和部分缩合反应中缩出的 HCl，当树脂的分子链基本形成后，立即回收未反应的环氧氯丙烷。第二次投碱主要是发生大量的闭环反应，中和闭环反应中缩出的 HCl。因此，一般生产低分子量树脂分两次滴加碱液，而合成高分子量树脂时只需一次性加入。

7.3.5.3 双酚 A 型环氧树脂的固化

环氧树脂低聚体本身是热塑性的线型大分子，是淡黄色至青铜色的黏稠液体或脆性固体，不能直接用作材料使用，必须在使用时加入固化剂，在一定温度下使之交联固化生成体型交联的聚合物才具有使用价值。

(1) 环氧树脂的固化剂

环氧树脂的固化剂分为两类：仅发生催化作用的固化剂可称为催化型固化剂；参与固化反应的固化剂可称为结合型固化剂。

① 催化型固化剂。催化型固化剂可以是 Lewis 酸，如 BF_3、$AlCl_3$、$SnCl_4$ 和 $ZnCl_2$ 等；也可以是 Lewis 碱，主要是叔胺等。

② 结合型固化剂。结合型固化剂主要有四类：多元胺类，如乙二胺、己二胺、间苯二胺、伯胺、仲胺和多乙烯多胺（二乙烯三胺、三乙烯四胺等）；有机多元酸和酸酐，如邻苯二甲酸酐、顺丁烯二酸酐和均苯四酸二酐等；合成树脂，如酚醛树脂、脲醛树脂和糠醛树脂等；低分子量的聚酰胺树脂。

（2）环氧树脂低聚体的固化反应

以酸酐（高温固化剂）为例说明环氧树脂的固化机理。

① 酸酐上的羧基与环氧树脂主链上的羟基反应，形成单酯：

$$\text{(酸酐)} + \sim\text{CH}_2-\underset{\text{OH}}{\text{CH}}-\text{CH}_2\sim \longrightarrow \text{(单酯)} \tag{7-10}$$

② 单酯再与另一环氧树脂大分子主链上的羟基反应生成双酯：

$$\text{(单酯)} + \sim\text{CH}_2-\underset{\text{OH}}{\text{CH}}-\text{CH}_2\sim \longrightarrow \text{(双酯)} \tag{7-11}$$

③ 酸酐上的羧基与环氧树脂上的环氧基反应

$$\text{(单酯)} + \sim\text{CH}-\underset{\text{O}}{\diagdown}\text{CH}_2 \longrightarrow \text{(双酯)} \tag{7-12}$$

以胺为固化剂的环氧树脂固化机理如下式所示：

$$4\sim\text{CH}_2-\underset{\text{O}}{\underset{\diagdown}{\text{CH}}}-\text{CH}_2 + \text{H}_2\text{N(CH}_2)_2\text{NH}_2 \longrightarrow \tag{7-13}$$

7.3.6 聚碳酸酯

7.3.6.1 聚碳酸酯概述

大分子链中含有碳酸酯重复单元的线型聚合物称为聚碳酸酯（poly-carbonate，PC）。聚碳酸酯可分为脂肪族、芳香族等各种类型，其中双酚 A 型的芳香族聚碳酸酯最具实用价值。聚碳酸酯于 1958 年开始进行工业化生产，20 世纪 60 年代发展为一种新型的热塑性工程塑料。目前，聚碳酸酯的产量在工程塑料中已跃居第二位，仅次于尼龙。

① 聚碳酸酯的性能。双酚 A 型聚碳酸酯是无臭、无味、无毒、透明（或呈微黄色）、刚硬而坚韧的固体，具有优良的综合性能，尺寸稳定性好，耐蠕变性优于尼龙及聚甲醛，成型

收缩率恒定为 0.5%～0.7%，可用来制造尺寸精度和稳定性较高的机械零件。

聚碳酸酯的 T_g 为 149℃，使用温度为 130℃，脆化温度为 -100℃；在较宽的温度范围内，电绝缘性和耐电晕性良好，耐电弧性中等。聚碳酸酯的透光率可达 90%，折射率为 1.5869，可用作光学照明器材。聚碳酸酯的缺点是制品的内应力较大，易于应力开裂。另外耐溶剂性差，高温易水解，摩擦系数大，无自润滑性，与其他树脂的相容性也较差。

② 聚碳酸酯的应用。在机械工业中用于制造小负荷的零部件，如齿轮、轴、杠杆等，也可用于受力不大、转速不高的耐磨件，如螺钉、螺母及设备的框架等；对于那些尺寸精度和稳定性要求较高的零部件更为合适。在光学照明方面可作大型灯罩、信号灯罩、汽车防护玻璃及航空工业使用的透明材料。

7.3.6.2 聚碳酸酯的合成与生产工艺

（1）聚碳酸酯的合成方法

工业生产中，聚碳酸酯的合成方法有酯交换法和光气法。

① 酯交换法。原料双酚 A 与碳酸二苯酯在高温、高真空条件下进行熔融缩聚而成，反应式为：

$$n\ HO-C_6H_4-C(CH_3)_2-C_6H_4-OH + n\ C_6H_5-O-CO-O-C_6H_5 \longrightarrow$$
$$[-O-C_6H_4-C(CH_3)_2-C_6H_4-O-CO-]_n + 2n\ C_6H_5-OH \quad (7-14)$$

反应控制条件如下：

a. 聚合温度。反应温度要高于物料熔点，因双酚 A 在 180℃ 以上易分解，因而初始温度控制在 180℃ 以下，使双酚 A 转化成低聚物后再逐步升温。

b. 聚合压力。在聚合后期，为了有利于小分子苯酚逸出，须采用高真空条件，残余压力最低可达 133Pa 以下。

c. 原料配比。碳酸二苯酯的沸点较低，为了防止逸出而破坏原料反应物的摩尔比，一般采取碳酸二苯酯：双酚 A＝(1.05～1.1)：1。

酯交换法的优点是无须加溶剂，聚合物易处理。缺点是对设备密封要求高；物料黏度大，混合及热交换困难；产物分子量不高；反应中的副产物使产品呈浅黄色。采用此法生产的聚碳酸酯，其产量仅占总量的 10% 以下。

② 光气法。常温常压下，由光气和双酚 A 反应生成聚碳酸酯的方法。此法又可分为光气溶液法和界面缩聚法两种。

a. 光气溶液法。双酚 A 在卤代烃溶剂中采用吡啶作催化剂与光气反应制取聚碳酸酯，吡啶既是催化剂，又是副产物 HCl 的接受体。因在无水介质（卤代烃）中反应，光气不易水解。此法的缺点是吡啶价格昂贵，毒性大；若吡啶残留在聚合物中，在加工过程中易使制品着色，所以该法已被淘汰。

b. 界面缩聚法。以溶解有双酚 A 钠盐的氢氧化钠水溶液为水相，惰性溶剂（如二氯甲烷、氯仿或氯苯等）为有机相，在常温常压下通入光气反应。采用界面缩聚制备聚碳酸酯的反应原理为：

$$HO-C_6H_4-C(CH_3)_2-C_6H_4-OH \xrightarrow{NaOH} NaO-C_6H_4-C(CH_3)_2-C_6H_4-ONa \qquad (7-15)$$

$$n\,NaO-C_6H_4-C(CH_3)_2-C_6H_4-ONa + n\,COCl_2 \longrightarrow \left[O-C_6H_4-C(CH_3)_2-C_6H_4-O-\overset{O}{\underset{\parallel}{C}} \right]_n + 2n\,NaCl \qquad (7-16)$$

此法的优点是对反应设备的要求不高，聚合转化率可达 90% 以上，且聚合物分子量可调节的范围较宽（30000～200000）。缺点是光气及有机溶剂的毒性大，又需增加溶剂回收和后处理工序。此法是国内外生产聚碳酸酯的主要方法，占总产量的 90% 以上。

（2）聚碳酸酯的生产工艺

光气溶液法生产聚碳酸酯的生产工艺流程见图 7-16，生产工艺分光氯化反应、缩聚反应以及聚合物后处理三个单元。

① 光氯化反应。用 N_2 将双酚 A 钠盐压入光气化反应釜，然后加入二氯甲烷。开动搅拌，釜内温度降至 20℃，通入光气反应。用冷却水维持釜温不超过 25℃。当反应介质的 pH 值降至 7～8 时，停止通光气，反应结束。此时釜内还留有单体及生成的 A、B 和 C 三种齐聚物。

$$n\,Na^+O^--C_6H_4-C(CH_3)_2-C_6H_4-O^-Na^+ + (n+x)COCl_2 \longrightarrow$$

(A) $Cl-\overset{O}{\underset{\parallel}{C}}-\left[O-C_6H_4-C(CH_3)_2-C_6H_4-O-\overset{O}{\underset{\parallel}{C}} \right]_y Cl$

(B) $+ \; Cl-\overset{O}{\underset{\parallel}{C}}-O-C_6H_4-C(CH_3)_2-C_6H_4-O-\overset{O}{\underset{\parallel}{C}}-O-C_6H_4-O^-Na^+ \; +$

(C) $Na^+O^--C_6H_4-C(CH_3)_2-C_6H_4-O-\overset{O}{\underset{\parallel}{C}}-\left[O-C_6H_4-C(CH_3)_2-C_6H_4-O-\overset{O}{\underset{\parallel}{C}} \right]_n -O-C_6H_4-C(CH_3)_2-C_6H_4-O^-Na^+$

$$(7-17)$$

式中，$x=0\sim0.2n$，即光气过量可达 20%；$y=1\sim12$。

② 缩聚反应。将光氯化反应产物转入缩聚釜，按配比加入计量的 25% 碱液和催化剂（三甲基苄基氯化铵）、分子量调节剂苯酚，在 25～30℃ 反应 3～4h。反应结束后，静置，分去上层碱液，再加 5% 甲酸中和至 pH=3～5，分去上层酸水液。

③ 聚合物后处理。分去酸水液的树脂溶液中还存在盐及低分子量级分。盐分由水洗除去，然后加入沉淀剂丙酮，使低分子量级分留在溶液中，而聚碳酸酯以粉状或粒状析出。经

过滤、水洗、干燥、造粒得粒状成品。工业品分子量一般为 $(3\sim10)\times10^4$。

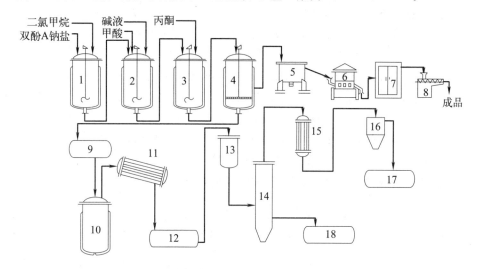

图 7-16　光气溶液法合成聚碳酸酯生产流程图

1—光气化反应釜；2—缩聚反应釜；3—沉析釜；4—真空过滤器；5—离心机；6—沸腾床干燥器；7—真空干燥箱；8—挤出造粒机；9，12—混合溶剂储槽；10—蒸馏釜；11，15—冷凝器；13—高位槽；14—乳化精馏塔；16—分离器；17—二氯甲烷储槽；18—丙酮储槽

7.3.7　聚氨酯

凡是在大分子主链中含有氨基甲酸酯基的聚合物称为聚氨基甲酸酯，简称聚氨酯。聚氨酯分为聚酯型聚氨酯和聚醚型聚氨酯两大类。聚酯型聚氨酯是以二异氰酸酯和端羟基聚酯为原料制备。聚醚型聚氨酯是以二异氰酸酯和端羟基聚醚为原料制备。

由于聚氨酯大分子中含有的基团都是强极性基团，而且大分子中还含有聚醚或聚酯柔性链段，聚氨酯具有较高的机械强度和氧化稳定性、较高的柔曲性和回弹性，以及优良的耐油性、耐溶剂性、耐水性和耐火性。

由于聚氨酯具有很多优异的性能，所以其用途广泛，主要用作聚氨酯合成革、聚氨酯泡沫塑料、聚氨酯涂料、聚氨酯黏合剂、聚氨酯橡胶（弹性体）和聚氨酯纤维等。此外，聚氨酯还用于土建、地质钻探、采矿和石油工程中，起堵水、稳固建筑物和路基的作用；作为铺面材料，用于运动场的跑道、建筑物的室内地板等。

7.3.7.1　合成聚氨酯的原料

合成聚氨酯的主要原料是有机多元异氰酸酯和端羟基化合物。

（1）异氰酸酯

应用于聚氨酯树脂的有机多元异氰酸酯，按—NCO 基团的数目可分为二元异氰酸酯、三元异氰酸酯及聚合型异氰酸酯三大类。其中最重要的是甲苯二异氰酸酯（TDI），其有三种规格：含 100% 的 2,4-甲苯二异氰酸酯（TDI-100）；含 80% 的 2,4-甲苯二异氰酸酯，20% 的 2,6-甲苯二异氰酸酯（TDI-80）；含 65% 的 2,4-甲苯二异氰酸酯，35% 的 2,6-甲苯二异氰酸酯（TDI-65）。这三种规格的 TDI 是由不同制法的甲苯二胺分别制得的。

（2）端羟基化合物

端羟基化合物有端羟基聚酯和端羟基聚醚两类。

① 端羟基聚酯。二元酸和过量的二元醇经混缩聚反应制得，其为分子量 1000～3000 的蜡状或液态低聚物。聚合反应简式可表示如下：

$$(n+1)\text{HO—R—OH} + n\text{HOOC—R'—COOH} \longrightarrow$$
$$\text{HO} \leftarrow \text{R—O}\overset{O}{\overset{\|}{C}}\text{—R'—}\overset{O}{\overset{\|}{C}}\text{—O—R—O} \rightarrow_n \text{H} + 2n\text{H}_2\text{O} \tag{7-18}$$

② 端羟基聚醚。端羟基聚醚是以环氧乙烷、环氧丙烷或四氢呋喃等环氧化合物为单体，用丙二醇、丁二醇、甘油等化合物为起始剂，经离子开环聚合反应制得。如端羟基聚四氢呋喃的制备：四氢呋喃为五元环单体，环张力较小，聚合活性较低，反应速率较慢，在较强的含氢酸高氯酸催化作用下，用醋酸酐作载体，进行阳离子开环聚合，可以合成分子量为 1000～3000 的端羟基聚四氢呋喃。反应简式可表示如下：

$$\text{HClO}_4 + \underset{\text{CH}_2\text{—CH}_2}{\overset{\text{CH}_2\text{—CH}_2}{\text{O}}} \xrightarrow{\text{引发}} \underset{\text{CH}_2\text{—CH}_2}{\overset{\text{CH}_2\text{—CH}_2}{\overset{\oplus}{\text{H—O}}}} (\text{ClO}_4^\ominus) \tag{7-19}$$

$$\underset{(\text{ClO}_4^\ominus)}{\overset{\text{CH}_2\text{—CH}_2}{\overset{\oplus}{\text{H—O}}}} + n\,\underset{\text{CH}_2\text{—CH}_2}{\overset{\text{CH}_2\text{—CH}_2}{\text{O}}} \xrightarrow{\text{链增长}}$$

$$\text{H}\!\leftarrow\!\text{O}(\text{CH}_2)_4\!\rightarrow_{n-1}\!\text{OCH}_2\text{CH}_2\text{CH}_2\text{—}\overset{\oplus}{\underset{(\text{ClO}_4^\ominus)}{\text{O}}}\!\!\underset{\text{CH}_2\text{—CH}_2}{\overset{\text{CH}_2\text{—CH}_2}{}} \xrightarrow[\text{H}_2\text{O}]{\text{NaOH}}$$

$$\text{HO—(H}_2\text{C)}_4\!\leftarrow\!\text{O(CH}_2)_4\!\rightarrow_{n-1}\!\text{O(CH}_2)_4\text{OH} + \text{NaClO}_4 \tag{7-20}$$

7.3.7.2 聚氨酯合成原理

合成聚氨酯的反应包括初级反应和次级反应。

（1）初级反应

初级反应包括预聚反应和扩链反应。

① 预聚反应。端羟基聚合物和过量的二异氰酸酯通过逐步加成聚合反应生成含有异氰酸基端基的低聚体的反应，反应简式为：

$$(n+1)\,\text{OCN—}\underset{\text{CH}_3}{\text{C}_6\text{H}_3}\text{—NCO} + n\,\text{HO—R—OH} \longrightarrow$$

$$\text{OCN—}\underset{\text{CH}_3}{\text{C}_6\text{H}_3}\text{—NH—}\overset{O}{\overset{\|}{C}}\text{—O—R—O—}\overset{O}{\overset{\|}{C}}\text{—NH—}\underset{\text{CH}_3}{\text{C}_6\text{H}_3}\text{—NCO} \tag{7-21}$$

② 扩链反应。预聚体与含有活泼氢的化合物（如水、胺类和联苯胺类等化合物）反应生成取代脲基，使分子量增加。扩链反应只与预聚体的端基有关，扩链反应可表示为：

$$2\,\text{O=C=N—}\cdots\text{R}\cdots\text{—N=C=O} + \text{H}_2\text{N—R''—NH}_2 \longrightarrow$$

$$\text{O=C=N—}\cdots\text{R}\cdots\text{—N}\overset{\text{H}}{\underset{\|}{}}\text{—}\overset{\text{O}}{\overset{\|}{C}}\text{—N}\overset{\text{H}}{\underset{\|}{}}\text{—R''—N}\overset{\text{H}}{\underset{\|}{}}\text{—}\overset{\text{O}}{\overset{\|}{C}}\text{—N}\overset{\text{H}}{\underset{\|}{}}\text{—}\cdots\text{R}\cdots\text{—N=C=O} \tag{7-22}$$

（2）次级反应

次级反应（固化反应）包括两种，即生成脲基甲酸酯基的反应和生成缩二脲基的反应。

① 生成脲基甲酸酯基的反应（交联反应）。体系中存在的过量的—NCO端基和主链上的氨基甲酸酯基—NHCOO—反应生成脲基甲酸酯基而交联：

$$\text{（式 7-23）}\tag{7-23}$$

② 生成缩二脲基的反应（交联反应）。体系中存在的过量的—N＝C＝O端基和扩链反应中形成的取代脲基—NHCONH—反应，生成缩二脲基而交联：

$$\text{（式 7-24）}\tag{7-24}$$

通过次级反应，聚合物的分子结构由线型结构变为体型结构，因此，次级反应也就是固化反应。

由于反应条件、二异氰酸酯的种类、二异氰酸酯与端羟基化合物的比例、端羟基化合物的种类、端羟基化合物的分子量不同，聚氨酯的结构有很大差别。因此，聚氨酯的结构也很难用一个确切的结构式表示。但其大分子结构中必定有异氰酸酯端基、酯基或醚键、氨基甲酸酯基、取代脲基、脲基甲酸酯基和缩二脲基。

7.3.8 聚酯

聚酯（PET）是由对苯二甲酸与乙二醇经缩聚反应而生成的大分子，可用下式表示：

$$\text{H}\!-\!\!\left[\text{OCH}_2\text{CH}_2\text{O}\!-\!\!\overset{\text{O}}{\overset{\|}{\text{C}}}\!-\!\!\!\bigcirc\!\!\!-\!\overset{\text{O}}{\overset{\|}{\text{C}}}\right]_n\!\!-\!\text{OCH}_2\text{CH}_2\text{OH} \tag{7-25}$$

当PET迅速冷却至室温时可得到透明的玻璃状树脂，如慢慢冷却，则可得到结晶的不透明树脂。若将透明的树脂升温至90℃，大分子链段发生运动，可自动调整转变成不透明的结晶体。

PET的熔点（工业晶）高达265℃，符合成纤聚合物的要求。PET分子量的大小直接影响到成纤性能和纤维的质量。实验测得PET的分子量在15000以上才有较好的可纺性，而民用PET纤维的$\overline{M_n}=16000\sim20000$，按此可计算出相应PET大分子的平均链长为90～112nm。由于不同聚酯的分子结构、分子间作用力及结晶性能等皆不相同，故分子链长100nm这个限值可视作聚酯类聚合物用作纤维时的参考值。

PET是涤纶纤维的主要原料之一。涤纶纤维具有强度高、耐热性高、弹性耐皱性好、良好的耐光性、耐腐蚀性、耐磨性及吸水性低等优点；纤维柔软有弹性、织物耐穿、保形性好、易洗易干，是理想的纺织材料。可用作纯织物，或与羊毛、棉花等纤维混纺，大量用于衣用织物；也可用于绝缘材料、轮胎帘子线、渔网、绳索等。

PET 也可用来生产薄膜、聚酯瓶，作为工程塑料使用，也可用于录音带的基材；增强的 PET 可应用于汽车及机械设备的零部件。

PET 纤维有染色性与手感柔软性差、吸水性低等不足，作为塑料使用结晶速率过慢，不能适应通用的塑料加工成型技术。

7.3.8.1 PET 的合成原理

（1）合成路线

PET 的生产按所用中间体种类不同可分为 3 条合成路线。

① 直缩法。对苯二甲酸（PTA）与乙二醇（EG）直接酯化生成对苯二甲酸二乙二醇酯（BHET），再由 BHET 经均缩聚反应得 PET。此法是先直接酯化再缩聚，故称为直缩法。其反应为：

$$2HOCH_2CH_2OH + HOOC-C_6H_4-COOH \xrightarrow{\text{酯化}} \text{HOCH}_2CH_2O-CO-C_6H_4-CO-OCH_2CH_2OH + 2H_2O \quad (7\text{-}26)$$
(EG) (PTA) (BHET)

$$n\,BHET \xrightarrow{\text{均缩聚}} H\!-\!\![OCH_2CH_2O-CO-C_6H_4-CO]_n\!-\!OCH_2CH_2OH + (n-1)HOCH_2CH_2OH \quad (7\text{-}27)$$
(PET)

② 酯交换法。早期生产的单体 PTA 纯度不高，又不易提纯，不能由直缩法制得质量合格的 PET。因而将纯度不高的 PTA 先与甲醇反应生成对苯二甲酸二甲酯（DMT），后者较易提纯。再由高纯度的 DMT（≥99.9%）与 EG 进行酯交换反应生成 BHET，随后缩聚成 PET，其反应为：

$$2CH_3OH + HOOC-C_6H_4-COOH \longrightarrow H_3CO-CO-C_6H_4-CO-OCH_3 + 2H_2O \quad (7\text{-}28)$$

$$H_3CO-CO-C_6H_4-CO-OCH_3 + 2HOCH_2CH_2OH \xrightarrow{\text{酯交换}} BHET + 2CH_3OH \quad (7\text{-}29)$$
(DMT) (EG)

$$n\,BHET \xrightarrow{\text{均缩聚}} H\!-\!\![OCH_2CH_2O-CO-C_6H_4-CO]_n\!-\!OCH_2CH_2OH + (n-1)HOCH_2CH_2OH \quad (7\text{-}27)$$
(PET)

因合成过程中必须经过酯交换反应，工业中称此法为酯交换法。

③ 环氧乙烷加成法。因为乙二醇是由环氧乙烷制成的，由环氧乙烷（EO）与 PTA 直接加成得 BHET，再缩聚成 PET，这个方法称为环氧乙烷法，反应步骤为：

$$\text{HOOC}-\underset{\text{(PTA)}}{\bigcirc}-\text{COOH} + 2\text{H}_2\text{C}\underset{\text{(EO)}}{-\text{CH}_2} \xrightarrow{\text{加成}} \text{BHET} \xrightarrow{\text{缩聚}} \text{PET} \tag{7-30}$$

此法可省去由 EO 制取乙二醇这一个步骤,故成本低,而反应又快,优于直缩法。但因 EO 易于开环生成聚醚,反应热大(约 100kJ/mol),EO 易热分解,且 EO 在常温下为气体,运输及储存都较困难,故此法尚未大规模采用。

(2) PET 的合成

由 BHET 经缩聚反应合成 PET 时熔融缩聚法是目前广泛采用的方法,其流程简单,操作方便。若采用连续生产工艺时,则可将 PET 熔体直接纺丝。BHET 熔融缩聚反应时其特点如下:

① 反应平衡常数较小。BHET 缩聚反应是一可逆平衡反应,平衡常数 K 值平均为 4.9。为了获得高分子量 PET,必须将体系中的 EG 尽量排除。图 7-17 表示了 PET 的聚合度(指重复链节数)与 EG 平衡蒸气压间的关系。由图可知,若在 260℃下反应合成聚合度为 100 的 PET,平衡的 EG 蒸气压为 0.15kPa 左右。在工业生产中就必须采用大型的抽真空设备(如蒸汽喷射泵)使缩聚反应在高真空条件下进行。

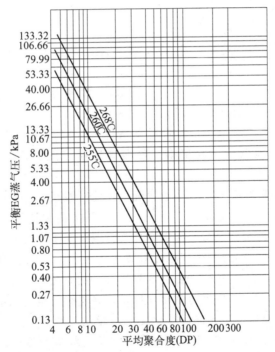

图 7-17 PET 平均聚合度(指重复单元数)与平衡 EG 蒸气压的关系

② 在缩聚中随着聚合物聚合度的增加,熔体的黏度和熔点变化很大。PET 平均聚合度与熔体黏度及熔点的关系如表 7-15 所列。

表 7-15 PET 平均聚合度与熔体黏度及熔点的关系

平均聚合度	1	5	20	110
熔体黏度/Pa·s	0.008(200℃)	0.05(240℃)	1.0(265℃)	300(280℃)
熔点/℃	140~160	225~235	260	265

由表 7-15 可知，若作纤维用 PET 的聚合度需 100，则反应前后熔体黏度的变化达 10000 倍左右。为适应这种变化，通常把缩聚过程分成几段，根据物性差别选择不同的工艺条件及设备。由于缩聚后期黏度很高，故后缩聚釜的结构形式是连续缩聚的关键。

③ PET 熔融缩聚时的副反应。在高温下反应时，会发生许多副反应。

a. 热降解反应。热降解反应产生端羧基、不饱和双键、二甘醇醚键及醛类等化合物，使 PET 的分子量和熔点下降，着色和性能变劣。

b. 热氧化降解反应。有氧存在下加热 PET，可使 PET 发生热氧化降解，引起 PET 降解的程度比单纯的热降解更为严重，甚至可产生交联物。若 PET 中含有 DEG 结构的醚键，因醚键很易氧化，更可使热氧化降解加剧。

c. 环化反应。PET 合成时会生成一些低分子量的环状物。当 PET 树脂进行纺丝加工时，环状物会引起气泡产生，降低纤维的强度，使纤维着色，并阻塞喷丝孔等。

d. 生成醚键的反应。醚键对 PET 性能的影响很大，所以在 PET 合成过程中要尽量减少。通过动力学研究测出醚键结构的生成量与 [OH] 成正比，所以抑制醚化方法是限制加料中 EG/PTA 值，其摩尔比最好在 (1.3~1.8)∶1，甚至可低于 1.3∶1，也可在反应中添加某些金属盐类来抑制醚化反应。

7.3.8.2 PET 生产工艺流程

（1）直接酯化法工艺流程

最具代表性的是德国吉玛连续直缩工艺，该工艺过程按所发生的化学反应一般分为三个工艺段。

① 酯化段。PTA 与 EG 在压力不小于 0.1MPa、温度为 257~269℃ 的条件下发生酯化反应。PTA 与 EG 的酯化率可达到 96.5%~97.0%。

② 预缩聚段。在 5.07~27.5kPa 的真空条件下，将酯化段送来的酯化物进行预缩聚反应。BHET 将转化成低分子缩聚物。预缩聚反应一般为两段，各段均有搅拌和加热装置。

③ 后缩聚段。预缩聚段流出的低分子缩聚物在此阶段继续进行熔融缩聚。该段要求的工艺条件比较严格，温度需要升高到 280~285℃，压力需要降至 0.2kPa，停留时间约为 3.5~4.0h。经过熔融缩聚后的高分子缩聚物，其特性黏度通常根据产品用途而定。

吉玛连续直缩工艺是目前聚酯生产中比较先进的工艺，工艺流程如图 7-18 所示。按原料配比 $n_{EG}∶n_{PTA}=1.138∶1$ 加入打浆罐 D-13，并同时计量加入催化剂 Sb(OAc) 及酯化和缩聚过程回收精制后的 EG。配制好的浆料以螺杆泵连续计量送入第一酯化釜 R-21，在压力 0.11MPa、温度 257℃ 和搅拌下进行酯化反应，酯化率达 93%。酯化物以压差送入第二酯化釜 R-22，在压力 0.1~0.105MPa、温度 265℃ 下继续进行酯化，酯化率可提高到 97% 左右。然后将酯化产物以压差送入预缩聚釜 R-31，在压力 0.025MPa、温度 273℃ 下进行预缩聚。预缩聚物再送入缩聚釜 R-32，在压力 0.01MPa、温度 278℃ 下继续缩聚。缩聚产物经齿轮泵送入圆盘反应器 R-33，在压力 100Pa、温度 285℃ 下，进行到缩聚终点（通常聚合度为 100 左右）。PET 熔体可直接纺丝或铸条冷却切粒。预缩聚采用水环泵抽真空，缩聚和终缩聚采用 EG 蒸气喷射泵抽真空。为防止排气系统被低聚物堵塞，各段 EG 喷淋中均采用自动刮板式冷凝器。

（2）酯交换法工艺流程

酯交换法是应用最早也是比较成熟的生产方法，至今仍有相当数量的 PET 树脂采用此

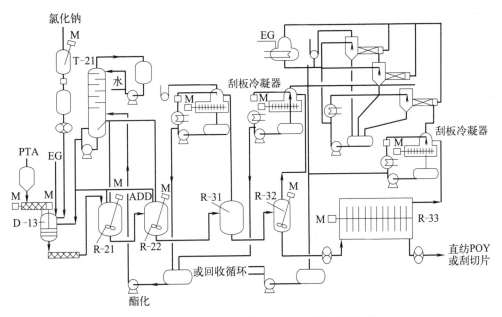

图 7-18　直接酯化法连续生产 PET 树脂工艺流程

D-13—打浆罐；R-21，R-22—酯化釜；R-31—预缩聚釜；R-32—缩聚釜；
R-33—圆盘反应器；T-21—EG（乙二醇）回收塔

法生产。酯交换法的缩聚反应是熔融缩聚，反应温度高。缺点是工艺流程长、成本较高。工艺流程如图 7-19 所示。

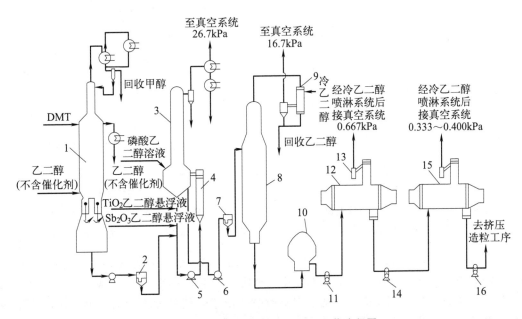

图 7-19　连续酯交换法生产 PET 工艺流程图

1—酯交换塔；2,7—过滤器；3—脱乙二醇塔；4—加热器；5,6—泵；8—预聚塔；9—洗涤器；10—中间接收罐；
11,14,16—齿轮泵；12—第一卧式缩聚釜；13—真空系统；15—第二卧式缩聚釜

酯交换法常用的催化剂为 Zn、Co、Mn 等的醋酸盐，缩聚催化剂用 Sb_2O_3。酯交换阶

段反应温度控制在180℃,酯交换结束温度可达200℃以上。缩聚反应温度在270～280℃,反应温度高,反应速率快,达到高分子量的时间较短,但高温下热降解比较严重,因此在生产中必须根据具体的工艺条件和要求的分子量来确定最合适的反应温度和反应时间。

由于缩聚反应是可逆反应,平衡常数又小,为了使反应向生成产物PET方向进行,必须尽量除去小分子副产物乙二醇,因此在反应过程中采用高真空的操作条件,一般在缩聚反应的后阶段,要求反应压力低至0.1kPa。

(3) PET生产的工艺条件

① 缩聚反应的温度与时间。缩聚时产物PET的分子量与反应温度及时间的关系见图7-20,从图中可看到每一个反应温度的$[\eta]$都有一个最高值,说明缩聚时有正反应,即链增长反应,同时存在逆反应,即降解反应。反应开始时以链增长反应为主,待PET分子增大后,裂解反应起主要作用。反应温度较高时,反应速率较快,故$[\eta]$达到极大值的时间较短,但高温下热降解加剧,此极大值较低。在生产中必须根据具体的工艺条件和要求的黏度值来确定最合适的缩聚温度与反应时间。当黏度达到极大值后,应尽快出料,避免因出料时间延长而引起分子量下降。

② 缩聚反应的压力。BHET缩聚反应是一个平衡常数很小的可逆反应,为了使反应向产物PET生成的方向移动,必须采用高真空除去EG。图7-21为不同压力下PET的$[\eta]$与反应时间的关系。

由图7-21可知在285℃下反应时,压力越低,可在较短的反应时间内获得较高的值。一般在缩聚反应的后阶段中可要求反应压力低达0.1kPa。工业上常用五级蒸汽喷射泵或乙二醇喷射泵来达到这个要求。

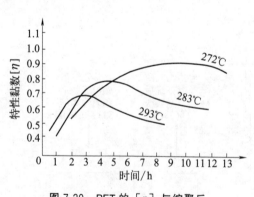

图7-20 PET的$[\eta]$与缩聚反应温度及时间的关系

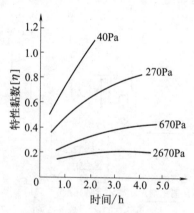

图7-21 PET的$[\eta]$与压力及反应时间的关系(285℃)

③ 搅拌的影响。PET合成时,必须采用剧烈的搅拌,使熔体的气液界面不断更新,有利于EG逸出。在同样反应条件下,搅拌速率越快,获得的PET分子量越高。

在连续缩聚法中,当反应处于初缩聚阶段时,由于熔体黏度不太大,可采用塔式设备,熔体在塔内的垂直管中自上而下做薄层运动,以提高EG蒸发表面积。当缩聚反应进行至中、后期,熔体黏度较大,通常采用图7-22所示的卧式熔融缩聚釜。从图中可知该釜具有横卧式的中心轴,轴上安装有多层螺旋片,可推动物料前进;另有数层网片,可增加EG蒸发表面。网片旋转时,网片上的网孔将黏附的薄膜状物料暴露于缩聚釜上半部的空间中,不断形成新表面,有助于EG的移出。

总之，不论采用何种搅拌形式，其作用是增加 EG 蒸发扩散的表面积，或减少扩散液层的厚度，以加速缩聚反应。

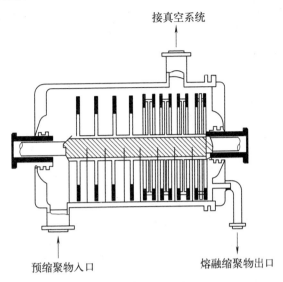

图 7-22　卧式熔融缩聚釜简图

（4）其他添加剂

① 催化剂。BHET 缩聚催化剂为 Sb_2O_3，其用量一般为 PTA 质量的 0.03%，或 DMT 质量的 0.03%～0.04%。因 Sb_2O_3 的溶解性稍差，近年来有采用溶解性好的醋酸锑，或热降解作用小的锗化合物，钛化合物也有使用。

② 稳定剂。为了防止 PET 在合成过程中和后加工熔融纺丝时发生热降解，常加入一些稳定剂。工业上最常用的是磷酸三甲酯（TMP）、磷酸三苯酯（TPP）和亚磷酸三苯酯。稳定剂用量越大，其热稳定性越好。但稳定剂对缩聚反应有迟缓作用，可使缩聚反应的速率下降，PET 的分子量降低。稳定剂用量一般为 PTA 的 1.25%（质量分数），或 DMT 的 1.5%～3%（质量分数）。

③ 其他添加剂。其他添加剂包括扩链剂、消光剂、着色剂等。扩链剂常采用二元酸二苯酯，如草酸二苯酯；消光剂采用平均粒度<$0.5\mu m$ 的 TiO_2，其用量常为 PET 质量的 0.5%；由于熔融缩聚温度很高，须采用耐温性着色剂，如酞菁蓝、炭黑及还原艳紫等。

【齐格勒-纳塔催化剂】

齐格勒-纳塔（Ziegler-Natta）催化剂是一种优良的定向聚合催化剂，由三乙基铝和四氯化钛组成。该催化剂是德国化学家齐格勒于 1953 年研究有机金属化合物与乙烯反应时发现，在常压下 $TiCl_4$ 和 $Al(C_2H_5)_3$ 二元体系的催化剂可以使乙烯聚合成高分子量的线型聚合物。意大利化学家纳塔于 1954 年用 $TiCl_3$-$Al(C_2H_5)_3$ 催化剂使丙烯聚合成等规立构的结晶聚丙烯，由此开创定向聚合新领域。齐格勒-纳塔催化剂是由ⅣB～ⅧB 族的过渡金属盐和ⅠA～ⅢA 族的金属烷基化合物、卤化烷基化合物或氢化烷基化合物组成的催化体系。最重要的过渡金属盐是钛、钒、锆、铬、钴、镍的卤化物、低价卤化物和卤氧化物，也可用羧酸基、烷氧基、乙酰丙酮基和环戊二烯基等的过渡金属化合物。这种催化剂出现后不久,又发展了三元体系、多元体系,还加入各种类型添加剂来提高催化活性和定向效应。由于两人在定向聚合方面的贡献,1963 年,齐格勒和纳塔共同获得诺贝尔化学奖。

思考题

1. 分析高压法、低压法生产聚乙烯的工艺条件及产品的差异。
2. 氯乙烯悬浮聚合时为什么温度不能太高?为什么要严格控制聚合温度波动不超过 ±0.2℃?如何控制聚合温度?
3. 氯乙烯悬浮聚合时,采用明胶和聚乙烯醇作悬浮剂有何不同?
4. 氯乙烯悬浮聚合时其自动加速现象有何特点?
5. 生产 PET 有哪三种路线?各有何特点?
6. 在熔融缩聚生产 PET 时,用逐步缩聚的理论解释缩聚阶段特别是终缩聚为什么采用高温、低压操作?
7. 圆盘缩聚釜如何满足高黏度、高真空的要求?

参 考 文 献

[1] 贺永德. 现代煤化工技术手册. 北京：化学工业出版社，2020.
[2] 黄仲九，房鼎业，单国荣. 化学工艺学. 3版. 北京：高等教育出版社，2016.
[3] 张巧玲，栗秀萍. 化工工艺学. 北京：国防工业出版社，2015.
[4] 李清彪，李云华，林国栋. 化学工艺学. 北京：化学工业出版社，2021.
[5] 刘晓勤. 化学工艺学. 3版. 北京：化学工业出版社，2021.
[6] 朱志庆. 化工工艺学. 2版. 北京：化学工业出版社，2017.
[7] 刘晓林，刘伟. 化工工艺学. 北京：化学工业出版社，2015.
[8] 闫福安. 化学工艺学. 北京：化学工业出版社，2020.
[9] 曾之平，王扶明. 化工工艺学. 北京：化学工业出版社，2020.
[10] 申峻. 煤化工工艺学. 北京：化学工业出版社，2020.
[11] 张青山. 有机合成反应基础. 北京：高等教育出版社，2005.
[12] 唐培堃，冯亚青. 精细有机合成化学与工艺学. 2版. 北京：化学工业出版社，2006.
[13] 李和平. 精细化工工艺学. 北京：科学出版社，2013.
[14] 李和平. 现代精细化工生产工艺流程图解. 北京：化学工业出版社，2014.
[15] 廖康程，杨曼. 2020年我国硫酸行业运行情况及2021年发展趋势. 磷肥与复肥，2021，36（6）：1-5.
[16] 纪罗军. 我国硫酸工业绿色低碳精细化发展展望. 硫酸工业，2021（3）：1-5，9.
[17] 李崇. 我国硫酸行业"十四五"发展思路. 磷肥与复肥，2021，36（4）：1-3.
[18] 贾苗，谢成，杨汝芸，等. 冶炼烟气生产试剂硫酸的技改实践. 硫酸工业，2021（9）：24-28.
[19] 马成栋，冶发明，郝金军. 氨碱法纯碱生产中的节能降耗措施. 纯碱工业，2021（6）：20-23.
[20] 裴正建. 纯碱生产工艺综述. 内蒙古石油化工，2010，（21）：95-96.
[21] 王景慧，罗润芝，刘英梅. 纯碱生产技术的研究进展. 煤炭与化工，2020，43（7）：123-125.
[22] 王苗苗，朱靖. 纯碱生产中废液及碱渣的综合利用研究. 中国化工贸易，2021（4）：177-178.
[23] 张春起. 年产百万吨级联碱工程中新技术应用探讨. 天津化工，2021，35（4）：112-114.
[24] 刘岭梅，沈文玲. 国内烧碱生产技术简介. 氯碱工业，2001（5）：1-5.
[25] 缪传耀. 煤化工合成氨工艺分析及节能优化对策. 化工管理，2022（12）：135-137.
[26] 刘化章. 合成氨工业：过去、现在和未来——合成氨工业创立100周年回顾、启迪和挑战. 化工进展，2013，32（9）：1995-2005.
[27] 李振宇，王红秋，黄格省，等. 我国乙烯生成工艺现状与发展趋势分析. 化工进展，2017，36（3）：767-773.
[28] 朱晶莹，安思源，卢滇楠，等. 酶催化合成聚酯的研究进展. 化学学报，2013，64（2）：407-414.
[29] 王玖芬. 高聚物合成工艺. 北京：国防工业出版社，2004.
[30] 王安华. 聚酯合成新技术与节能降耗. 石油化工技术与经济，2010，26（4）：54-57.
[31] 高红. 纯碱和烧碱生产技术. 北京：化学工业出版社，2016.
[31] 张建君. 电解系统烧碱热量的利用. 氯碱工业，2021（7）：41-43.
[32] 董红果. 烧碱生产过程降低电耗的措施. 氯碱工业，2017，53（2）：42-45.
[33] 吴二宝，章璟嵩. 烧碱废水综合利用. 中国氯碱，2017（5）：33-34.
[34] 乔玉元. 离子膜烧碱生产中节能降耗措施探索. 化工管理，2020（5）：57-58.
[35] 张建君. 电解系统烧碱热量的利用. 中国氯碱，2021（7）：41-43.
[36] 齐景丽，杨东浩. 从中美贸易摩擦看我国乙烯工业发展方向. 当代石油石化，2018，26（12）：9-12，16.

[37] 杨帆. 煤制乙烯及乙烯聚合生产现状. 化工管理, 2020 (1): 10-11.
[38] 陆浩. 我国乙烯工业及下游产业链发展现状与展望. 当代石油石化, 2022, 30 (4): 22-27.
[39] 曹杰, 迟东训. 中国乙烯工业发展现状与趋势. 国际石油经济, 2019 (12): 53-59.
[40] 李寿生. 党的领导是我国石油和化学工业发展壮大的根本保证. 中国石油和化工, 2021 (7): 6-9.
[41] 傅向升. 石化百年史 创新再跨越. 中国石油和化工, 2022 (5): 8-13.
[42] 麻冬, 李昕. 国内天然气化工产业面临的挑战与突破路径. 化工管理, 2019 (10): 73-74.
[43] 杨红强, 柏介军, 刘敏, 等. 高活性低水比乙苯脱氢催化剂. 石化技术与应用, 2017, 35 (6): 447-450.
[44] 贾亮. 2020年国内外醋酸供需现状及发展前景分析. 化学工业, 2021, 39 (3): 18-26.
[45] 刘革. 氯乙烯生产技术进展及市场分析. 上海化工, 2020, 45 (4): 60-64.
[46] 漏佳伟, 徐佳炀. 精细化工的发展现状及未来展望. 贸易经济, 2022 (6): 25-27.
[47] 王世刚. 聚氯乙烯生产工艺分析与研究. 商品与质量, 2020 (14): 174.